中國古典家具

技藝全書·解析經典

金荣題

国家出版基金项目
NATIONAL PUBLICATION FOUNDATION

“十三五”国家重点图书
2020年度国家出版基金资助项目

总顾问：李　坚　刘泽祥　刘文金
总主编：周京南　朱志悦　杨　飞

中国古典家具技艺全书

（第二批）

解析经典⑨

卧具（榻、罗汉床、架子床）

第十九卷

（总三十卷）

主　编：周京南　卢海华　董　君

中国林業出版社

图书在版编目（C I P）数据

解析经典．⑨ / 周京南等总主编．-- 北京 ：中国林业出版社，2021.1
（中国古典家具技艺全书．第二批）

ISBN 978-7-5219-1018-6

Ⅰ．①解… Ⅱ．①周… Ⅲ．①家具—介绍—中国—古代 Ⅳ．① TS666.202

中国版本图书馆 CIP 数据核字 (2021) 第 023780 号

出 版 人：**刘东黎**

总 策 划：**纪　亮**

责任编辑：**王思源**

出　　版：中国林业出版社（100009 北京市西城区刘海胡同 7 号）
印　　刷：北京利丰雅高长城印刷有限公司
发　　行：中国林业出版社
电　　话：010 8314 3610
版　　次：2021 年 1 月第 1 版
印　　次：2021 年 1 月第 1 次
开　　本：889mm × 1194mm，1/16
印　　张：18
字　　数：300 千字
图　　片：约 820 幅
定　　价：360.00 元

《中国古典家具技艺全书》（第二批）总编撰委员会

《中国古典家具技艺全书——解析经典⑨》

主　　编：周京南　卢海华　董　君

编委成员：方崇荣　蒋劲东　马海军　纪　智　徐荣桃

参与绘图人员：李　鹏　孙胜玉　温　泉　刘伯恺　李宇瀚
李　静　李总华

凡 例

一、本书中的木工匠作术语和家具构件名称主要依照王世襄先生所著《明式家具研究》的附录一《名词术语简释》，结合目前行业内通用的说法，力求让读者能够认同。

二、本书分有多种图题，说明如下：

1. 整体外观为家具的推荐材质外观效果图。
2. 三视结构为家具的三个视角的剖视图。
3. 用材效果为家具的三种主要珍贵用材的展示效果图。
4. 结构爆炸为家具的零部件爆炸图。
5. 结构示意为家具的结构解析和标注图，按照构件的部位或类型分类。
6. 细部效果和细部结构为对应的家具构件效果图和三视图，其中细部结构中部分构件的俯视图或左视图因较为简单，故省略。

三、本书中效果图和CAD图分别编号，以方便读者查找。

四、本书中每件家具的穿销、栽榫、楔钉等另加的榫卯只绘出效果图，并未绘出CAD图，读者在实际使用中，可以根据家具用材和尺寸自行决定此类榫卯的数量和大小。

序 言

李 坚 中国工程院院士

讲到中国的古家具，可谓博大精深，灿若繁星。

从神秘庄严的商周青铜家具，到浪漫拙朴的秦汉大漆家具；从壮硕华美的大唐壸门结构，到精炼简雅的宋代框架结构；从秀丽俊逸的明式风格，到奢华繁复的清式风格，这一漫长而恢宏的演变过程，每一次改良，每一场突破，无不渗透着中国人的文化思想和审美观念，无不凝聚着中国人的汗水与智慧。

家具本是静物，却在中国人的手中活了起来。

木材，是中国古家具的主要材料。通过中国匠人的手，塑出家具的骨骼和形韵，更是其商品价值的重要载体。红木的珍稀世人多少知晓，紫檀、黄花梨、大红酸枝的尊贵和正统更是为人称道，若是再辅以金、骨、玉、瓷、珐琅、螺钿、宝石等珍贵的材料，其华美与金贵无须言表。

纹饰，是中国古家具的主要装饰。纹必有意，意必吉祥，这是中国传统工艺美术的一大特色。纹饰之于家具，不但起到点缀空间、构图美观的作用，还具有强化主题、烘托喜庆的功能。龙凤麒麟、喜鹊仙鹤、八仙八宝、梅兰竹菊，都寓意着美好和幸福，也是刻在中国人骨子里的信念和情结。

造型，是中国古家具的外化表现和功能诉求。流传下来的古家具实物在博物馆里，在藏家手中，在拍卖行里，向世人静静地展现着属于它那个时代的丰姿。即使是从未接触过古家具的人，大概也分得出桌椅几案，柜架床榻，这得益于中国家具的流传有序和中国人制器为用的传统。关于造型的研究更是理论深厚，体系众多，不一而足。

唯有技艺，是成就中国古家具的关键所在，当前并没有被系统地挖掘和梳理，尚处于失传和误传的边缘，显得格外落寞。技艺是连接匠人和器物的桥梁，刀削斧凿，木活生花，是熟练的手法，是自信的底气，也是“手随心驰，心从手思，心手相应”的炉火纯青之境界。但囿于中国传统各行各业间“以师带徒，口传心授”传承方式的局限，家具匠人们的技艺并没有被完整的记录下来，没有翔实的资料，也无标准可依托，这使得中国古典家具技艺在当今社会环境中很难被传播和继承。

此时，由中国林业出版社策划、编辑和出版的《中国古典家具技艺全书》可以说是应运而生，责无旁贷。全套书共三十卷，分三批出版，运用了当前最先进的技术手段，最生动的展现方式，对宋、明、清和现代中式的家具进行了一次系统的、全面的、大体量的收集和整理，通过对家具结构的拆解，家具部件的展示，家具工艺的挖掘，家具制作的考证，为世人揭开了古典家具技艺之美的面纱。图文资料的汇编、尺寸数据的测量、CAD和效果图的绘制以及对相关古籍的研究，以五年的时间铸就此套著作，匠人匠心，在家具和出版两个领域，都光芒四射。全书无疑是一次对古代家具文化的抢救性出版，是对古典家具行业"以师带徒，口传心授"的有益补充和锐意创新，为古典家具技艺的传承、弘扬和发展注入强劲鲜活的动力。

党的十八大以来，国家越发重视技艺，重视匠人，并鼓励"推动中华优秀传统文化创造性转化、创新性发展"，大力弘扬"精益求精的工匠精神"。《中国古典家具技艺全书》正是习近平总书记所强调的"坚定文化自信、把握时代脉搏、聆听时代声音，坚持与时代同步伐、以人民为中心、以精品奉献人民、用明德引领风尚"的具体体现和生动诠释。希望《中国古典家具技艺全书》能在全体作者、编辑和其他工作人员的严格把关下，成为家具文化的精品，成为世代流传的经典，不负重托，不辱使命。

2020年5月

前　言

纪 亮　全书总策划

中国的古典家具，有着悠久的历史。传说上古之时，神农氏发明了床，有虞氏时出现了俎。商周时代，出现了曲几、屏风、衣架。汉魏以前，家具一般都形体较矮，属于低型家具。自南北朝开始，出现了垂足坐，于是凳、靠背椅等高足家具随之出现。隋唐五代时期，垂足坐的休憩方式逐渐普及，高低型家具并存。宋代以后，高型家具及垂足坐才完全代替了席地坐的生活方式。高型家具经过宋、元两朝的普及发展，到明代中期，已取得了很高的艺术成就，中国古典家具艺术进入成熟阶段，形成了被誉为具有高度艺术成就的“明式家具”。清代家具，承明余续，在造型特征上，骨架粗壮结实，方直造型多于明式曲线造型，题材生动且富于变化，装饰性强，整体大方而局部装饰精细入微。近20年来，古典家具发展迅猛，家具风格在明清家具的基础上不断传承和发展，并形成了独具中国特色的现代中式家具，亦有学者称之为“中式风格家具”。

中国的古典家具，经过唐宋的积淀，明清的飞跃，现代的传承，已成为“东方艺术的一颗明珠”。中国古典家具是我国传统造物文化的重要组成和载体，也深深影响着世界近现代的家具设计。国内外研究并出版以古典家具的历史文化、图录资料等内容的著作较多，然而从古典家具技艺的角度出发，挖掘整理的著作少之又少。技艺——是古典家具的精髓，是保护发展我国古典家具的核心所在。为了更好地传承和弘扬我国古典家具文化，全面系统地介绍我国古典家具的制作技艺，提高国家文化软实力，提升民族自信，实现古典家具创造性转化、创新性发展，中国林业出版社聚集行业之力组建《中国古典家具技艺全书》编写工作组。全书以制作技艺为线索，详细介绍了古典家具的结构、造型、制作、解析、鉴赏等内容，全书共30卷，分为榫卯构造、匠心营造、大成若缺、解析经典、美在久成这5个系列陆续出版，并通过数字化手段搭建中国古典家具技艺网和家具技艺APP等。全书力求通过准确的测量、绘制，挖掘、梳理家具技艺，向读者展示中国古典家具的线条美、结构美、造型美、雕刻美、装饰美、材质美。

《解析经典》为本套丛书的第四个系列，共分十卷。本系列以宋明两代绘画中的家具图像和故宫博物院典藏的古典家具实物为研究对象，因无法进行实物测绘，只能借助现代化的技术手段进行场景还原、三维建模、结构模拟等方式进行绘制，并结合专家审读和工匠实践来勘误矫正，最终形成了200余套来自宋、明、清的经典器形的珍贵图录，并按照坐具、承具、卧具、庋具、杂具等类别进行分类，分器形点评、CAD图示、用材效果、结构爆炸、部件示意、细部详解六个层次详细地解析了每件家具。这些丰富而翔实的资料将为我们研究和制作古典家具提供重要的学习和参考资料。本系列丛书中所选器形均为明清家具之经典器物，其中器物的原型几乎均为国之重器，弥足珍贵，故以“解析经典”命名。因家具数量较多、结构复杂，书中难免存在疏漏与错误，望广大读者批评指正，我们也将在再版时陆续修正。

最后，感谢国家新闻出版署将本项目列为“十三五”国家重点图书出版规划，感谢国家出版基金规划管理办公室对本项目的支持，感谢为全书的编撰而付出努力的每位匠人、专家、学者和绘图人员。

纪亮

2020年12月

目　　录

卧　具

榻、罗汉床、架子床

勾云足藤心凉榻

材质：黄花梨

年款：宋

整体外观（效果图1）

1. 器形点评

此榻为四面平式框架结构，榻面长方平直，攒框打槽中装藤屉。榻面之下有八条榻腿，榻面与下面承托的榻腿呈 90 度直角相接，榻腿上丰下锐。足端雕如意云纹，落在托泥之上，托泥下端以云纹龟足相承。此榻造型简练，线条疏朗，有高古之风。

2. CAD 图示

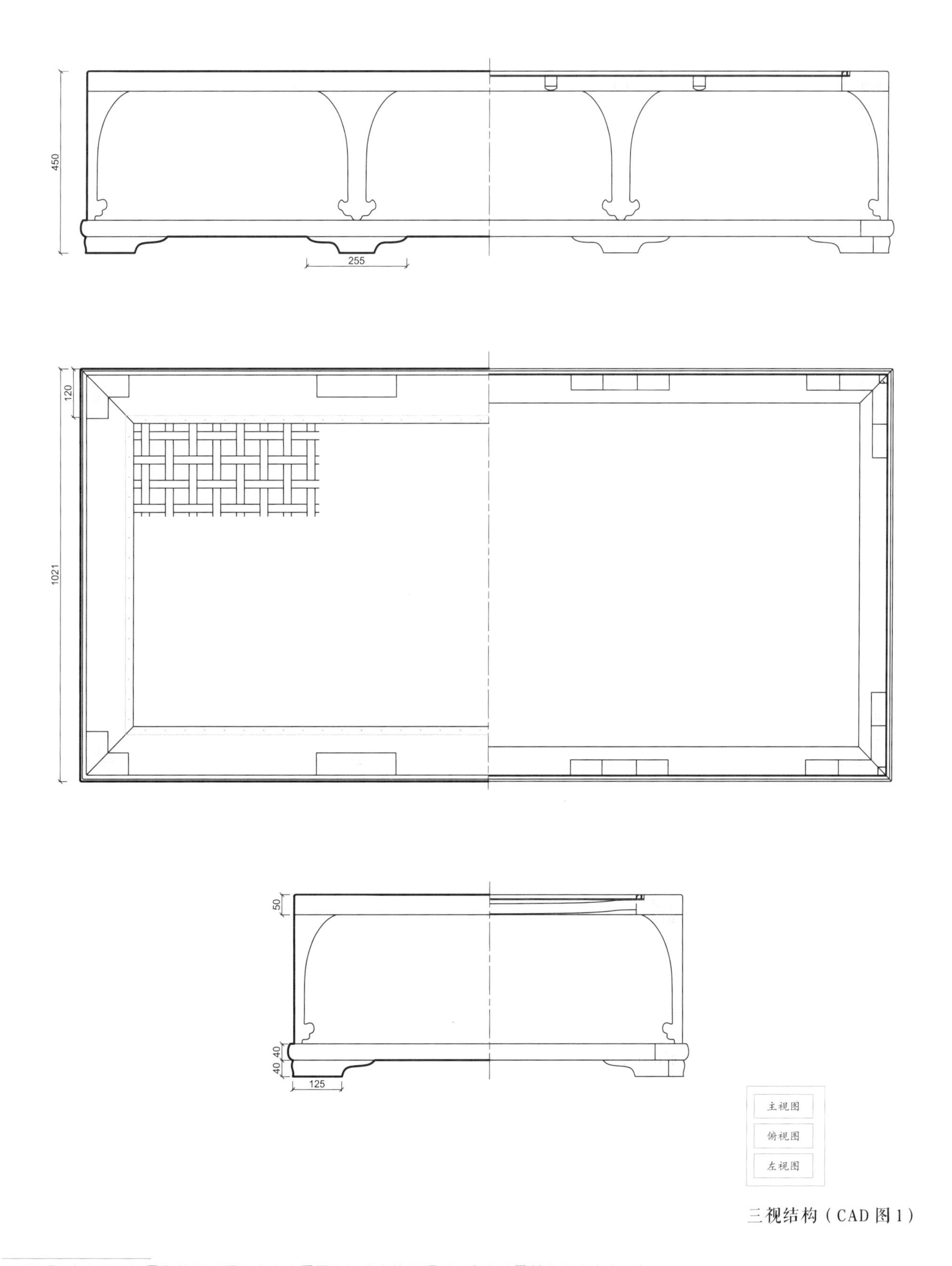
450
255
120
1021
50
40
40
125
主视图
俯视图
左视图

三视结构（CAD 图 1）

说明：在家具的测量和绘制过程中存在少量国家标准允许的误差；全书计量单位为毫米（mm）。

3. 用材效果

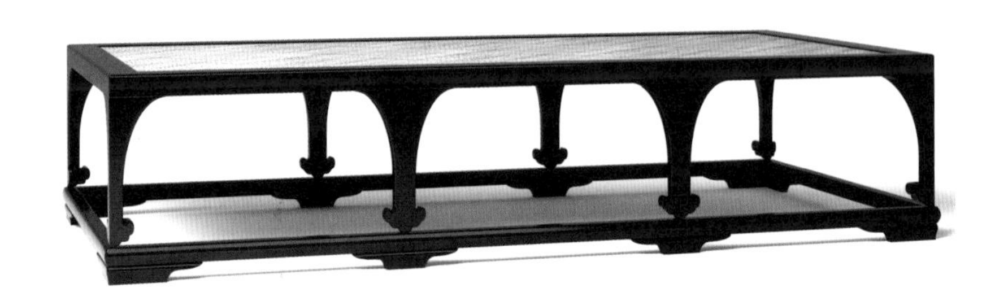

用材效果（材质：紫檀；效果图 2）

用材效果（材质：黄花梨；效果图 3）

用材效果（材质：红酸枝；效果图 4）

4. 结构爆炸

结构爆炸（效果图 5）

5. 部件示意

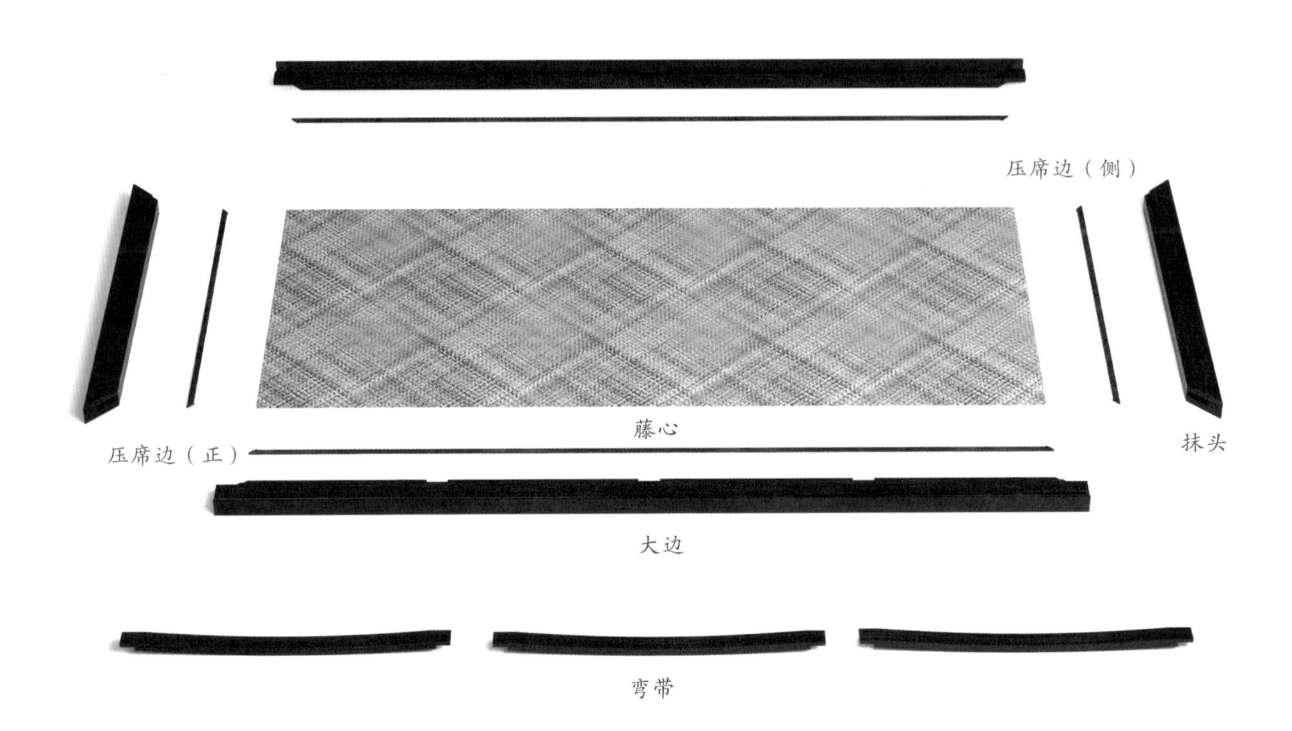

压席边（侧）
藤心
压席边（正）
抹头
大边
弯带

部件示意—座面（效果图 6）

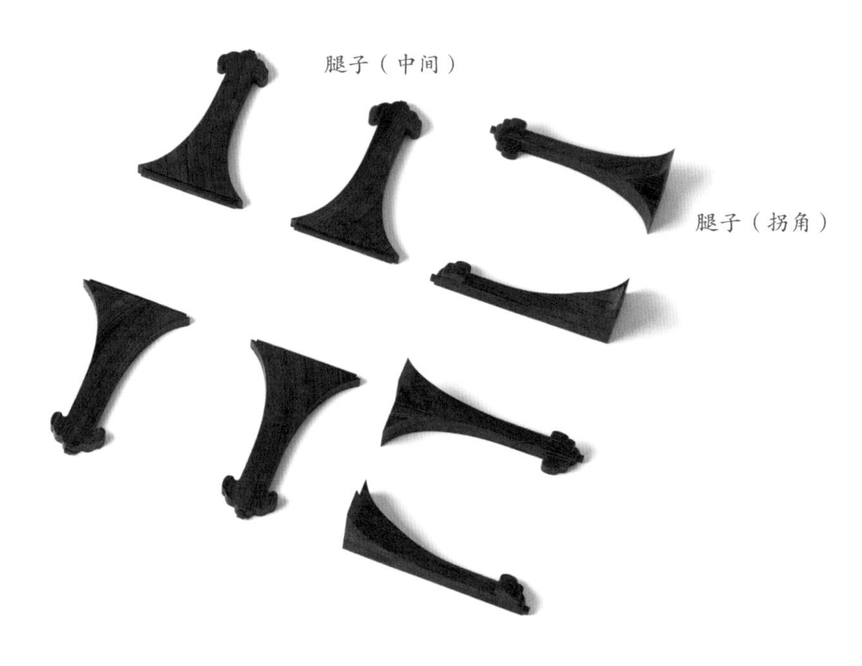

腿子（中间）
腿子（拐角）

部件示意—腿子（效果图 7）

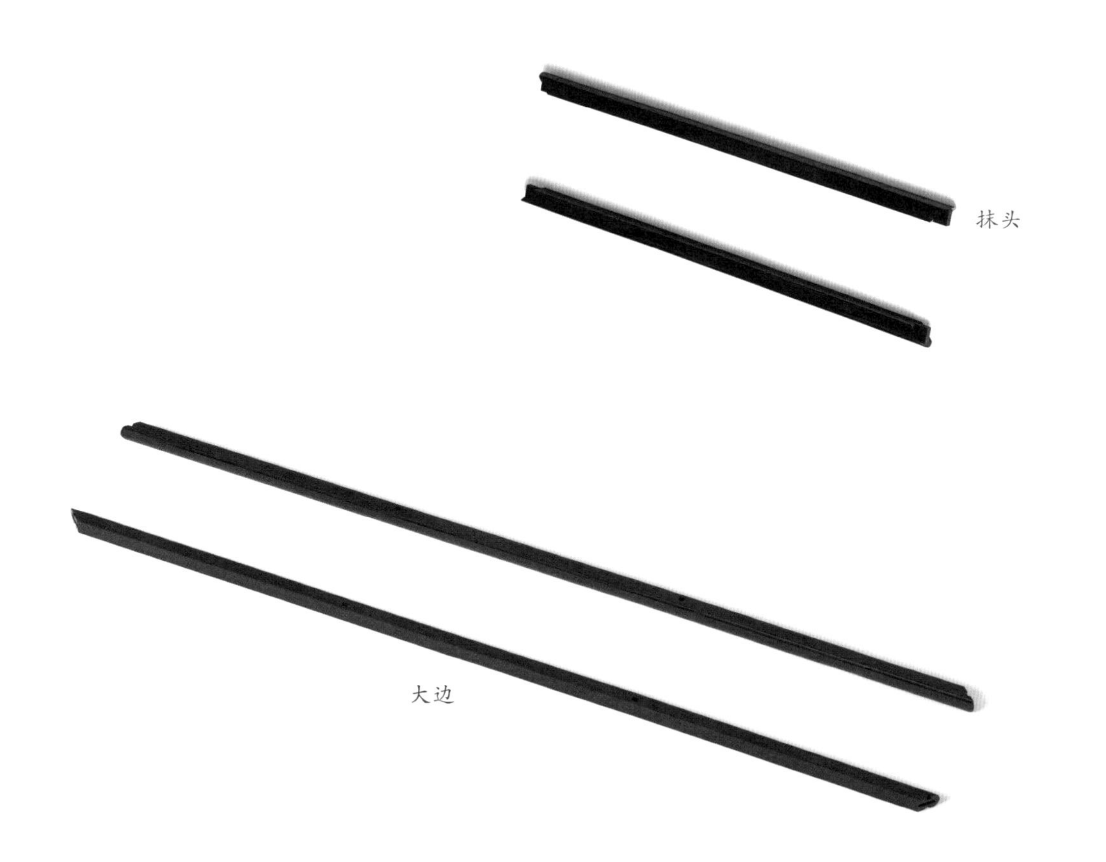
抹头
大边

部件示意—托泥（效果图 8）

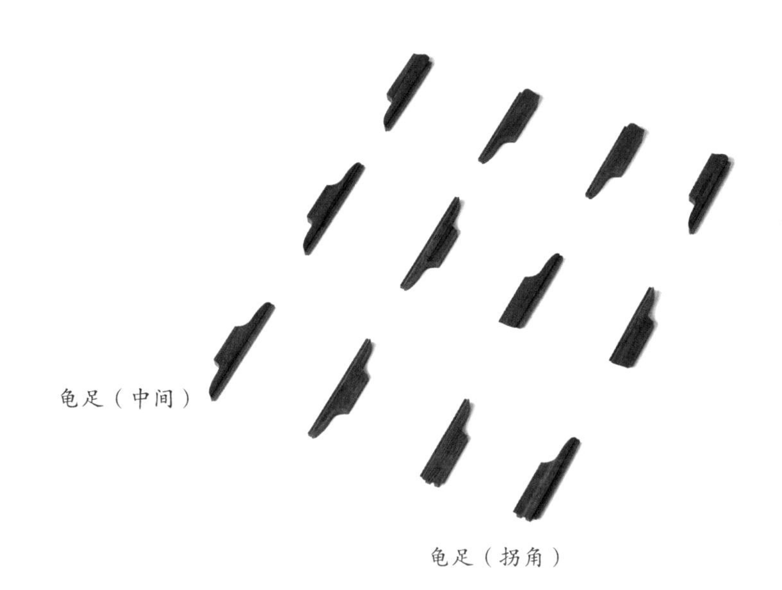
龟足（中间）
龟足（拐角）

部件示意—龟足（效果图 9）

6. 细部详解

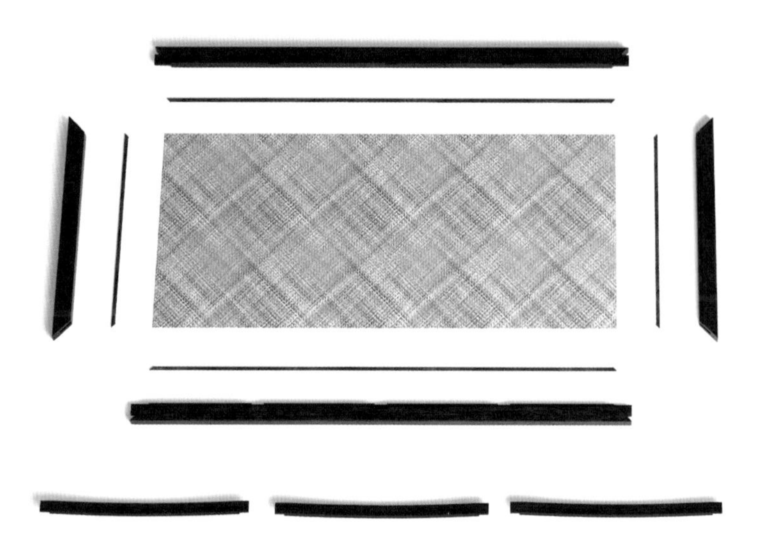

细部效果—座面（效果图 10）

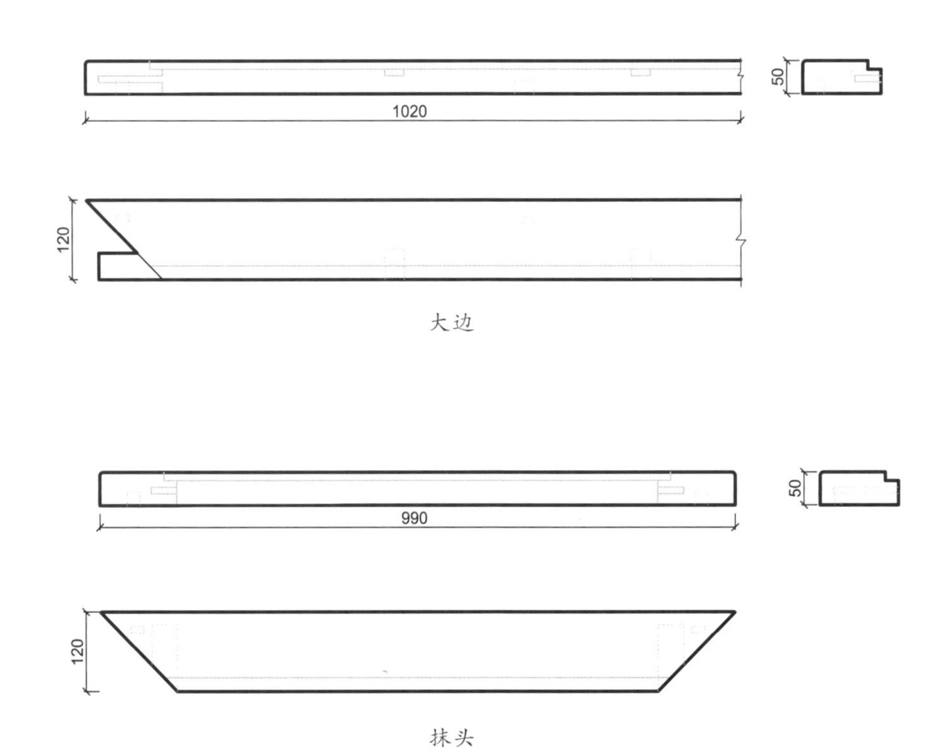

50
1020
120
大边
50
990
120
抹头

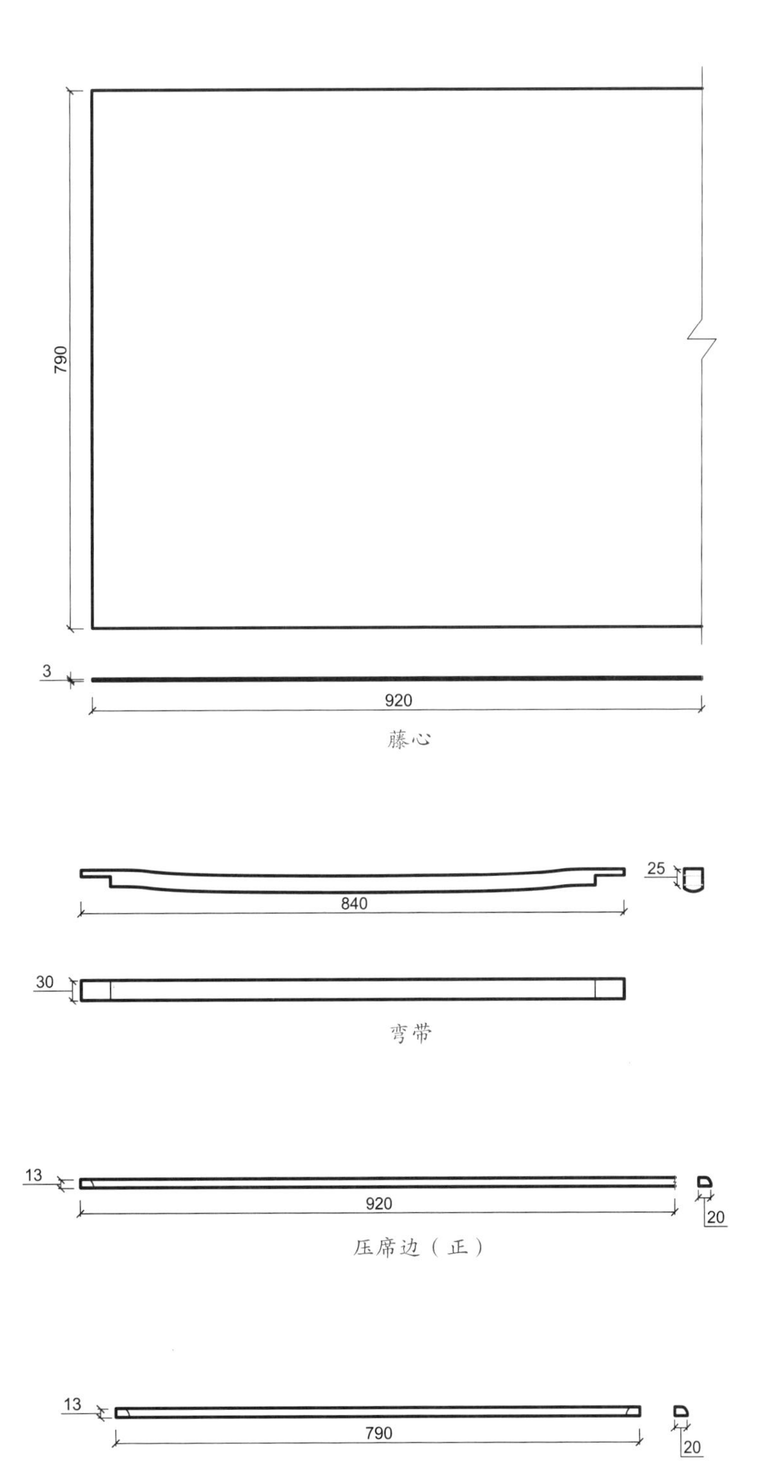
790
3
920
藤心
25
840
30
弯带
13
920
20
压席边（正）
13
790
20
压席边（侧）

细部结构—座面（CAD 图 2 ~图 7）

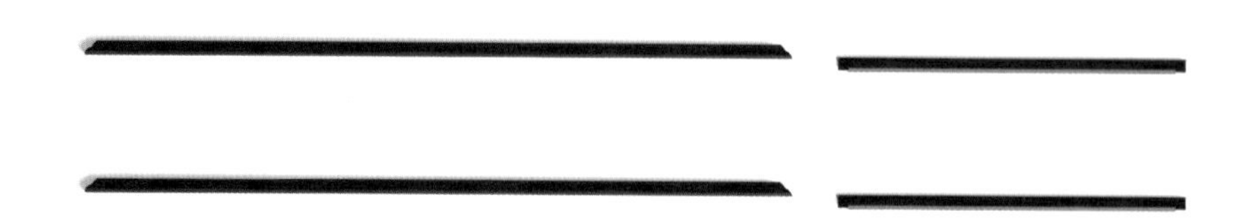

细部效果—托泥（效果图 11）

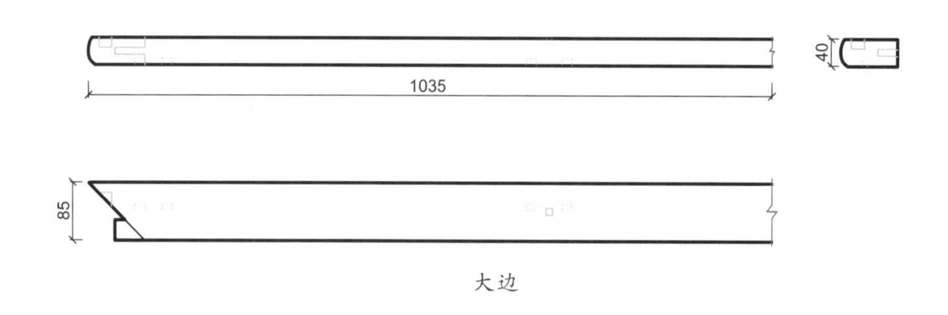
40
1035
85
大边

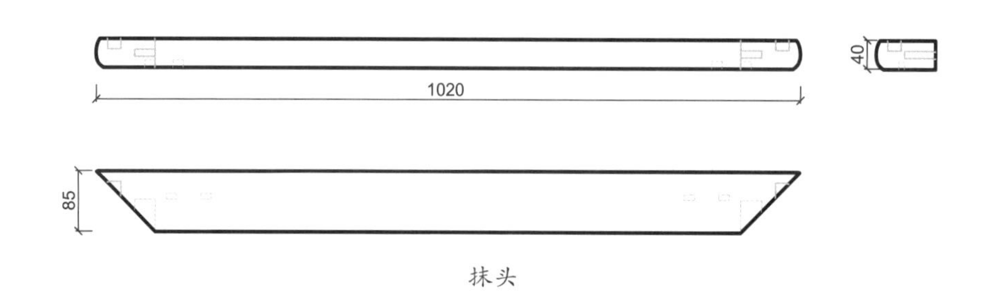
40
1020
85
抹头

细部结构—托泥（CAD 图 8 ~ 图 9）

细部效果—腿子（效果图 12）

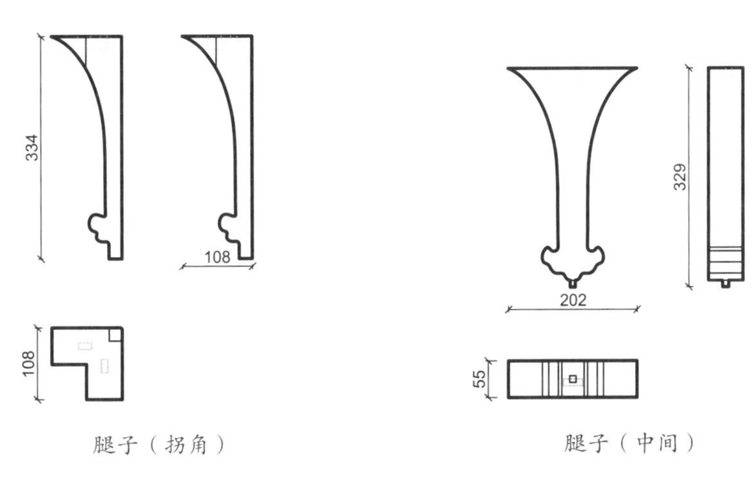
334
108
108
329
202
55

腿子（拐角）

腿子（中间）

细部结构—腿子（CAD 图 10 ~ 图 11）

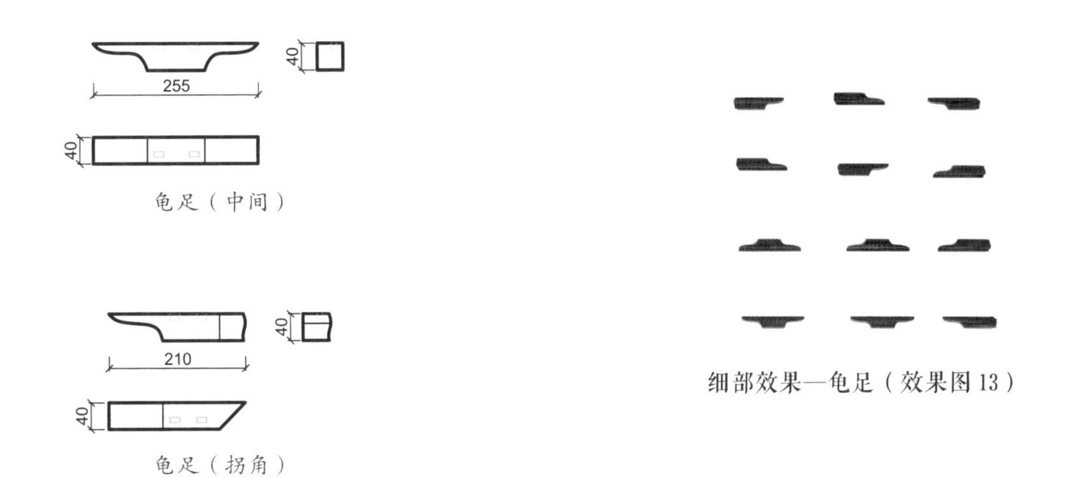
255
40
40
210
40
40

龟足（中间）

龟足（拐角）

细部效果—龟足（效果图 13）

细部结构—龟足（CAD 图 12 ~ 图 13）

十字枨攒海棠纹棂格罗汉床

材质：黄花梨

年款：明

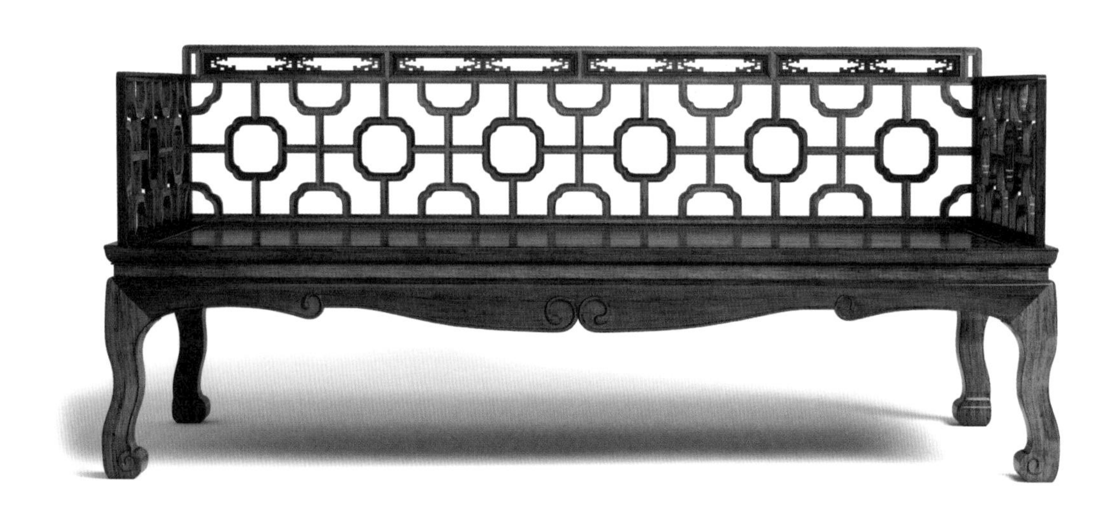

整体外观（效果图 1）

1. 器形点评

此罗汉床为三屏式，床围均以十字枨攒接连续海棠纹，唯靠背床围较高。靠背床围上部以一道横枨将其分隔为两部分，横枨之上与搭脑之间装卡子花，横枨之下以十字枨攒接连续海棠纹。床面为硬屉板，壶门牙子，三弯腿，内翻涡纹足。此罗汉床整体简洁大方，疏密有度，线条流畅。

2. CAD 图示

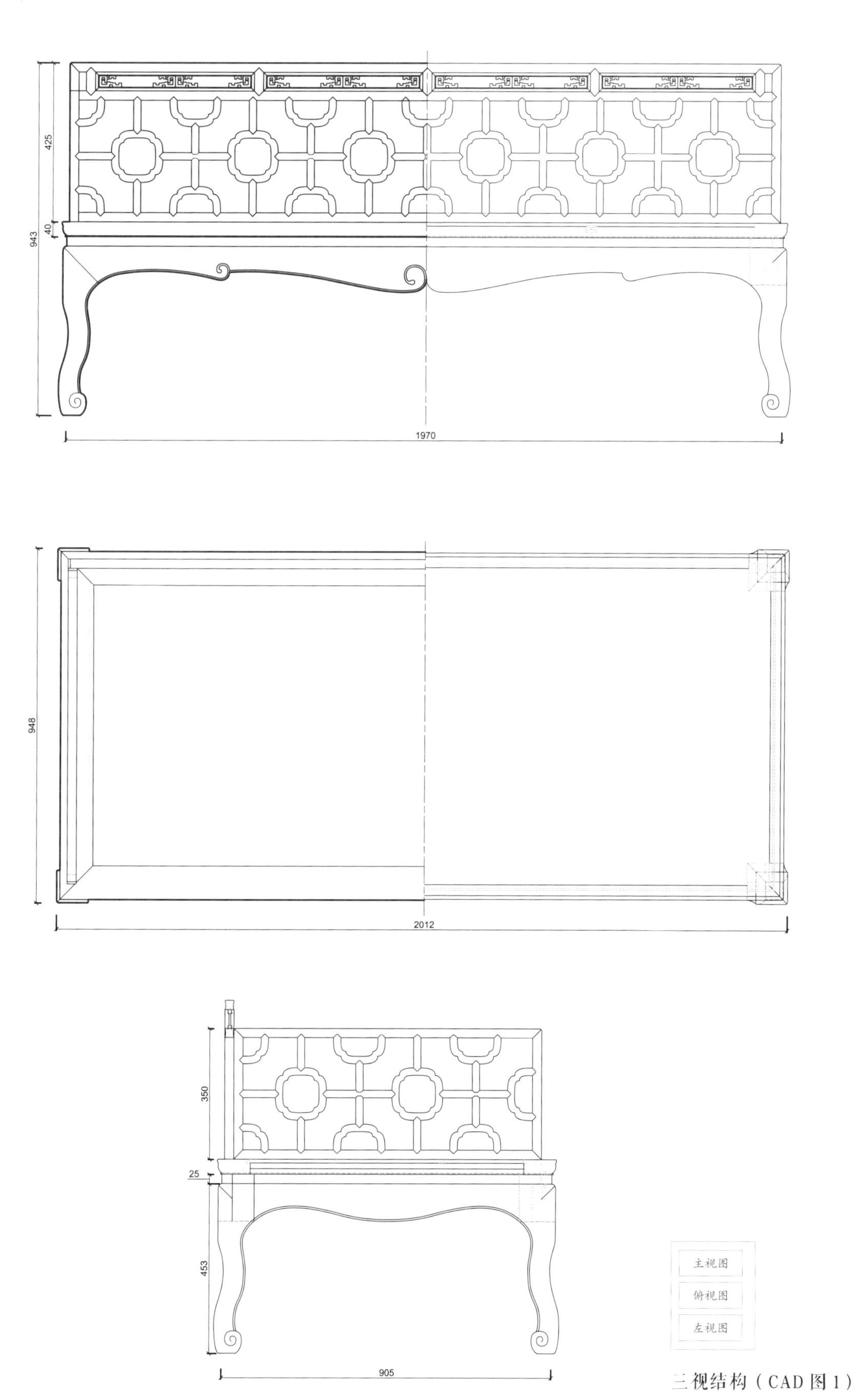

425
40
943
1970
948
2012
350
25
453
905
主视图
俯视图
左视图

三视结构（CAD 图 1）

3. 用材效果

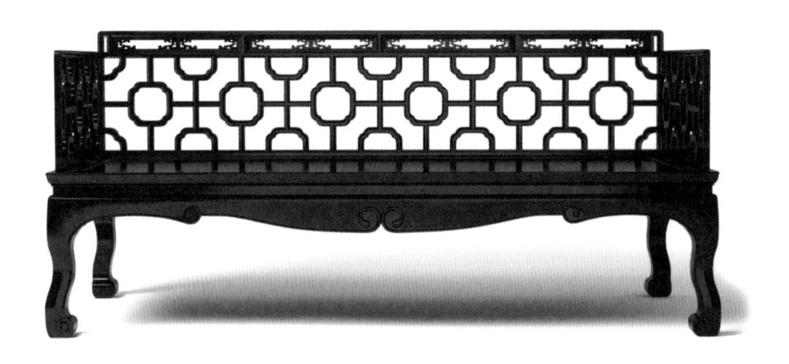

用材效果（材质：紫檀；效果图 2）

用材效果（材质：黄花梨；效果图 3）

用材效果（材质：红酸枝；效果图 4）

4. 结构爆炸

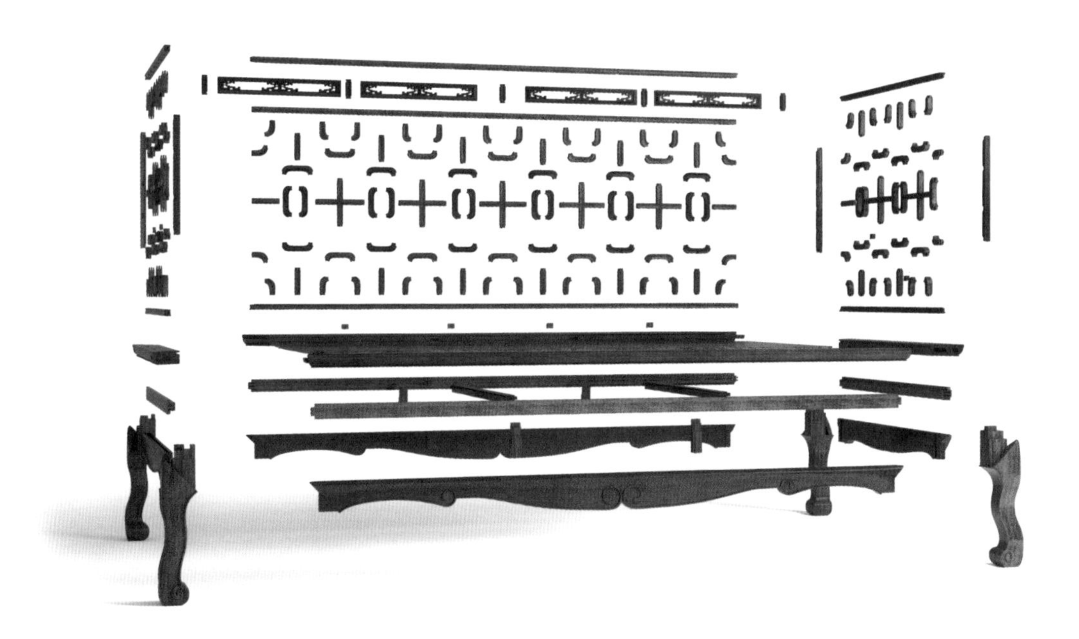

结构爆炸（效果图 5）

5. 部件示意

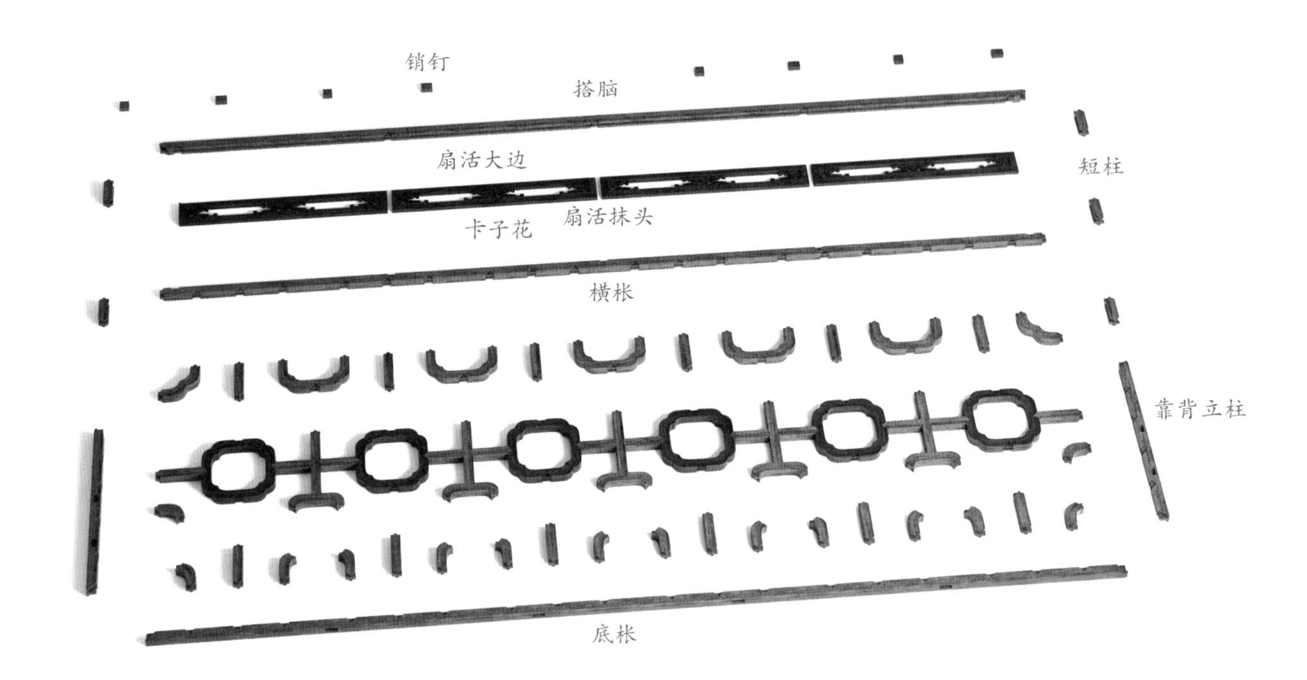

销钉
搭脑
扇活大边
短柱
卡子花
扇活抹头
横枨
靠背立柱
底枨

部件示意—靠背围子（效果图 6）

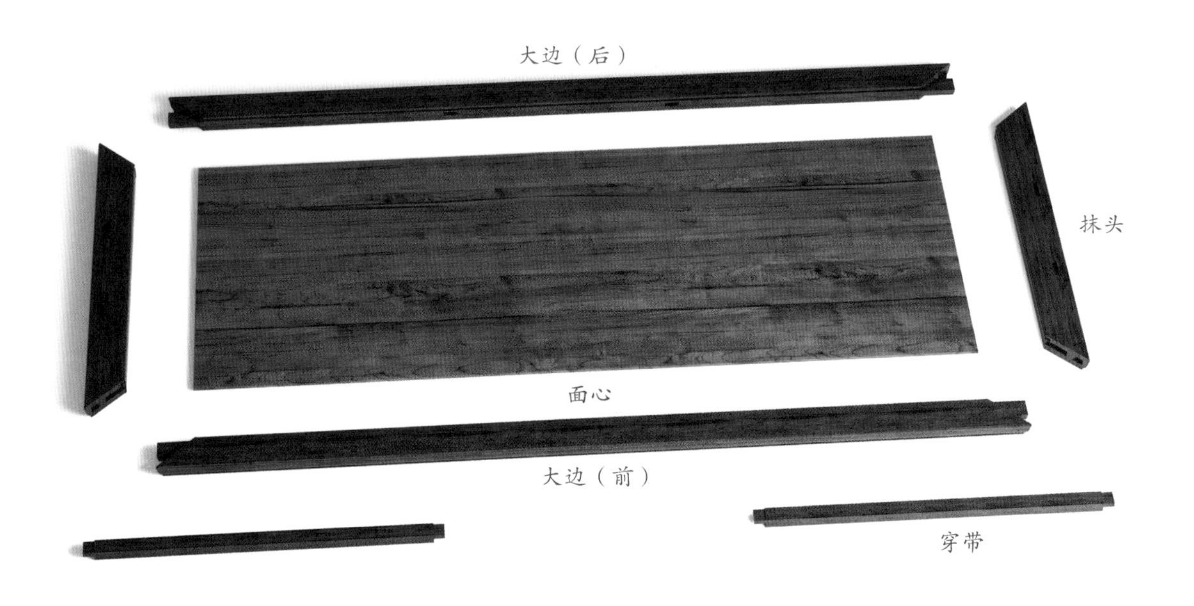

大边（后）
抹头
面心
大边（前）
穿带

部件示意—座面（效果图 7）

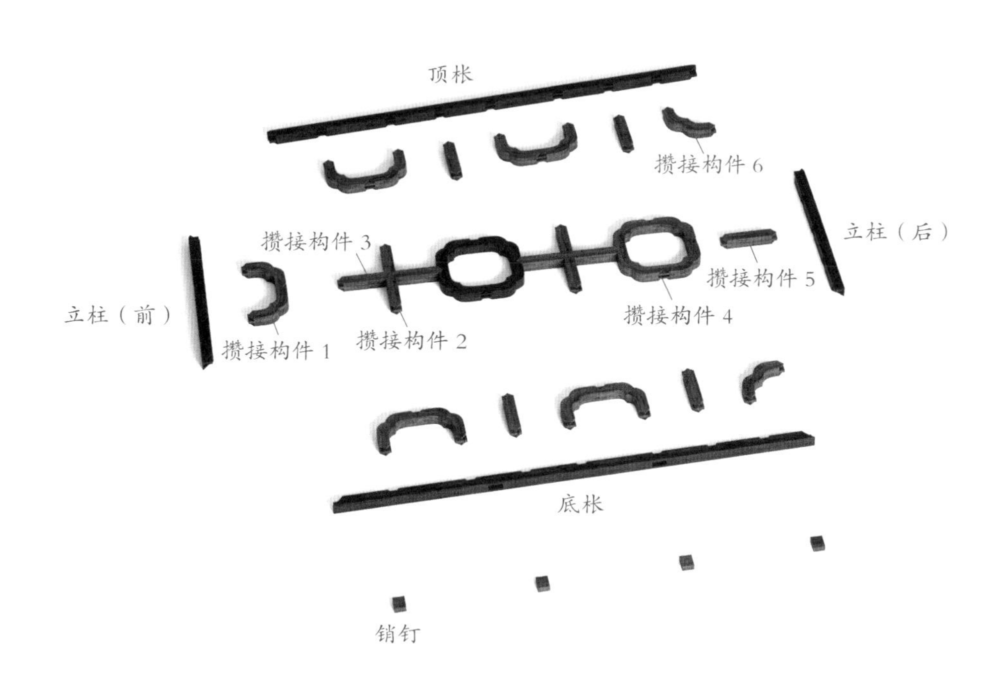
顶枨
攒接构件 6
攒接构件 3
立柱（后）
攒接构件 5
立柱（前）
攒接构件 2
攒接构件 4
攒接构件 1
底枨
销钉

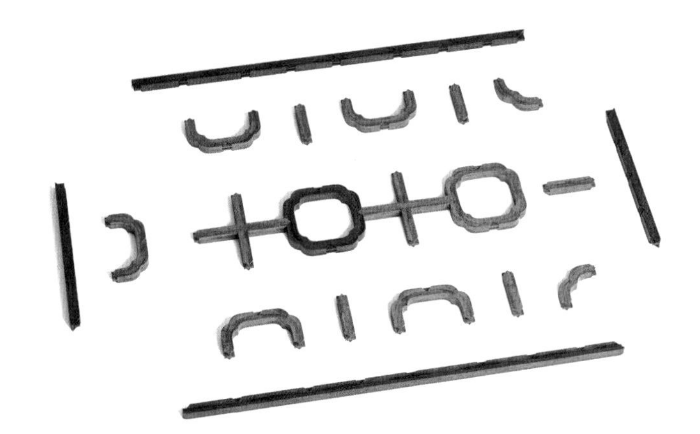

部件示意—两侧围子（效果图 8）

穿销
牙板（正）
牙板（侧）

部件示意—牙板（效果图 9）

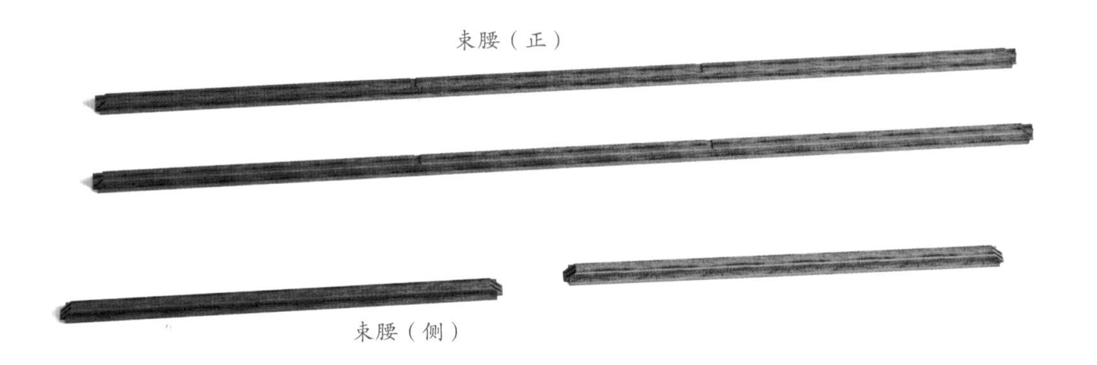
束腰（正）
束腰（侧）

部件示意—束腰（效果图 10）

部件示意—腿子（效果图 11）

6. 细部详解

细部效果—靠背围子（效果图 12）

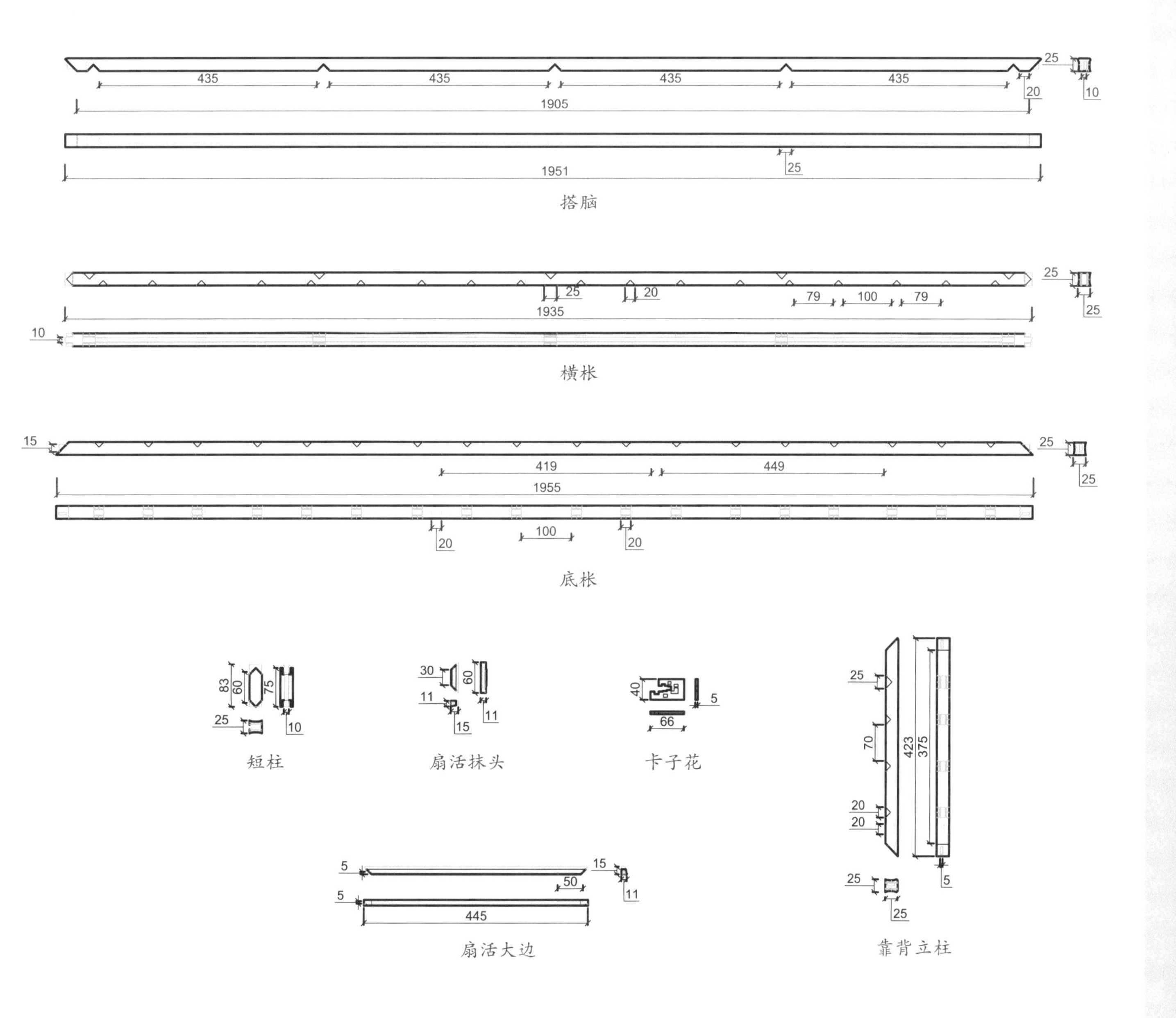

25
435
435
435
435
20
10
1905
1951
25
搭脑
25
25
20
79
100
79
25
1935
10
横枨
15
25
419
449
1955
25
20
100
20
底枨
83
60
75
25
10
短柱
30
60
11
15
11
扇活抹头
40
5
66
卡子花
25
70
423
375
20
20
25
5
25
靠背立柱
5
15
50
5
11
445
扇活大边

细部结构—靠背围子（CAD 图 2 ~图 9）

细部效果—两侧围子（效果图 13）

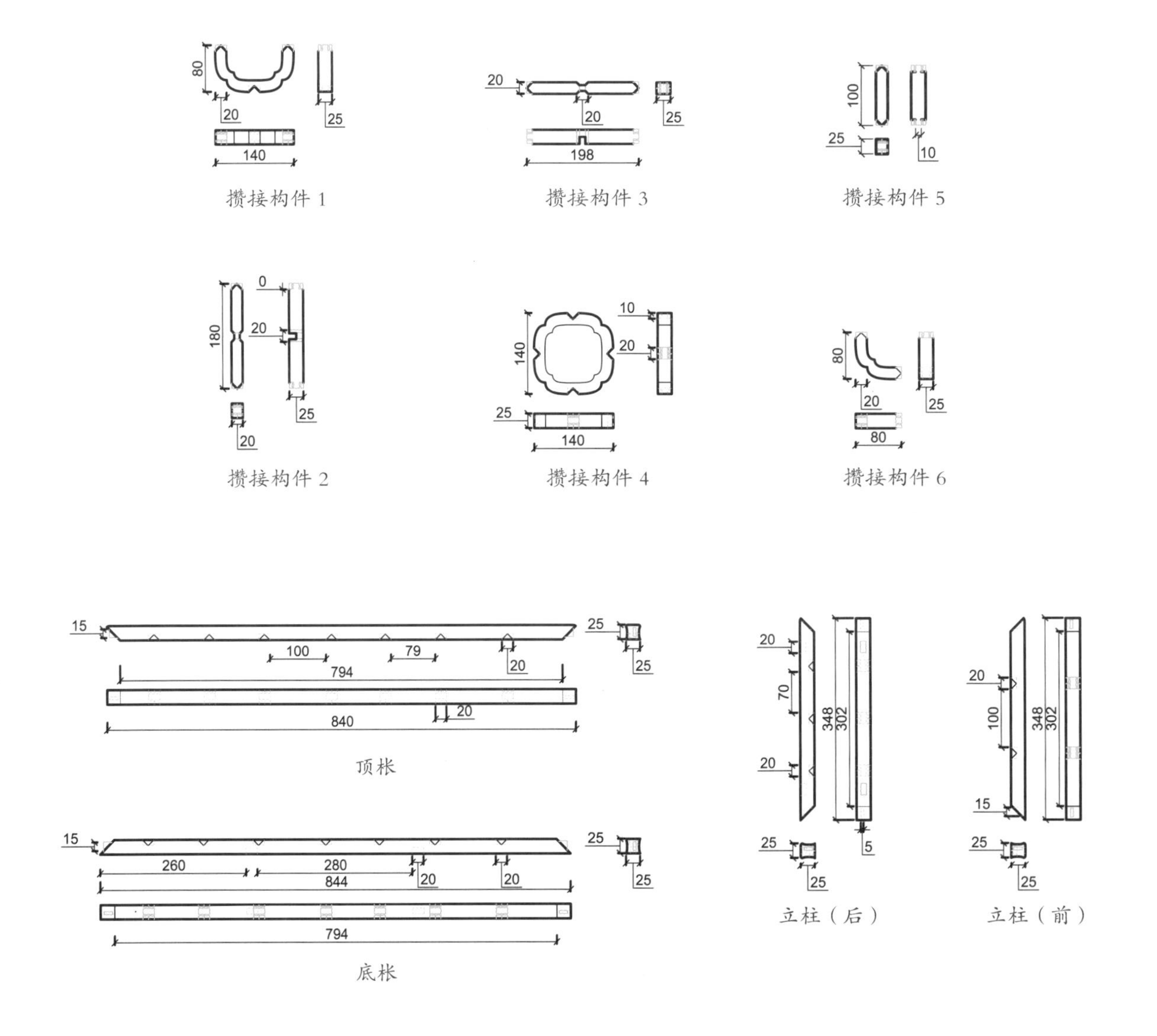
攒接构件 1
攒接构件 3
攒接构件 5
攒接构件 2
攒接构件 4
攒接构件 6
顶枨
底枨
立柱（后）
立柱（前）

细部结构—两侧围子（CAD 图 10 ~ 图 19）

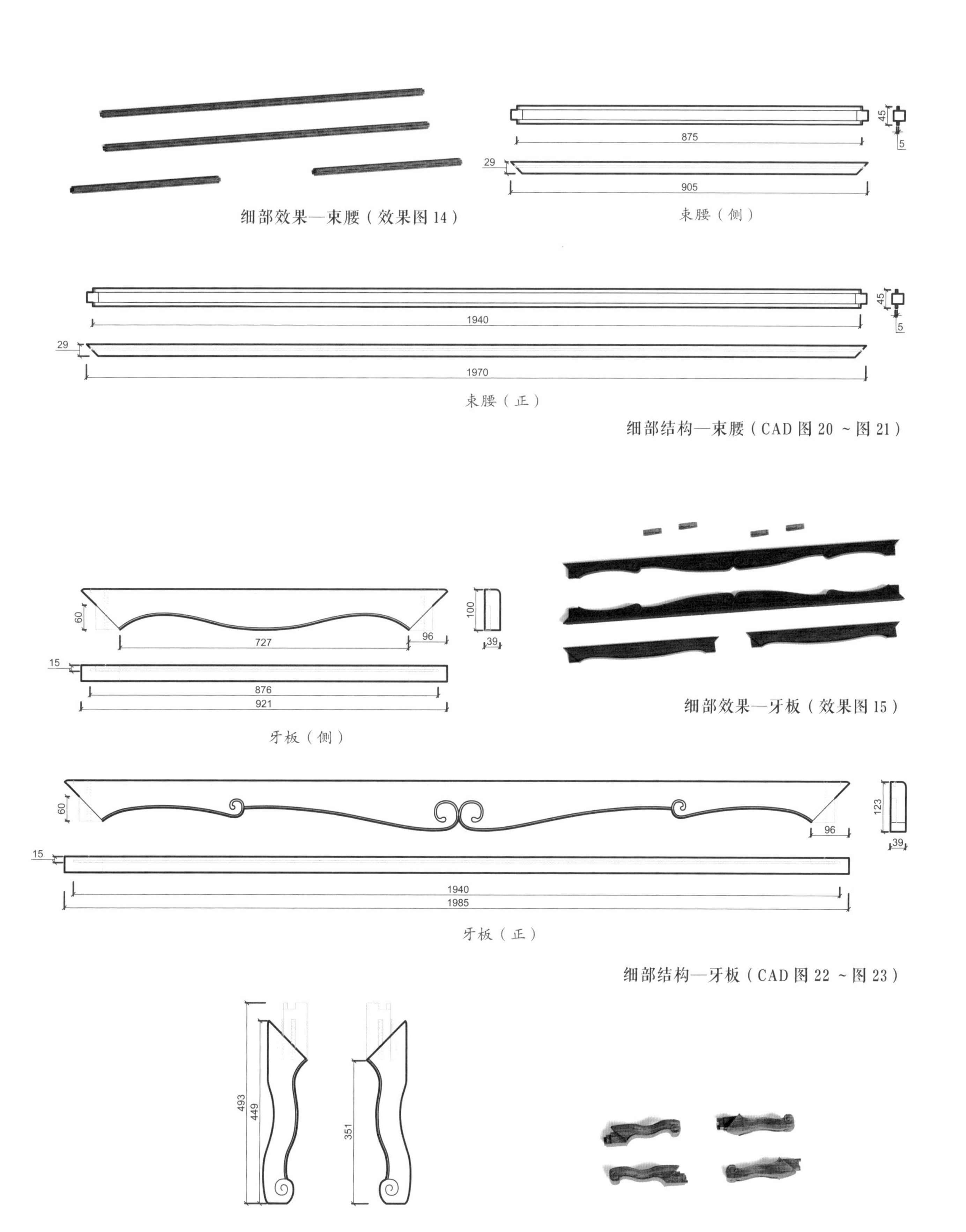

875
45
5
29
905
束腰（侧）
1940
45
5
29
1970
束腰（正）
60
727
96
100
39
15
876
921
牙板（侧）
60
96
123
39
15
1940
1985
牙板（正）
493
449
351
30
60
110

细部效果—束腰（效果图 14）

细部结构—束腰（CAD 图 20 ～图 21）

细部效果—牙板（效果图 15）

细部结构—牙板（CAD 图 22 ～图 23）

细部结构—腿子（CAD 图 24）

细部效果—腿子（效果图 16）

细部效果—座面（效果图 17）

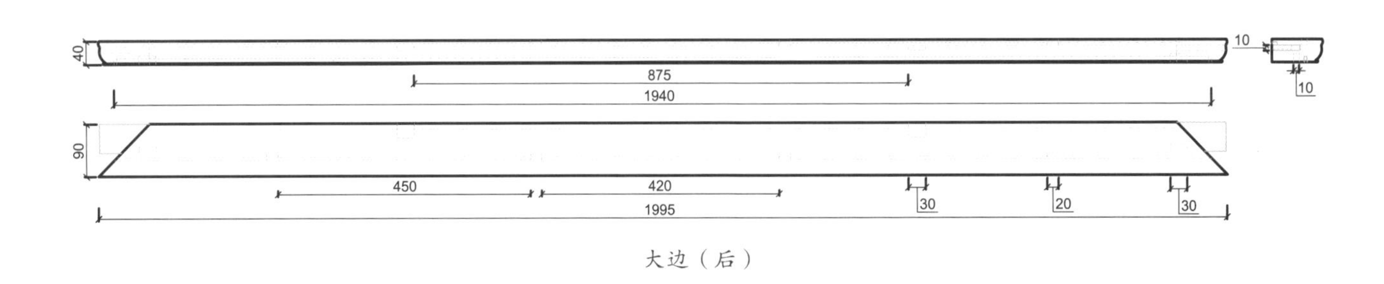
40
875
1940
10
10
90
450
420
1995
30
20
30

大边（后）

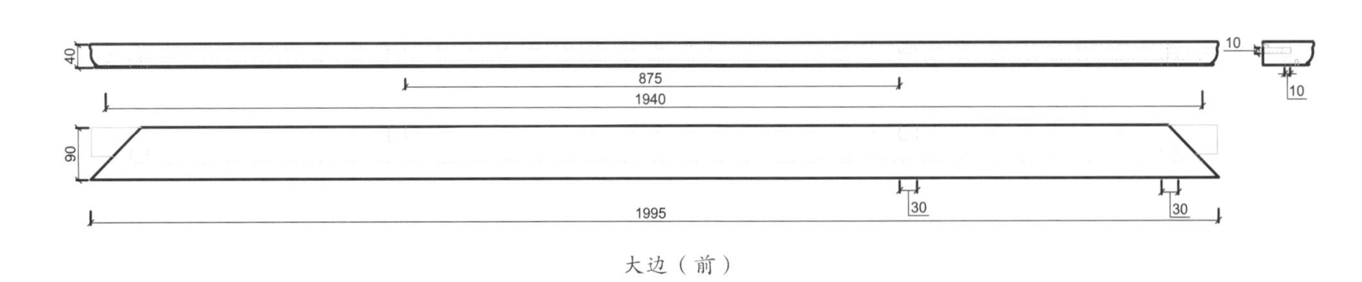
40
875
1940
10
10
90
1995
30
30

大边（前）

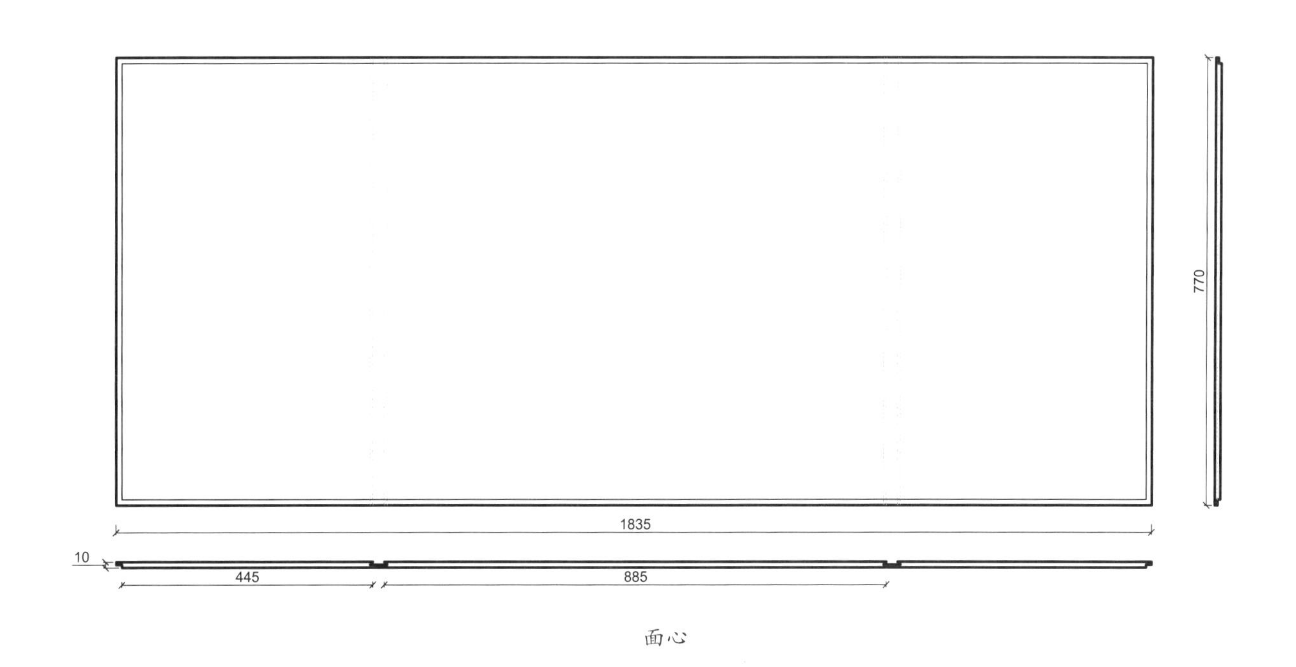
770
1835
10
445
885

面心

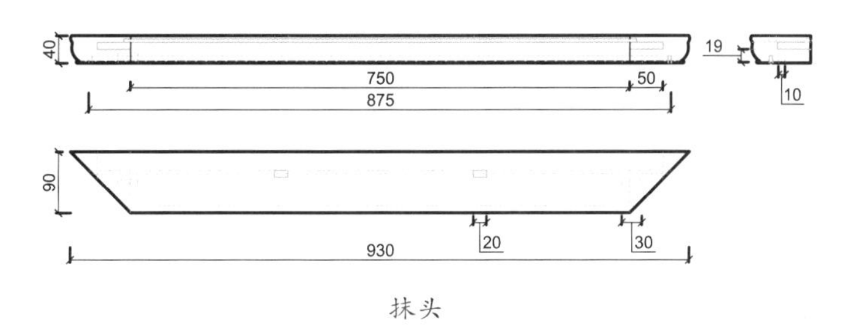
40
19
750
50
875
10
90
20
30
930

抹头

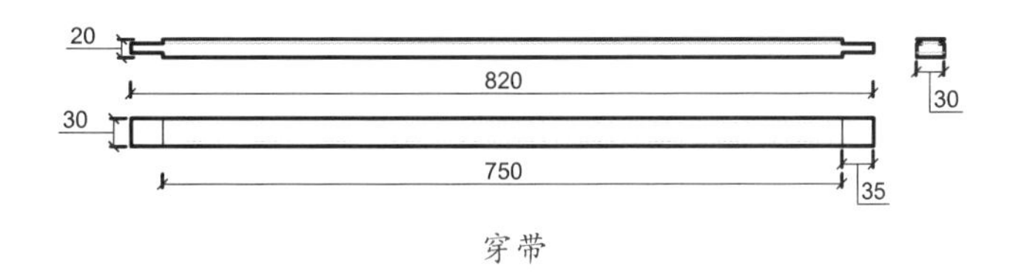
20
820
30
30
750
35

穿带

细部结构—座面（CAD 图 25 ~图 29）

卷草纹圈口罗汉床

材质：黄花梨

年款：明

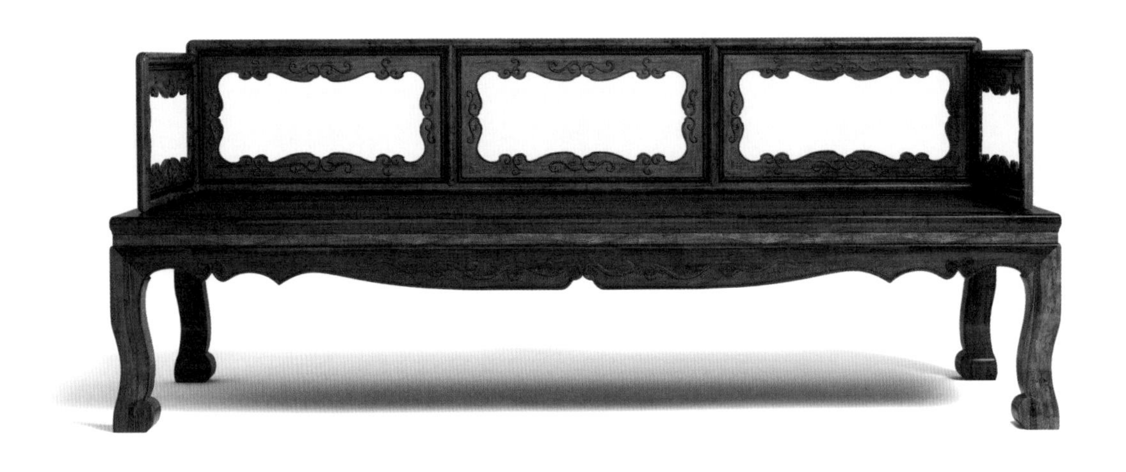

整体外观（效果图1）

1. 器形点评

此罗汉床为三屏式，由靠背围子及左右扶手围子组成。靠背围子分三段，内装壶门圈口，左右扶手围子亦各装壶门圈口。床面为硬屉板，下有束腰，壶门牙子浮雕卷草纹。床腿为三弯腿，内翻涡纹足。此床造型简练、舒展，美观大方，有一种飘逸俊秀的韵味。

2. CAD 图示

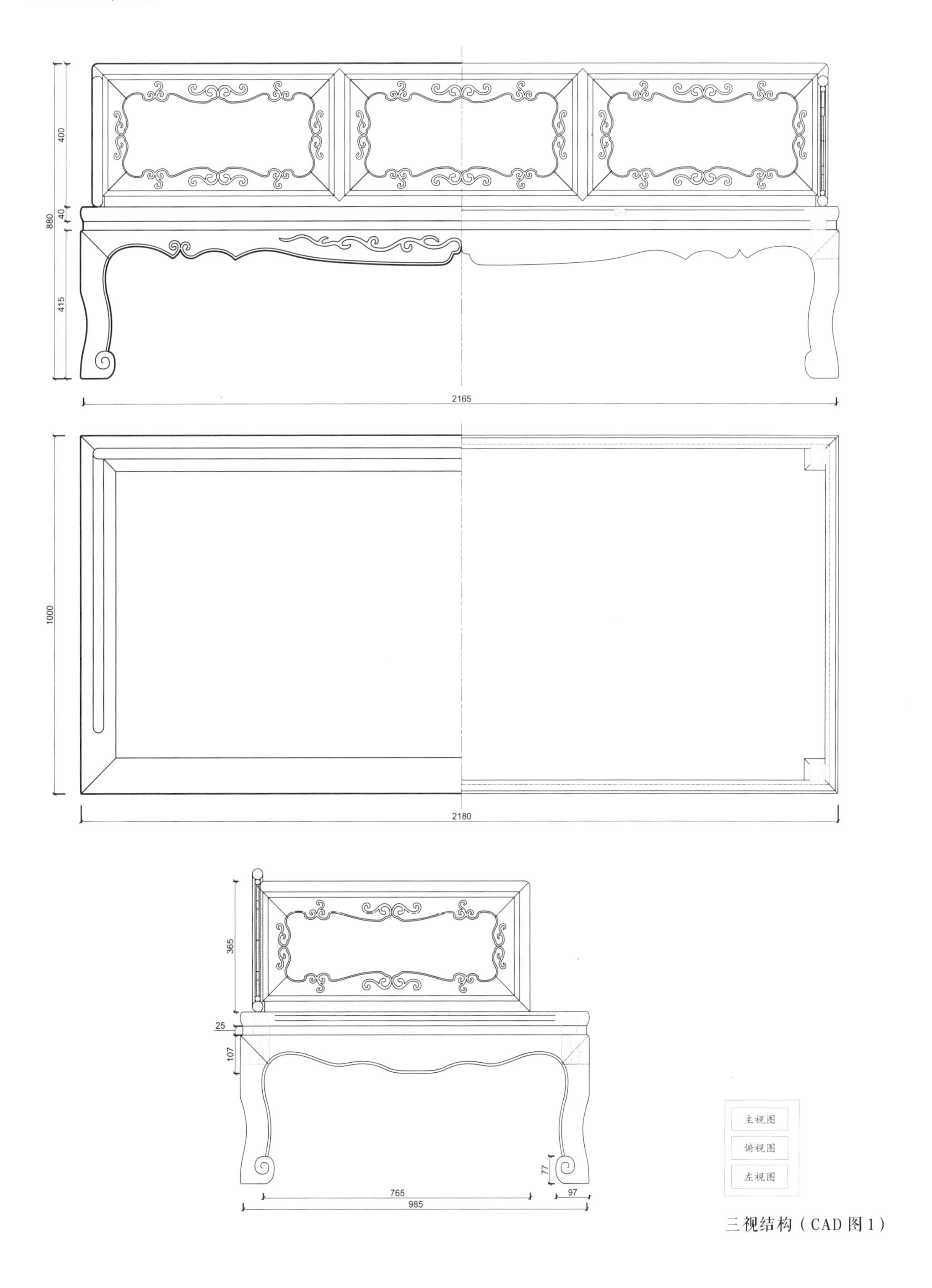
400
40
880
415
2165
1000
2180
365
25
107
77
765
97
985
主视图
俯视图
左视图

三视结构（CAD 图 1）

3. 用材效果

用材效果（材质：紫檀；效果图 2）

用材效果（材质：黄花梨；效果图 3）

用材效果（材质：红酸枝；效果图 4）

4. 结构爆炸

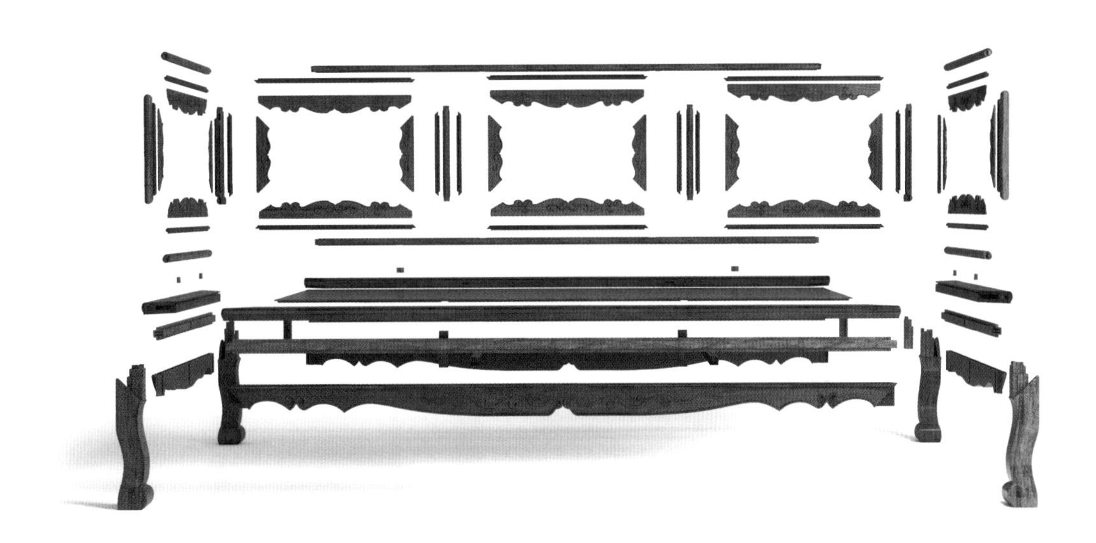

结构爆炸（效果图 5）

5. 部件示意

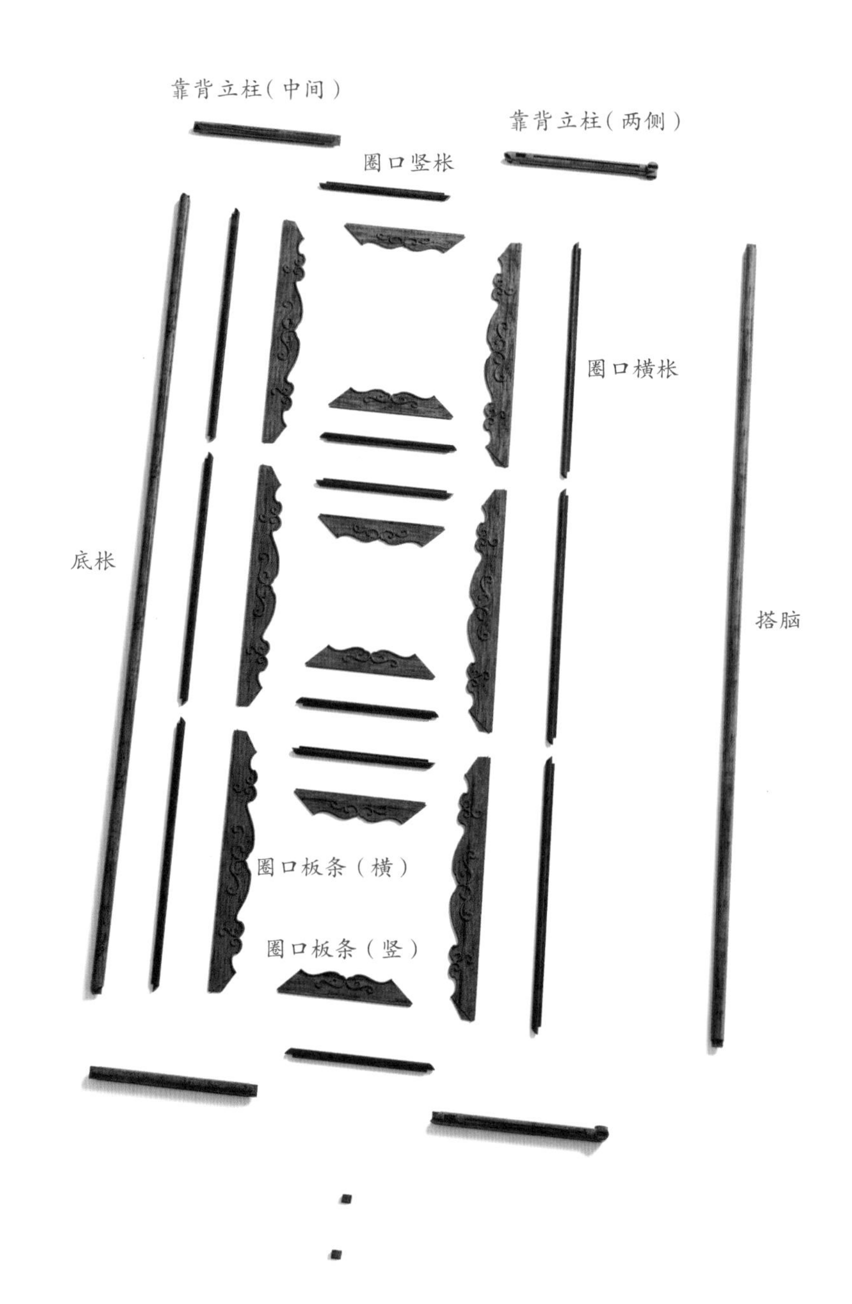

靠背立柱（中间）
靠背立柱（两侧）
圈口竖枨
圈口横枨
底枨
搭脑
圈口板条（横）
圈口板条（竖）

部件示意—靠背围子（效果图 6）

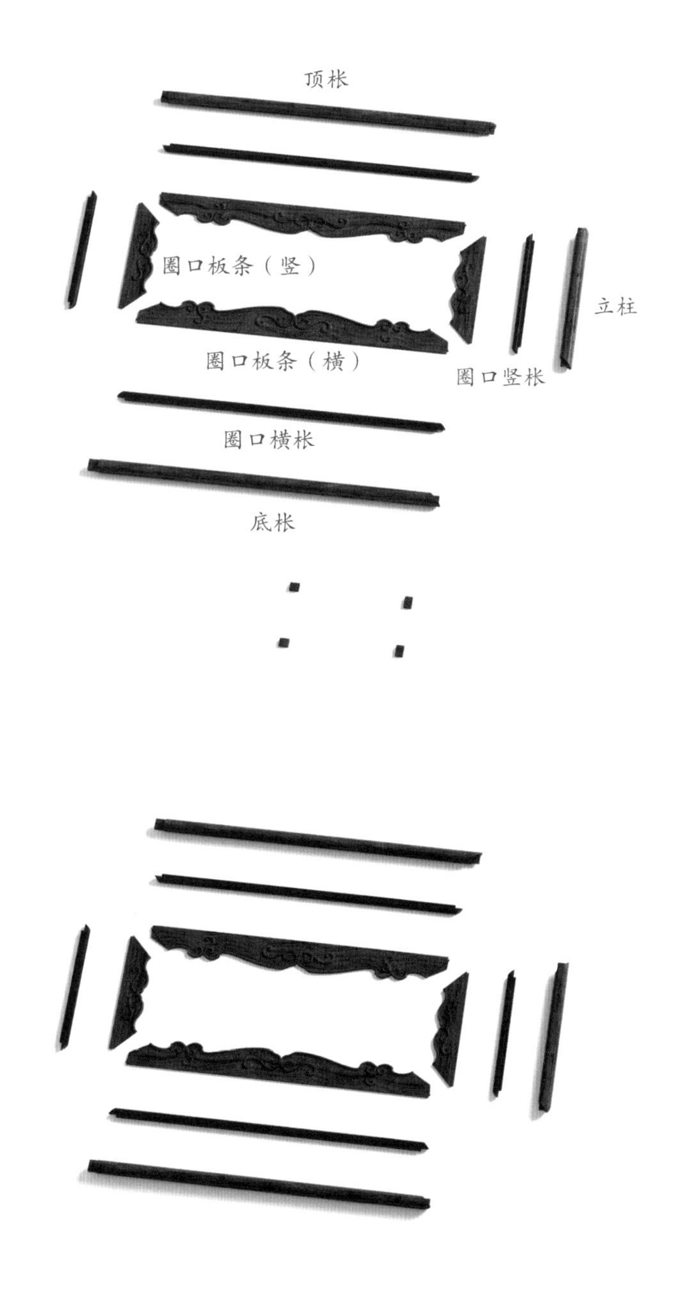
顶枨
圈口板条（竖）
立柱
圈口板条（横）
圈口竖枨
圈口横枨
底枨

部件示意—两侧围子（效果图 7）

抹头
大边（后）
大边（前）
穿带
面心

部件示意—座面（效果图 8）

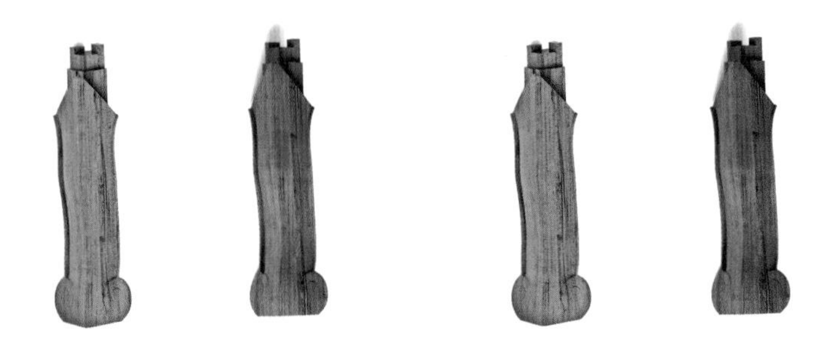

部件示意—腿子（效果图 9）

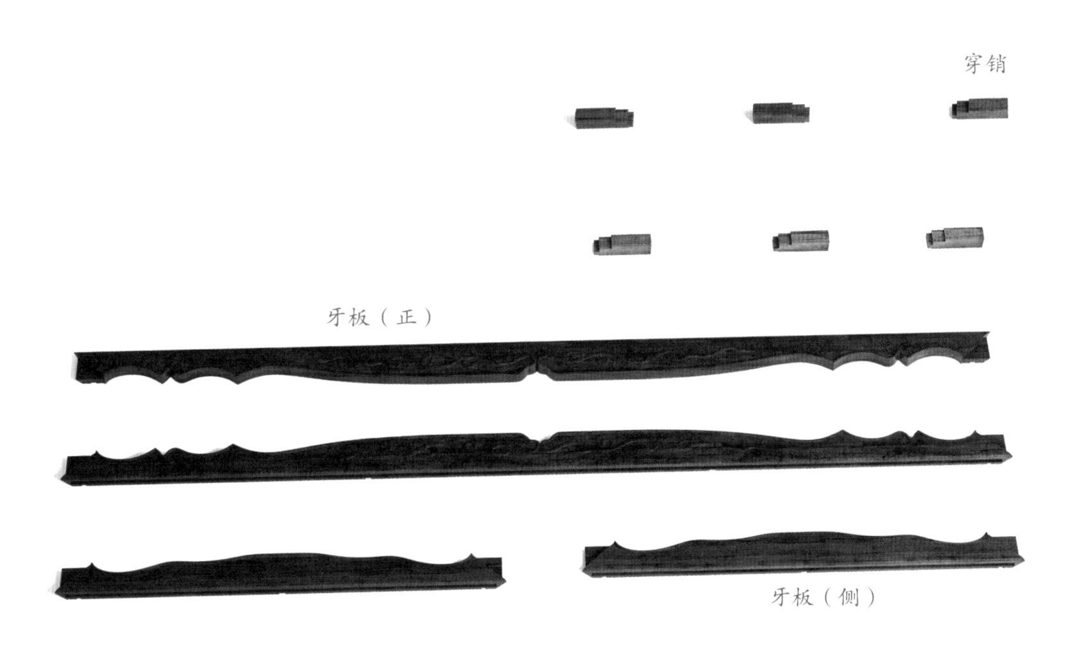
穿销
牙板（正）
牙板（侧）

部件示意—牙板（效果图10）

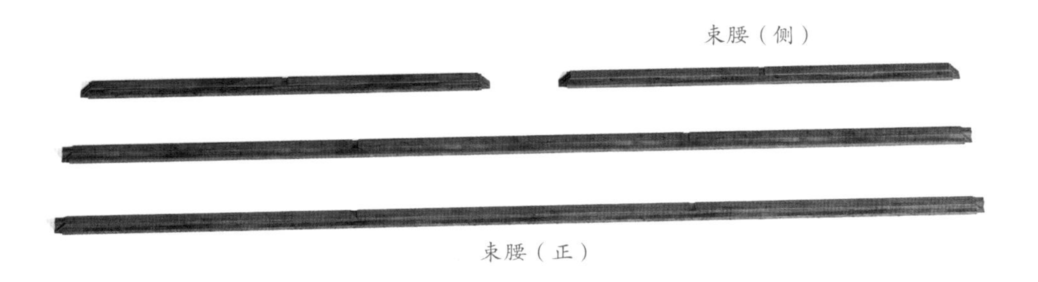
束腰（侧）
束腰（正）

部件示意—束腰（效果图11）

6. 细部详解

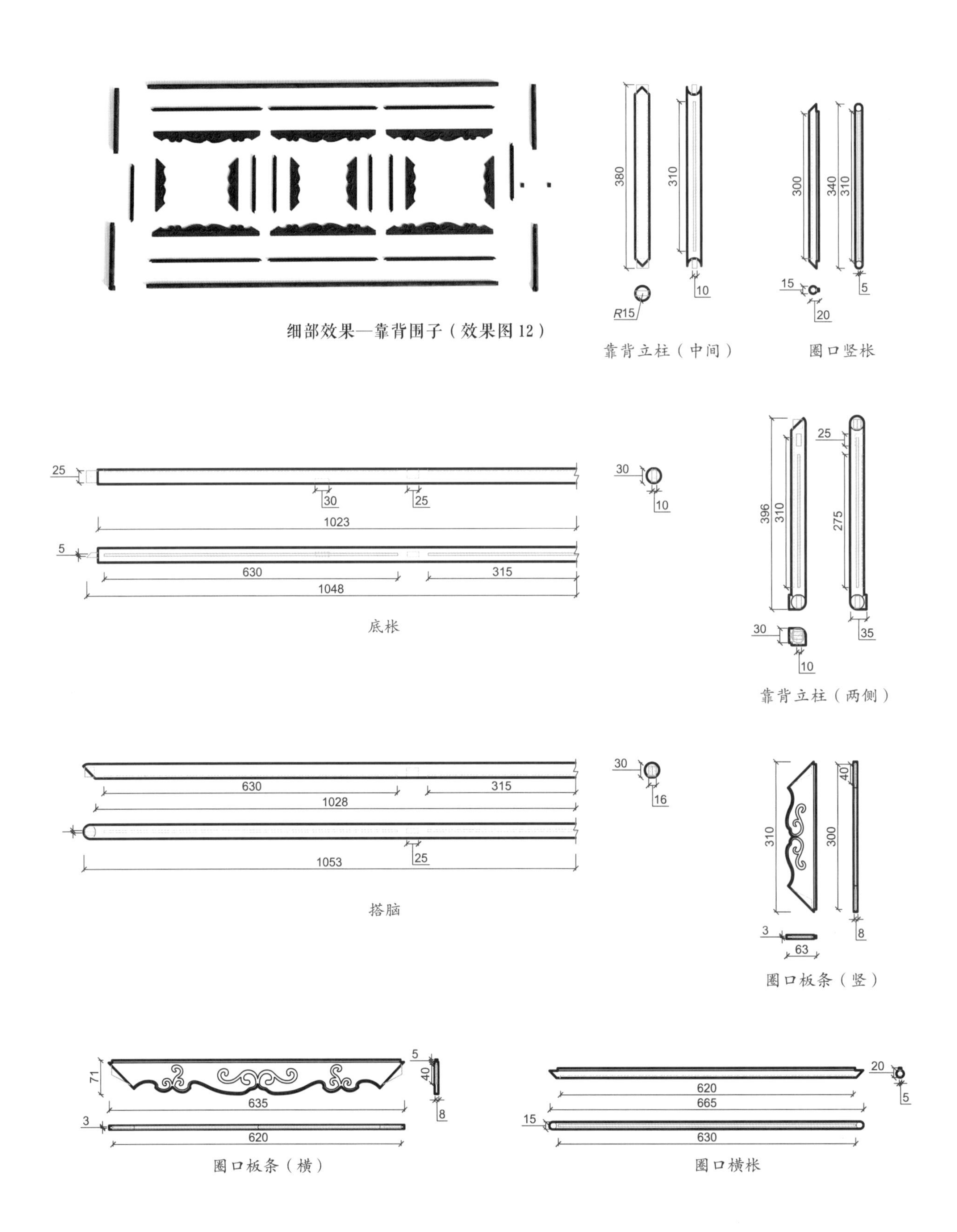
细部效果—靠背围子（效果图 12）
380
310
R15
10
靠背立柱（中间）
300
340
310
15
20
5
圈口竖枨
25
30
25
1023
5
630
315
1048
30
10
底枨
396
310
275
25
30
10
35
靠背立柱（两侧）
630
315
1028
1053
25
30
16
搭脑
310
300
40
3
63
8
圈口板条（竖）
71
635
5
40
8
3
620
圈口板条（横）
620
665
20
5
15
630
圈口横枨

细部结构—靠背围子（CAD 图 2 ~图 9）

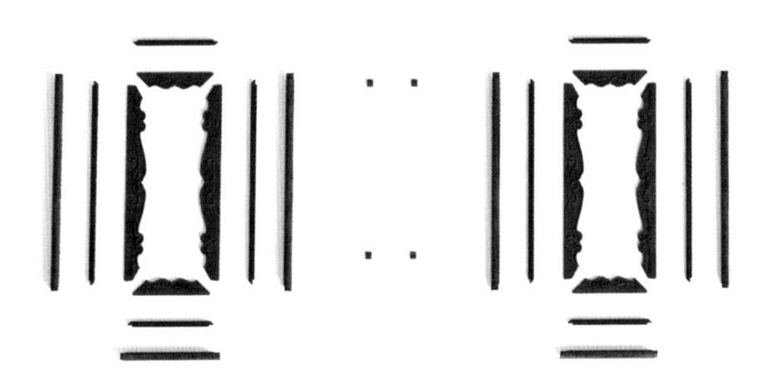

细部效果—两侧围子（效果图 13）

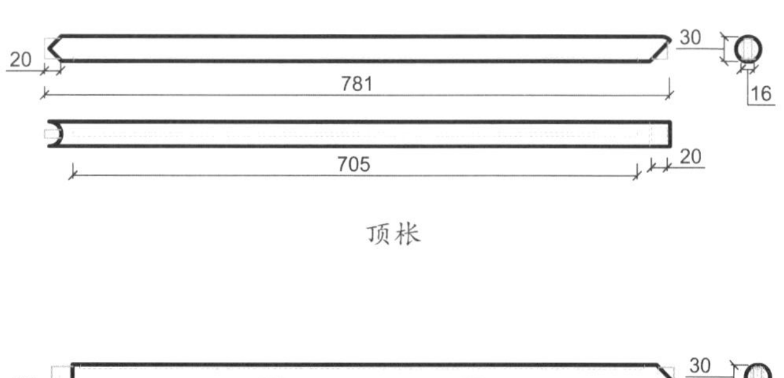
20
781
30
16
705
20

顶枨

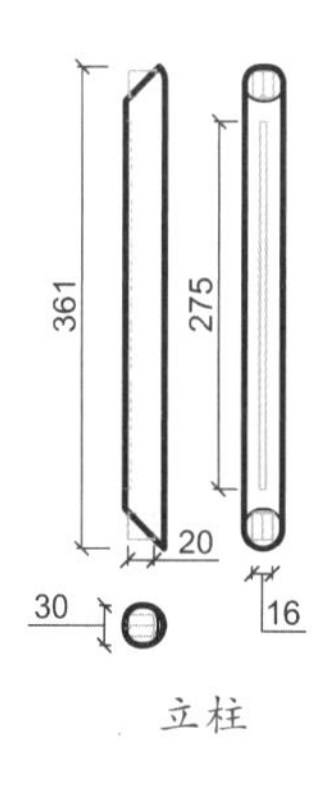
361
275
20
30
16

立柱

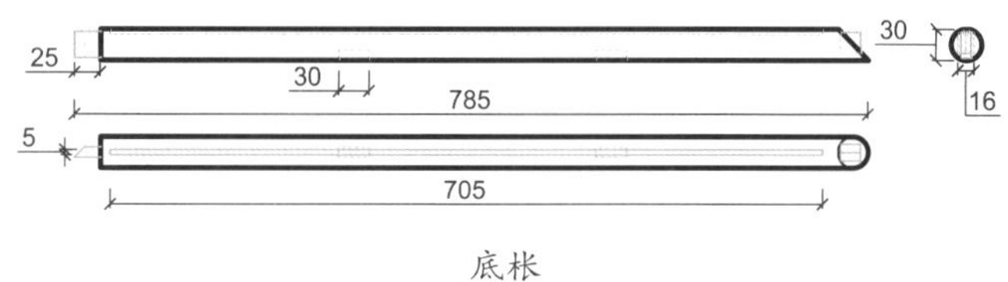
25
30
785
30
16
5
705

底枨

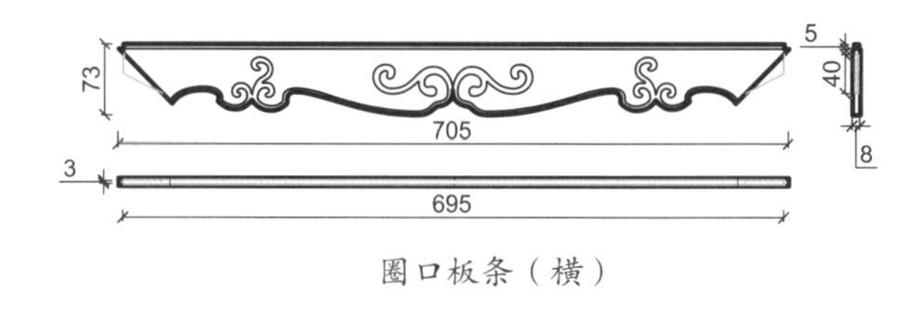
73
705
5
40
8
3
695

圈口板条（横）

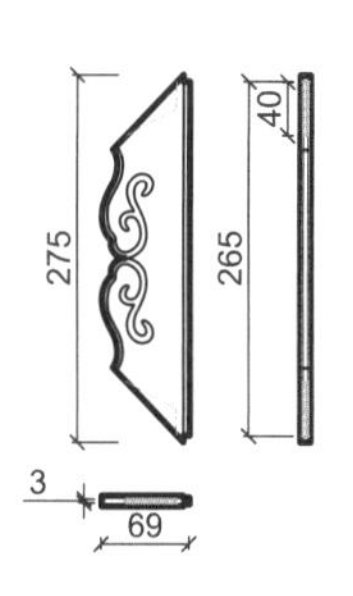
275
40
265
3
69

圈口板条（竖）

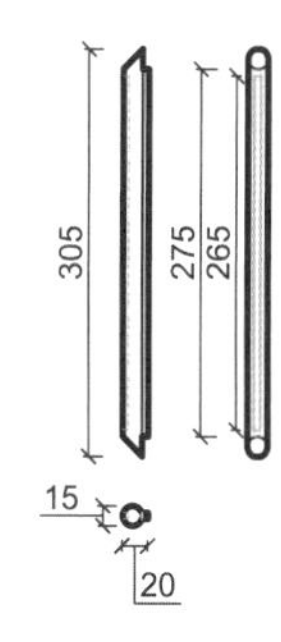
305
275
265
15
20

圈口竖枨

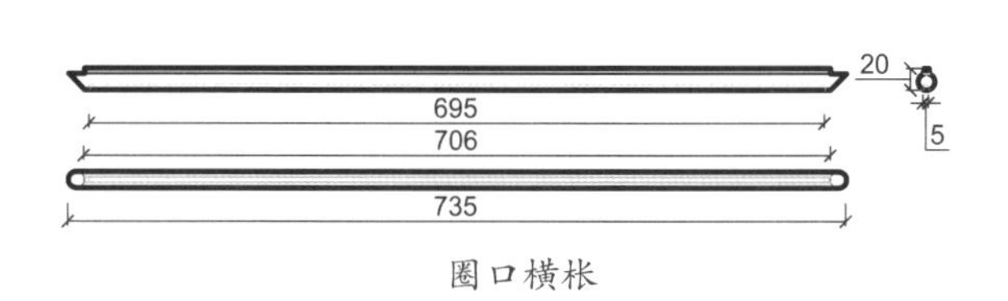
20
695
706
5
735

圈口横枨

细部结构—两侧围子（CAD 图 10 ~ 图 16）

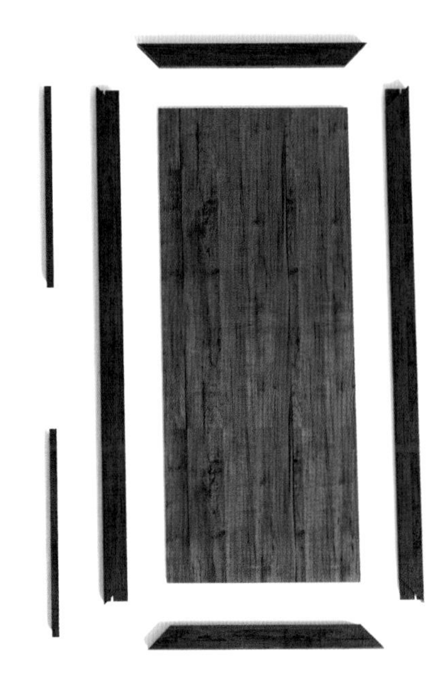

细部效果—座面（效果图 14）

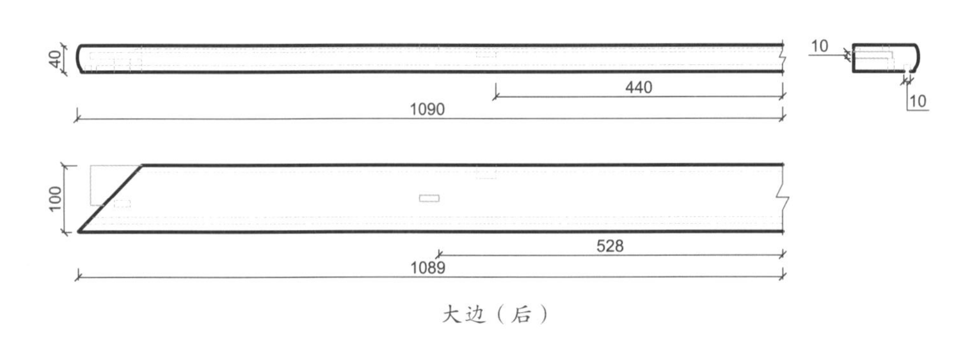

40
440
1090
10
10
100
528
1089

大边（后）

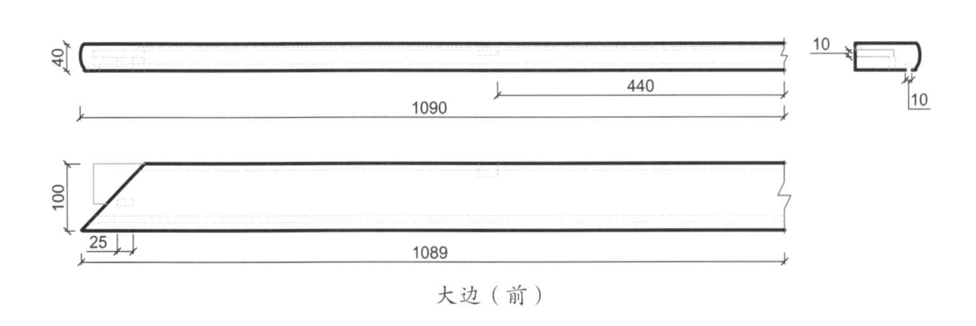

40
440
1090
10
10
100
25
1089

大边（前）

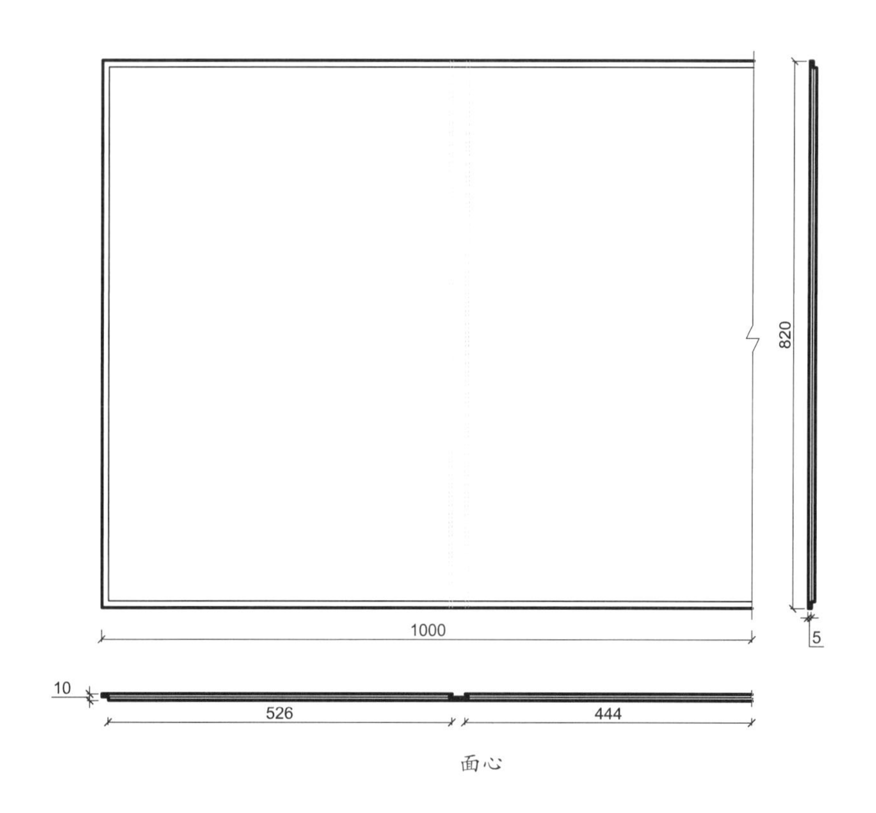

820
5
1000
10
526
444

面心

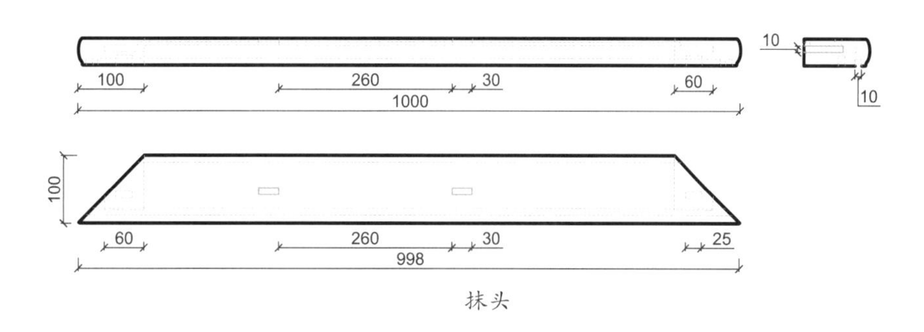

10
100
260
30
60
10
1000
100
60
260
30
25
998

抹头

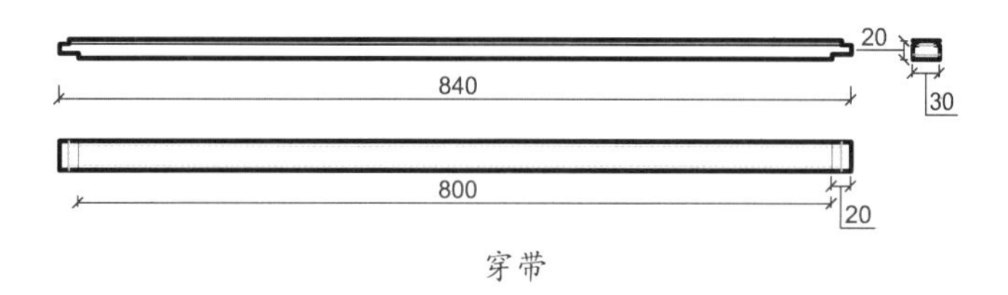

20
840
30
800
20

穿带

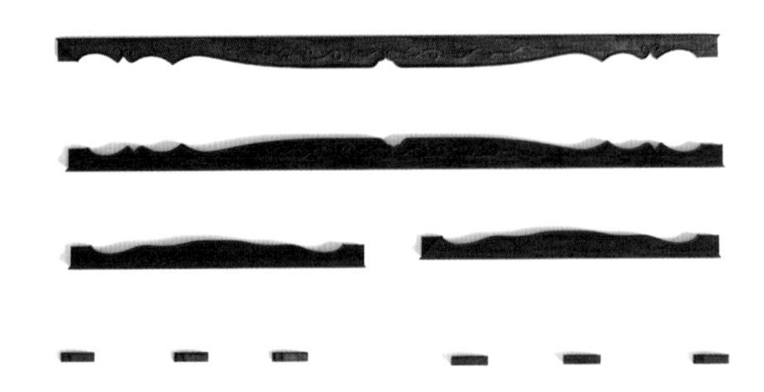

细部效果—牙板（效果图 15）

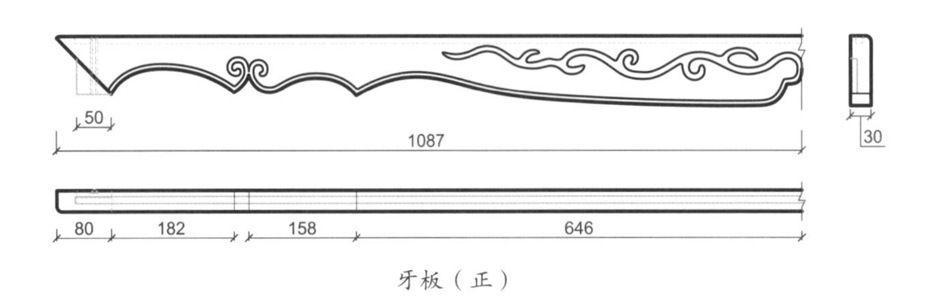
50
1087
30
80
182
158
646

牙板（正）

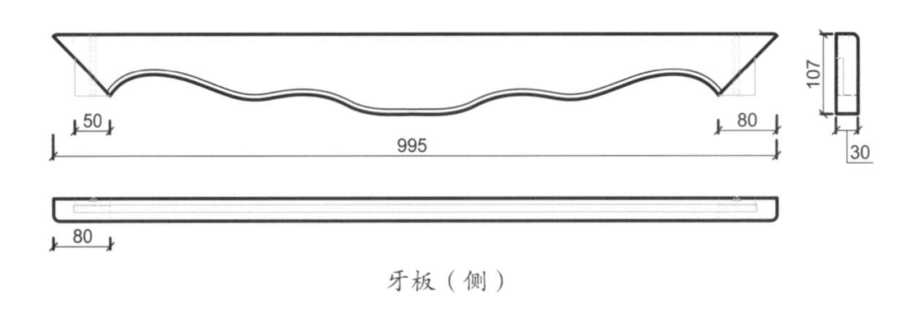
107
50
80
995
30
80

牙板（侧）

细部结构—牙板（CAD 图 22 ~ 图 23）

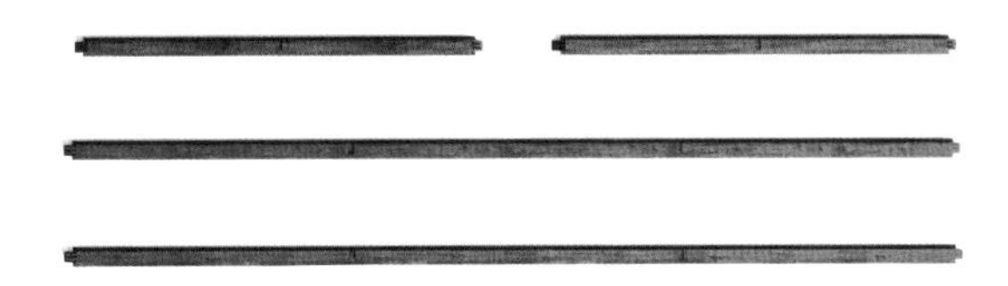

细部效果—束腰（效果图 16）

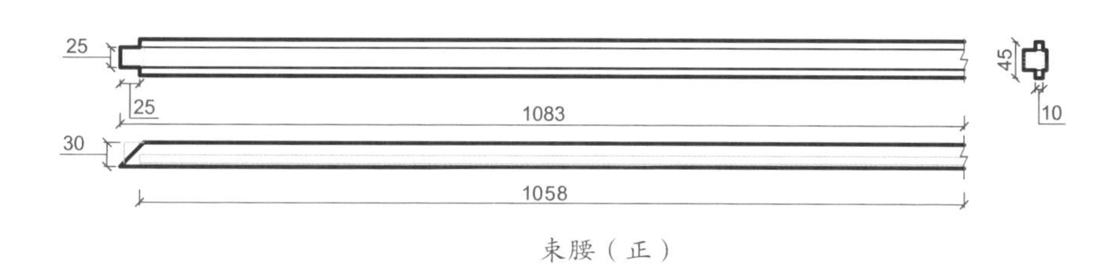
25
25
1083
45
10
30
1058

束腰（正）

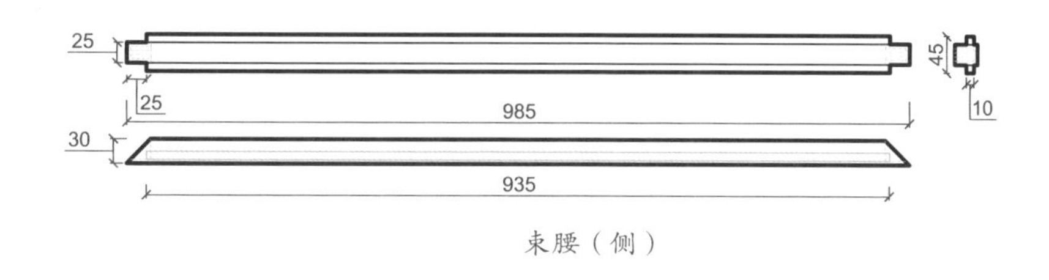
25
25
985
45
10
30
935

束腰（侧）

细部结构—束腰（CAD 图 24 ～图 25）

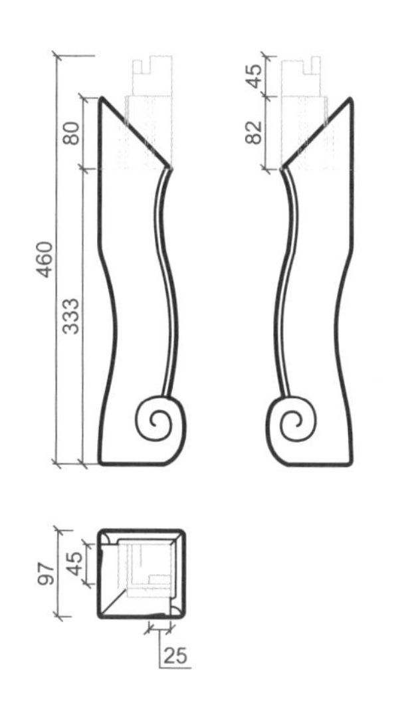
80
460
333
45
82
97
45
25

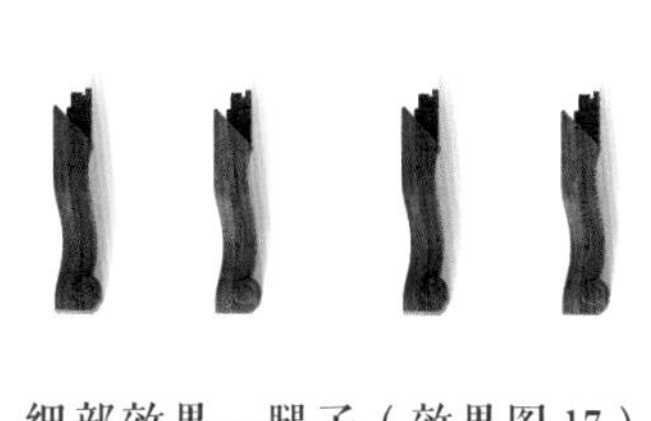

细部效果—腿子（效果图 17）

细部结构—腿子（CAD 图 26）

壶门牙板罗汉床

材质：黄花梨

年款：明

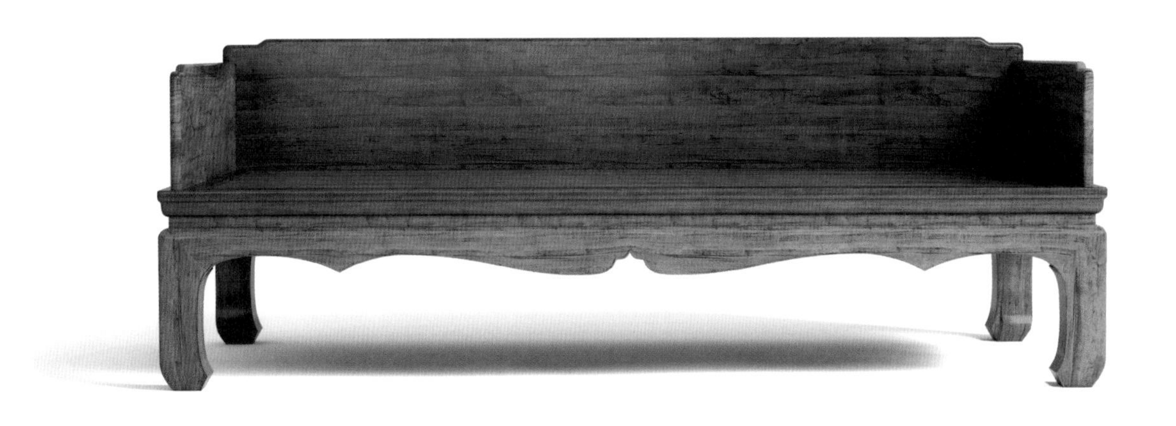

整体外观（效果图1）

1. 器形点评

此罗汉床为三屏式，围子通体光素，边角为柔软的委角。床面装硬板，下有束腰。壶门牙子线条优美。四腿为直腿，内翻马蹄足。整个罗汉床没有过多雕饰，简洁大方，线脚流畅，彰显明式家具清新淡雅的风格特点。

2. CAD 图示

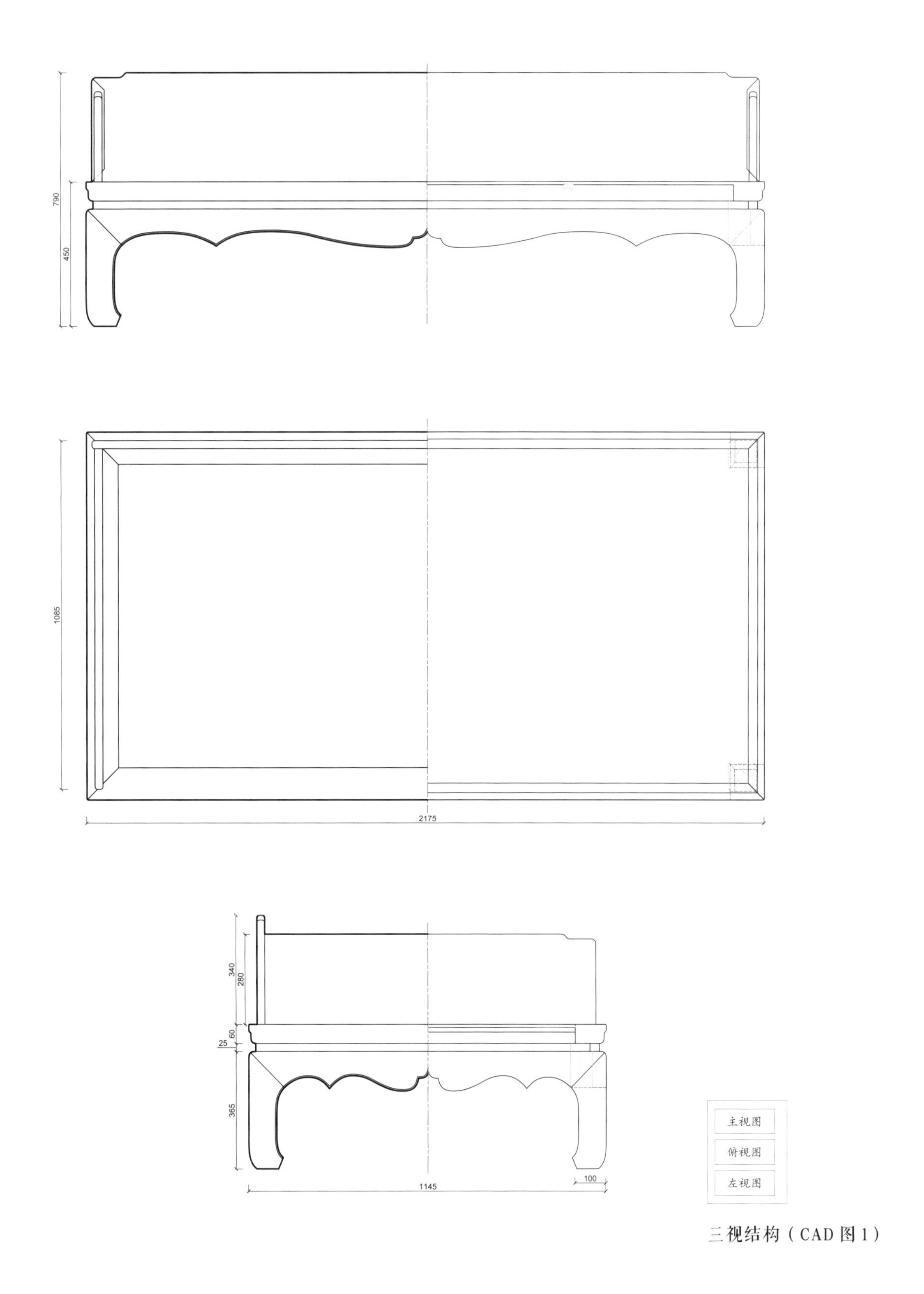
790
450
1085
2175
340
280
60
25
365
1145
100
主视图
俯视图
左视图

三视结构（CAD 图 1）

3. 用材效果

用材效果（材质：紫檀；效果图 2）

用材效果（材质：黄花梨；效果图 3）

用材效果（材质：红酸枝；效果图 4）

4. 结构爆炸

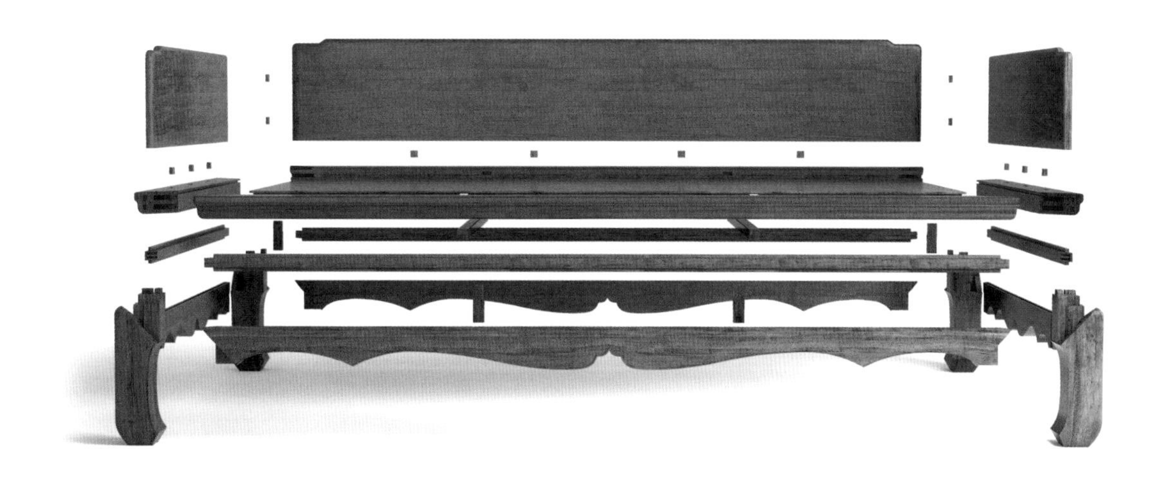

结构爆炸（效果图 5）

5. 部件示意

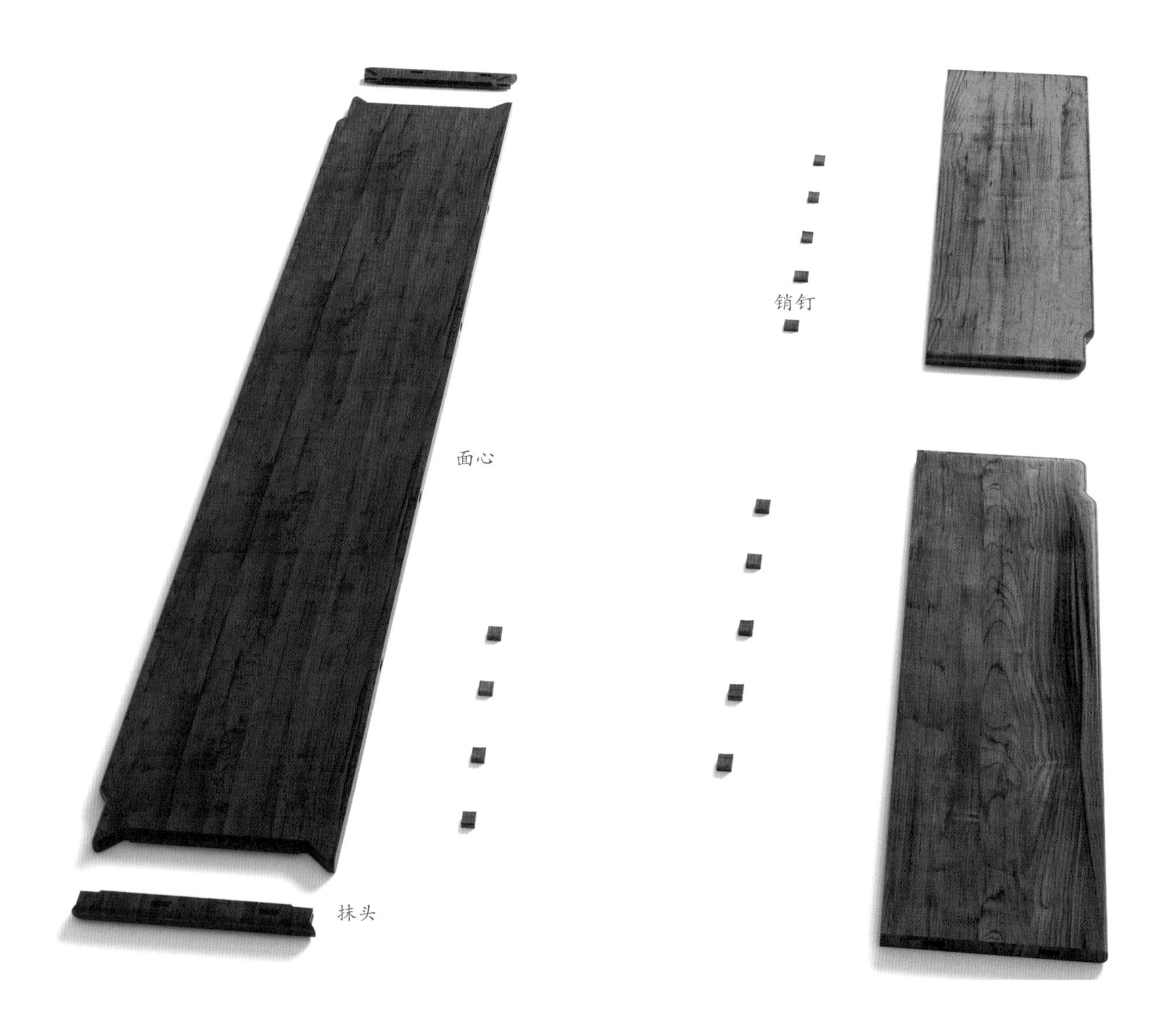

面心
抹头
销钉

部件示意—靠背围子（效果图 6）　　部件示意—两侧围子（效果图 7）

大边（后）
大边（前）
穿带
面心
抹头

部件示意—座面（效果图8）

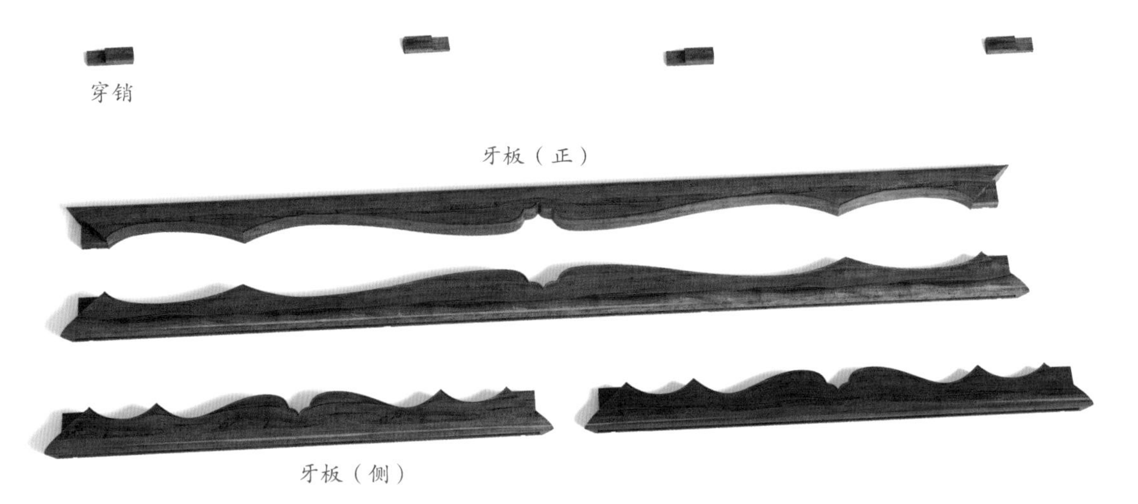
穿销
牙板（正）
牙板（侧）

部件示意—牙板（效果图 9）

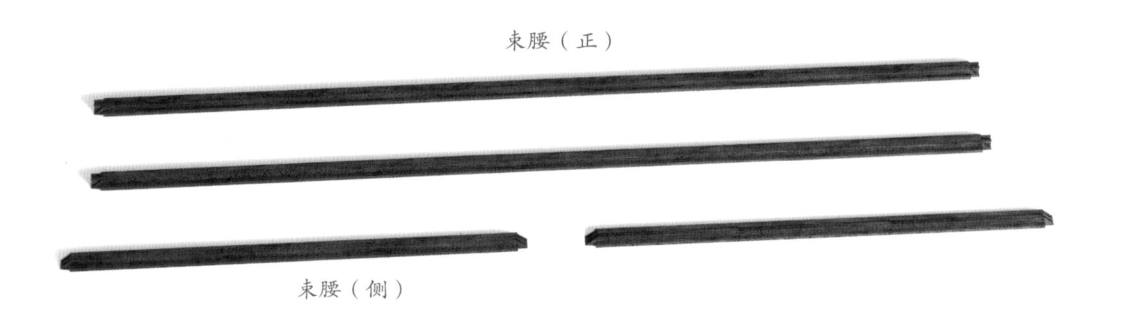
束腰（正）
束腰（侧）

部件示意—束腰（效果图 10）

部件示意—腿子（效果图 11）

6. 细部详解

细部效果—靠背围子（效果图 12）

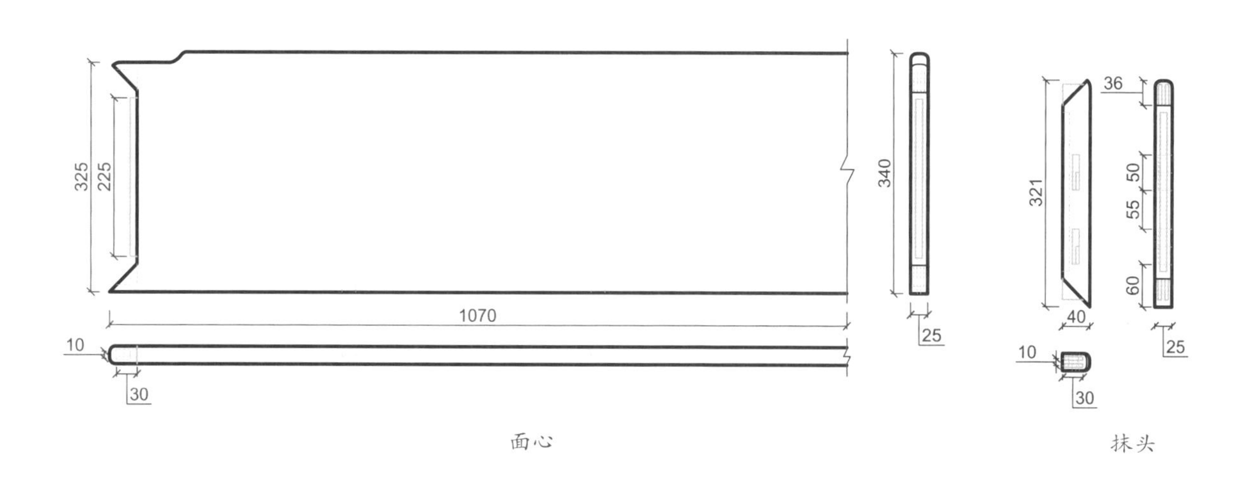

325
225
1070
10
30
340
25
321
40
10
30
36
50
55
60
25
面心
抹头

细部结构—靠背围子（CAD 图 2 ~ 图 3）

细部效果—两侧围子（效果图 13）

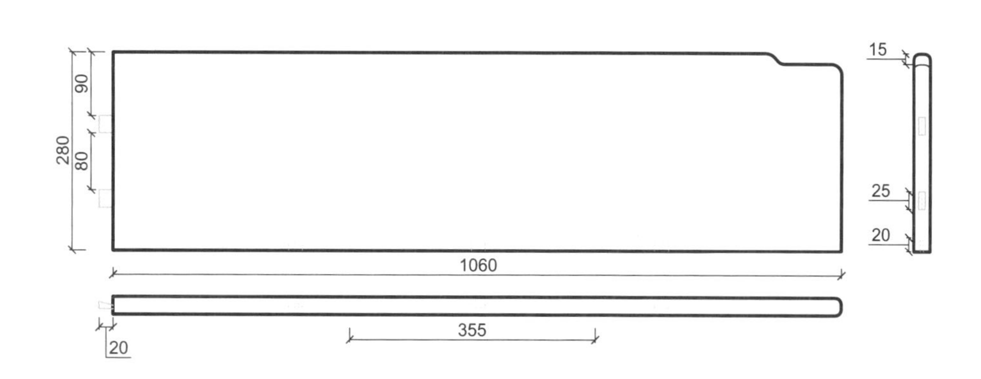

280
90
80
1060
20
355
15
25
20

细部结构—两侧围子（CAD 图 4）

细部效果—座面（效果图 14）

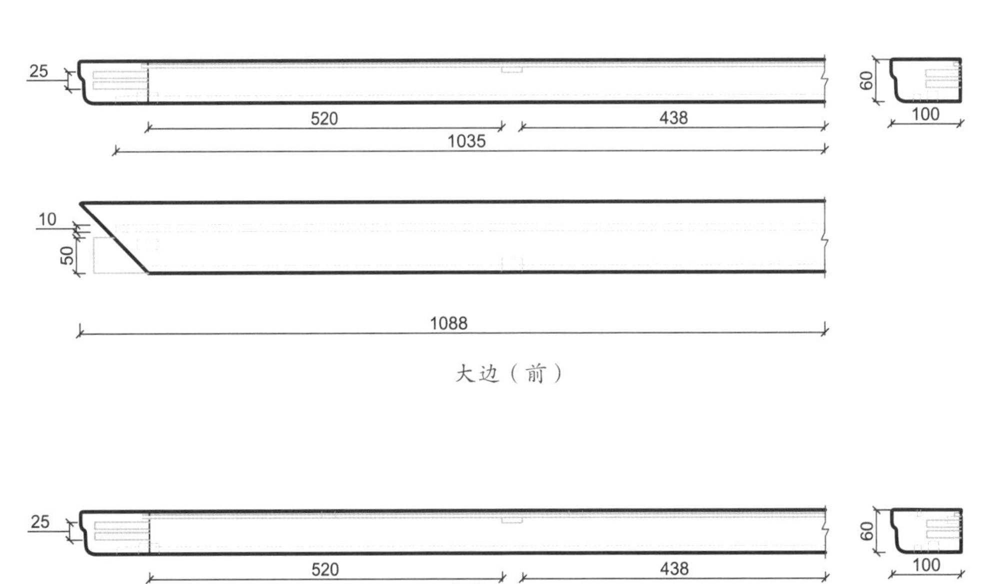
25
520
438
1035
60
100
10
50
1088

大边（前）

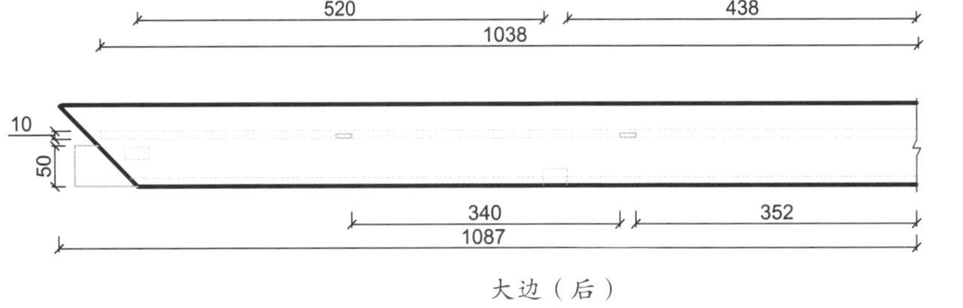
25
520
438
1038
60
100
10
50
340
352
1087

大边（后）

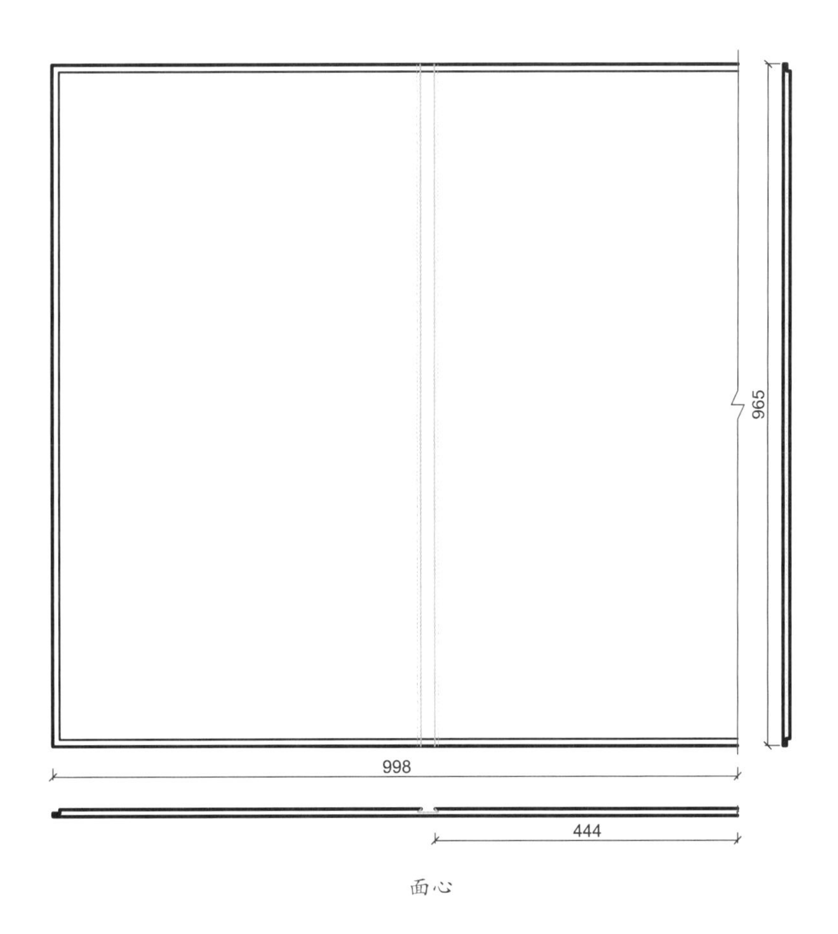
965
998
444

面心

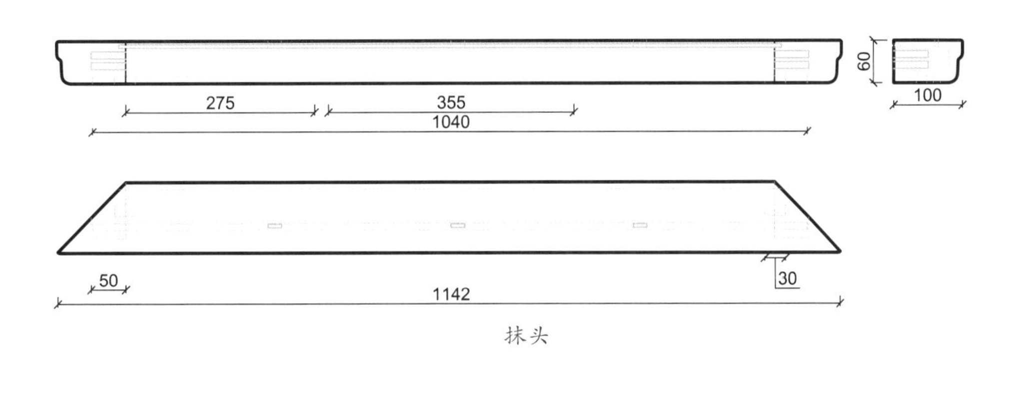
60
100
275
355
1040
50
30
1142

抹头

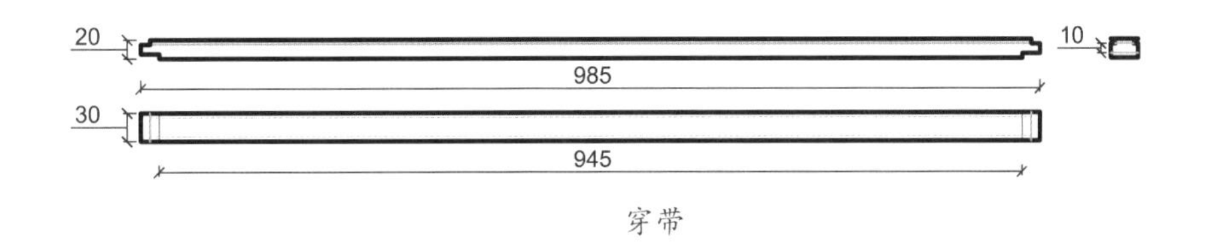
20
10
985
30
945

穿带

细部结构—座面（CAD 图 5 ~图 9）

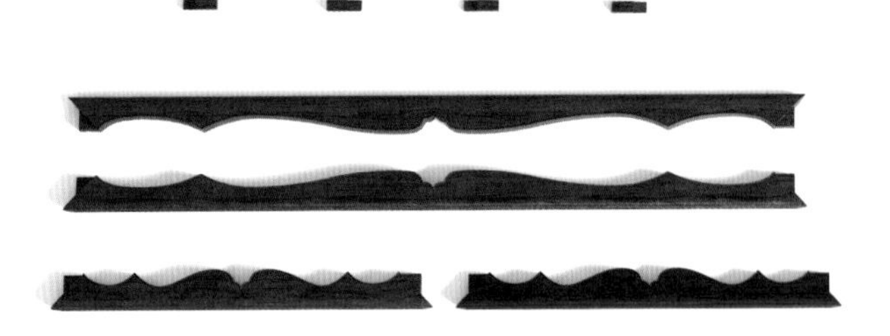

细部效果—牙板（效果图 15）

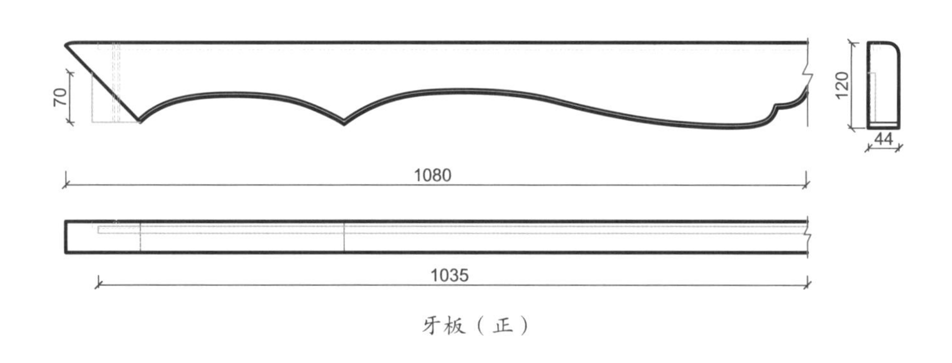
70
120
44
1080
1035

牙板（正）

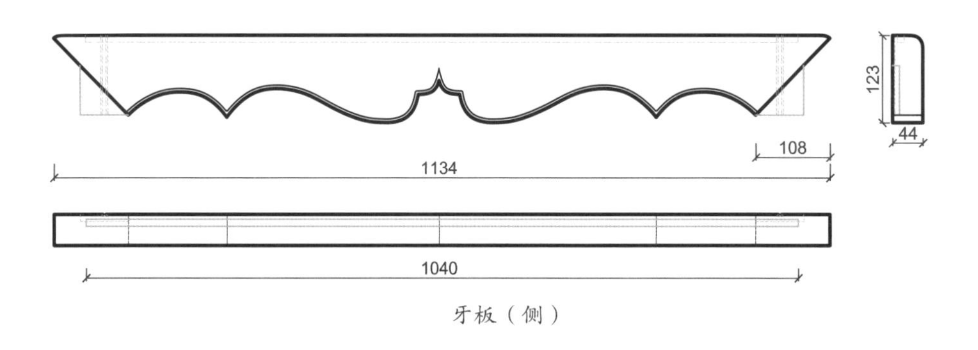
123
44
108
1134
1040

牙板（侧）

细部结构—牙板（CAD 图 10 ～图 11）

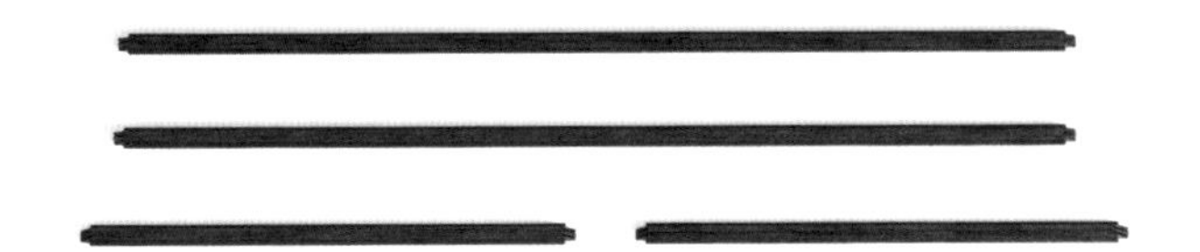

细部效果—束腰（效果图16）

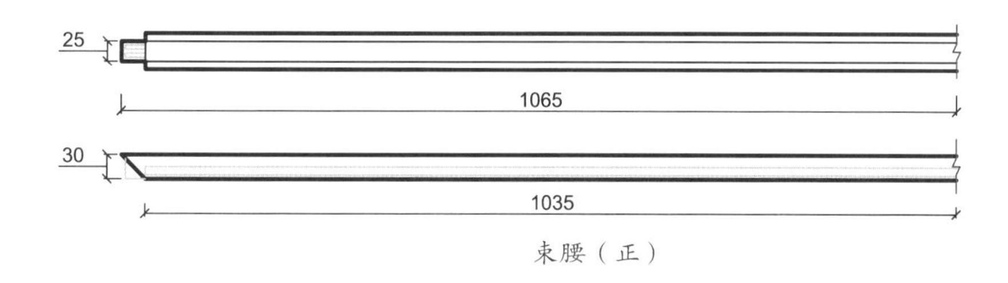
25
1065
30
1035

束腰（正）

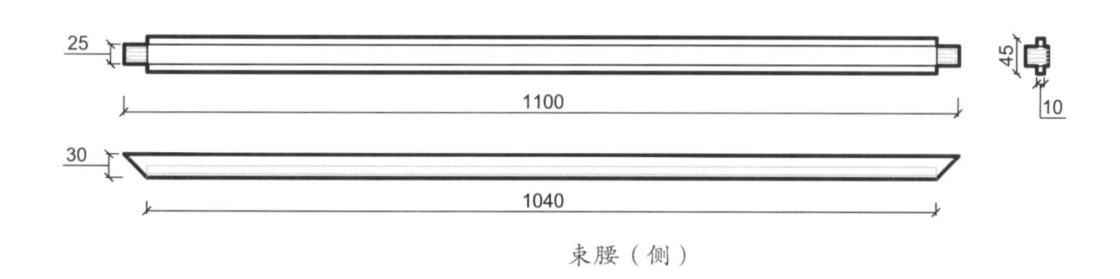
25
1100
45
10
30
1040

束腰（侧）

细部结构—束腰（CAD图12～图13）

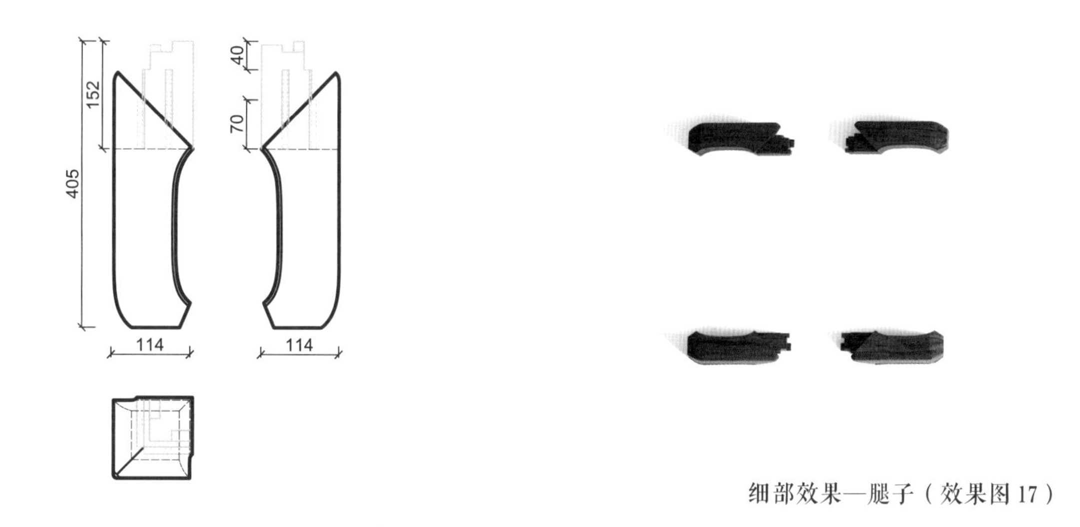
152
405
40
70
114
114

细部效果—腿子（效果图17）

细部结构—腿子（CAD图14）

嵌大理石藤心罗汉床

材质：红酸枝

年款：明

整体外观（效果图1）

1. 器形点评

此罗汉床为三屏式，靠背一扇，左右扶手各一扇。床围边角做成圆润的委角，靠背及扶手围子中心镶大理石。座面落堂做，镶藤屉，座面之下有束腰，牙子光素无饰。四腿为方材，直落到地，四腿上节与牙子以粽角榫相接，足端为内翻云纹马蹄足。此床整体简洁无饰，唯在围子上以纹理变幻的大理石镶嵌，有一种天然意趣，是为点睛之笔。

2. CAD 图示

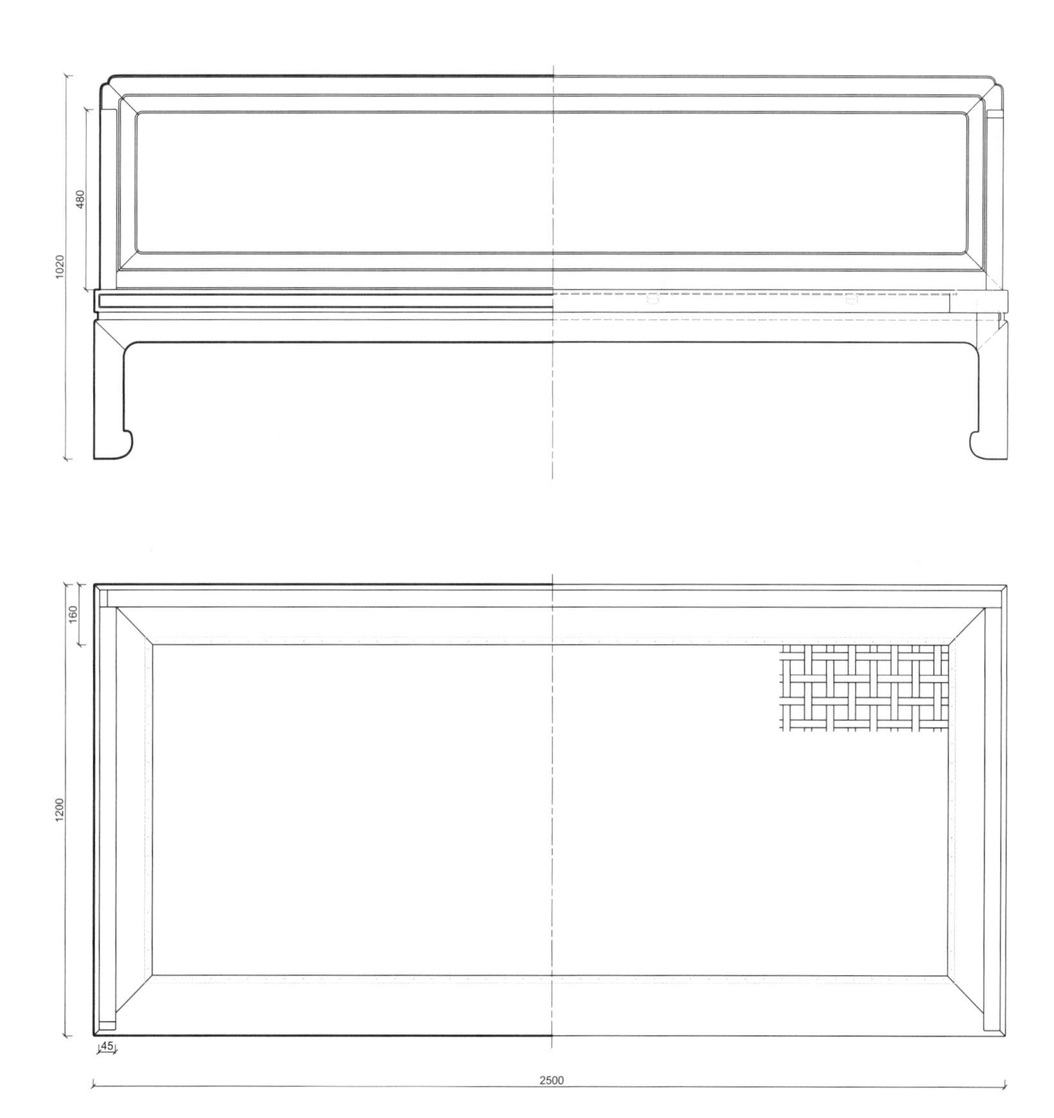
1020
480
160
1200
45
2500

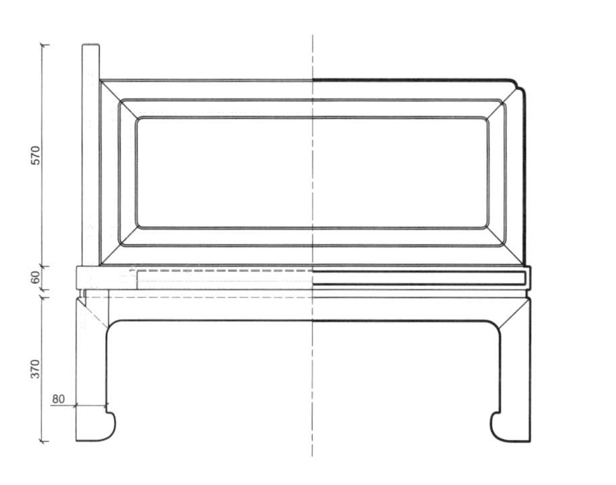
570
60
370
80

主视图
俯视图
左视图

三视结构（CAD 图 1）

3. 用材效果

用材效果（材质：紫檀；效果图 2）

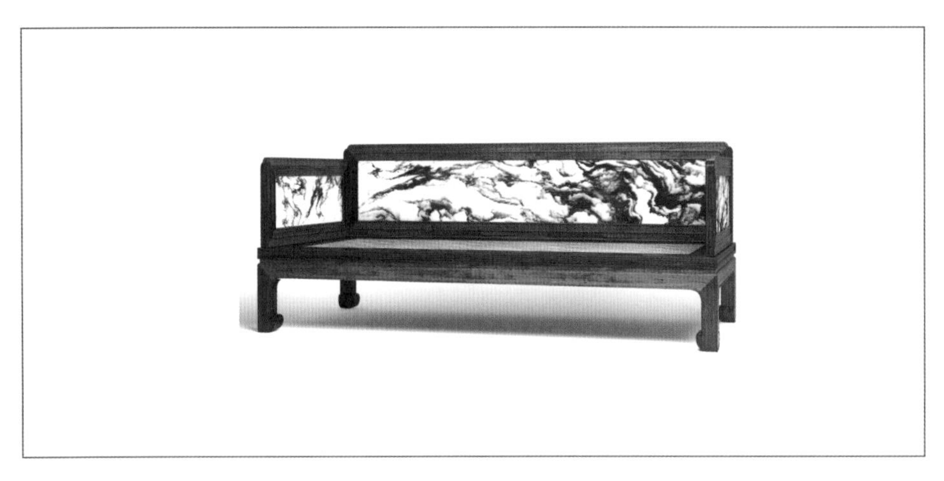

用材效果（材质：黄花梨；效果图 3）

用材效果（材质：红酸枝；效果图 4）

4. 结构爆炸

结构爆炸（效果图 5）

5. 部件示意

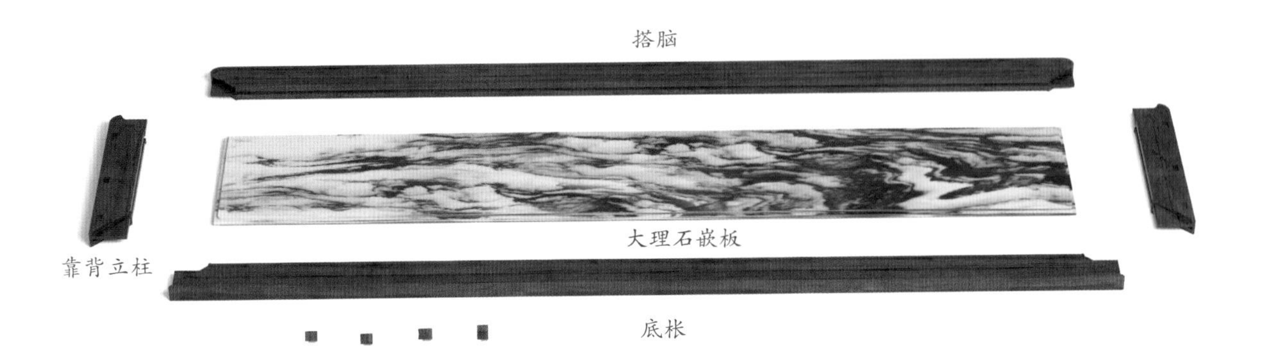
搭脑
大理石嵌板
靠背立柱
底枨

部件示意—靠背围子（效果图 6）

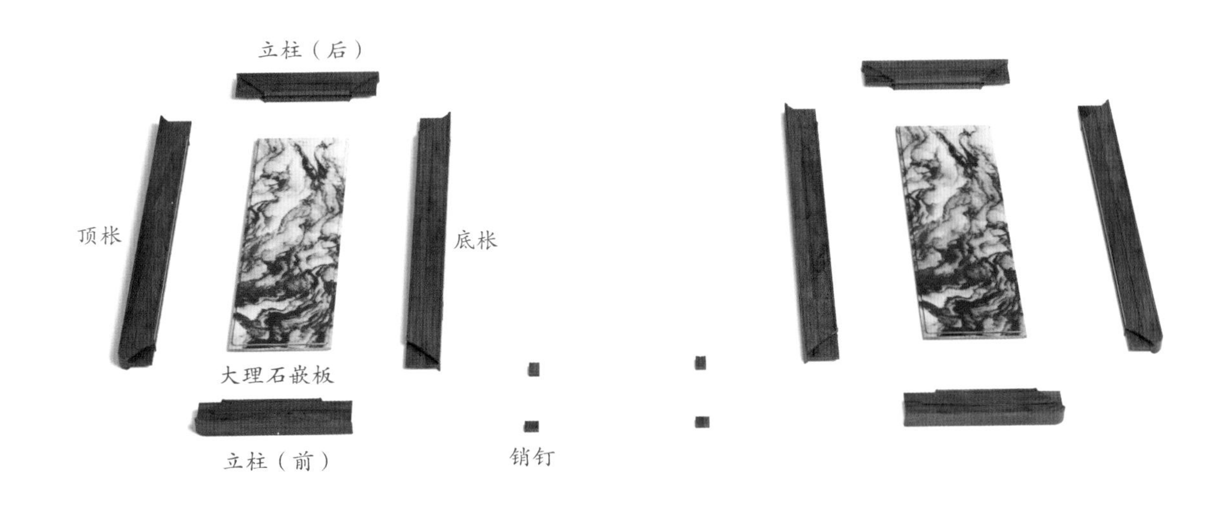
立柱（后）
顶枨
底枨
大理石嵌板
立柱（前）
销钉

部件示意—两侧围子（效果图 7）

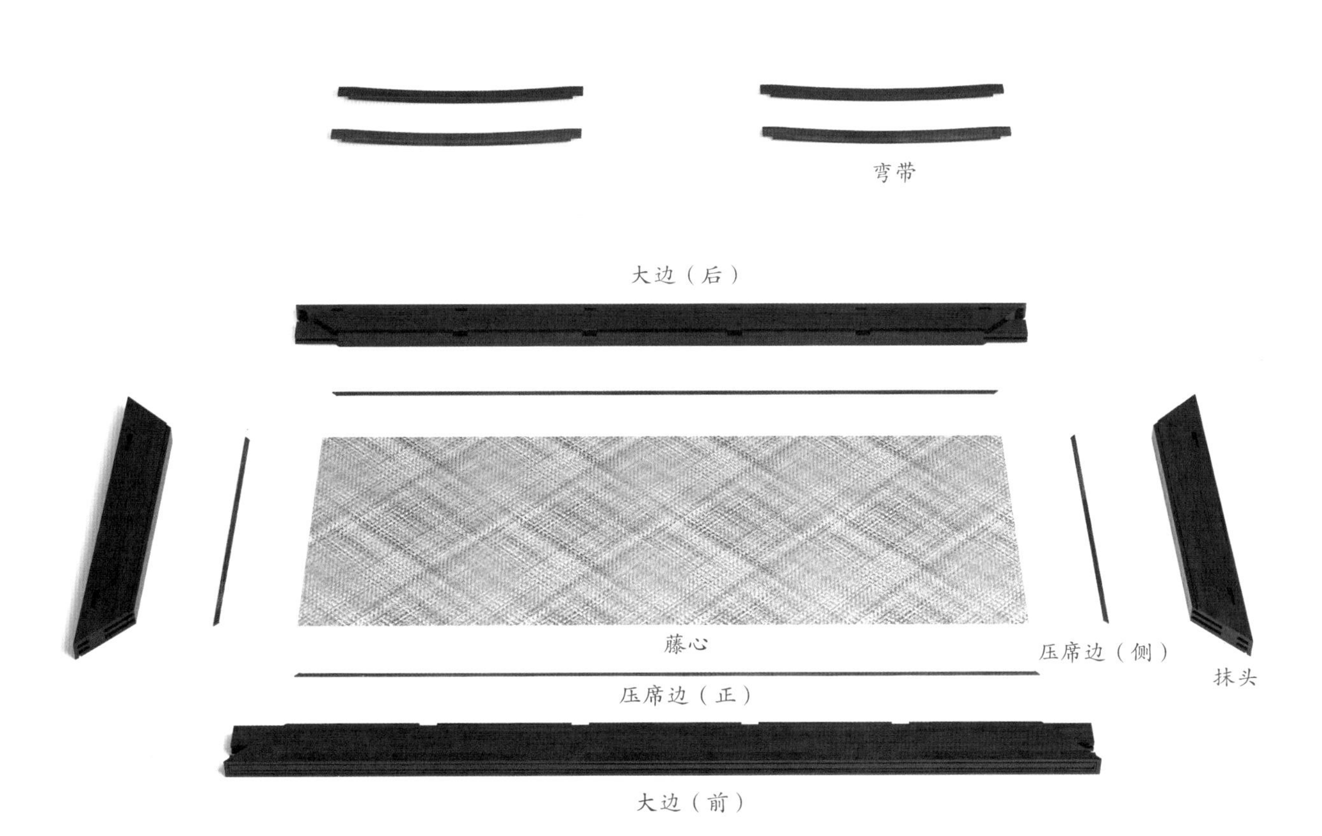
弯带
大边（后）
藤心
压席边（侧）
抹头
压席边（正）
大边（前）

部件示意—座面（效果图8）

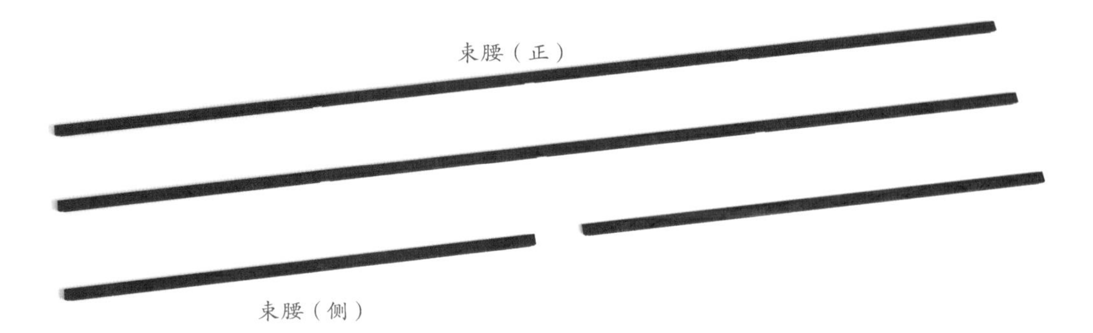
束腰（正）
束腰（侧）

部件示意—束腰（效果图 9）

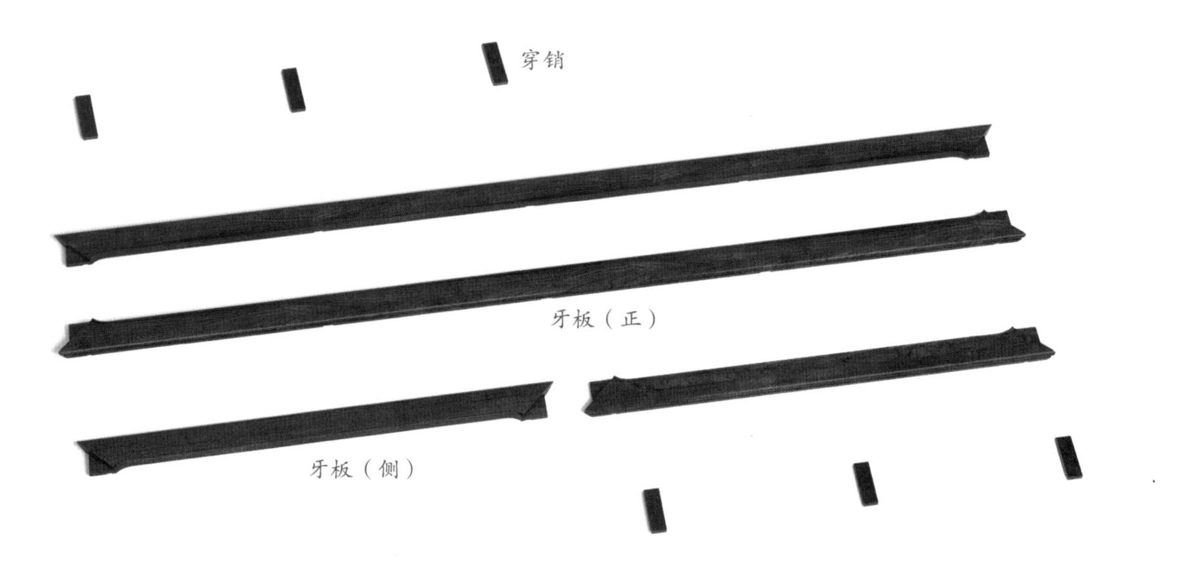
穿销
牙板（正）
牙板（侧）

部件示意—牙板（效果图 10）

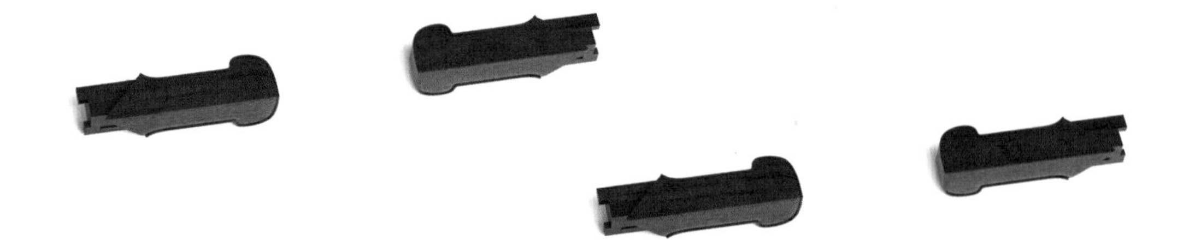

部件示意—腿子（效果图 11）

6. 细部详解

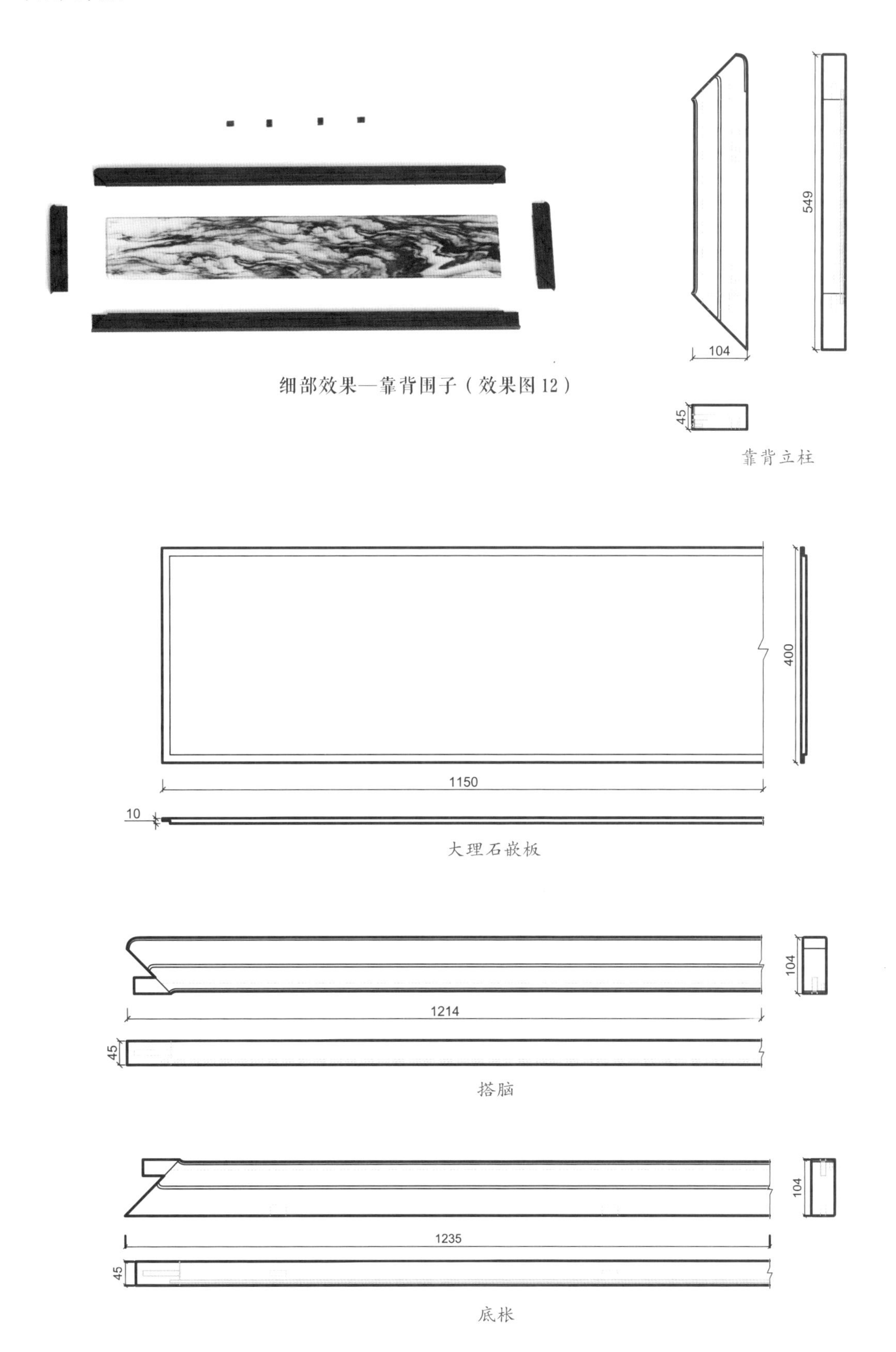
104
549
45
靠背立柱
400
1150
10
大理石嵌板
1214
104
45
搭脑
104
1235
45
底枨

细部效果—靠背围子（效果图 12）

细部结构—靠背围子（CAD 图 2 ~图 5）

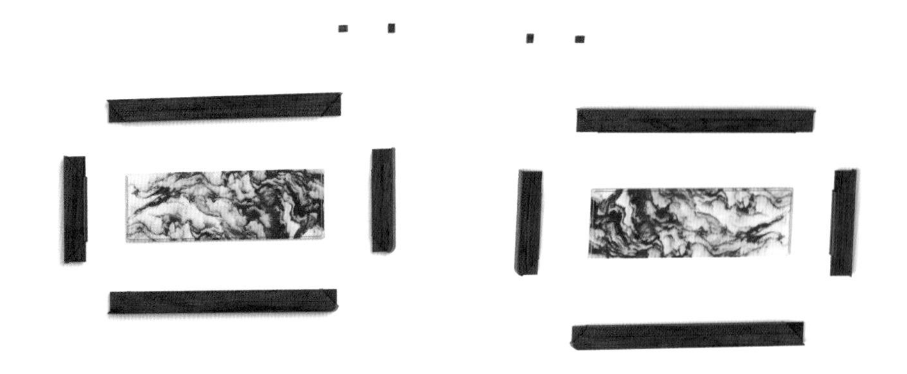

细部效果—两侧围子（效果图 13）

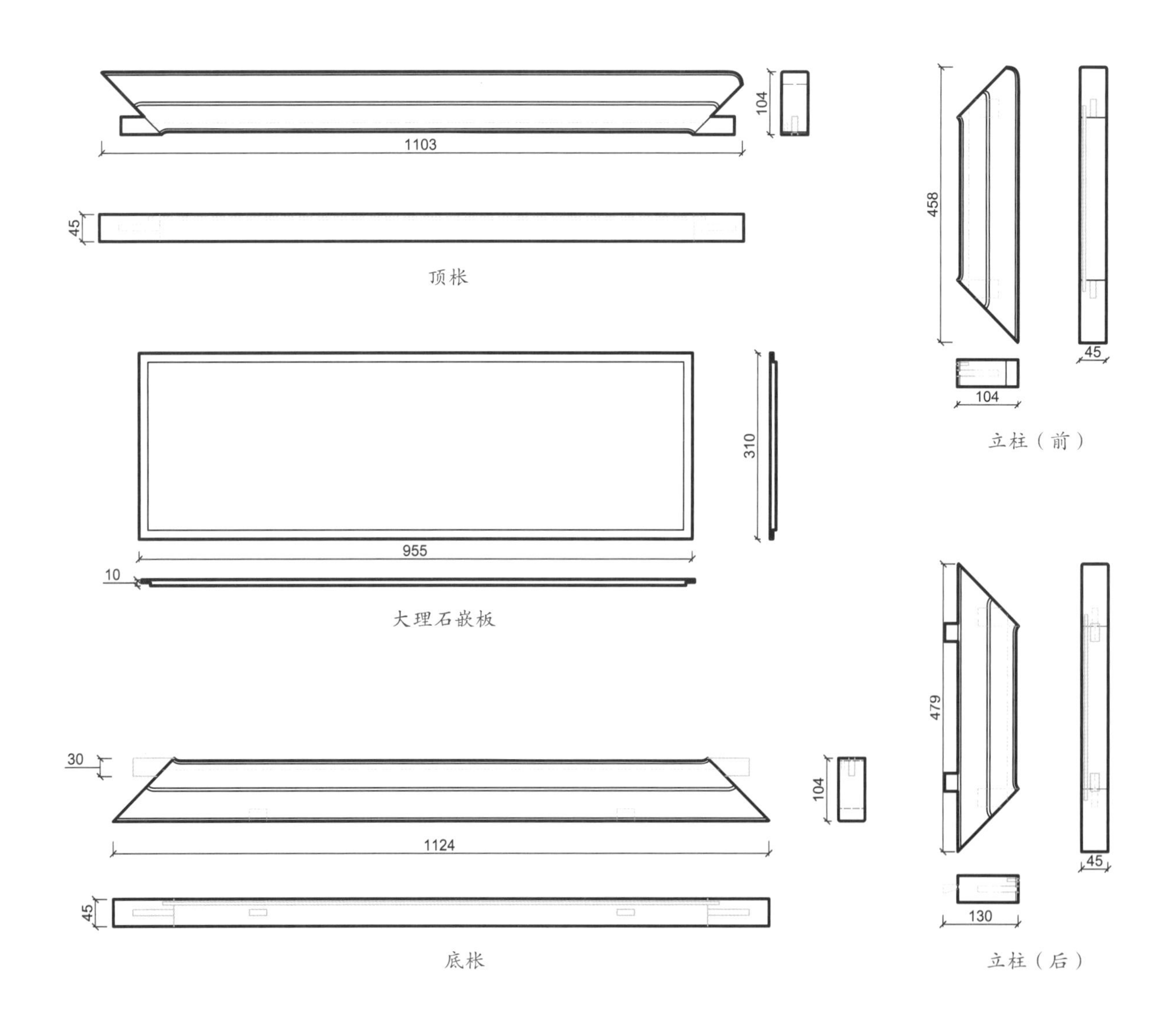
1103
104
45
顶枨
458
104
45
立柱（前）
310
955
10
大理石嵌板
30
104
1124
45
底枨
479
130
45
立柱（后）

细部结构—两侧围子（CAD 图 6 ~ 图 10）

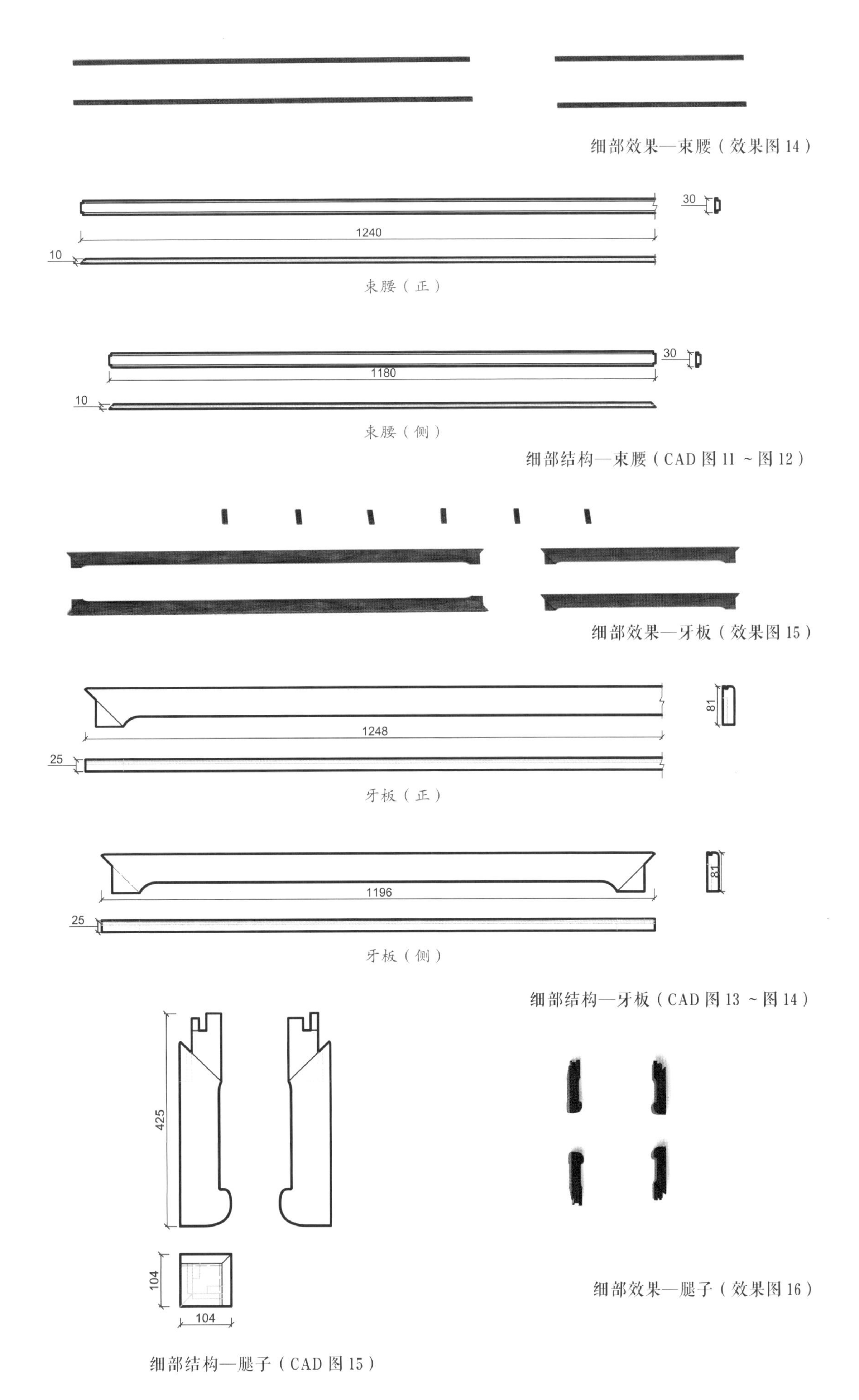
30
1240
10
30
1180
10
81
1248
25
81
1196
25
425
104
104

细部效果—束腰（效果图 14）

束腰（正）

束腰（侧）

细部结构—束腰（CAD 图 11 ~ 图 12）

细部效果—牙板（效果图 15）

牙板（正）

牙板（侧）

细部结构—牙板（CAD 图 13 ~ 图 14）

细部效果—腿子（效果图 16）

细部结构—腿子（CAD 图 15）

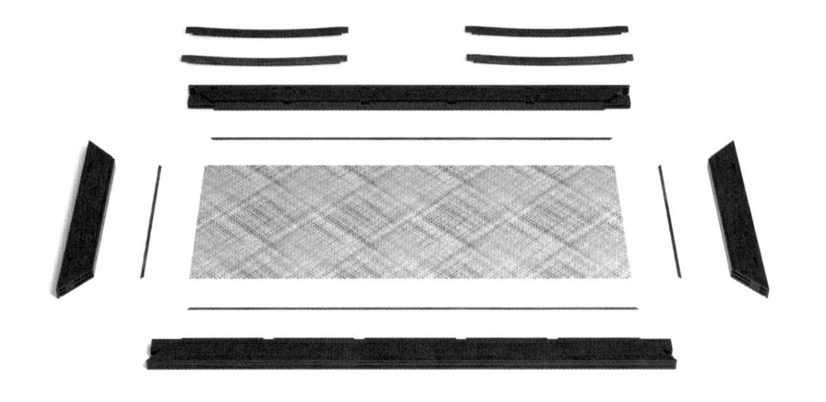

细部效果—座面（效果图 17）

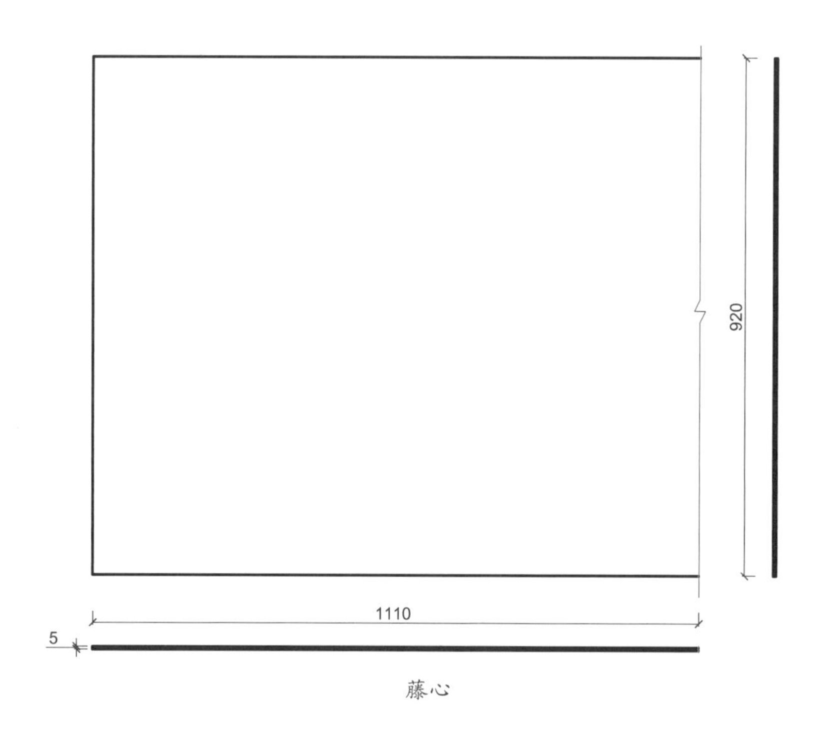

920
1110
5

藤心

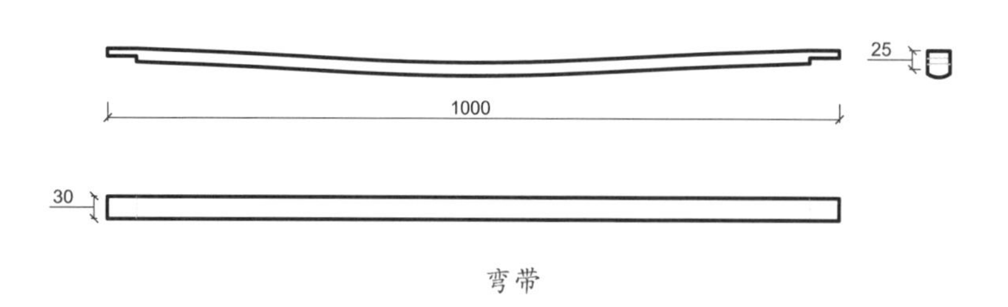

25
1000
30

弯带

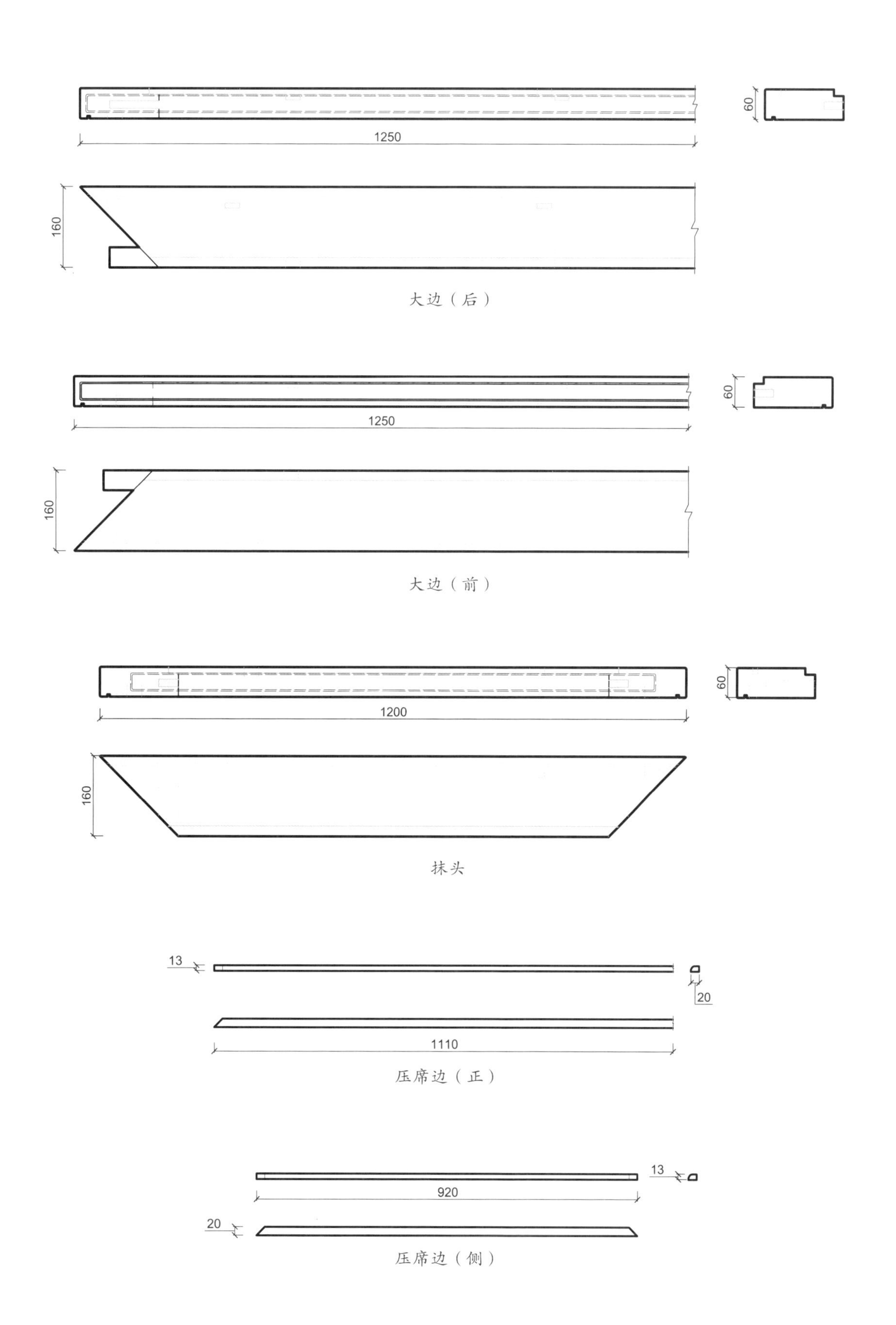
1250
160
大边（后）
60
1250
160
大边（前）
60
1200
160
抹头
60
13
20
1110
压席边（正）
13
920
20
压席边（侧）

细部结构—座面（CAD 图 16 ~图 22）

嵌玉棂格罗汉床

材质：黄花梨

年款：明

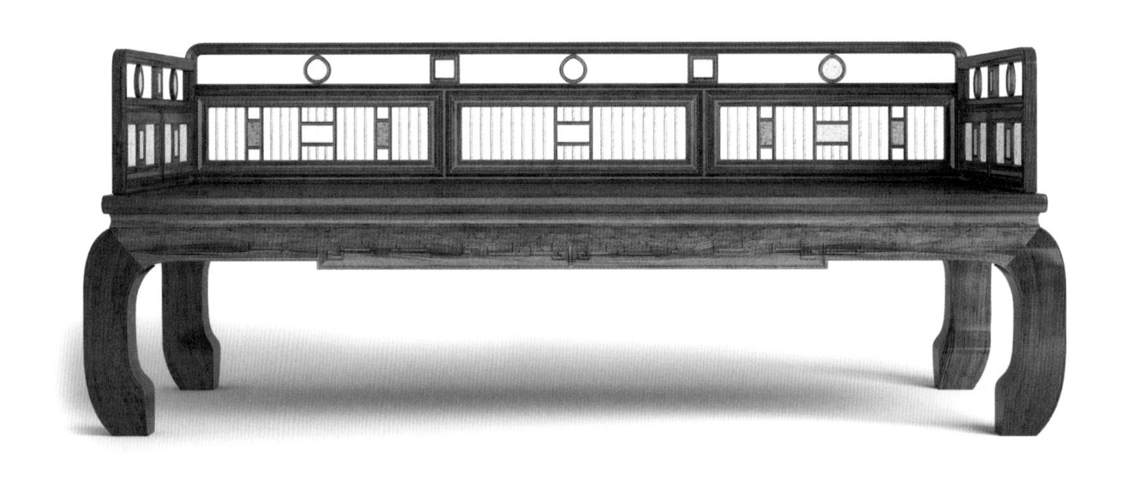

整体外观（效果图 1）

1. 器形点评

此罗汉床设计别出新意，围子由正面的靠背围子及两侧扶手围子构成。正面围子分三段装扇活，每段绦环板均以横竖棂条攒成透空棂格，棂格中间镶嵌大理石嵌板。三面围子上均安横枨，装环形卡子花，卡子花内嵌大理石饰板。床面之下有束腰，洼堂肚牙子浮雕拐子纹。鼓腿彭牙，内翻马蹄足。

2. CAD 图示

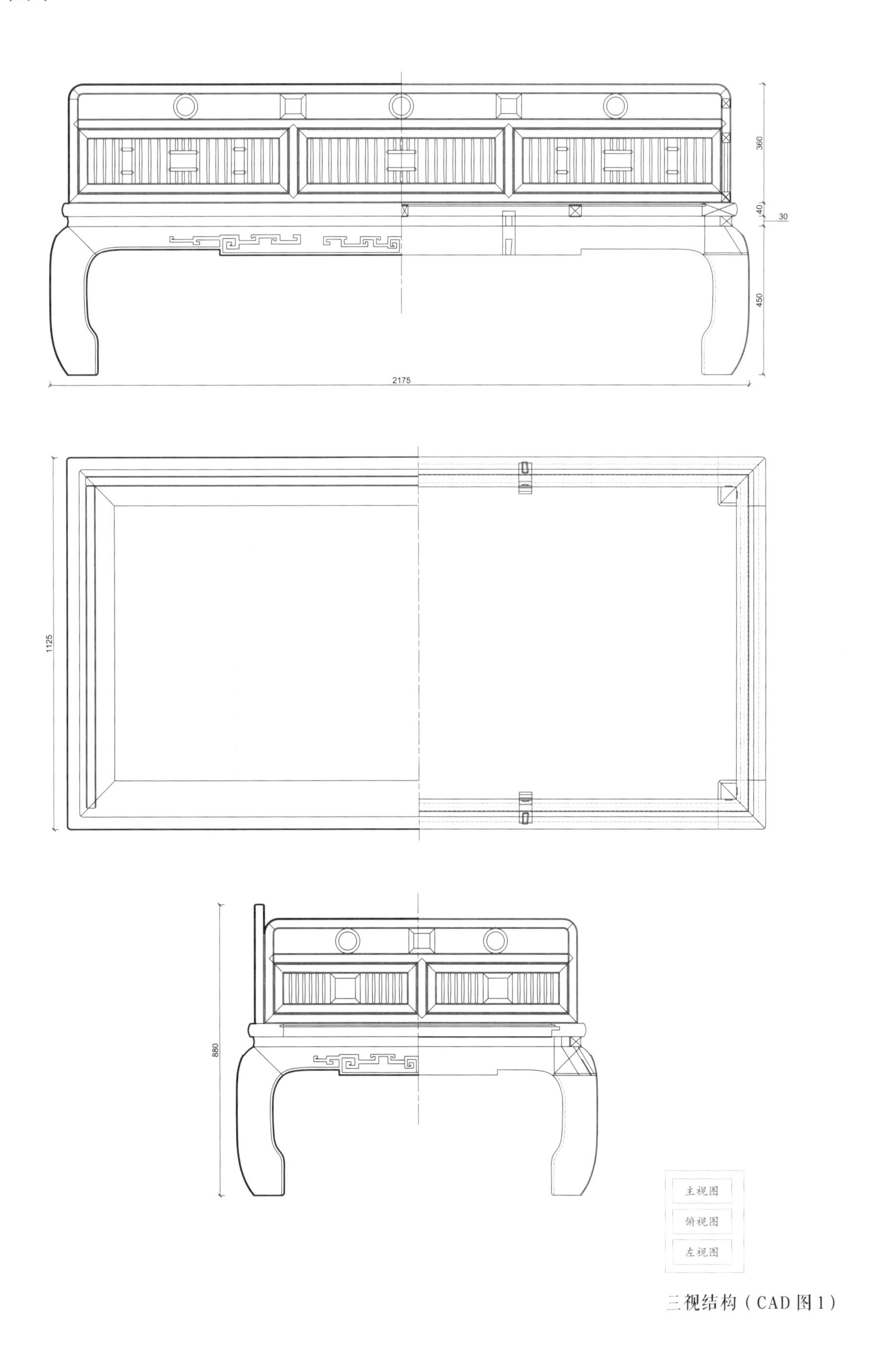
360
40
30
450
2175
1125
880
主视图
俯视图
左视图

三视结构（CAD 图 1）

3. 用材效果

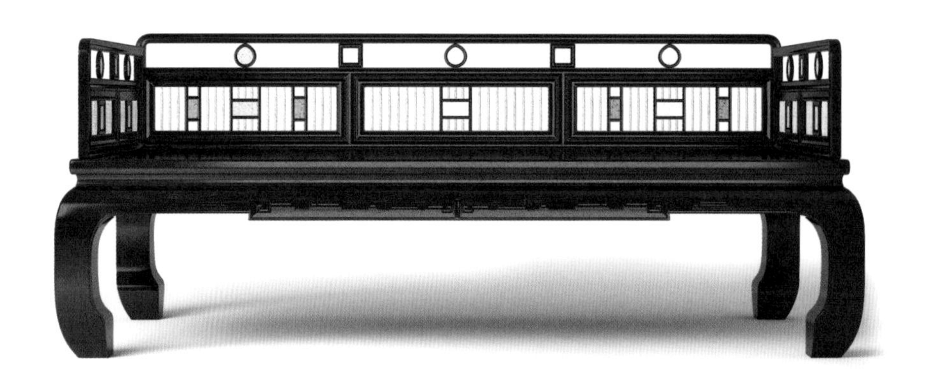

用材效果（材质：紫檀；效果图 2）

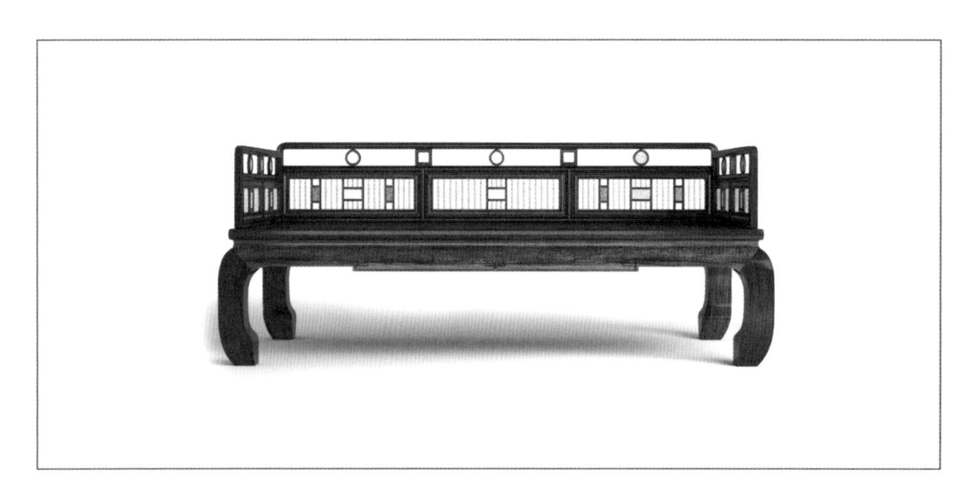

用材效果（材质：黄花梨；效果图 3）

用材效果（材质：红酸枝；效果图 4）

4. 结构爆炸

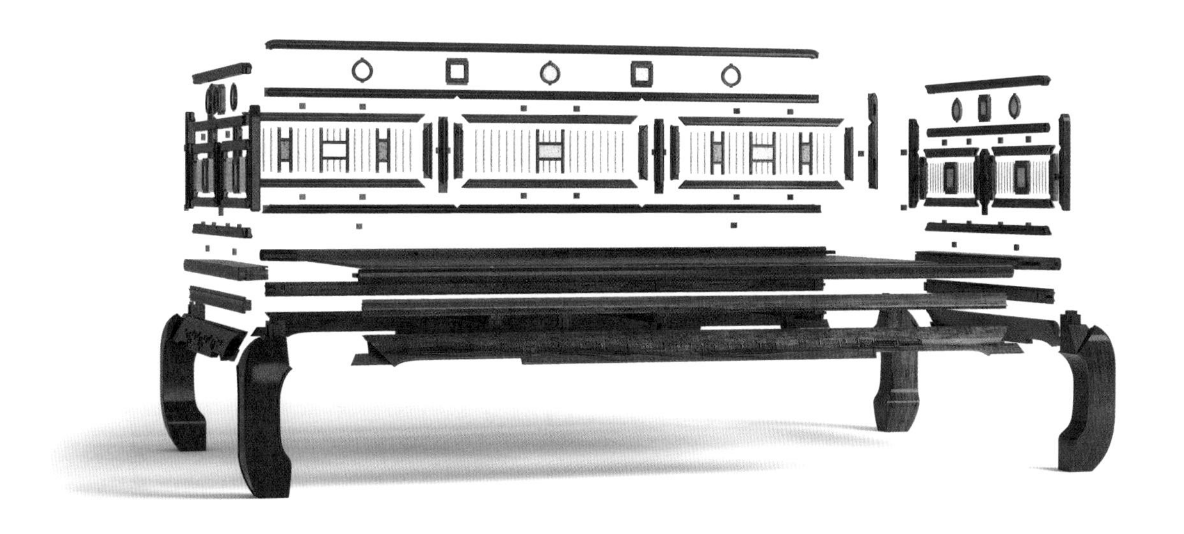

结构爆炸（效果图 5）

5. 部件示意

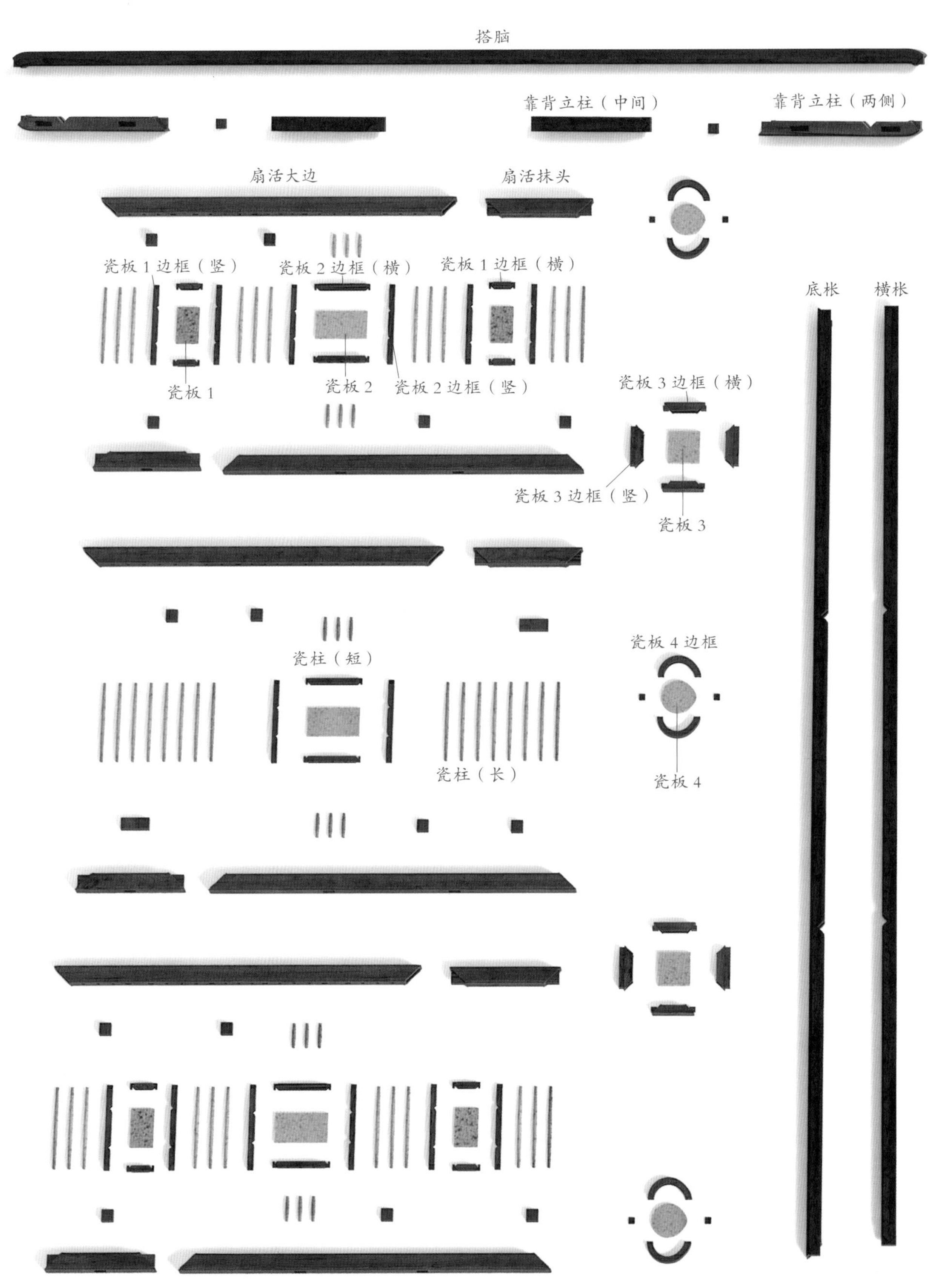

搭脑
靠背立柱（中间）
靠背立柱（两侧）
扇活大边
扇活抹头
瓷板 1 边框（竖）
瓷板 2 边框（横）
瓷板 1 边框（横）
底枨
横枨
瓷板 1
瓷板 2
瓷板 2 边框（竖）
瓷板 3 边框（横）
瓷板 3 边框（竖）
瓷板 3
瓷板 4 边框
瓷柱（短）
瓷柱（长）
瓷板 4

部件示意—靠背围子（效果图 6）

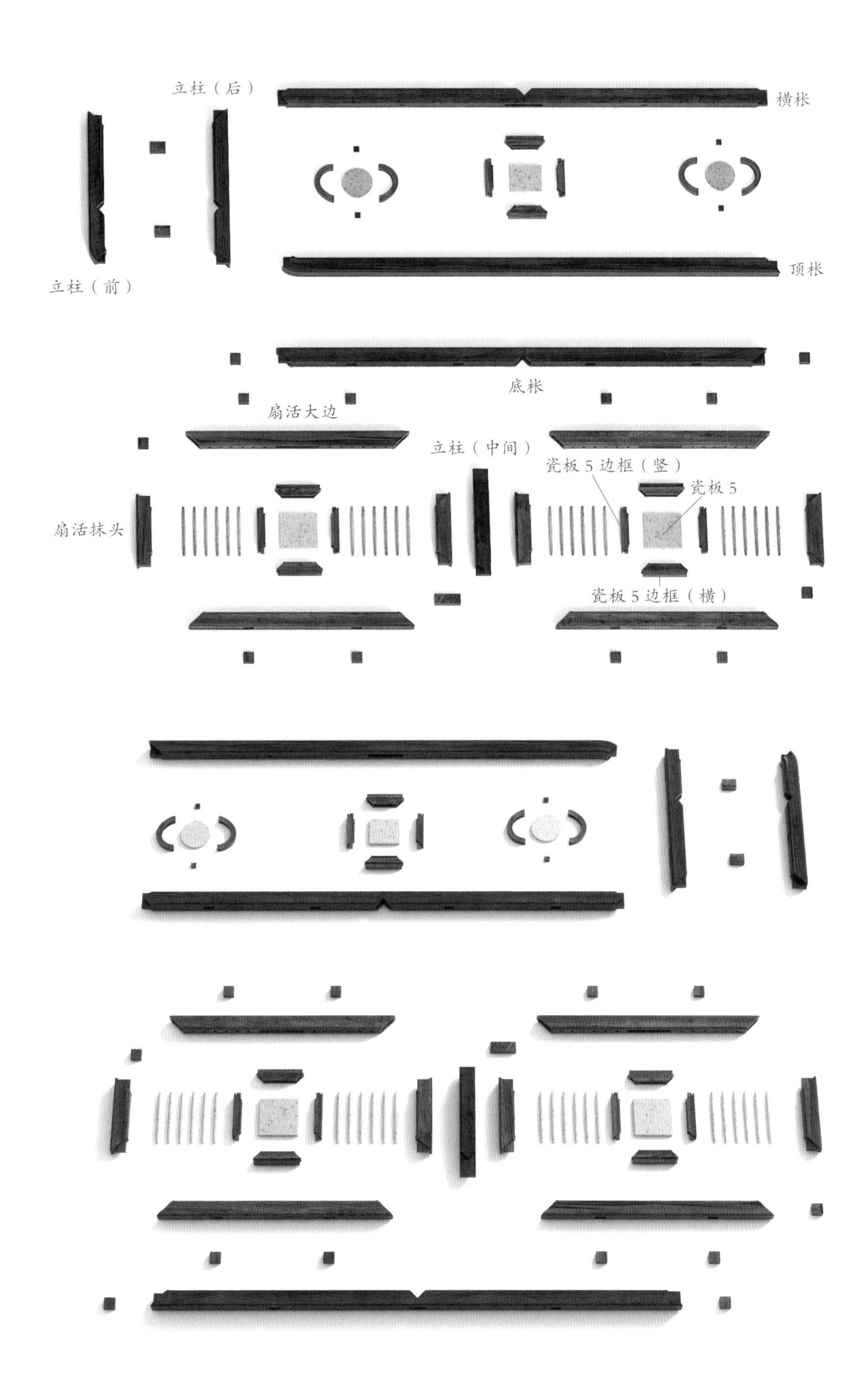
立柱（后）
横枨
立柱（前）
顶枨
底枨
扇活大边
立柱（中间）
瓷板 5 边框（竖）
瓷板 5
扇活抹头
瓷板 5 边框（横）

部件示意—两侧围子（效果图 7）

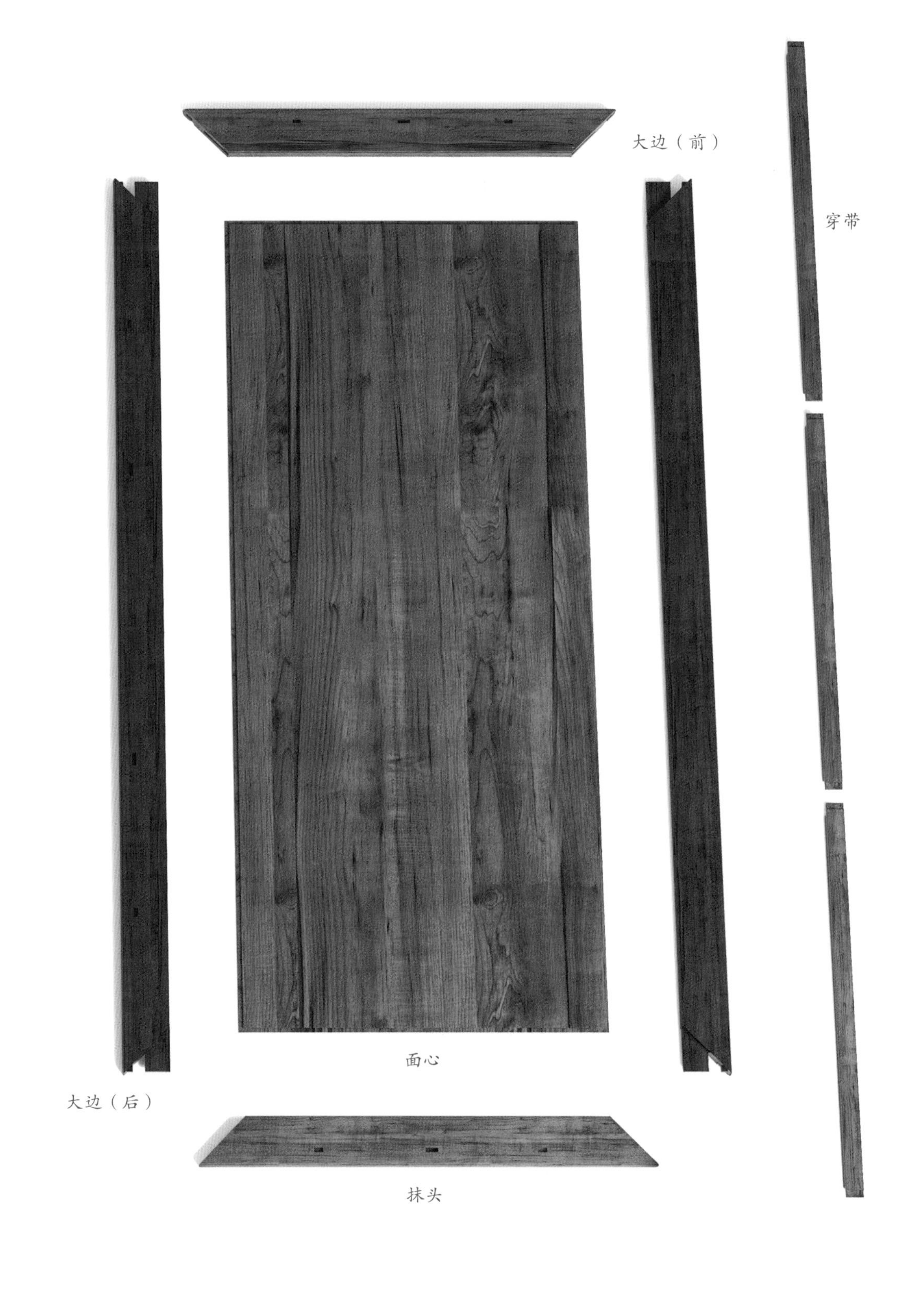
大边（前）
穿带
面心
大边（后）
抹头

部件示意—座面（效果图 8）

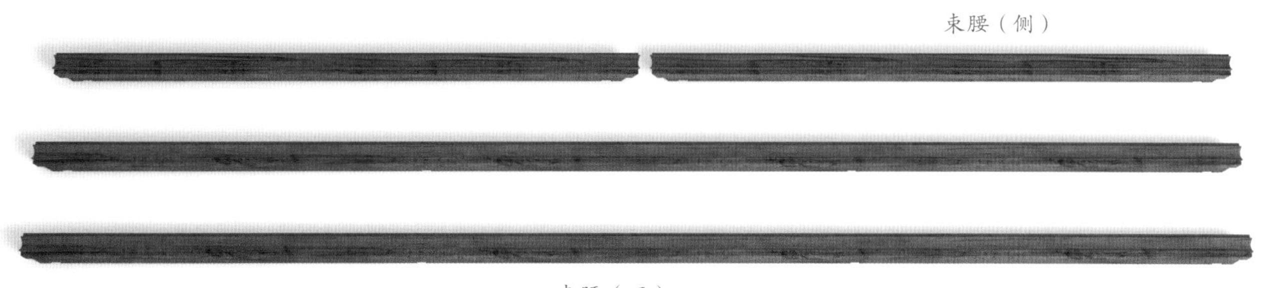
束腰（侧）
束腰（正）

部件示意—束腰（效果图 9）

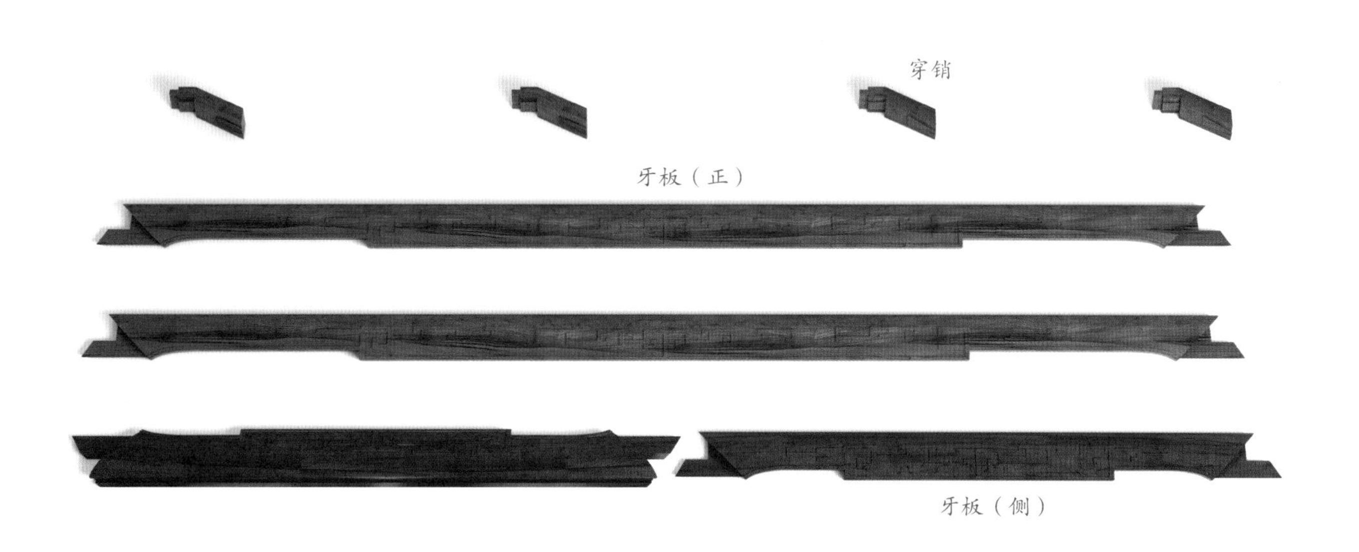
穿销
牙板（正）
牙板（侧）

部件示意—牙板（效果图 10）

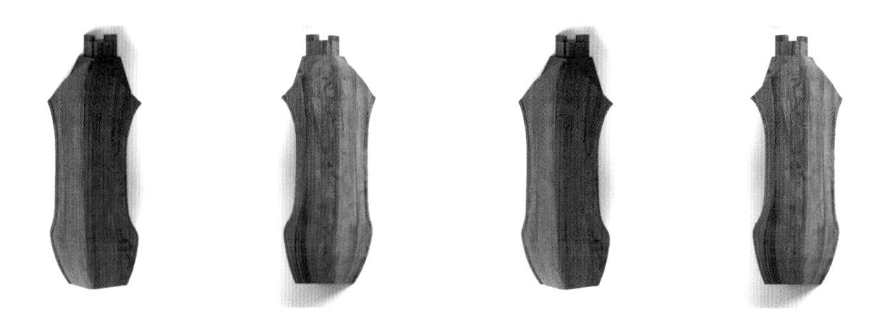

部件示意—腿子（效果图 11）

6. 细部详解

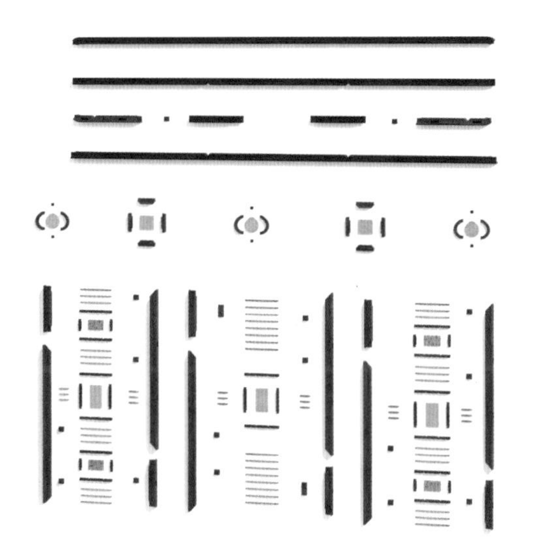

细部效果—靠背围子（效果图 12）

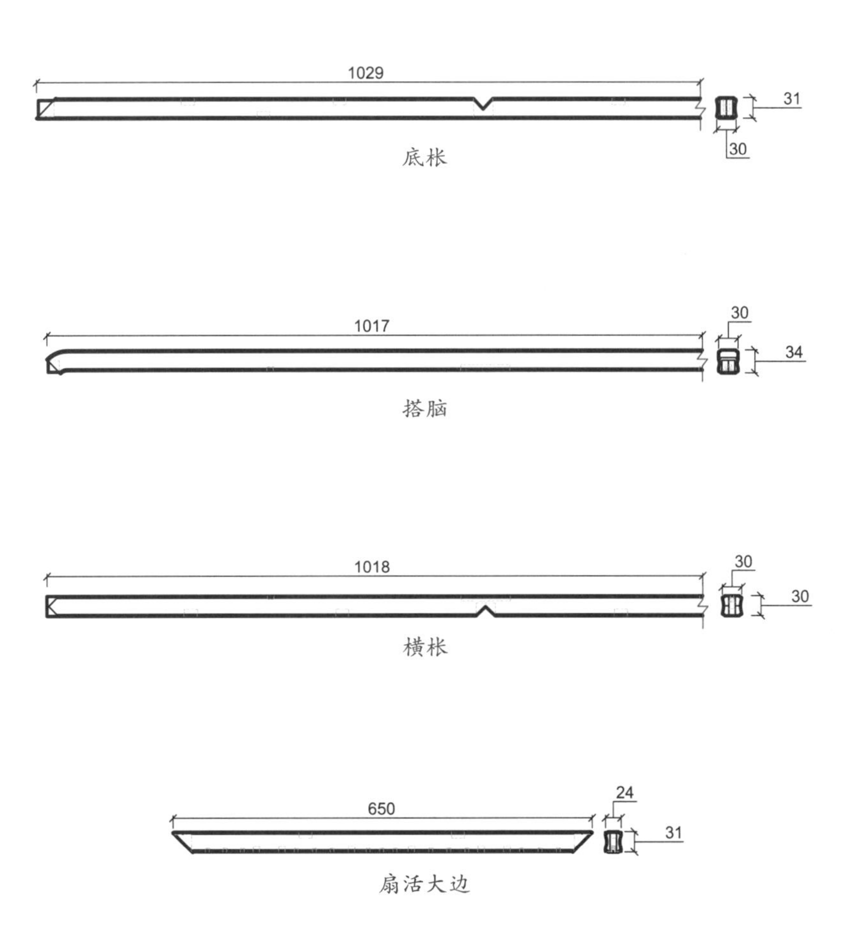

1029
31
30
底枨
1017
30
34
搭脑
1018
30
30
横枨
650
24
31
扇活大边

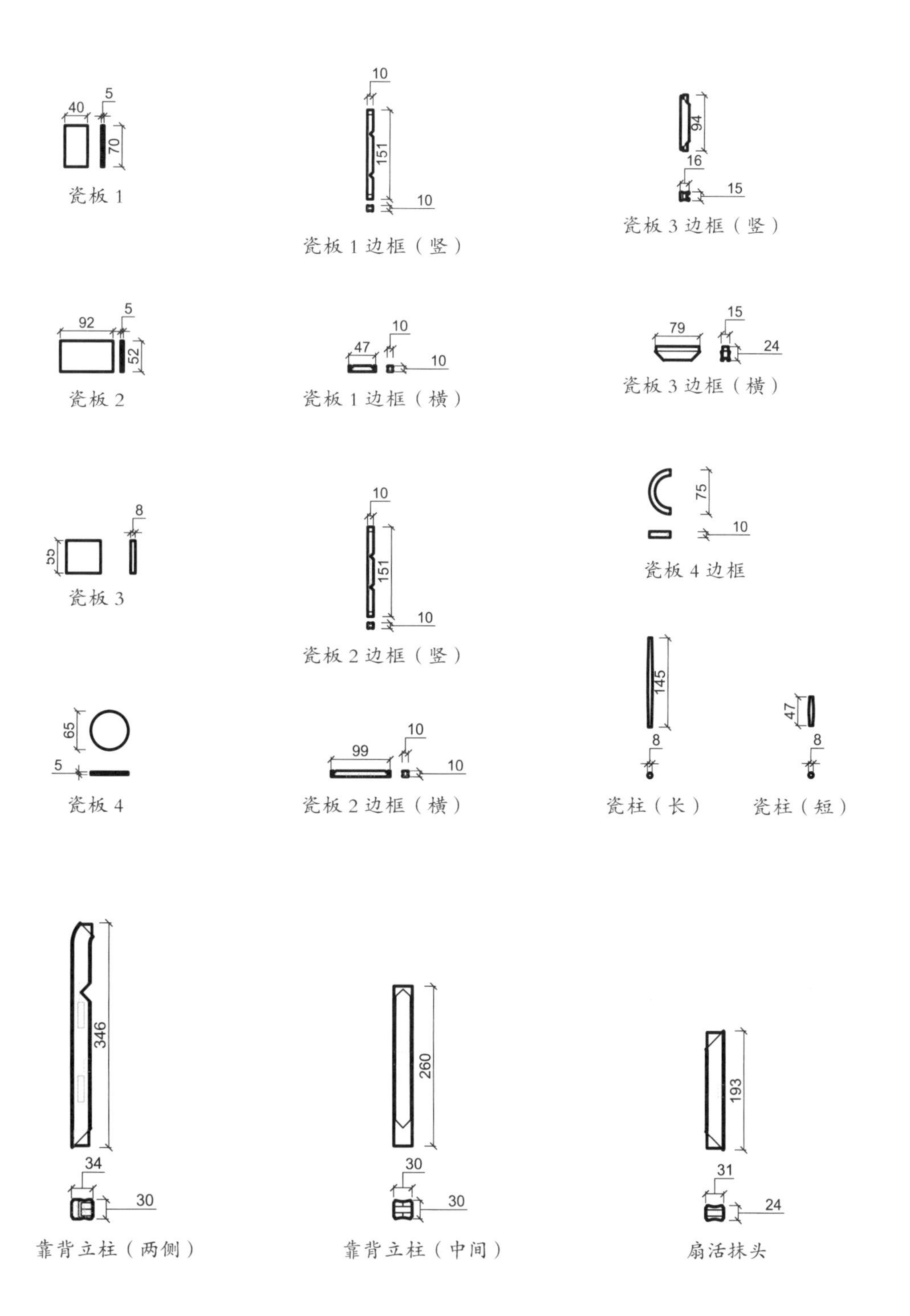
40
5
70
瓷板 1
10
151
10
瓷板 1 边框（竖）
94
16
15
瓷板 3 边框（竖）
92
5
52
瓷板 2
47
10
10
瓷板 1 边框（横）
79
15
24
瓷板 3 边框（横）
8
瓷板 3
10
151
10
瓷板 2 边框（竖）
75
10
瓷板 4 边框
145
8
47
8
65
5
瓷板 4
99
10
10
瓷板 2 边框（横）
瓷柱（长）
瓷柱（短）
346
34
30
靠背立柱（两侧）
260
30
30
靠背立柱（中间）
193
31
24
扇活抹头

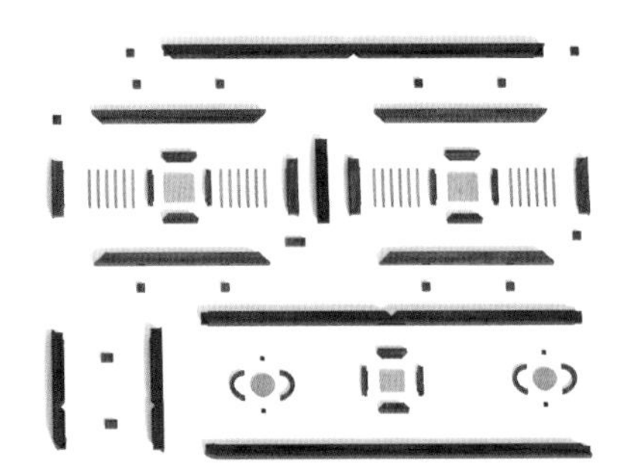

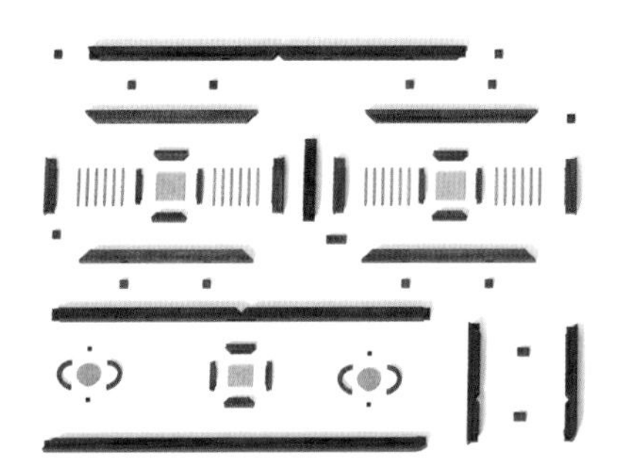

细部效果—两侧围子（效果图 13）

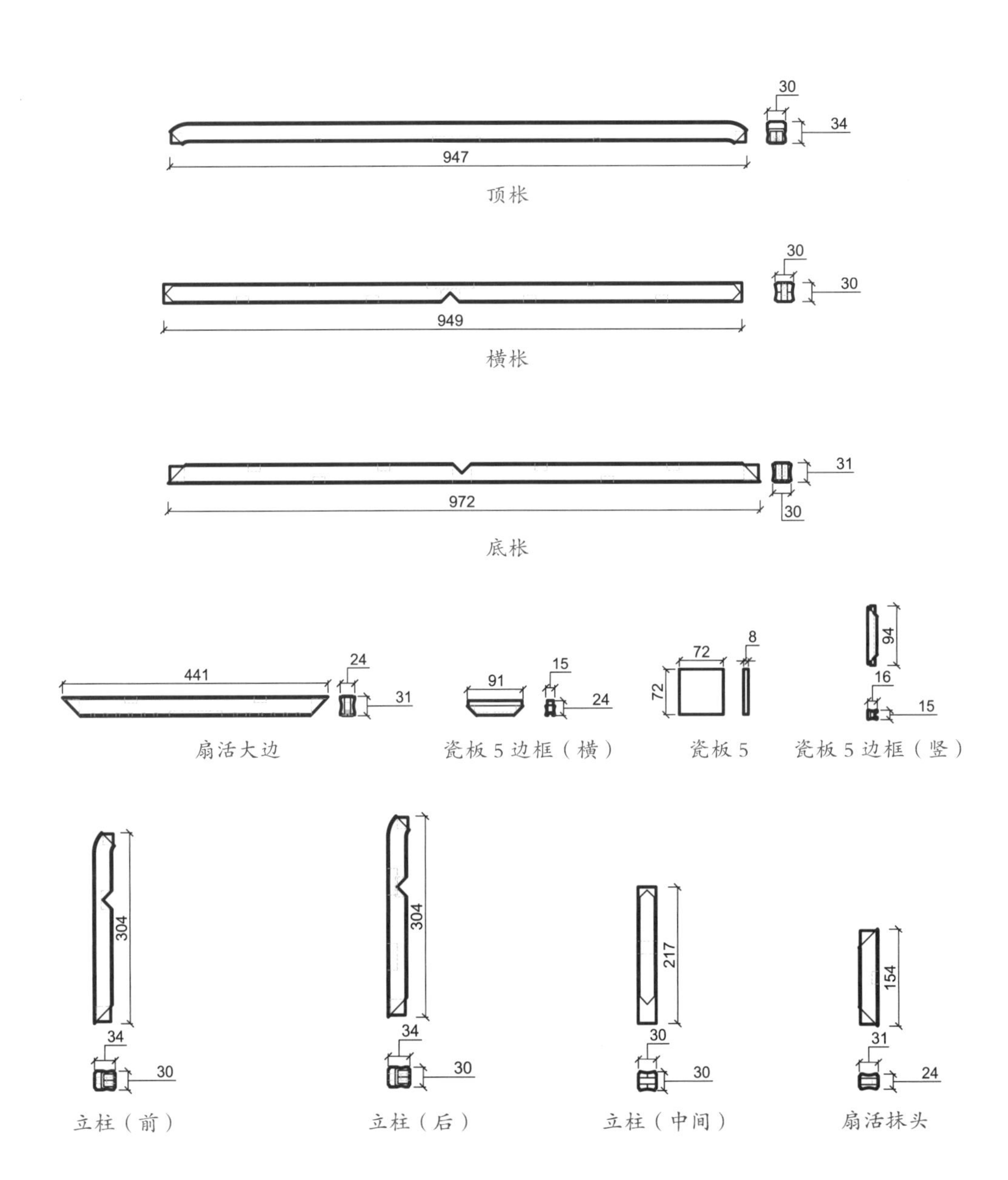

30
34
947
顶枨
30
30
949
横枨
31
972
30
底枨
441
24
31
扇活大边
91
15
24
瓷板 5 边框（横）
72
72
8
瓷板 5
94
16
15
瓷板 5 边框（竖）
304
34
30
立柱（前）
304
34
30
立柱（后）
217
30
30
立柱（中间）
154
31
24
扇活抹头

细部结构—两侧围子（CAD 图 22 ~ 图 32）

注：其余瓷板 CAD 图见靠背围子部分。

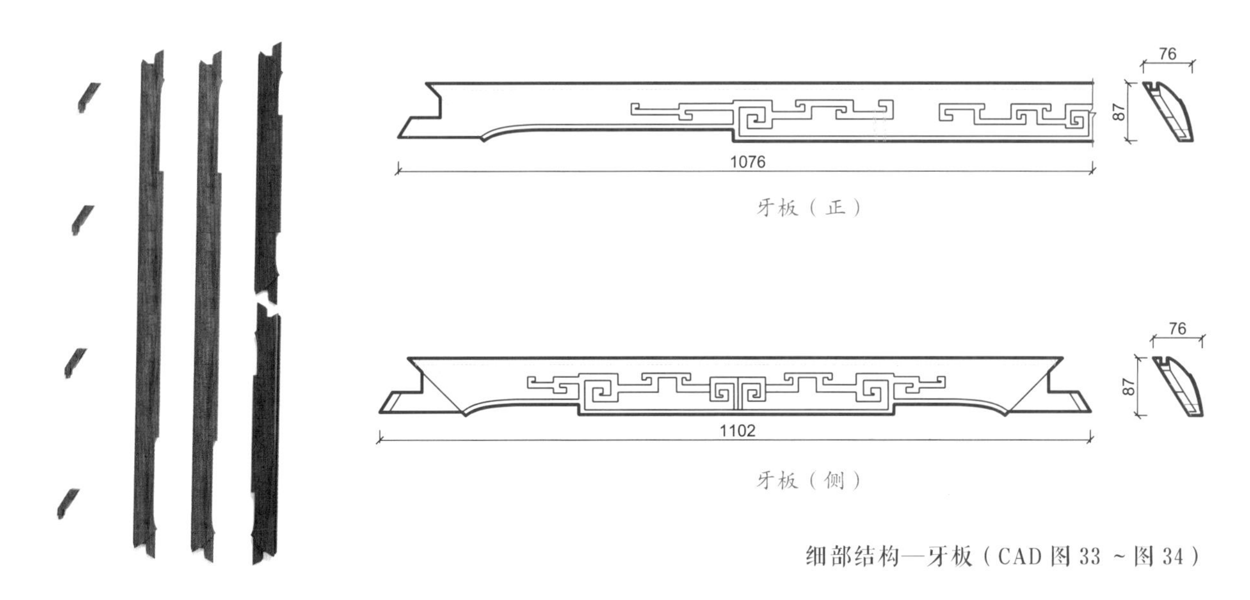
76
87
1076
牙板（正）
76
87
1102
牙板（侧）

细部结构—牙板（CAD 图 33 ～图 34）

细部效果—牙板（效果图 14）

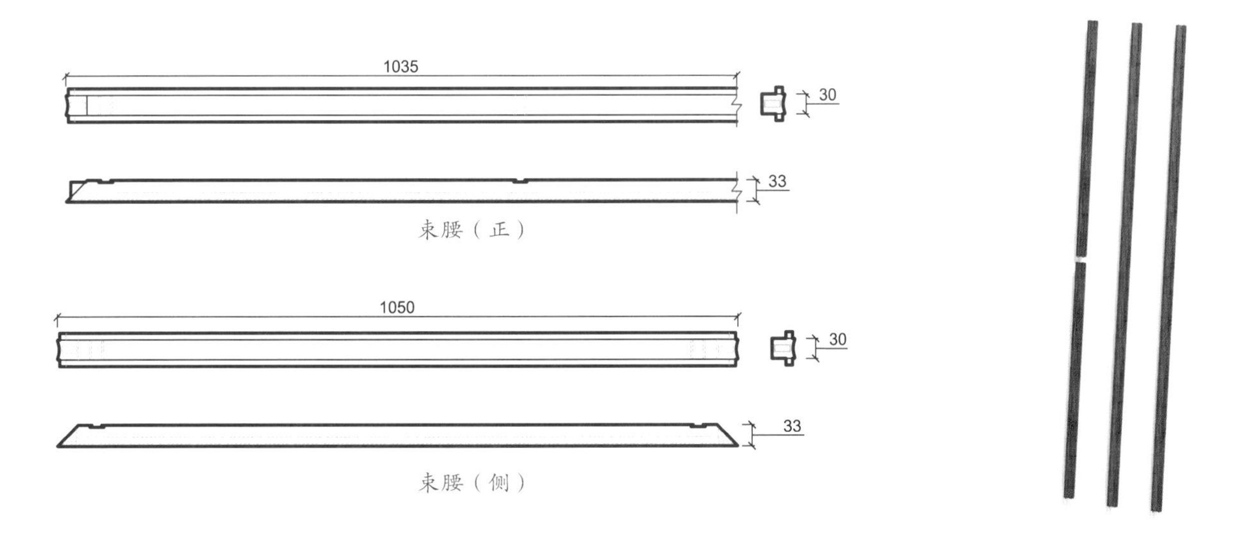
1035
30
33
束腰（正）
1050
30
33
束腰（侧）

细部结构—束腰（CAD 图 35 ～图 36）

细部效果—束腰（效果图 15）

493　493

142　142

142　142

左腿　右腿

细部结构—腿子（CAD 图 37 ～图 38）

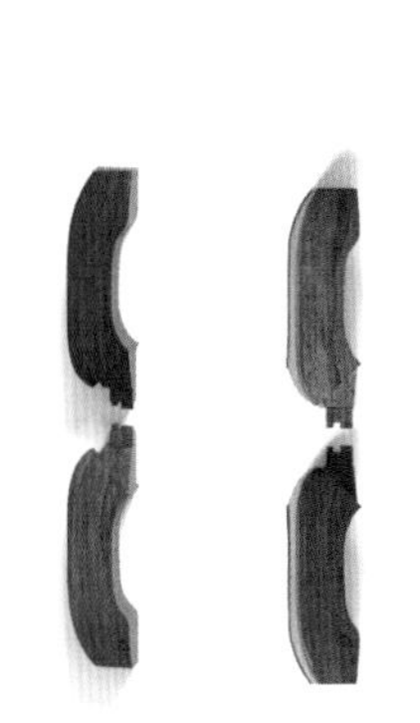

细部效果—腿子（效果图 16）

细部效果—座面（效果图 17）

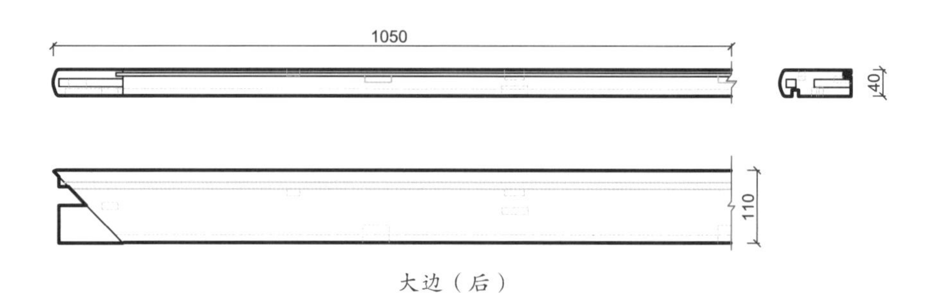

1050
40
110

大边（后）

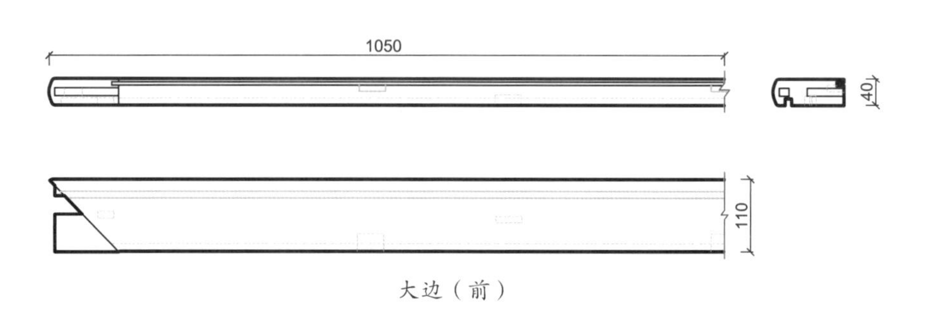

1050
40
110

大边（前）

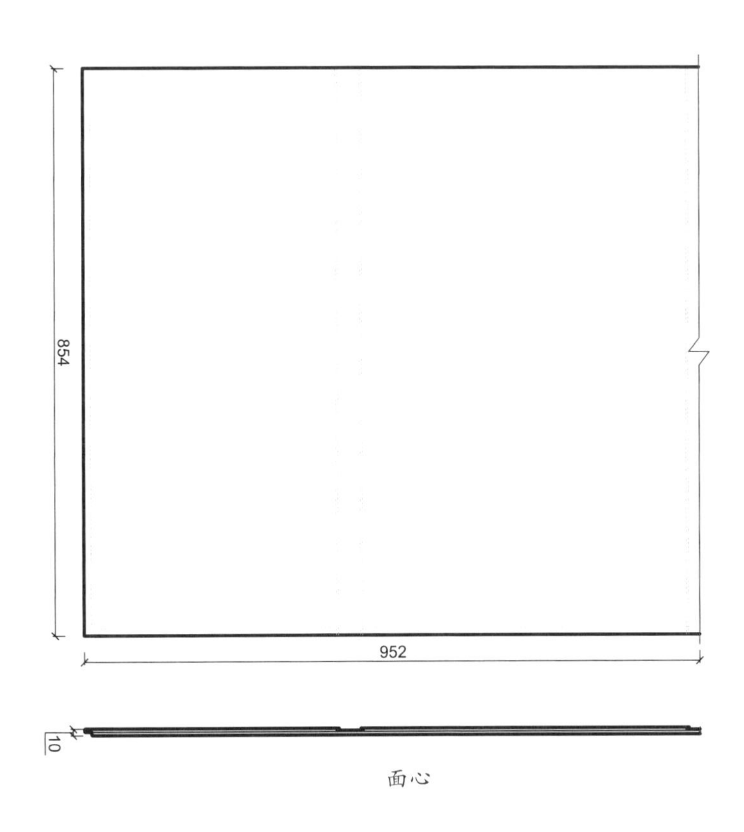
854
952
10

面心

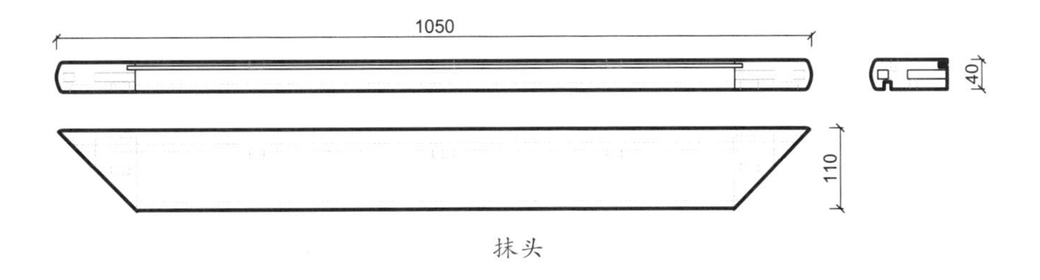
1050
40
110

抹头

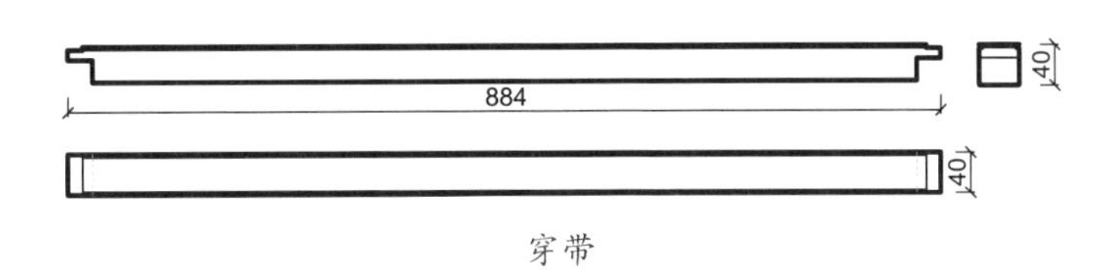
40
884
40

穿带

细部结构—座面（CAD图39～图43）

攒透空拐子纹罗汉床

材质：紫檀

年款：清

整体外观（效果图 1）

1. 器形点评

此罗汉床床围低矮，由靠背及两侧扶手围子组成，床围均以攒透空拐子纹透雕制作。座面镶藤屉，下有极窄的束腰。四腿为方材，腿子上端安拐子纹牙条，四条腿足端雕回纹，前后足端装底枨相连。此床结构空间疏密有度，线条富于变化且新颖，美观耐品。

2. CAD 图示

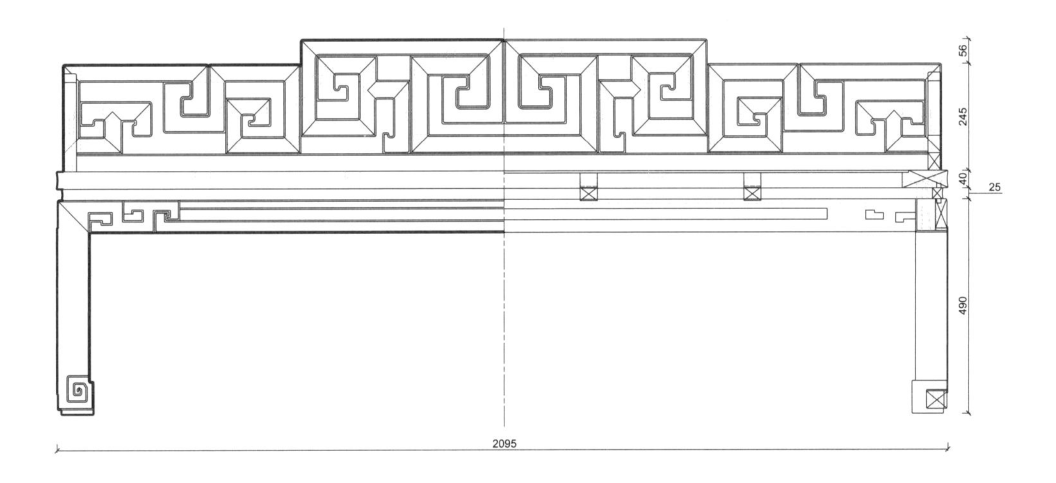

56
245
40
25
490
2095

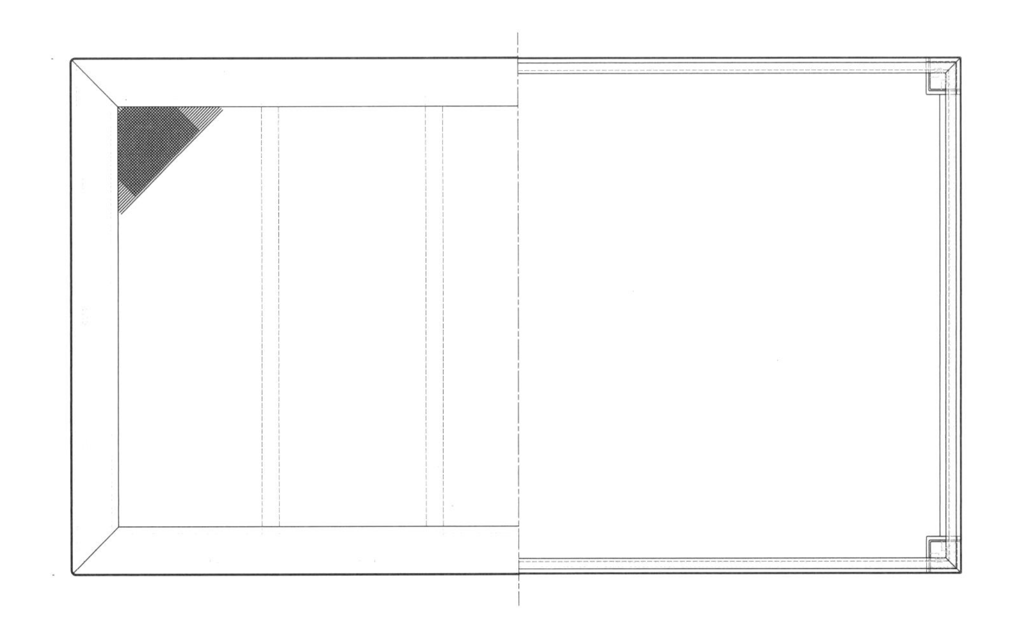

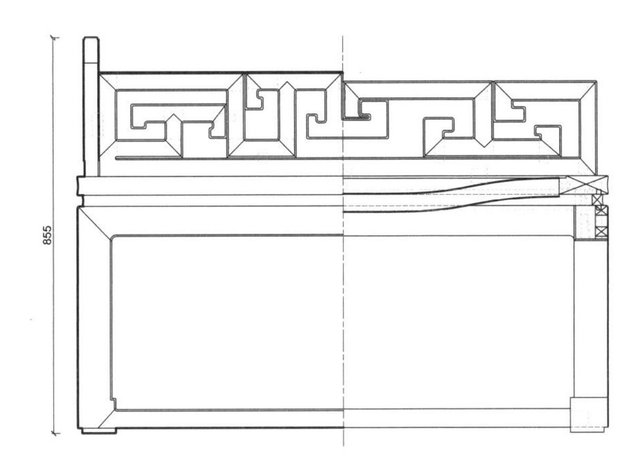

855

主视图
俯视图
左视图

三视结构（CAD 图 1）

3. 用材效果

用材效果（材质：紫檀；效果图 2）

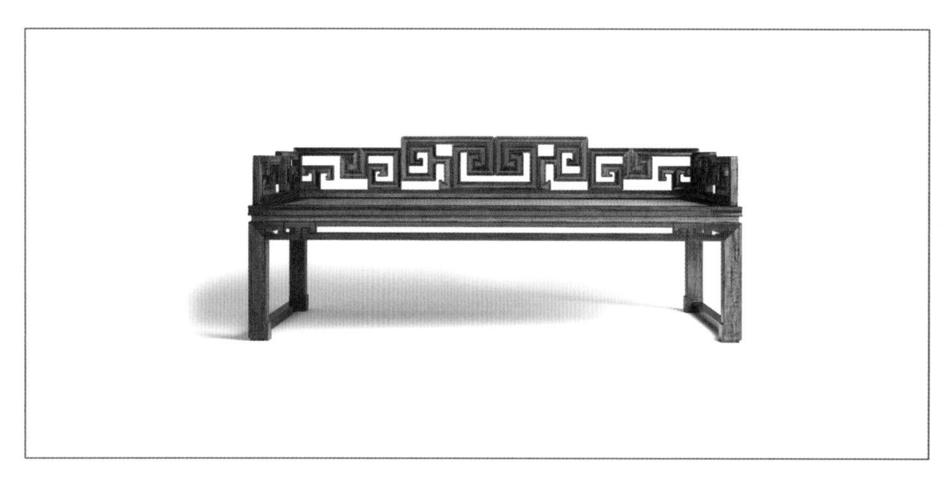

用材效果（材质：黄花梨；效果图 3）

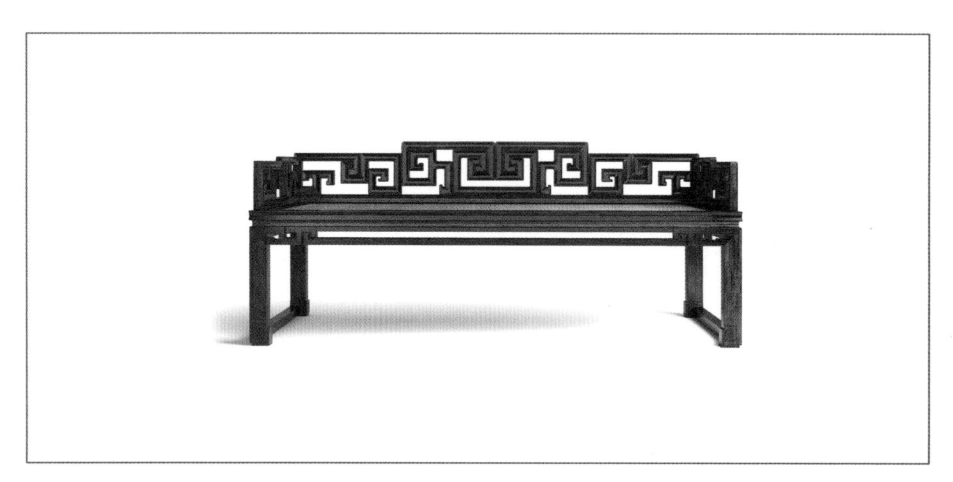

用材效果（材质：红酸枝；效果图 4）

4. 结构爆炸

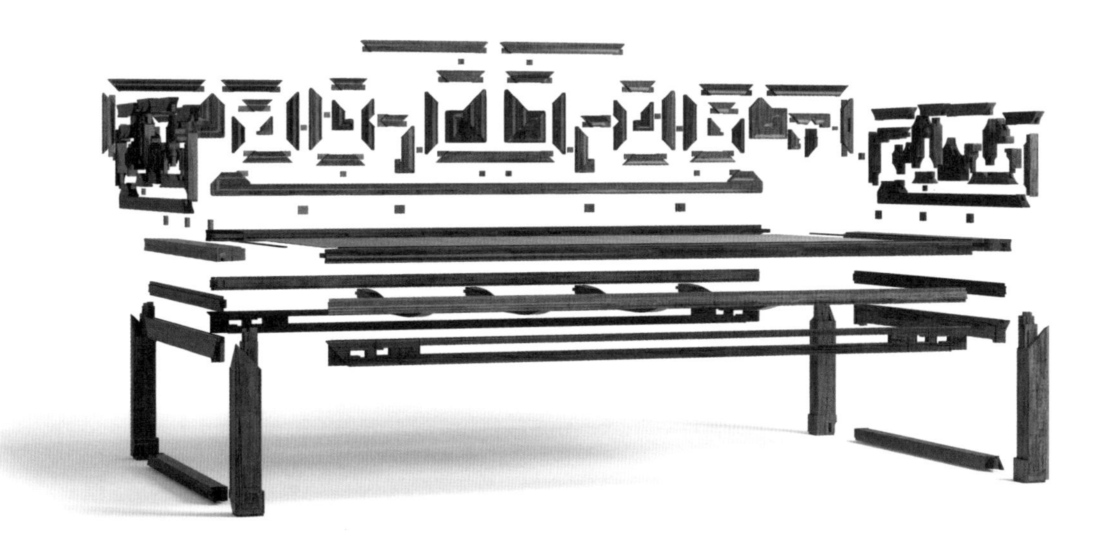

结构爆炸（效果图5）

5. 部件示意

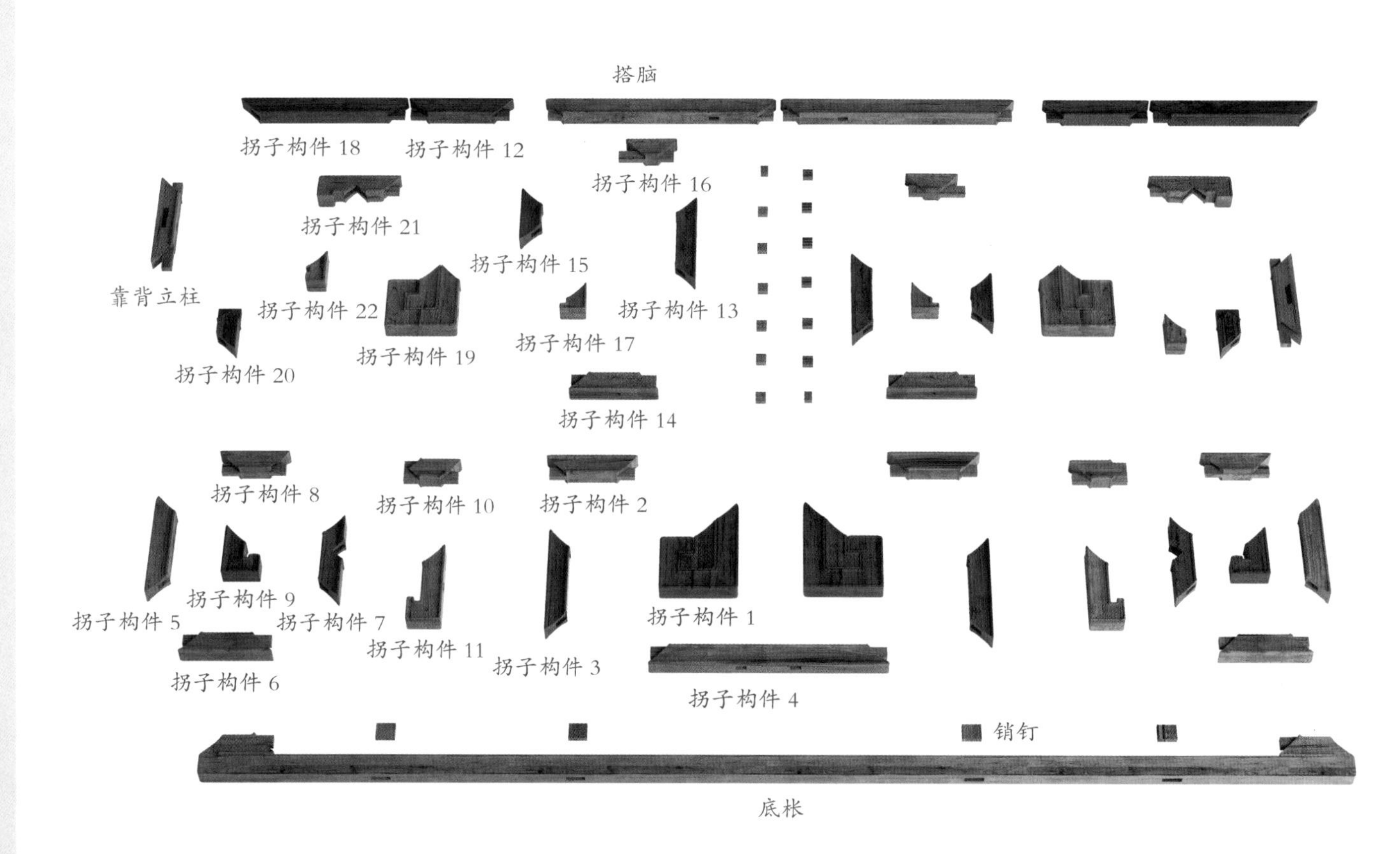
搭脑
拐子构件 18
拐子构件 12
拐子构件 16
拐子构件 21
拐子构件 15
靠背立柱
拐子构件 22
拐子构件 13
拐子构件 19
拐子构件 17
拐子构件 20
拐子构件 14
拐子构件 8
拐子构件 10
拐子构件 2
拐子构件 9
拐子构件 5
拐子构件 7
拐子构件 1
拐子构件 11
拐子构件 3
拐子构件 6
拐子构件 4
销钉
底枨

部件示意—靠背围子（效果图 6）

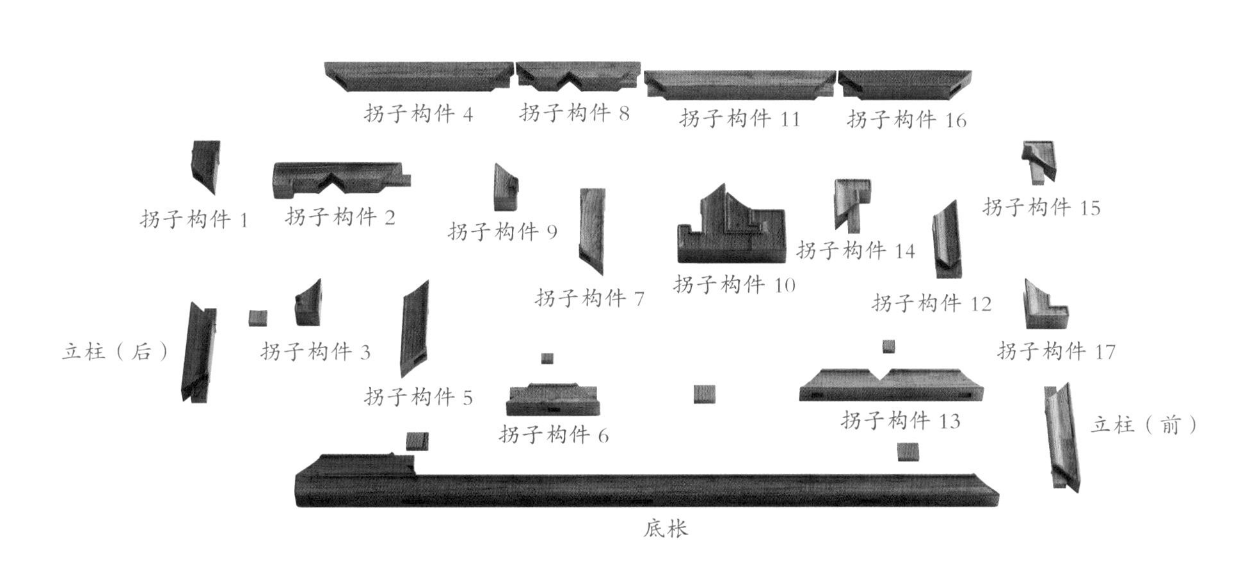
拐子构件 4
拐子构件 8
拐子构件 11
拐子构件 16
拐子构件 1
拐子构件 2
拐子构件 9
拐子构件 7
拐子构件 10
拐子构件 14
拐子构件 15
拐子构件 12
立柱（后）
拐子构件 3
拐子构件 5
拐子构件 6
拐子构件 13
拐子构件 17
立柱（前）
底枨

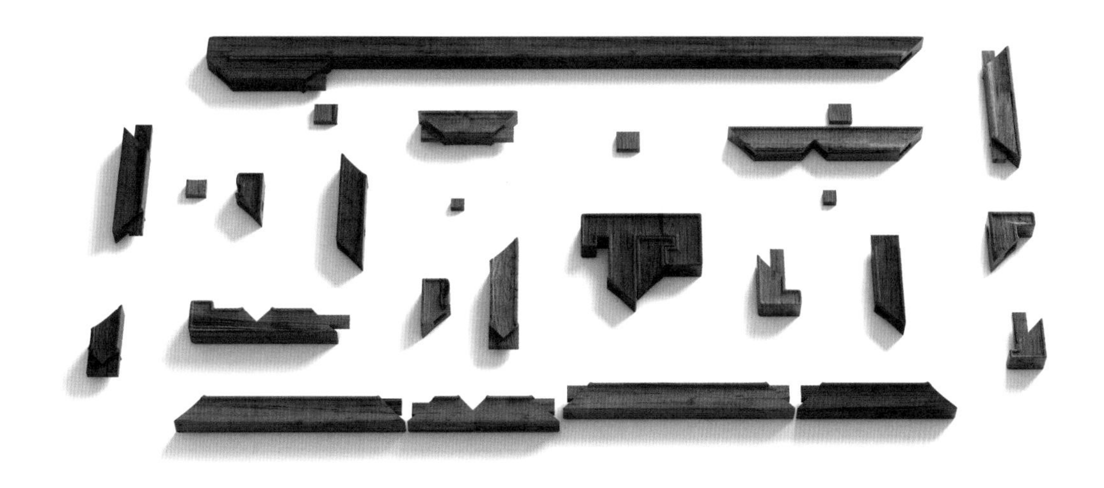

部件示意—两侧围子（效果图 7）

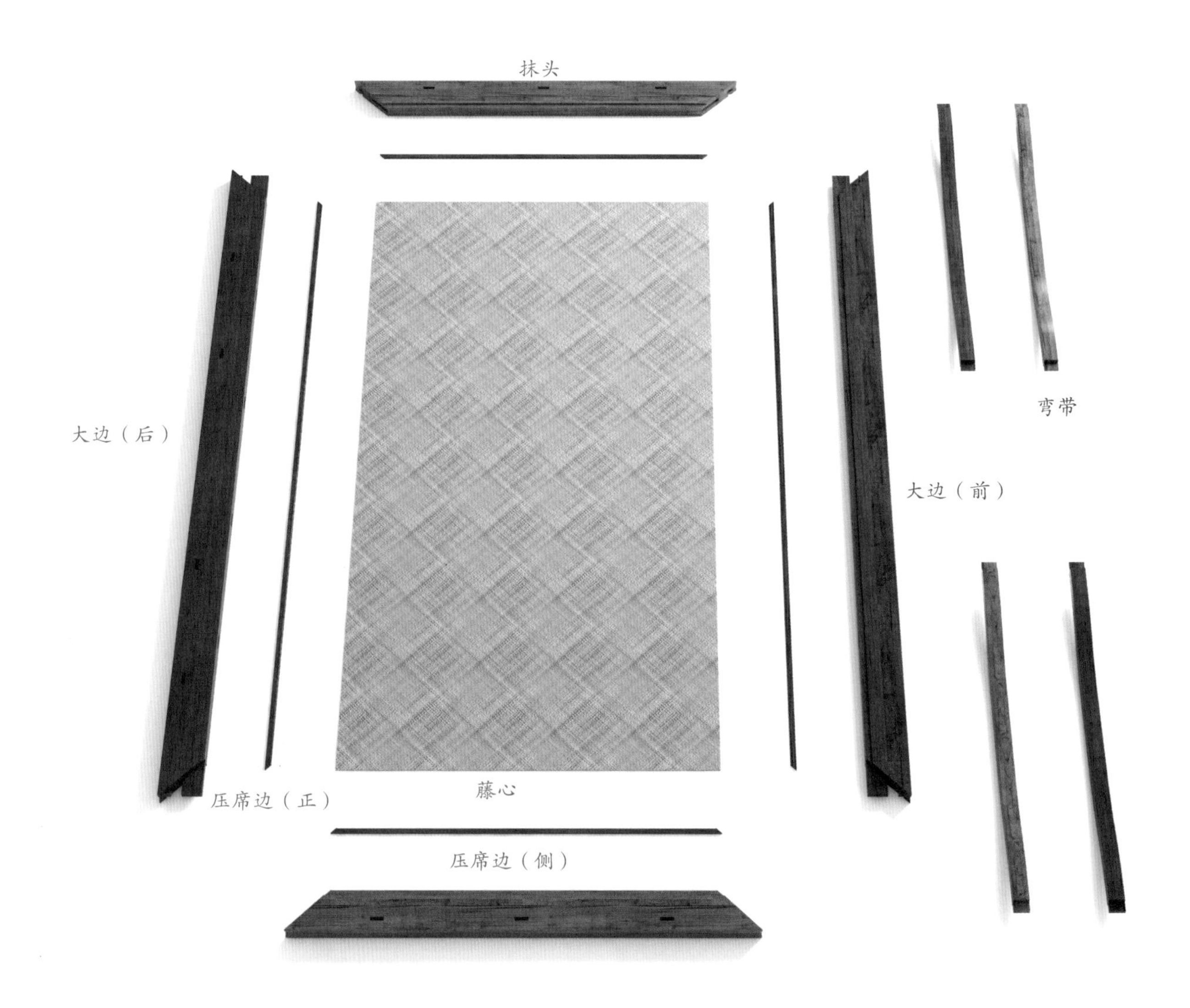
抹头
弯带
大边（后）
大边（前）
压席边（正）
藤心
压席边（侧）

部件示意—座面（效果图 8）

部件示意—腿子（效果图 9）

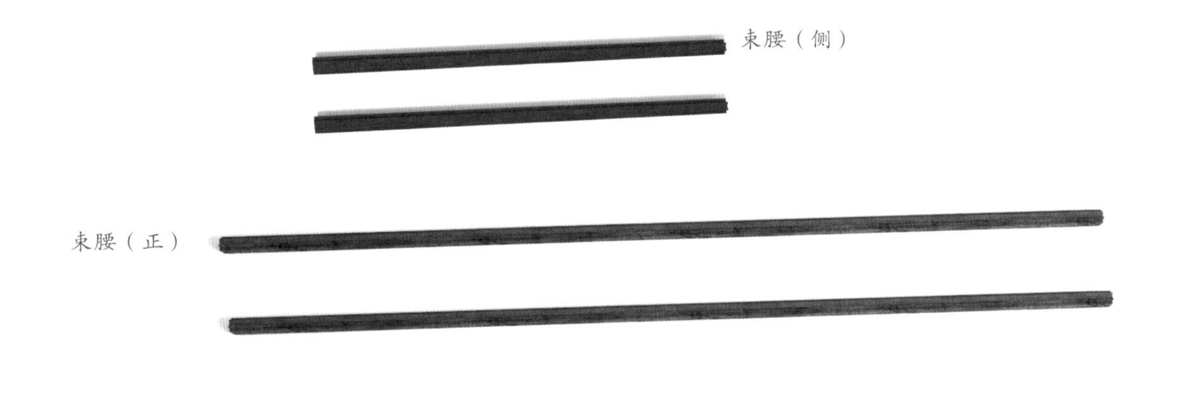
束腰（侧）
束腰（正）

部件示意—束腰（效果图 10）

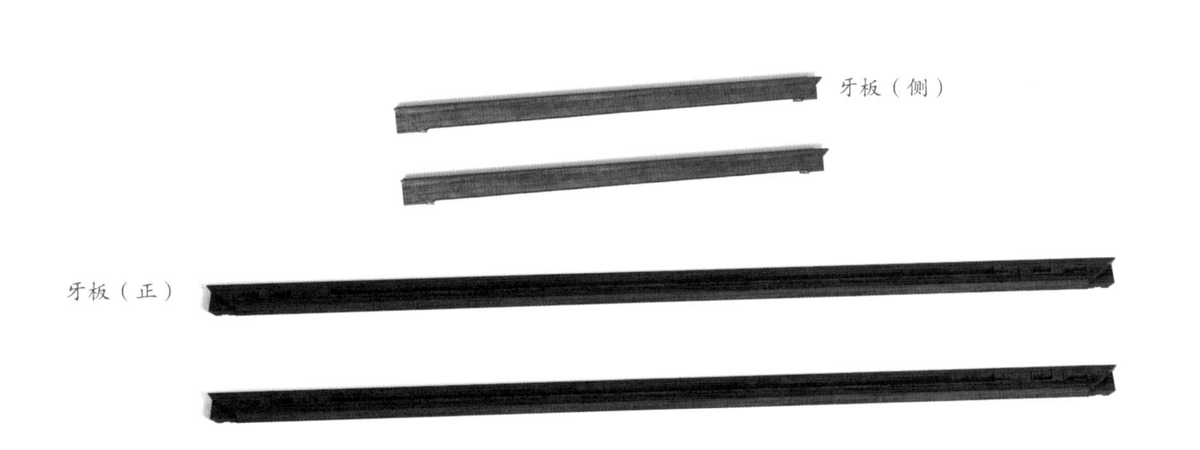
牙板（侧）
牙板（正）

部件示意—牙板（效果图 11）

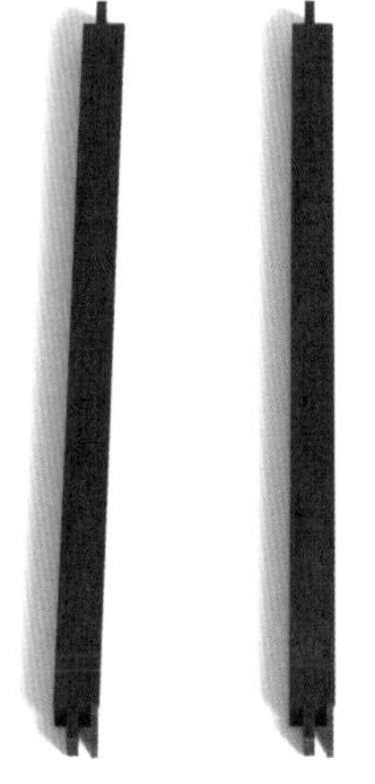

部件示意—管脚枨（效果图 12）

6. 细部详解

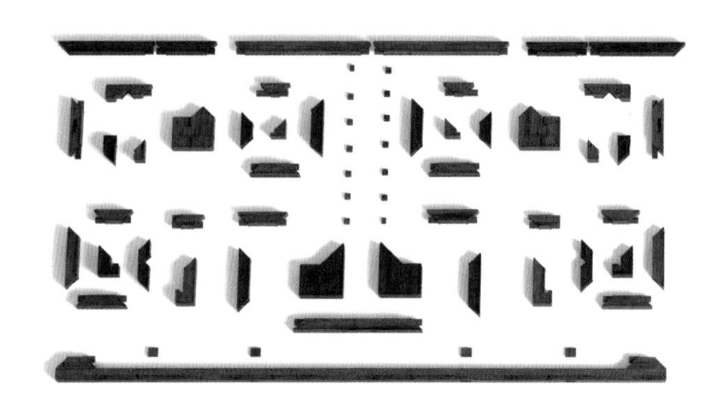

细部效果—靠背围子（效果图 13）

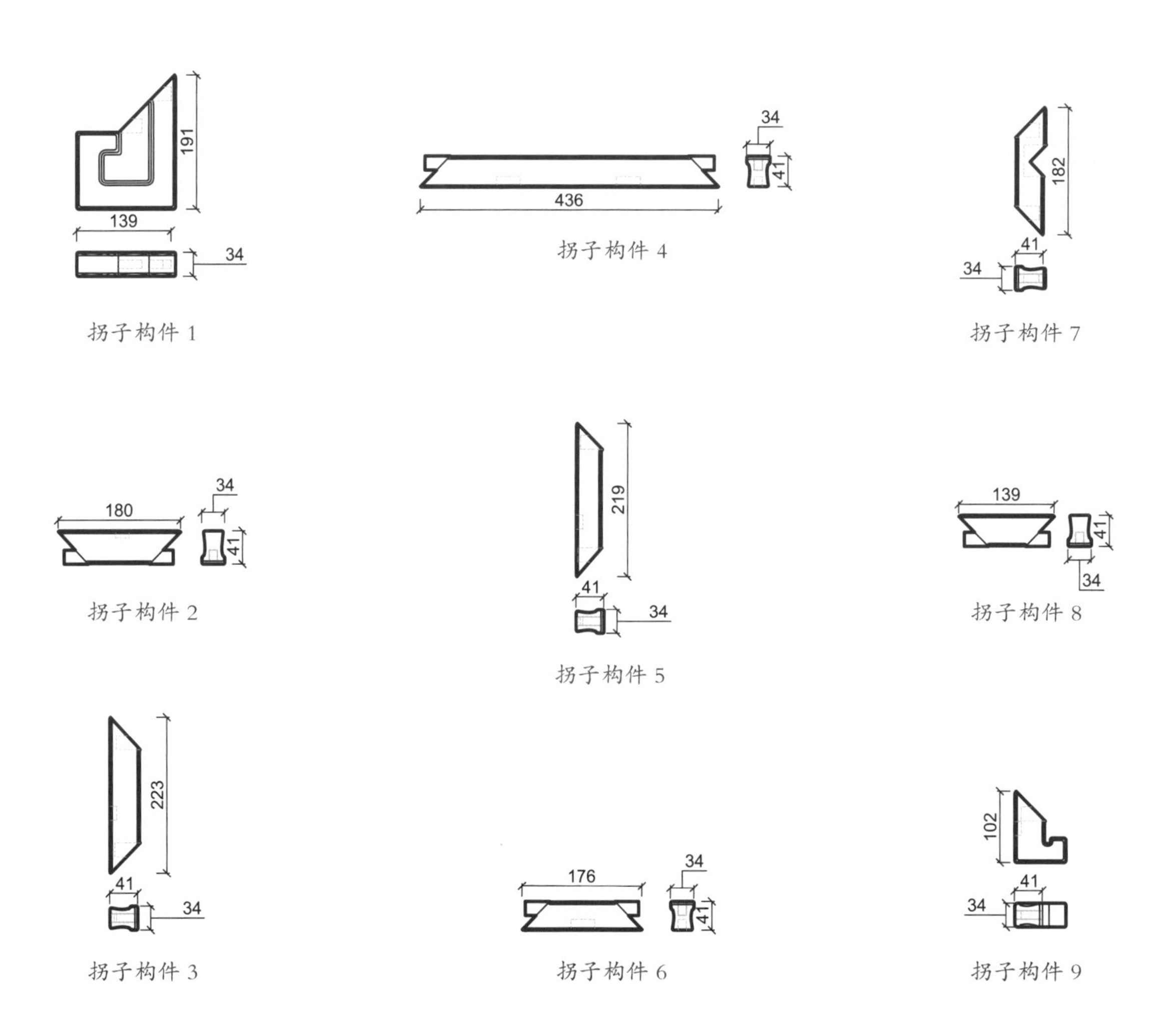

191
139
34
拐子构件 1
34
41
436
拐子构件 4
182
41
34
拐子构件 7
180
34
41
拐子构件 2
219
41
34
拐子构件 5
139
41
34
拐子构件 8
223
41
34
拐子构件 3
176
34
41
拐子构件 6
102
41
34
拐子构件 9

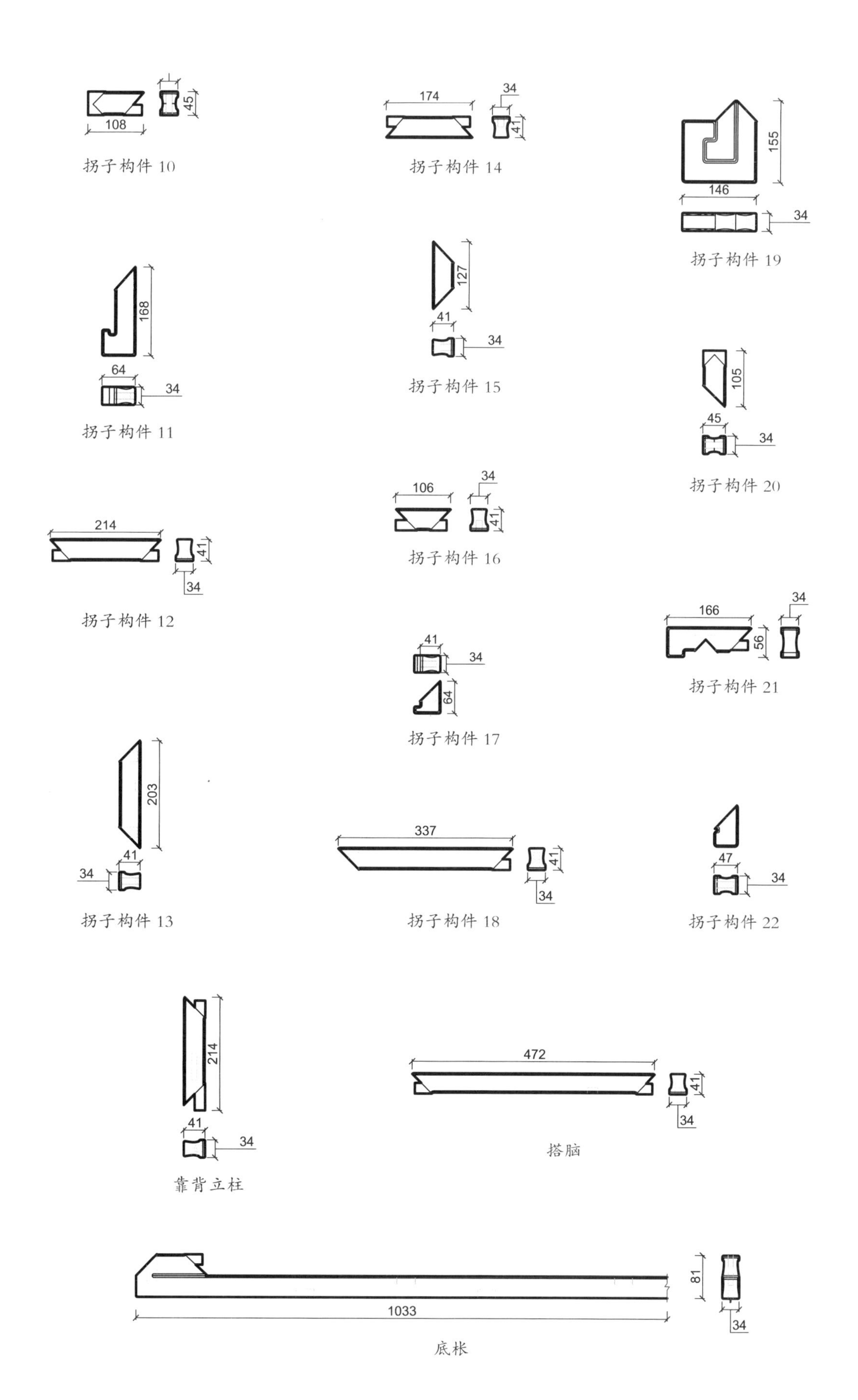
108
45
拐子构件 10
174
34
41
拐子构件 14
155
146
34
拐子构件 19
168
64
34
拐子构件 11
127
41
34
拐子构件 15
105
45
34
拐子构件 20
106
34
41
拐子构件 16
214
41
34
拐子构件 12
166
34
56
拐子构件 21
41
34
64
拐子构件 17
203
41
34
拐子构件 13
337
41
34
拐子构件 18
47
34
拐子构件 22
214
41
34
靠背立柱
472
41
34
搭脑
81
1033
34
底枨

细部结构—靠背围子（CAD 图 2 ~图 26）

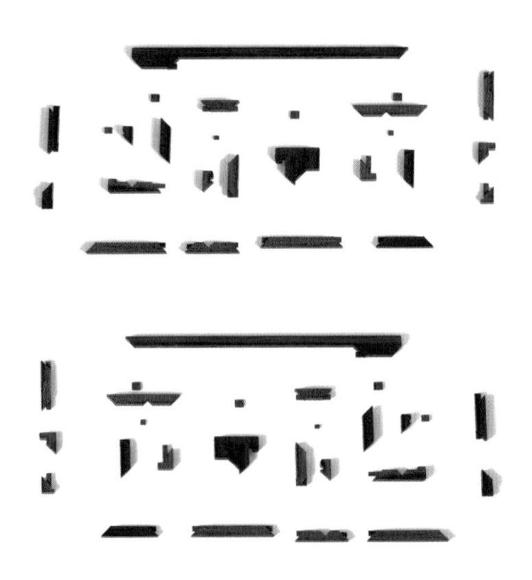

细部效果—两侧围子（效果图 14）

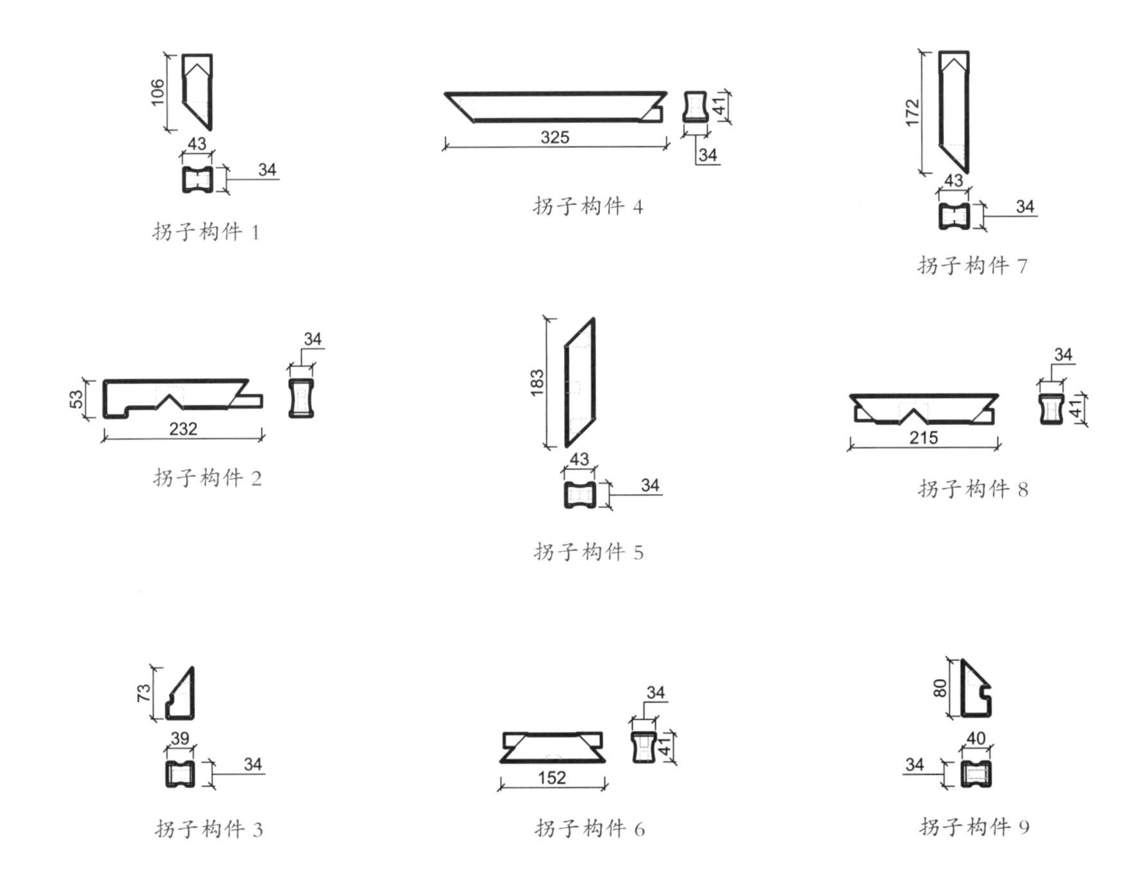

106
43
34
拐子构件 1
325
41
34
拐子构件 4
172
43
34
拐子构件 7
53
232
34
拐子构件 2
183
43
34
拐子构件 5
34
215
41
拐子构件 8
73
39
34
拐子构件 3
34
152
41
拐子构件 6
80
40
34
拐子构件 9

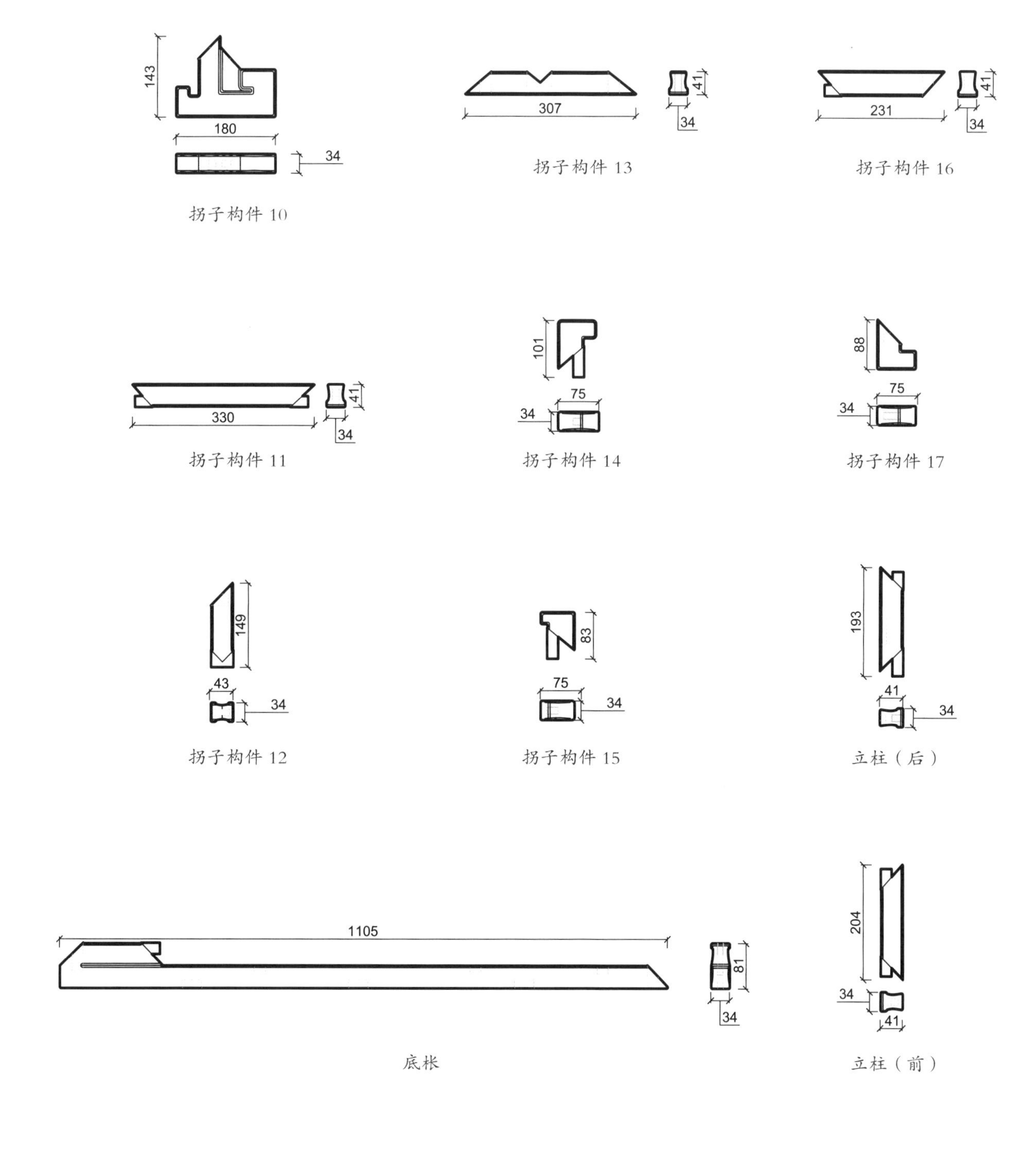
143
180
34
扔子构件 10
307
41
34
扔子构件 13
231
41
34
扔子构件 16
330
41
34
扔子构件 11
101
75
34
扔子构件 14
88
75
34
扔子构件 17
149
43
34
扔子构件 12
83
75
34
扔子构件 15
193
41
34
立柱（后）
1105
81
34
底枨
204
34
41
立柱（前）

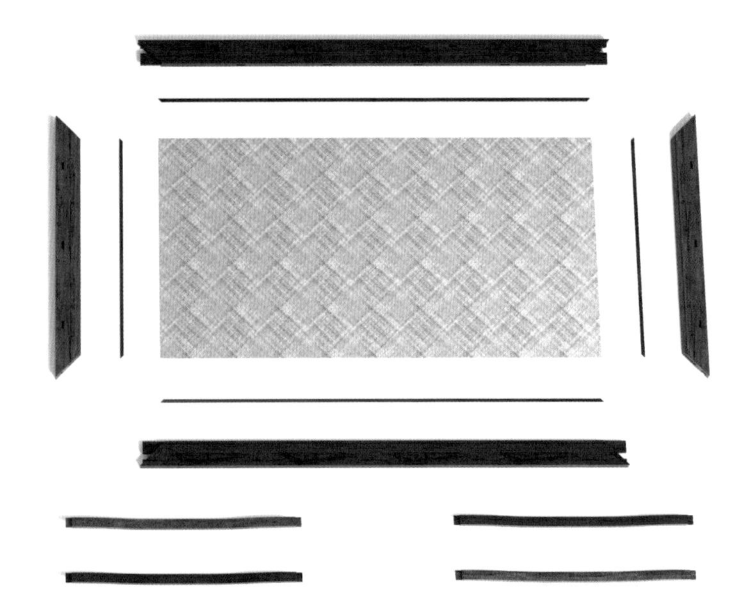

细部效果—座面（效果图15）

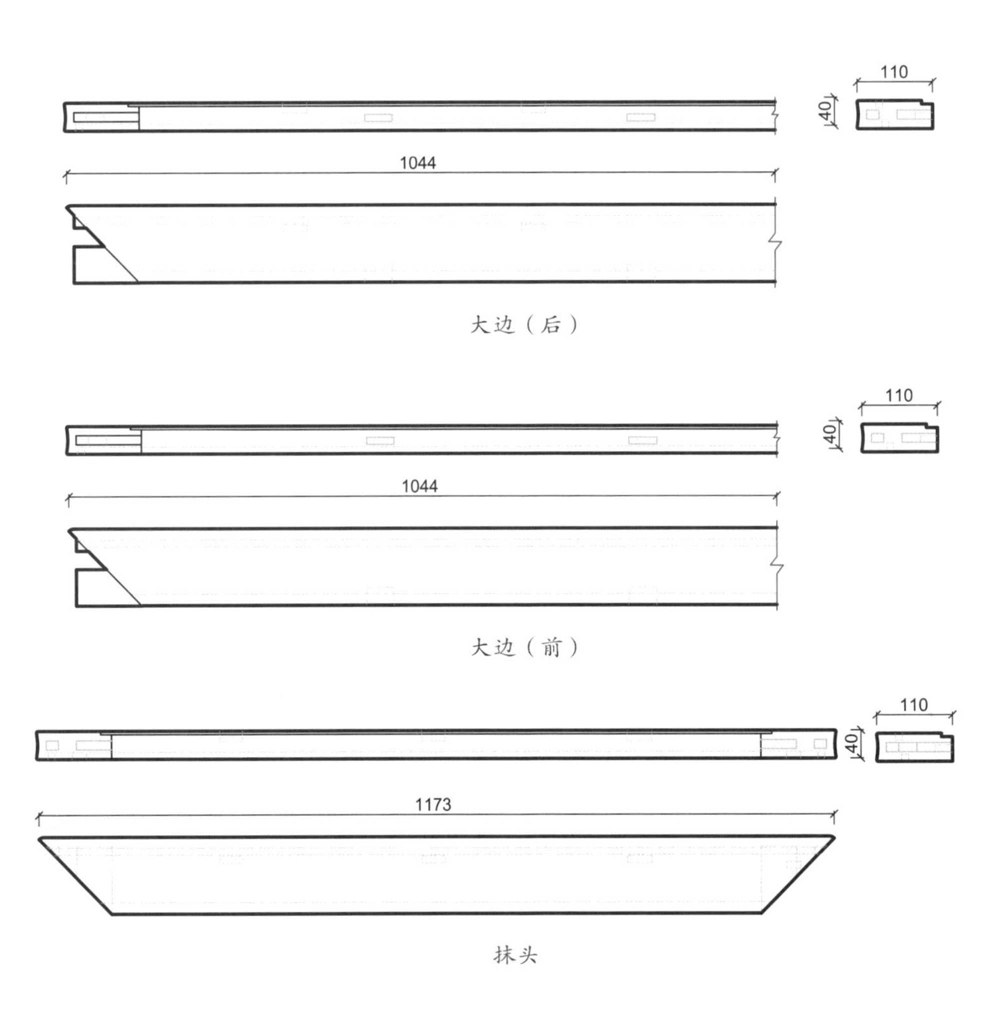
110
40
1044
110
40
1044
110
40
1173

大边（后）

大边（前）

抹头

953
990
3
藤心

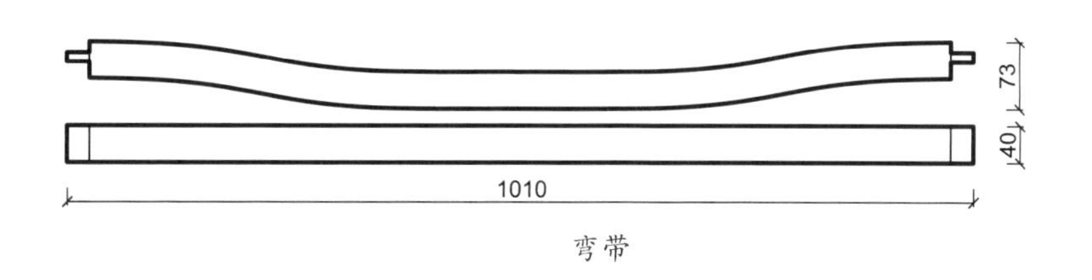
73
40
1010
弯带

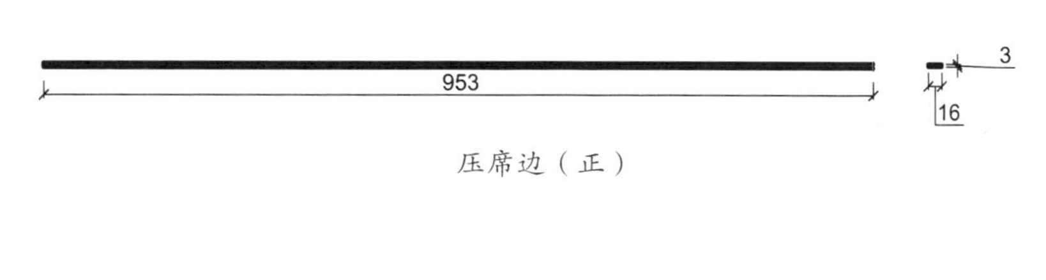
953
3
16
压席边（正）

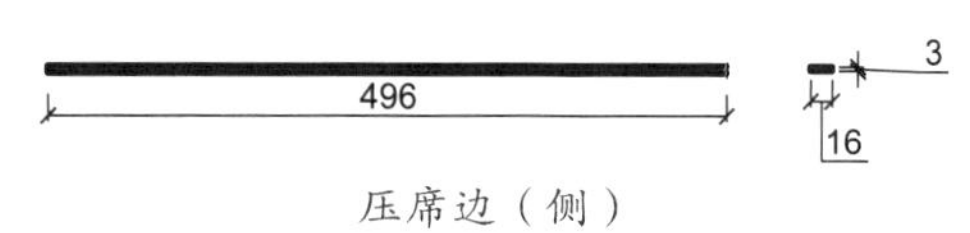
496
3
16
压席边（侧）

细部结构—座面（CAD 图 47 ~图 53）

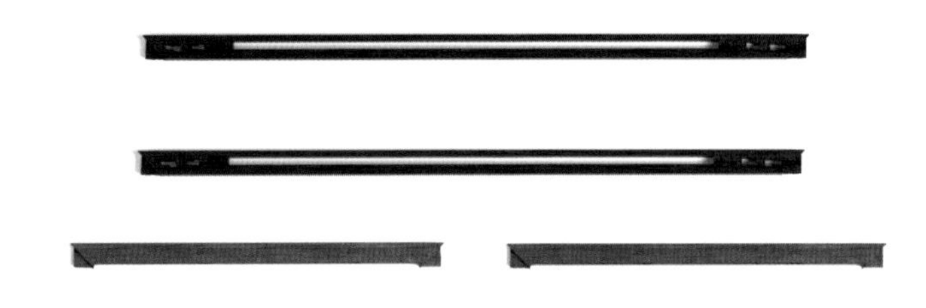

细部效果—牙板（效果图 16）

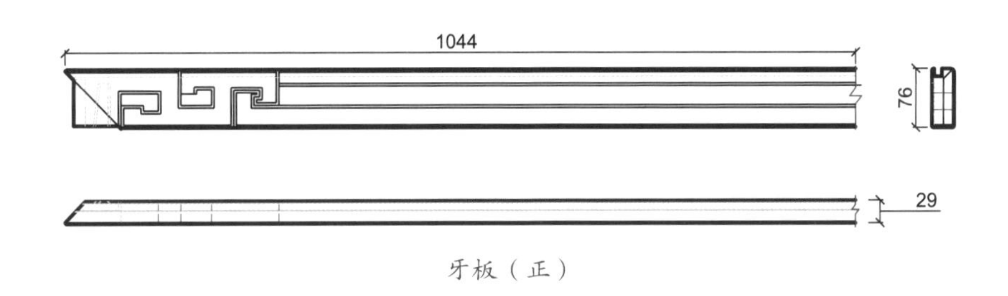
1044
76
29

牙板（正）

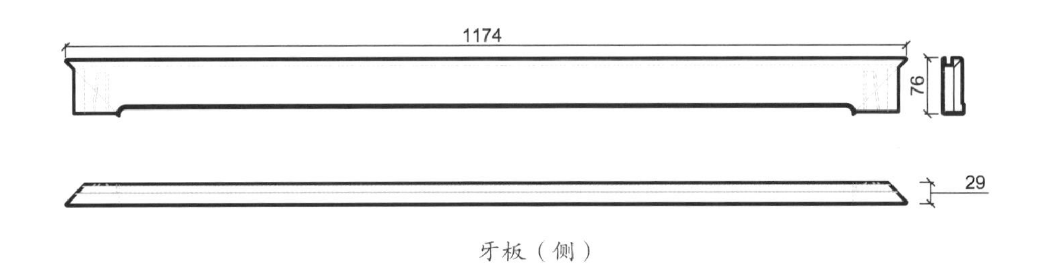
1174
76
29

牙板（侧）

细部结构—牙板（CAD 图 54 ～图 55）

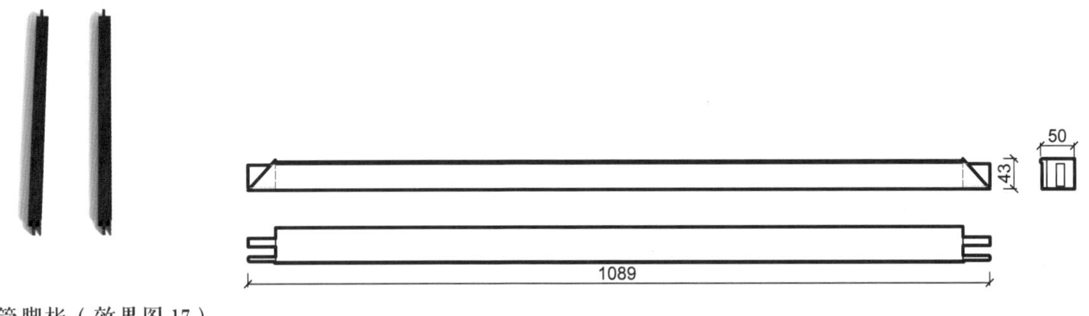
50
43
1089

细部效果—管脚枨（效果图 17）

细部结构—管脚枨（CAD 图 56）

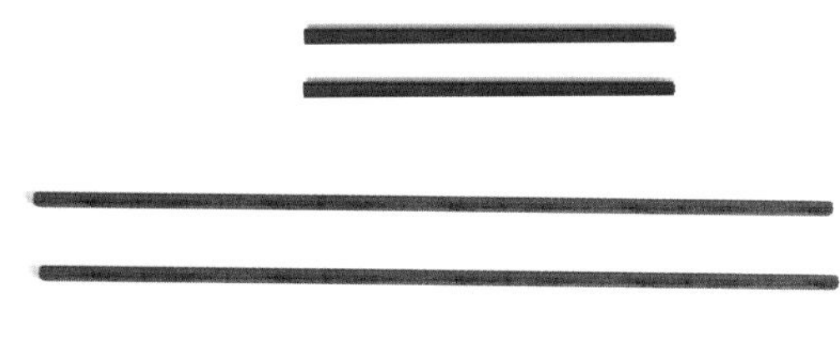

细部效果—束腰（效果图 18）

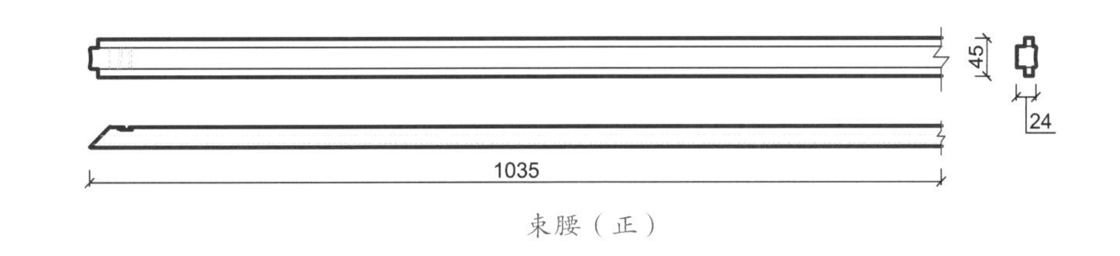
45
24
1035
束腰（正）

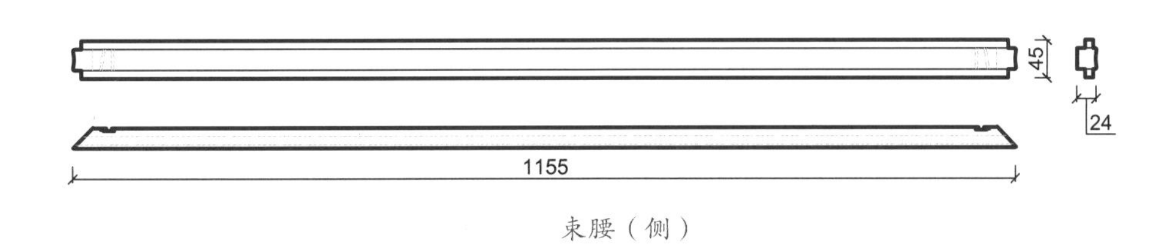
45
24
1155
束腰（侧）

细部结构—束腰（CAD 图 57 ~图 58）

细部效果—腿子（效果图 19）

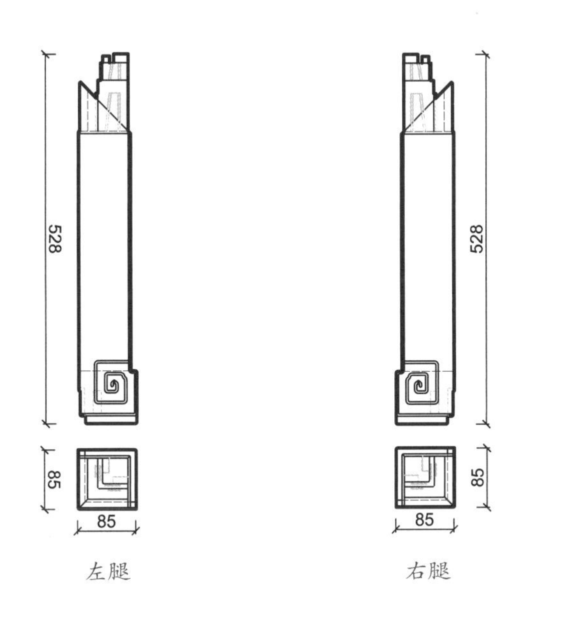
528
85
85
左腿
528
85
85
右腿

细部结构—腿子（CAD 图 59 ~图 60）

花鸟纹带托泥罗汉床

材质：紫檀

年款：清

整体外观（效果图 1）

1. 器形点评

此罗汉床为五屏式围子，靠背三扇，左右扶手各一扇，围子高度自中扇向两侧依次递减。每扇围子均在围板中心浮雕长方形开光，开光内雕饰花鸟图案。座面四边攒框，中装藤心。束腰上有三个长方开光，开光内雕饰双云纹。束腰之下为鼓腿彭牙。四腿上端与牙子相交处雕出两卷相对的如意云头，足端雕内翻马蹄足，下踩圆珠，又接托泥。此床体形宽硕，稳重大方。

2. CAD 图示

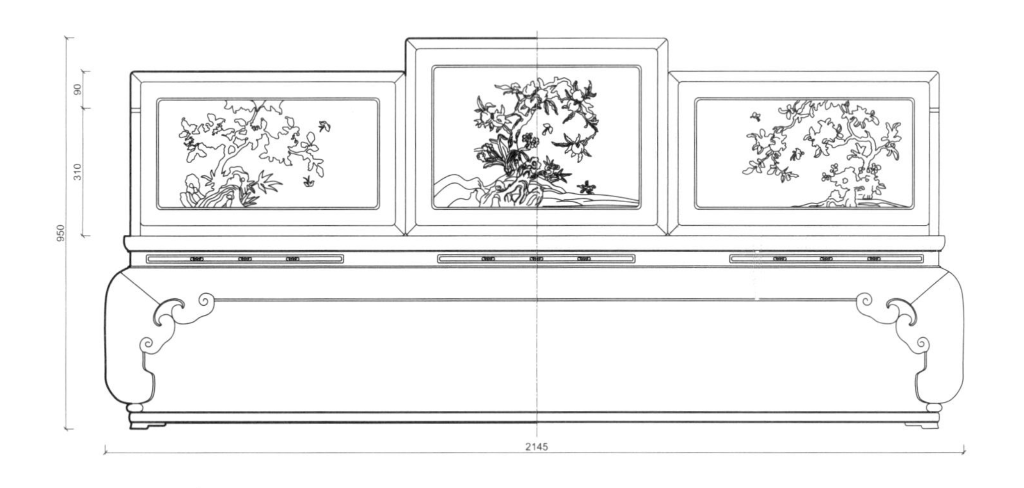
90
310
950
2145

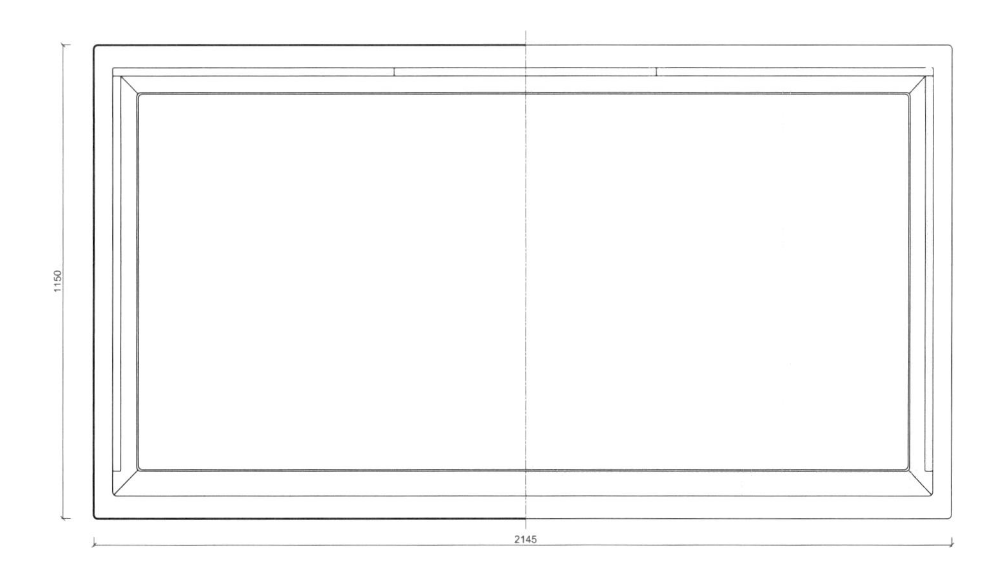
1150
2145

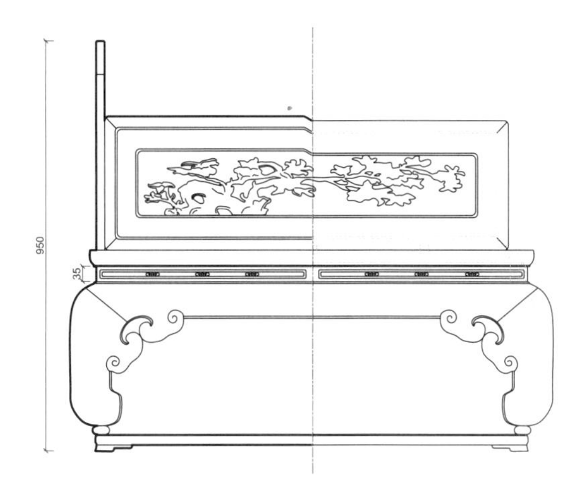
950
35

主视图
俯视图
左视图

三视结构（CAD 图 1）

3. 用材效果

用材效果（材质：紫檀；效果图 2）

用材效果（材质：黄花梨；效果图 3）

用材效果（材质：红酸枝；效果图 4）

4. 结构爆炸

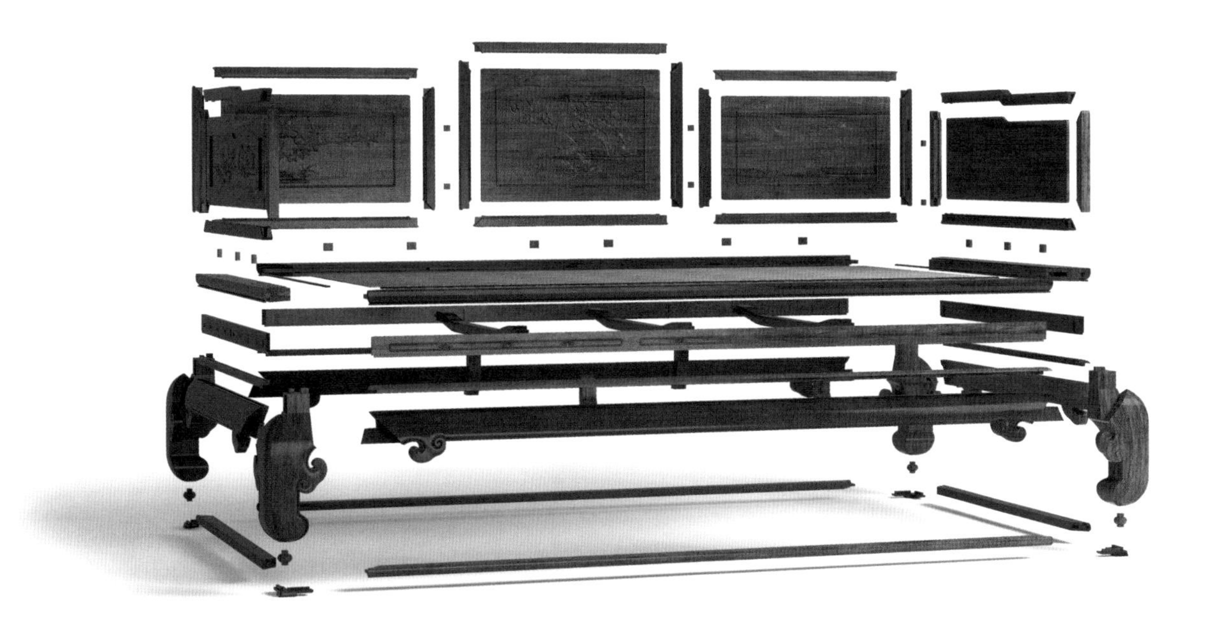

结构爆炸（效果图 5）

5. 部件示意

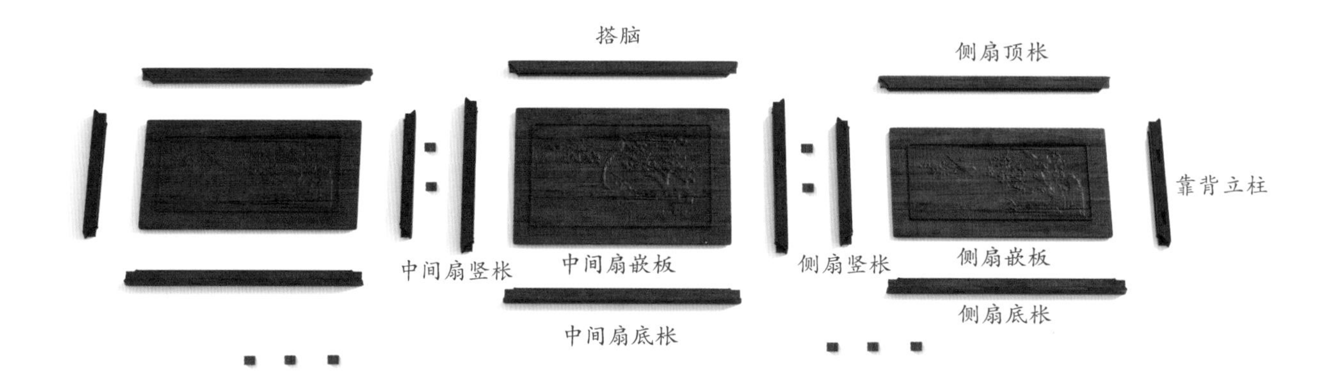

搭脑
侧扇顶枨
靠背立柱
中间扇竖枨
中间扇嵌板
侧扇竖枨
侧扇嵌板
中间扇底枨
侧扇底枨

部件示意—靠背围子（效果图 6）

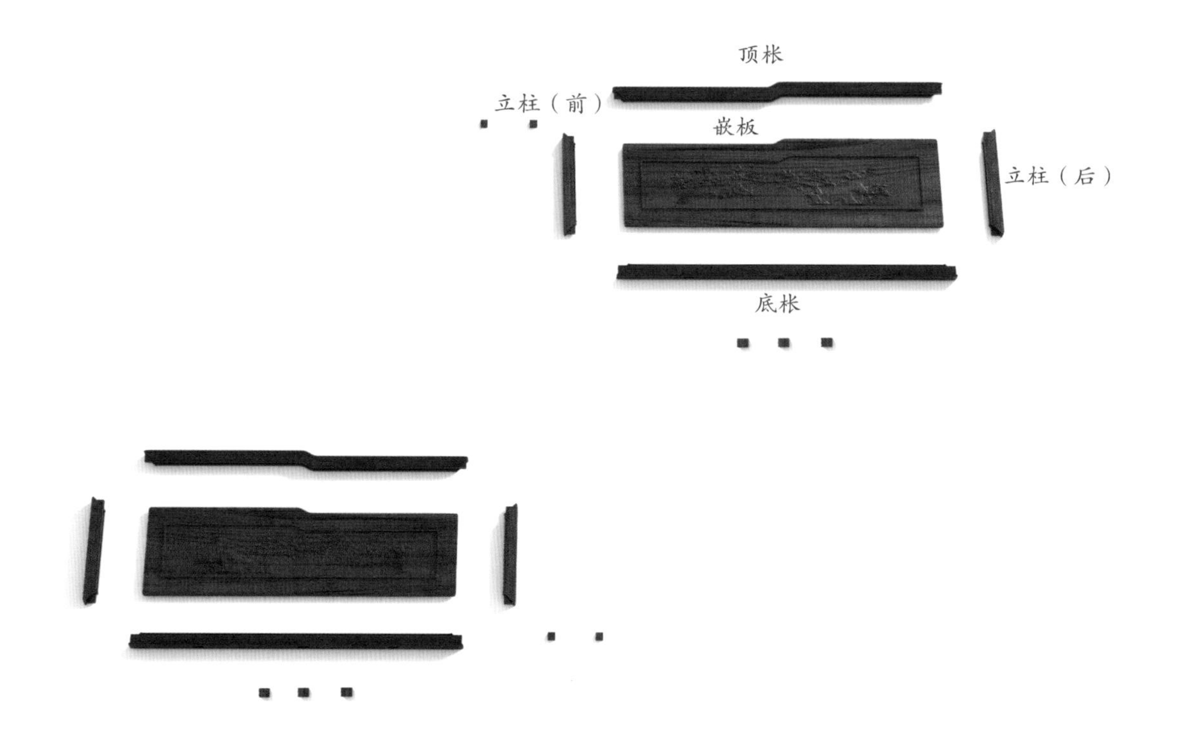

顶枨
立柱（前）
嵌板
立柱（后）
底枨

部件示意—两侧围子（效果图 7）

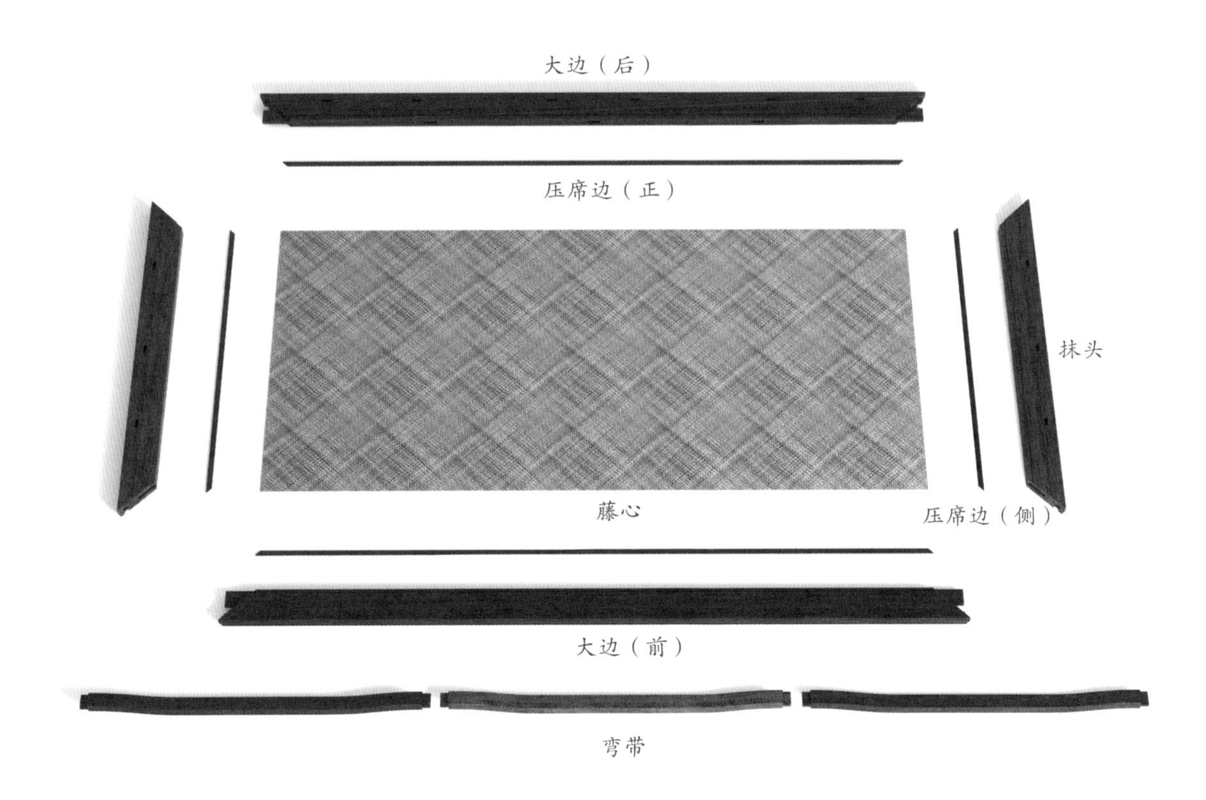
大边（后）
压席边（正）
抹头
藤心
压席边（侧）
大边（前）
弯带

部件示意—座面（效果图8）

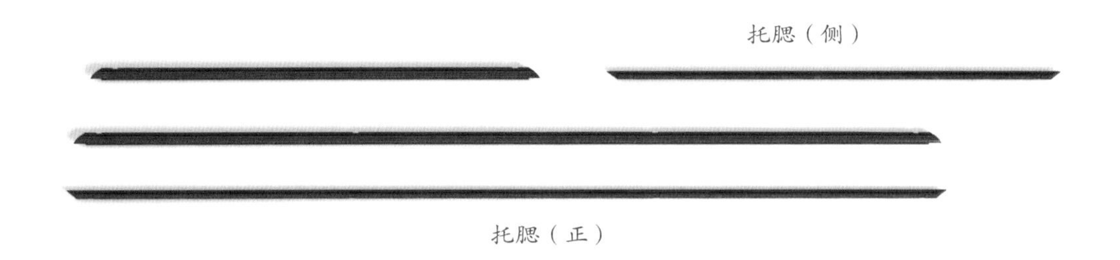
托腮（侧）
托腮（正）

部件示意—托腮（效果图 9）

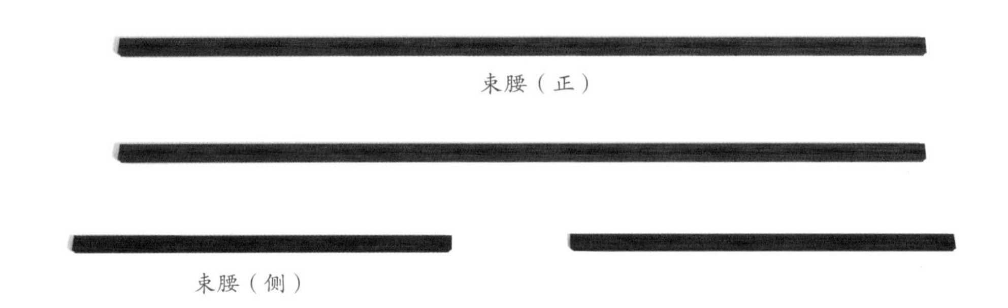
束腰（正）
束腰（侧）

部件示意—束腰（效果图 10）

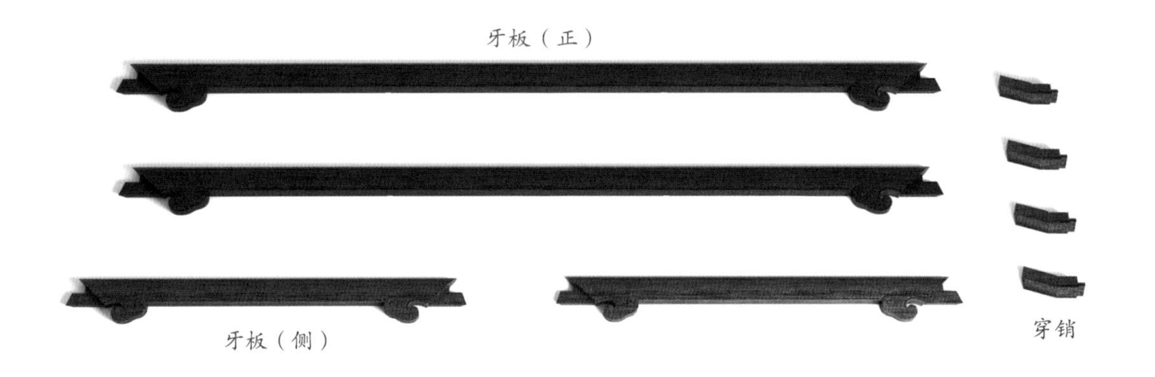
牙板（正）
牙板（侧）
穿销

部件示意—牙板（效果图 11）

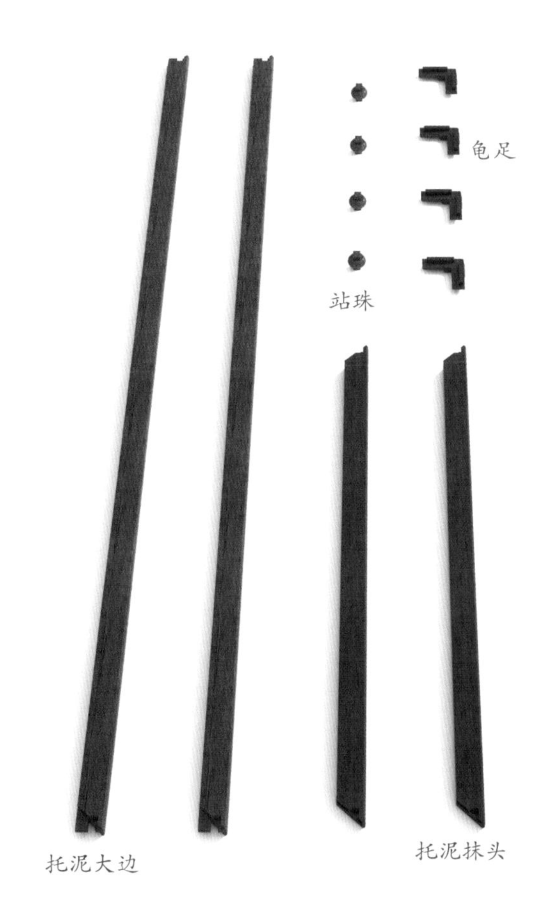
龟足
站珠
托泥大边
托泥抹头

部件示意—托泥和龟足（效果图12）

部件示意—腿子（效果图13）

6. 细部详解

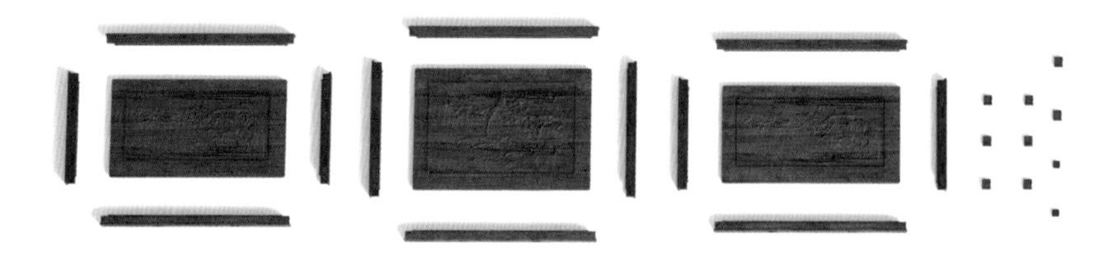

细部效果—靠背围子（效果图 14）

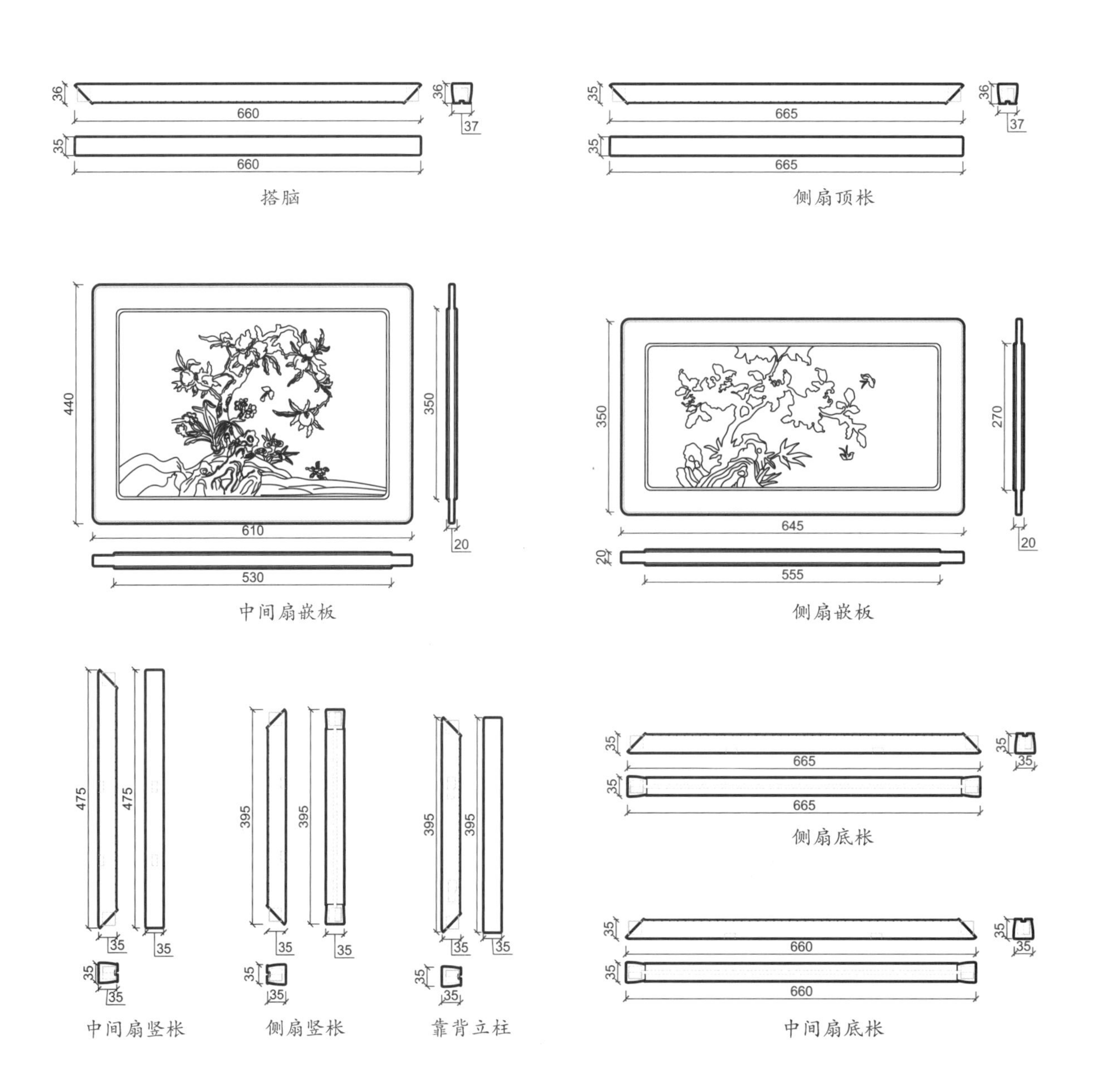

36
660
36
37
35
660
搭脑
35
665
36
37
35
665
侧扇顶枨
440
350
610
20
530
中间扇嵌板
350
270
645
20
20
555
侧扇嵌板
475
475
35
35
35
35
中间扇竖枨
395
395
35
35
35
35
侧扇竖枨
395
395
35
35
35
35
靠背立柱
35
665
35
35
35
665
侧扇底枨
35
660
35
35
35
660
中间扇底枨

细部结构—靠背围子（CAD 图 2 ~图 10）

细部效果—两侧围子（效果图 15）

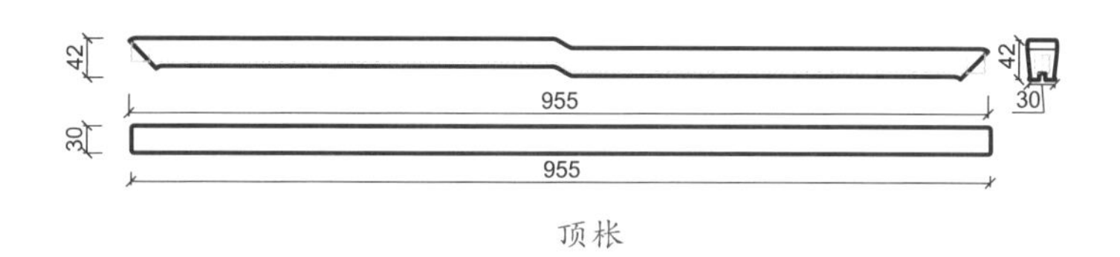
42
955
30
955
42
30

顶枨

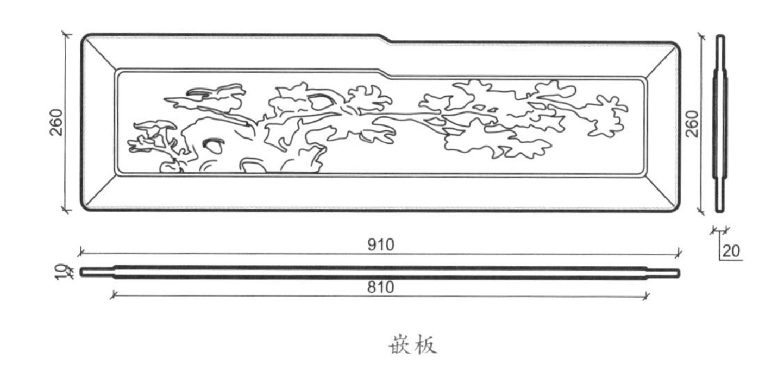
260
260
910
10
810
20

嵌板

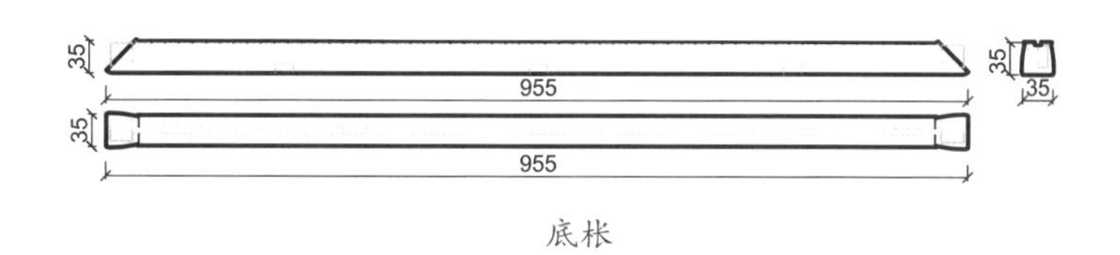
35
955
35
955
35
35

底枨

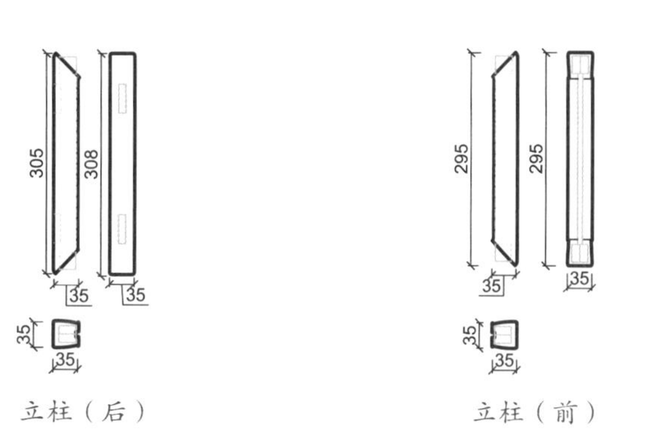
305
308
35
35
35
35
295
295
35
35
35
35

立柱（后）　立柱（前）

细部结构—两侧围子（CAD 图 11 ~ 图 15）

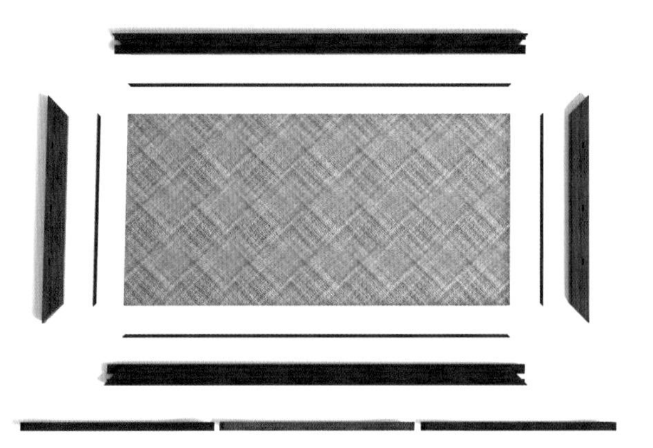

细部效果—座面（效果图 16）

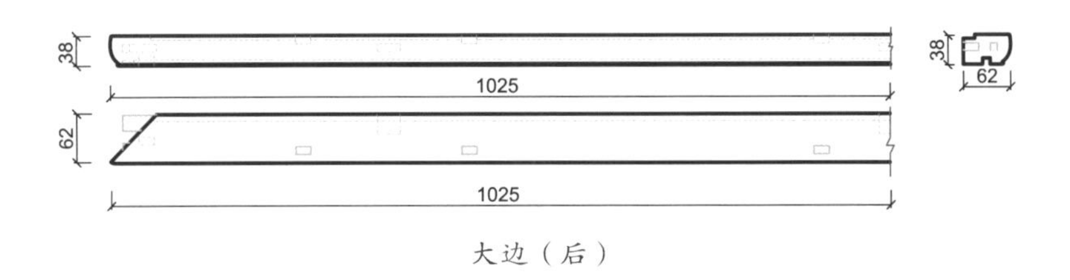
38
62
1025
1025
38
62

大边（后）

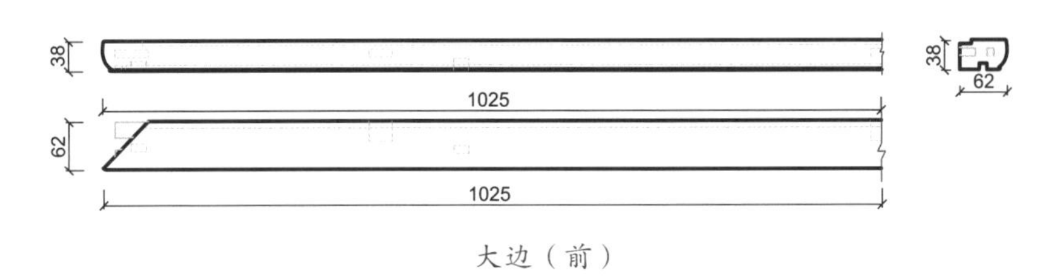
38
62
1025
1025
38
62

大边（前）

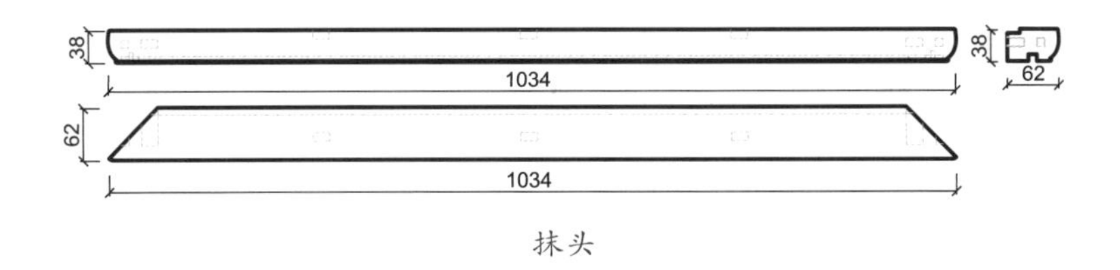
38
62
1034
1034
38
62

抹头

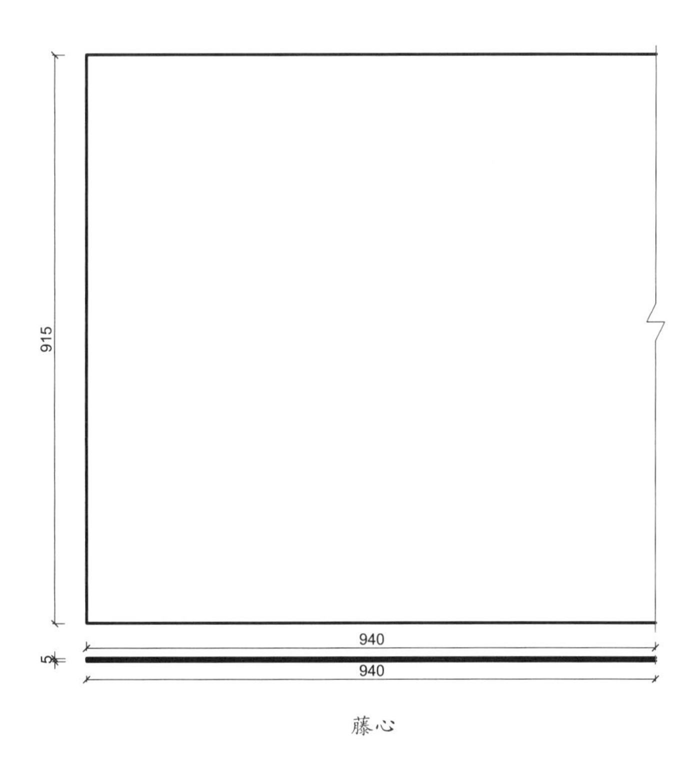
915
940
5
940

藤心

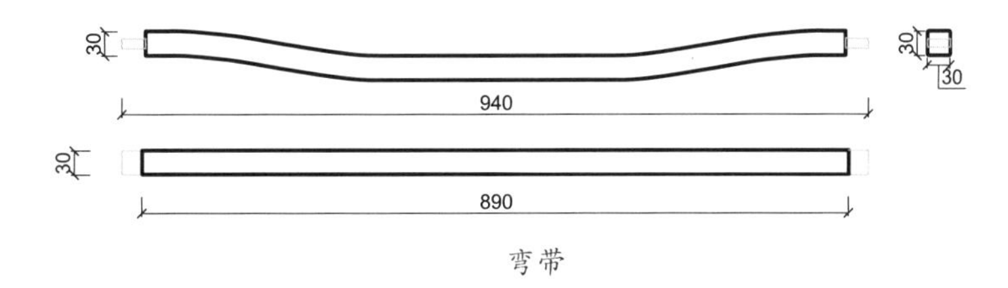
30
30
30
940
30
890

弯带

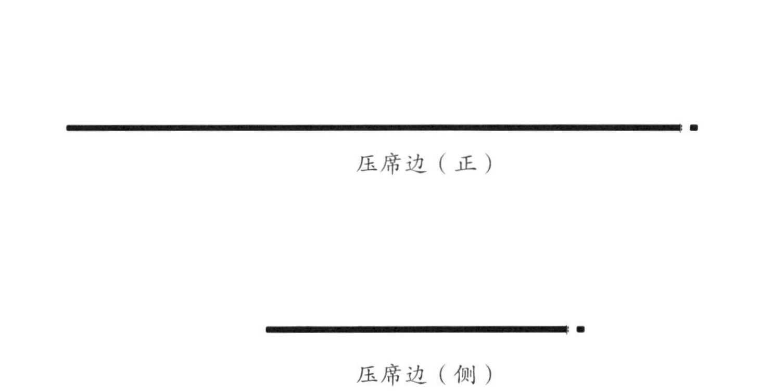

压席边（正）

压席边（侧）

细部结构—座面（CAD 图 16 ~图 22）

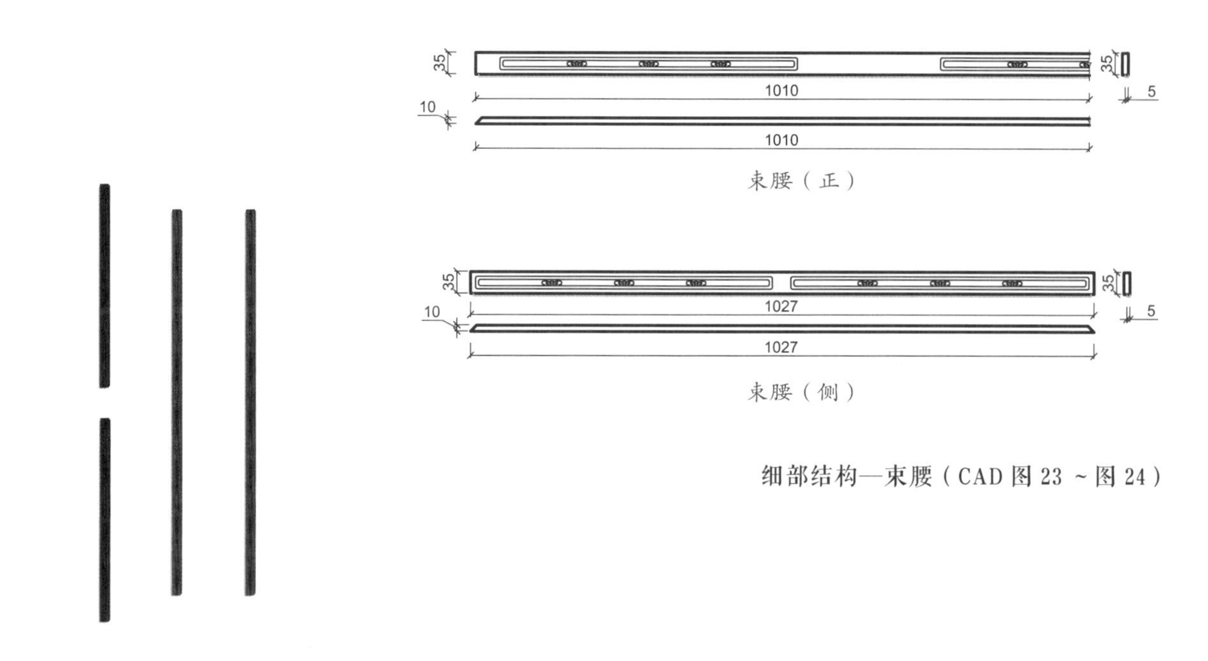
35
1010
10
1010
35
5
束腰（正）
35
1027
10
1027
35
5
束腰（侧）

细部结构—束腰（CAD 图 23 ～图 24）

细部效果—束腰（效果图 17）

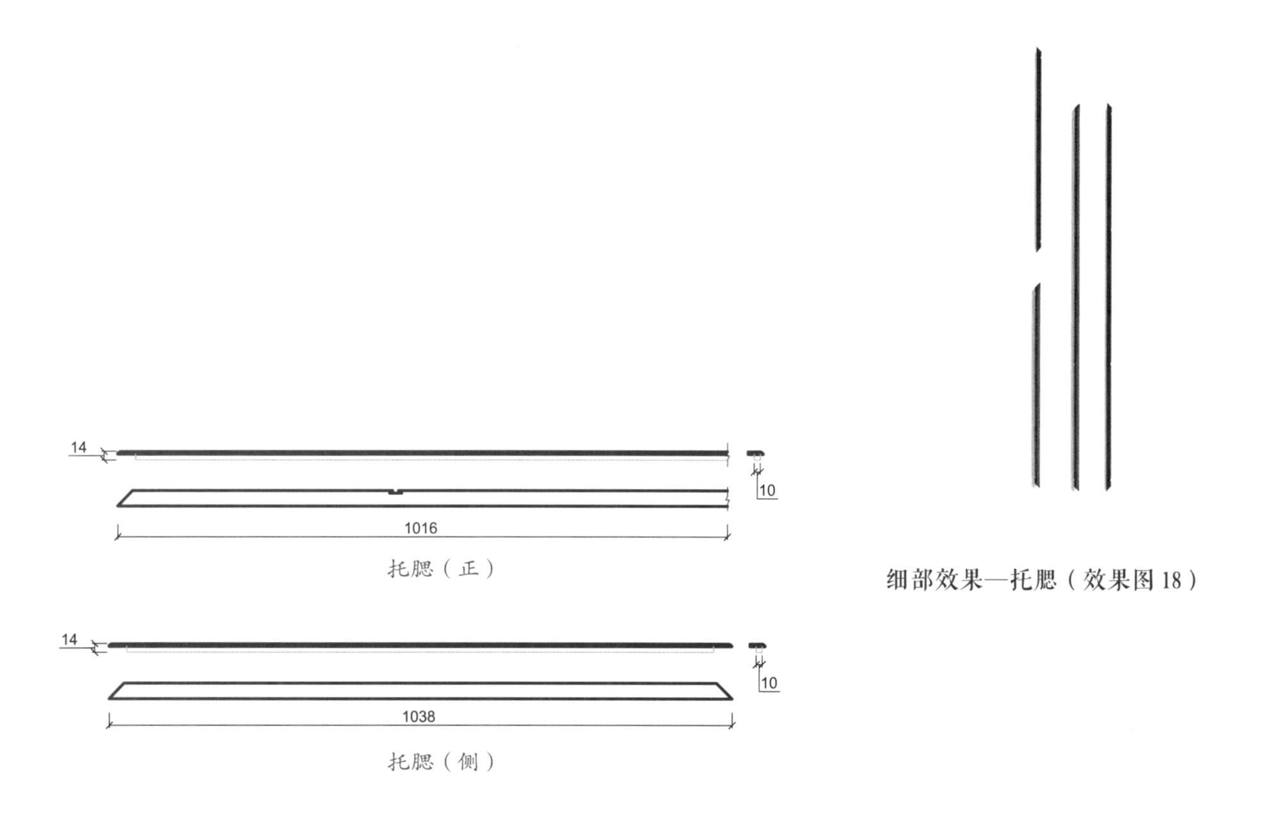
14
10
1016
托腮（正）
14
10
1038
托腮（侧）

细部效果—托腮（效果图 18）

细部结构—托腮（CAD 图 25 ～图 26）

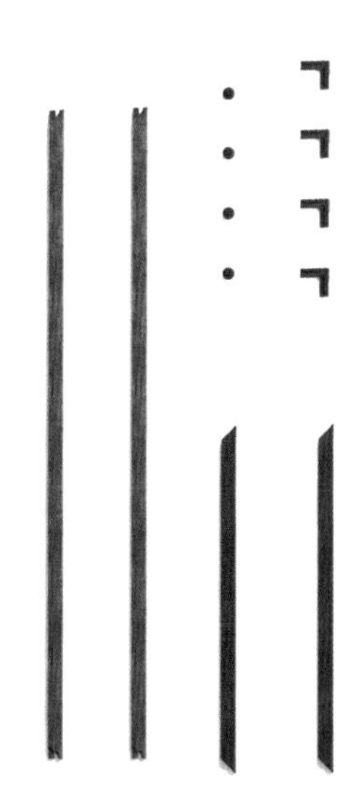

细部效果—托泥和龟足（效果图 19）

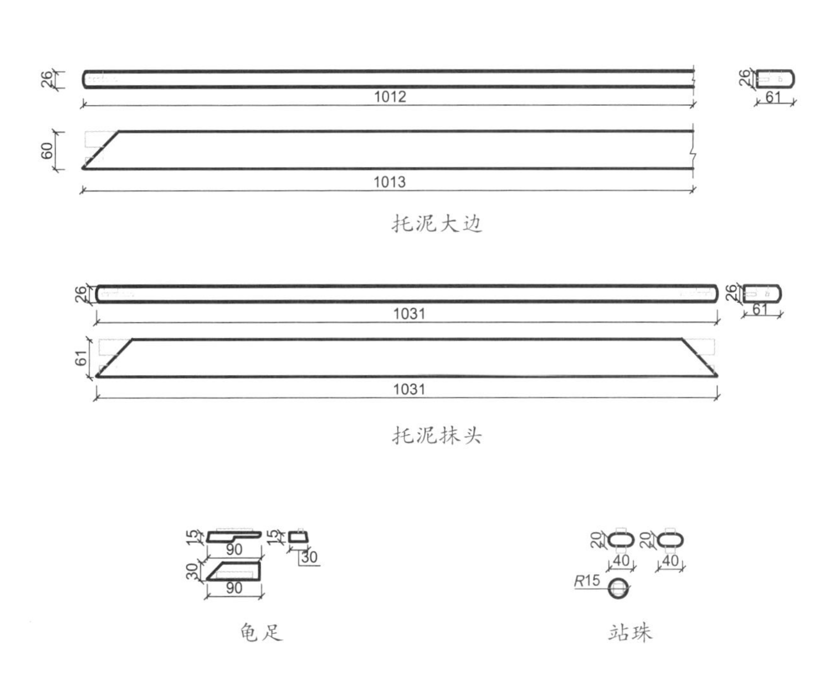

26
1012
26
61
60
1013
托泥大边
26
1031
26
61
61
1031
托泥抹头
15
90
15
30
30
90
龟足
20
40
20
40
R15
站珠

细部结构—托泥和龟足（CAD 图 27 ~ 图 30）

细部效果—牙板（效果图 20）

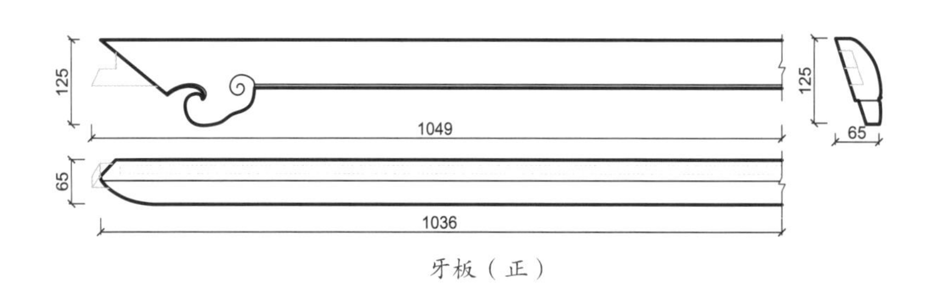

125
1049
125
65
65
1036

牙板（正）

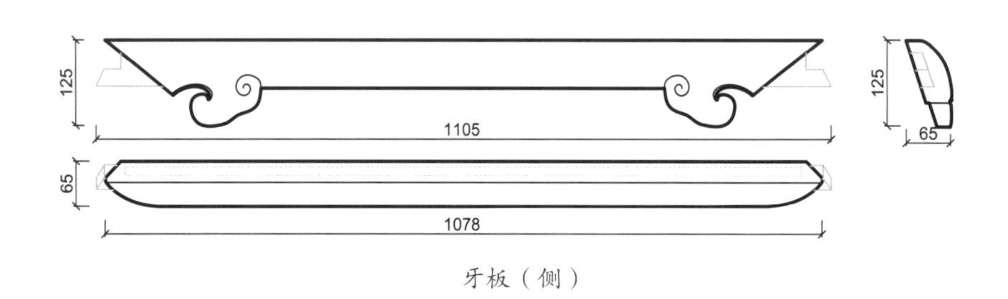

125
1105
125
65
65
1078

牙板（侧）

细部结构—牙板（CAD 图 31 ~ 图 32）

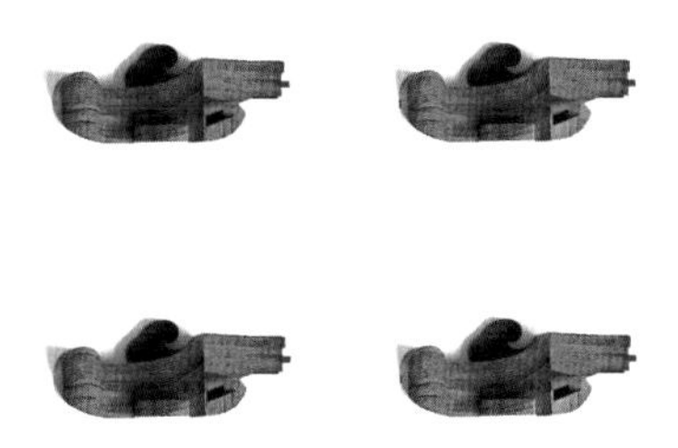

细部效果—腿子（效果图 21）

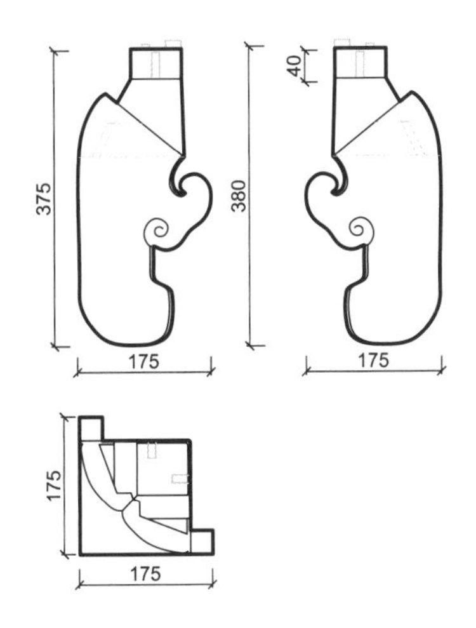
375
380
40
175
175
175
175

细部结构—腿子（CAD 图 33）

花鸟纹鼓腿彭牙罗汉床

材质：黄花梨

年款：明

整体外观（效果图 1）

1. 器形点评

此罗汉床做成七屏式围子，由正中的靠背围子与两侧扶手床围组成。靠背为三扇床围，每扇床围内攒框装绦环板，绦环板浮雕花鸟纹，在绦环板四角外侧安透雕拐子纹角牙与床围边框相接。两侧扶手围子亦采用相同的攒框手法，扶手框内中置立柱，立柱两侧各安绦环板一块，浮雕花鸟纹，绦环板四角外侧安透雕拐子纹角牙与边框相接。床面攒框安藤屉，座面边沿立面打洼，下有束腰。束腰之下为壶门牙子，中有分心花。鼓腿彭牙，足端雕内翻卷珠足。此床雕饰精湛，造型雄浑大气，庄重威严。

2. CAD 图示

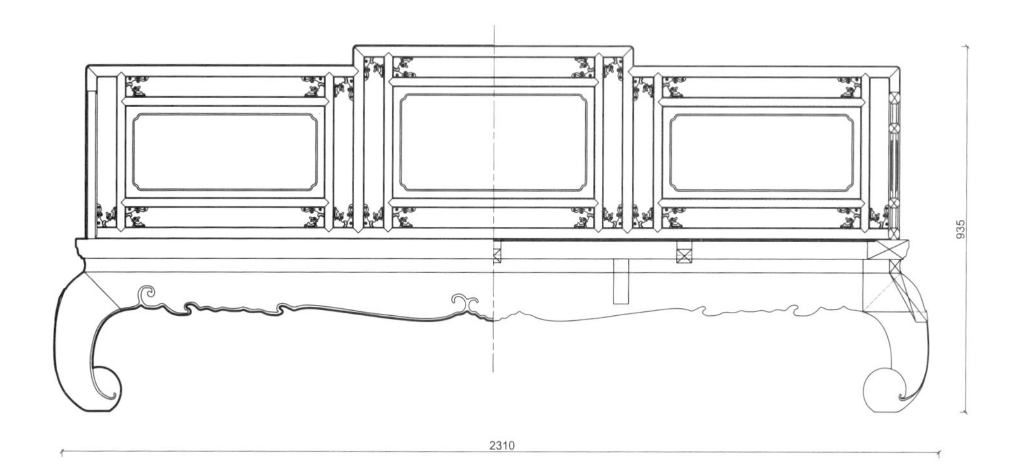

935
2310

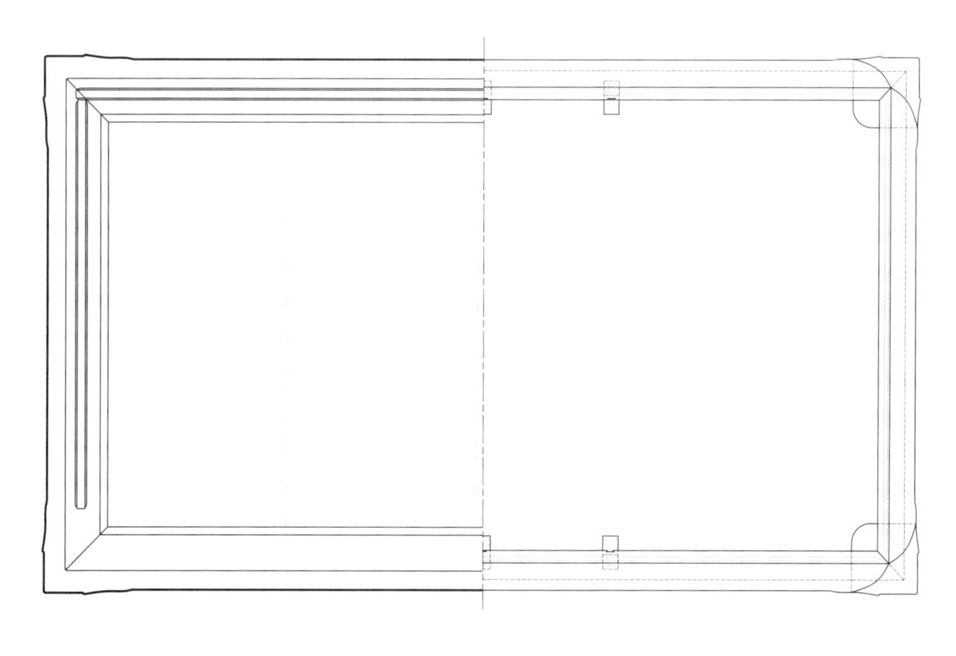

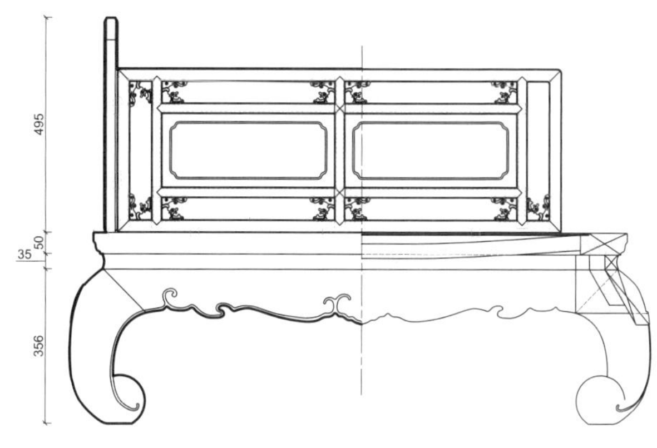

495
50
35
356

主视图

俯视图

左视图

三视结构（CAD 图 1）

注：视图中部分纹饰略去。

3. 用材效果

用材效果（材质：紫檀；效果图 2）

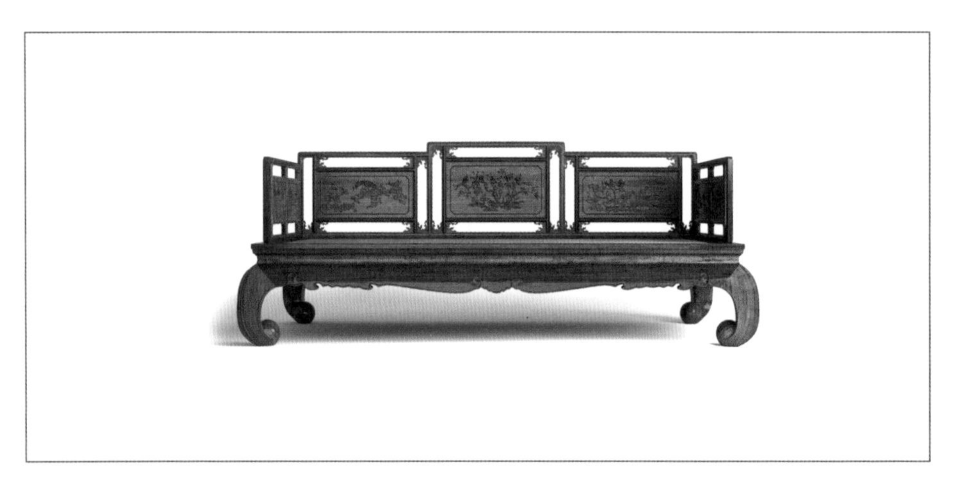

用材效果（材质：黄花梨；效果图 3）

用材效果（材质：红酸枝；效果图 4）

4. 结构爆炸

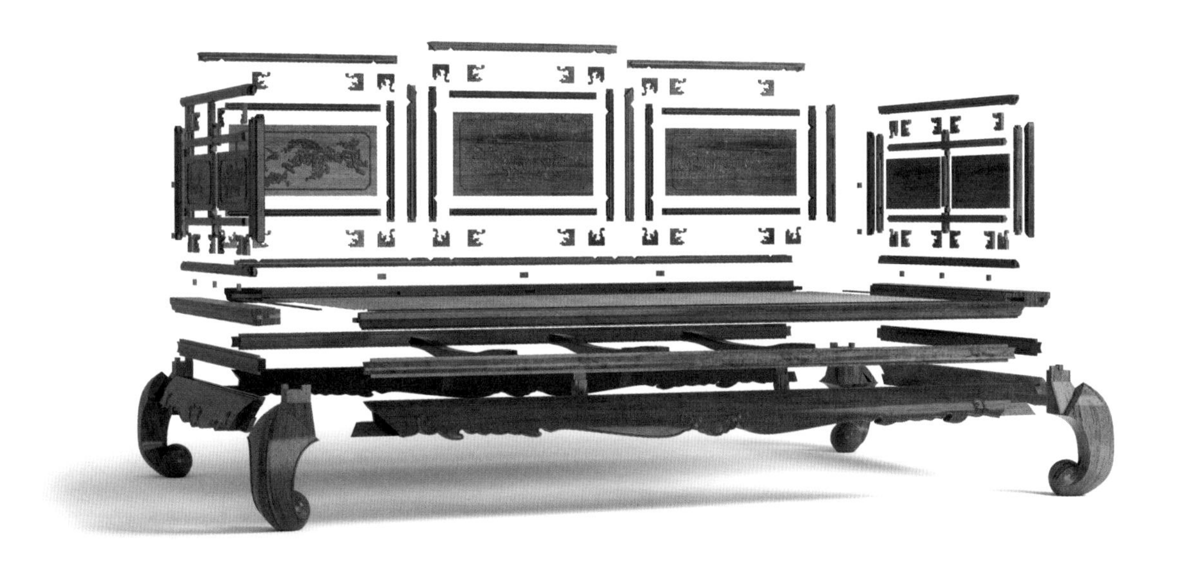

结构爆炸（效果图 5）

5. 部件示意

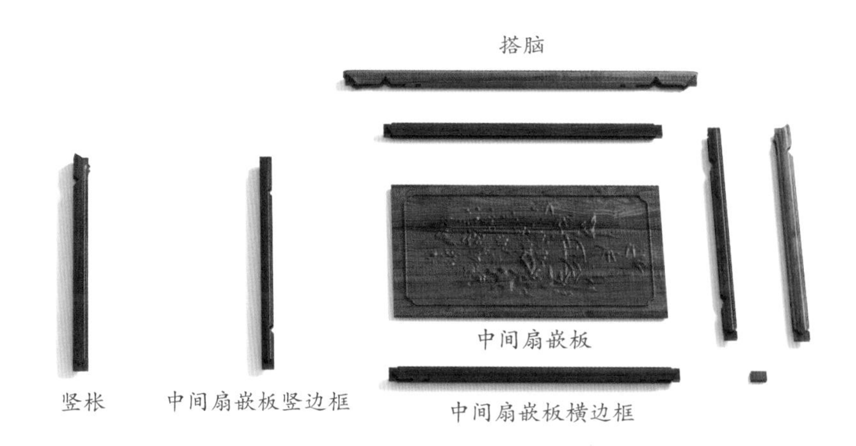

搭脑
中间扇嵌板
竖枨
中间扇嵌板竖边框
中间扇嵌板横边框

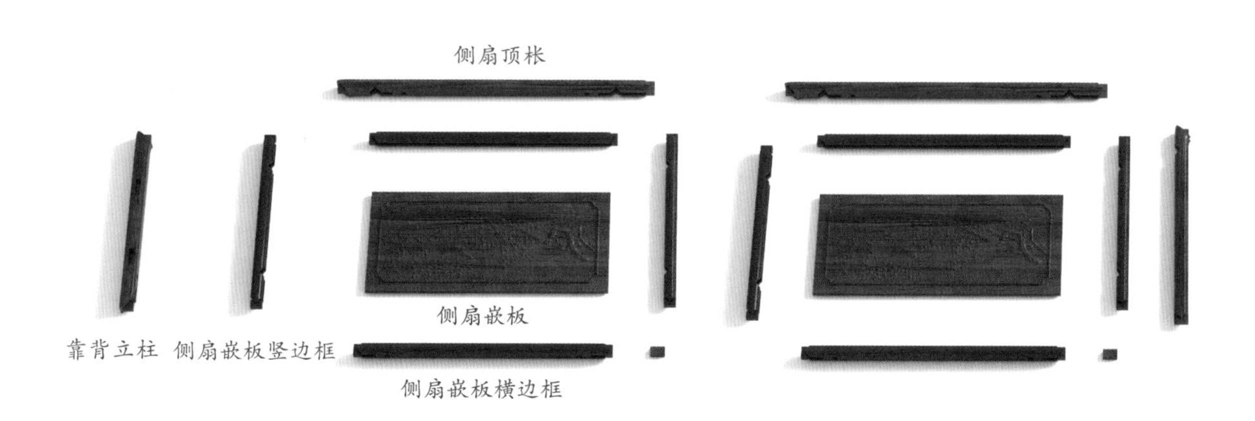

侧扇顶枨
侧扇嵌板
靠背立柱
侧扇嵌板竖边框
侧扇嵌板横边框

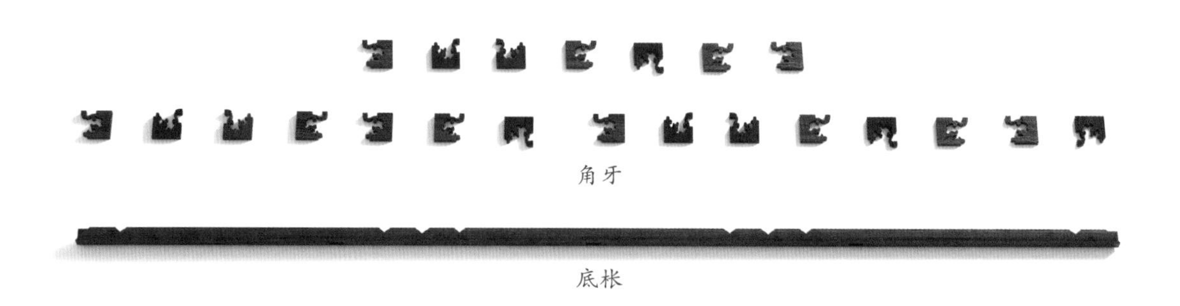

角牙
底枨

部件示意—靠背围子（效果图 6）

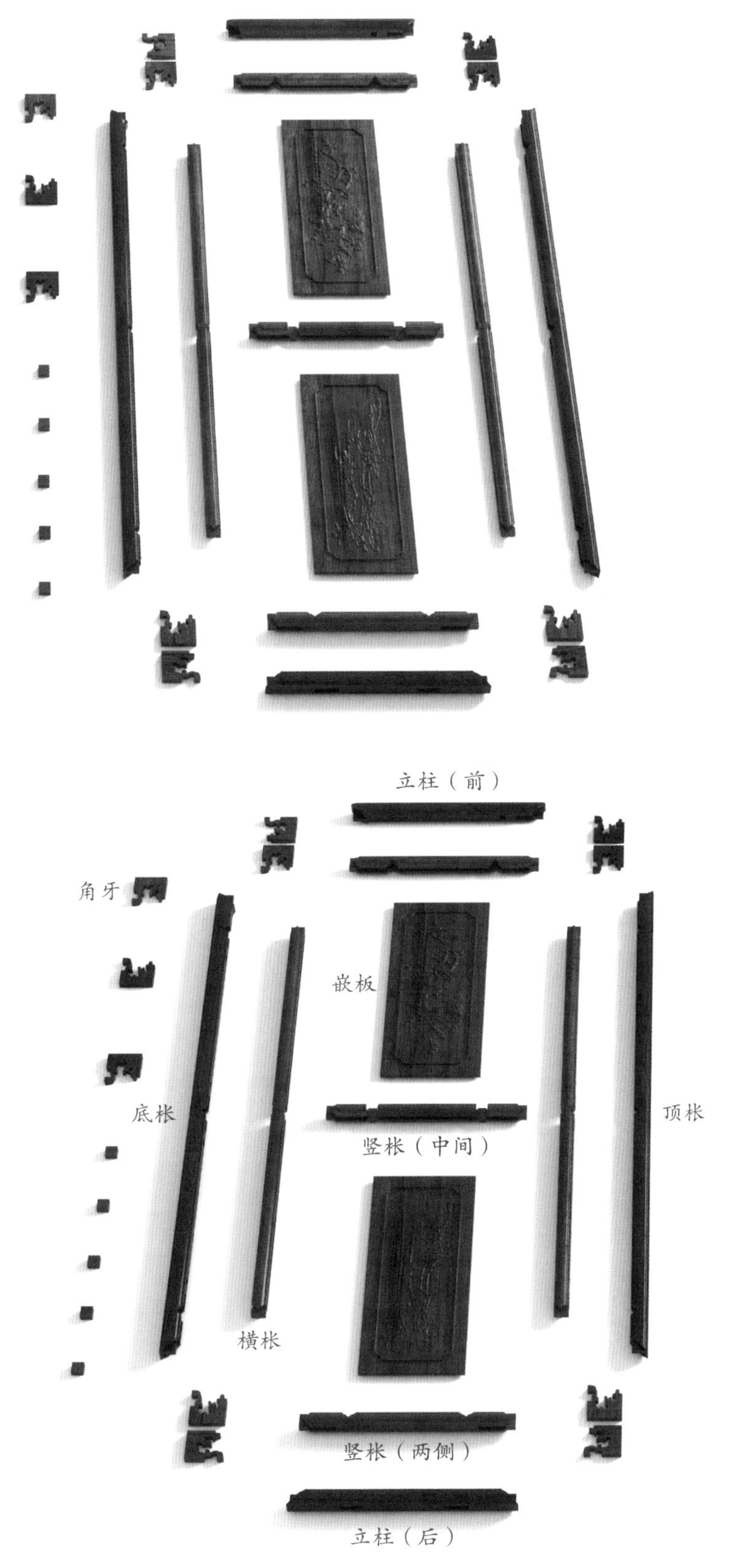
立柱（前）
角牙
嵌板
底枨
顶枨
竖枨（中间）
横枨
竖枨（两侧）
立柱（后）

部件示意—两侧围子（效果图 7）

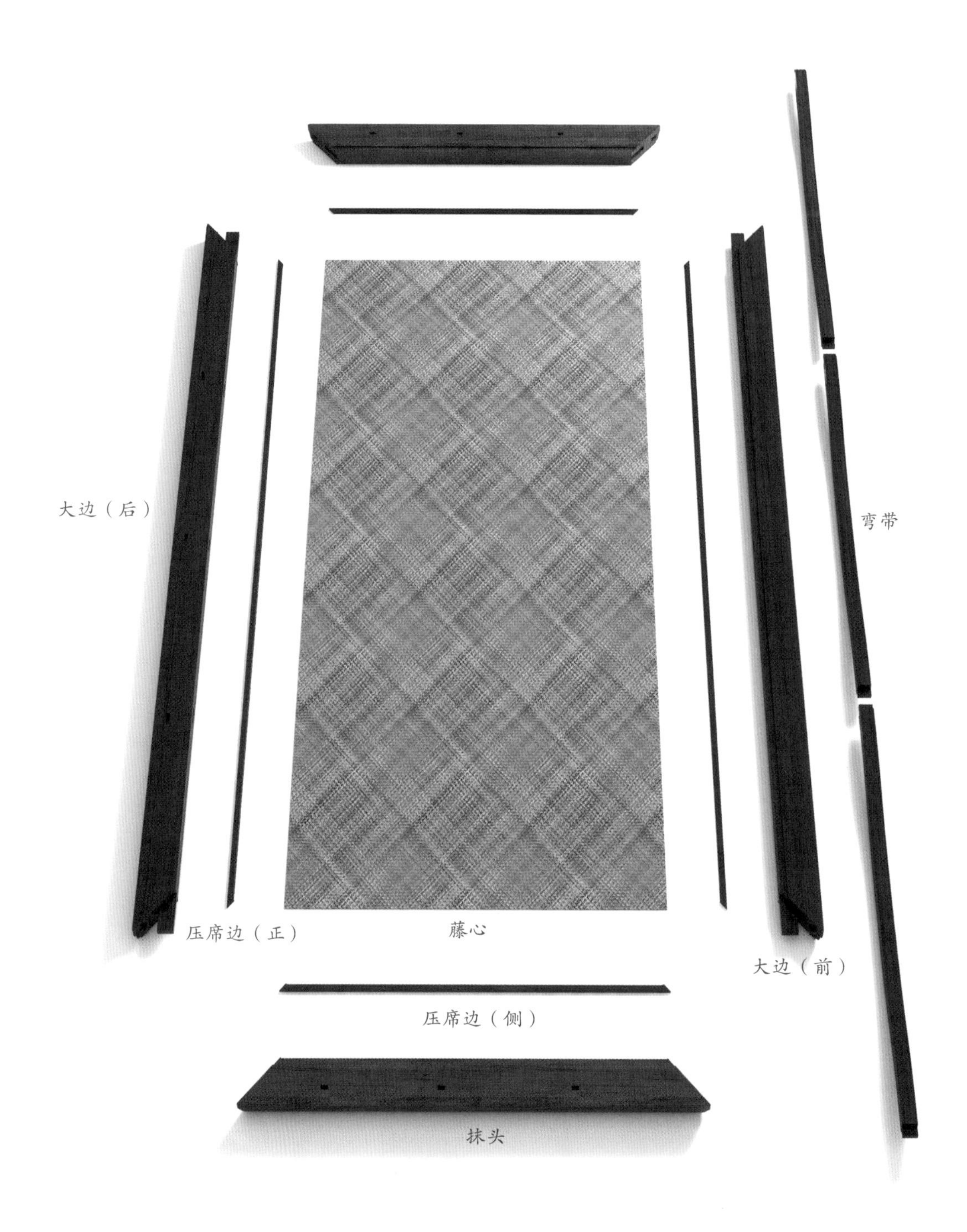
大边（后）
弯带
压席边（正）
藤心
大边（前）
压席边（侧）
抹头

部件示意—座面（效果图8）

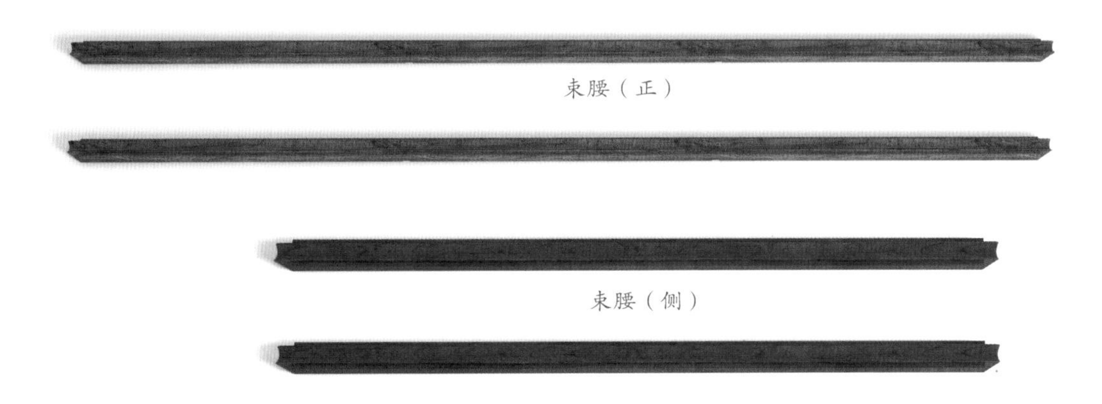
束腰（正）
束腰（侧）

部件示意—束腰（效果图 9）

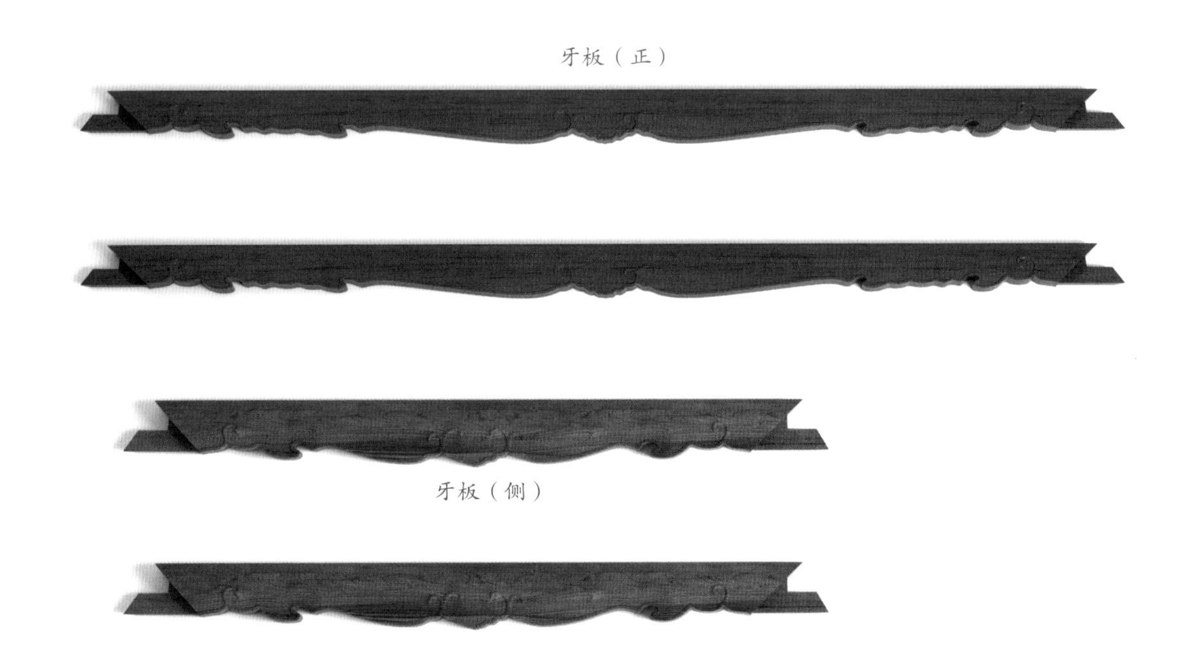
牙板（正）
牙板（侧）

部件示意—牙板（效果图 10）

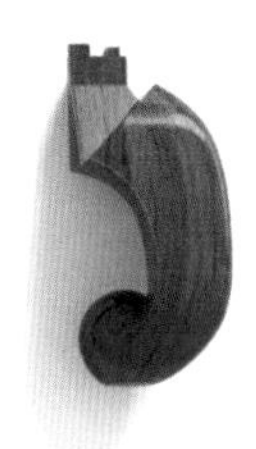
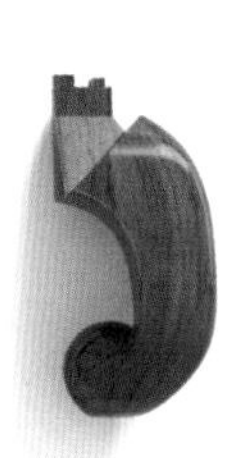
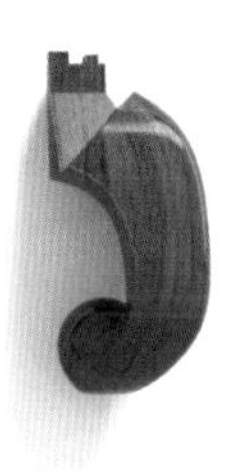
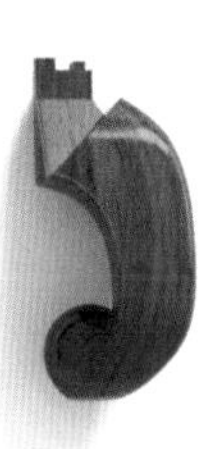

部件示意—腿子（效果图 11）

6. 细部详解

细部效果—靠背围子（效果图 12）

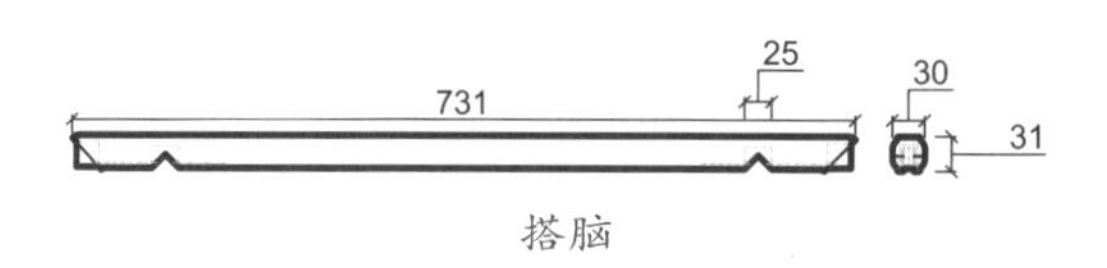

731
25
30
31

搭脑

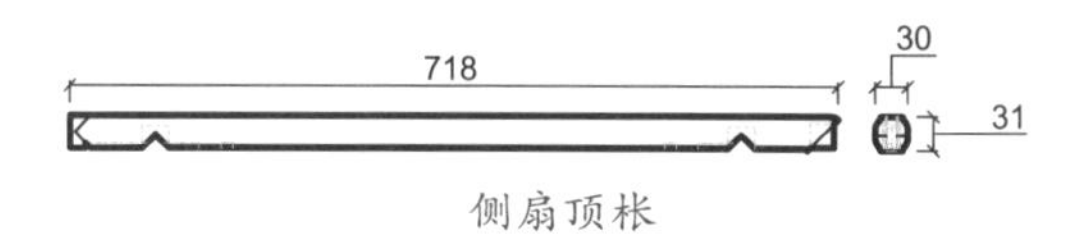

718
30
31

侧扇顶枨

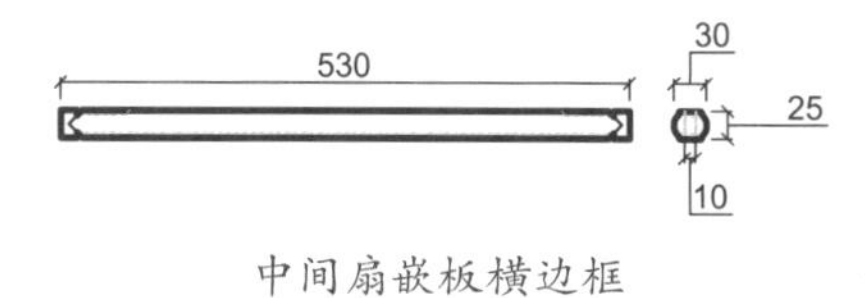

530
30
25
10

中间扇嵌板横边框

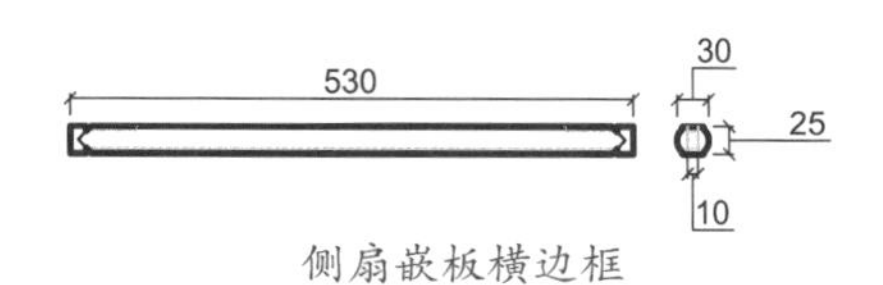

530
30
25
10

侧扇嵌板横边框

64
10
60

角牙

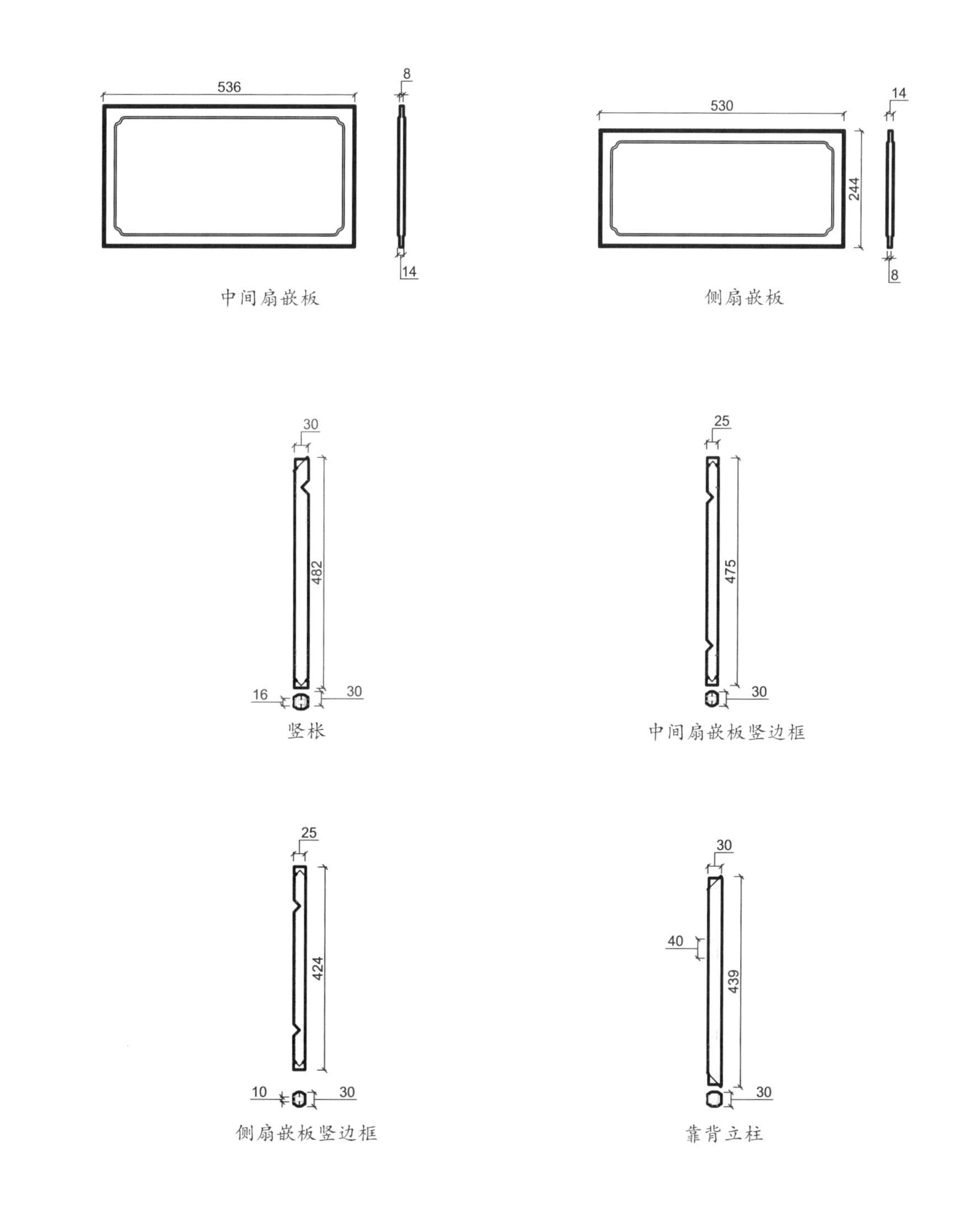
536
8
14
中间扇嵌板
530
14
244
8
侧扇嵌板
30
482
16
30
竖枨
25
475
30
中间扇嵌板竖边框
25
424
10
30
侧扇嵌板竖边框
30
40
439
30
靠背立柱
30
25
30
2135
30
31
底枨

细部结构—靠背围子（CAD 图 2 ~图 13）

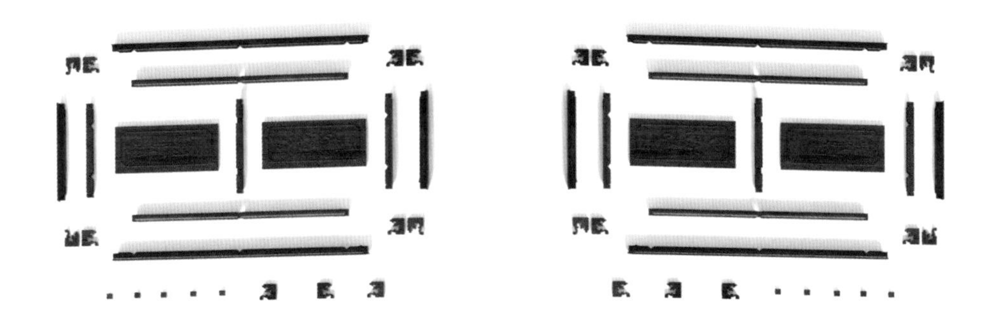

细部效果—两侧围子（效果图 13）

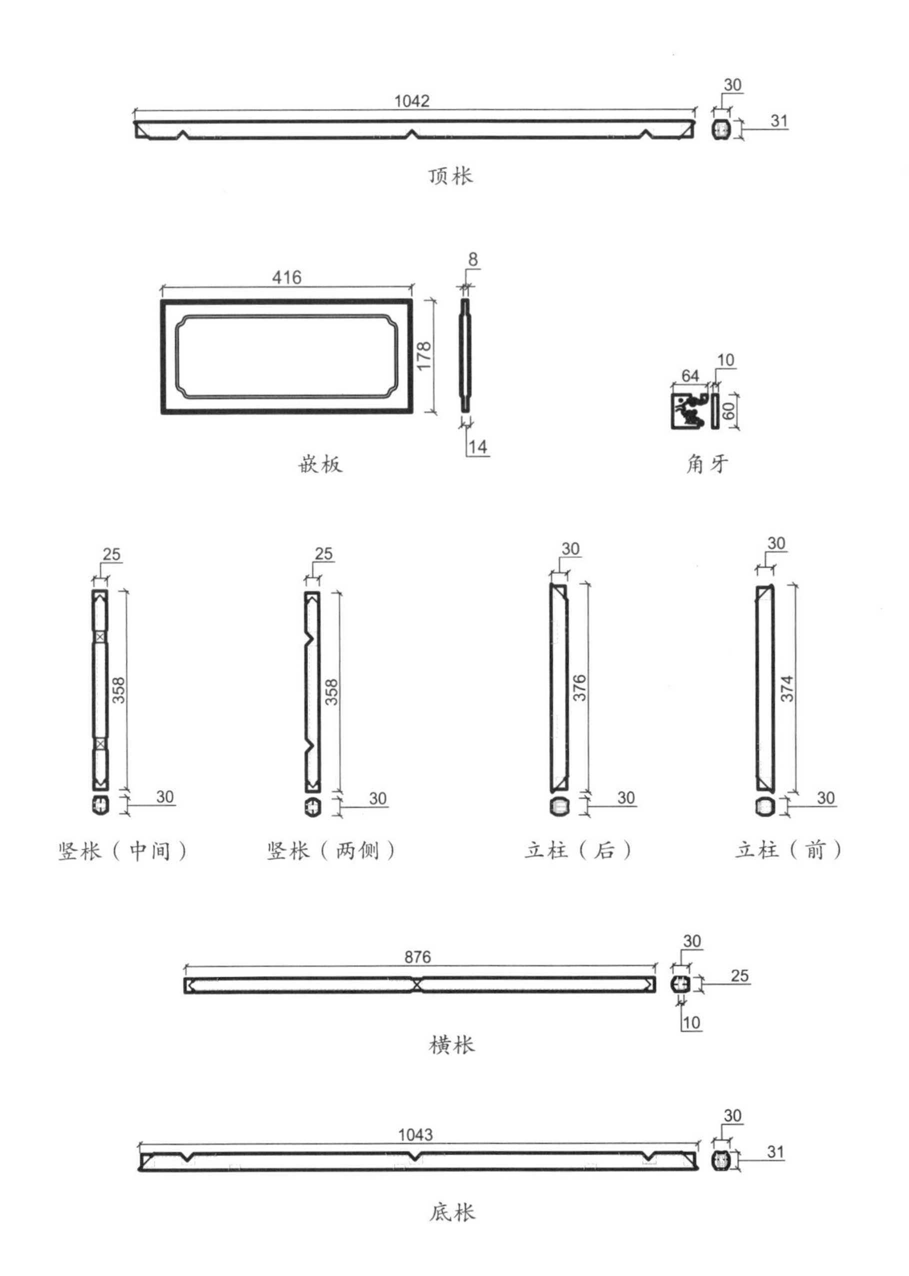
1042
30
31
顶枨
416
8
178
14
嵌板
64
10
60
角牙
25
358
30
竖枨（中间）
25
358
30
竖枨（两侧）
30
376
30
立柱（后）
30
374
30
立柱（前）
876
30
25
10
横枨
1043
30
31
底枨

细部结构—两侧围子（CAD 图 14 ~ 图 22）

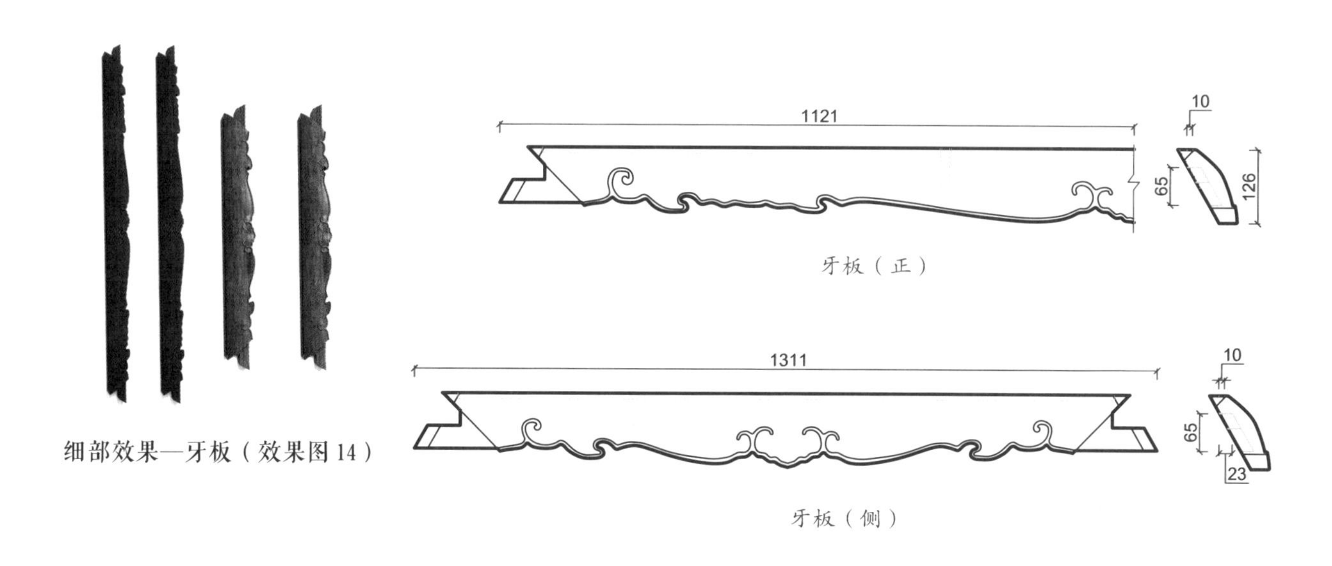
1121
10
65
126
牙板（正）
1311
10
65
23
牙板（侧）

细部效果—牙板（效果图 14）

细部结构—牙板（CAD 图 23 ~ 图 24）

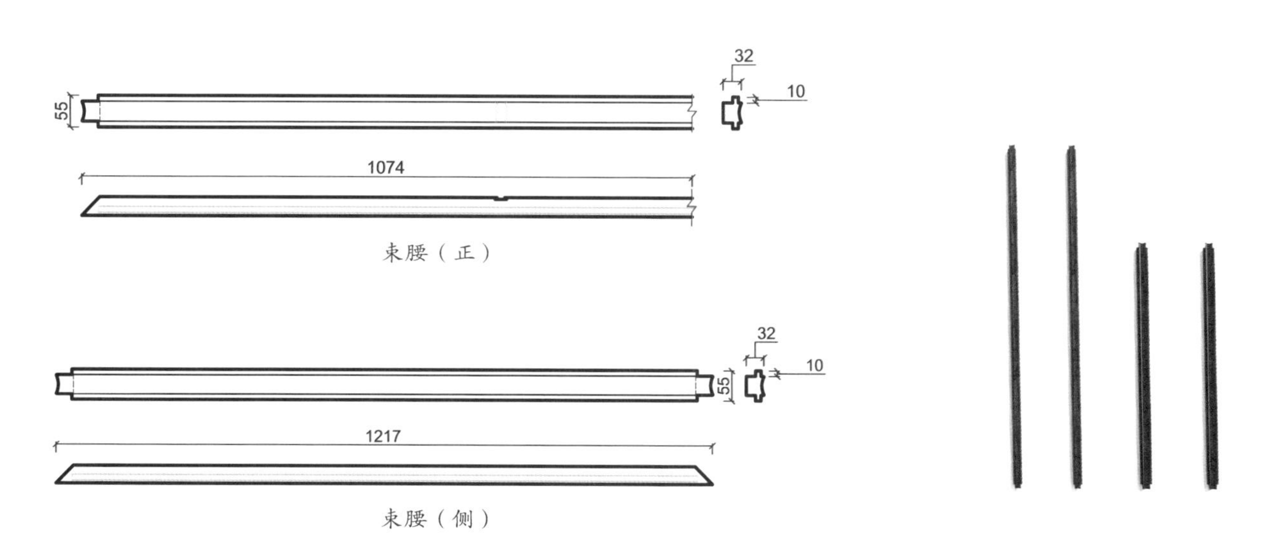
32
10
55
1074
束腰（正）
32
10
55
1217
束腰（侧）

细部结构—束腰（CAD 图 25 ~ 图 26）

细部效果—束腰（效果图 15）

细部效果—腿子（效果图 16）

细部结构—腿子（CAD 图 27）

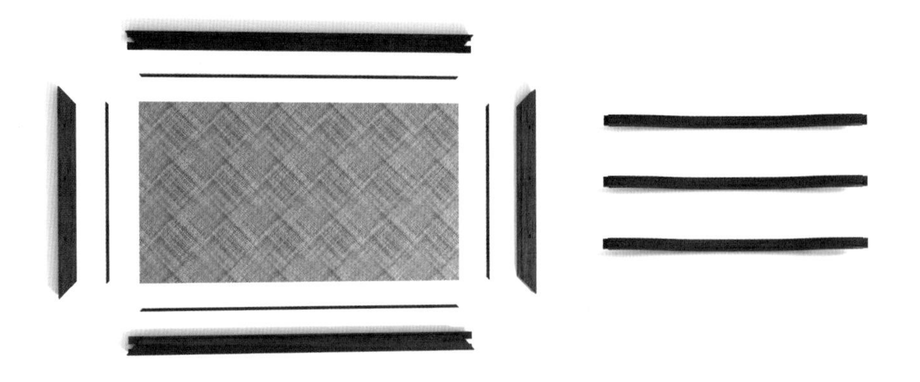

细部效果—座面（效果图 17）

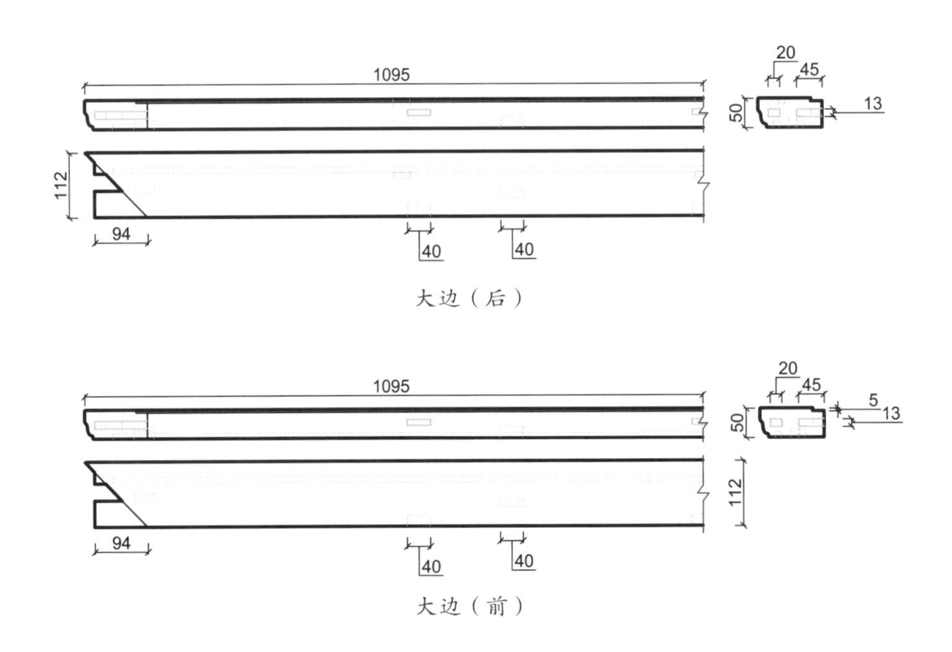
1095
20
45
50
13
112
94
40
40
1095
20
45
5
13
50
112
94
40
40

大边（后）

大边（前）

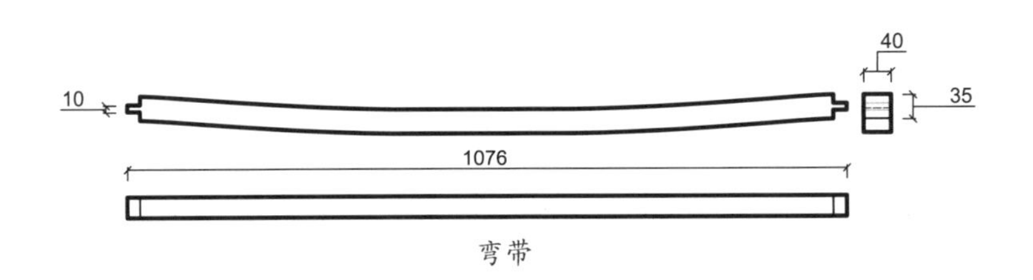
40
10
35
1076

弯带

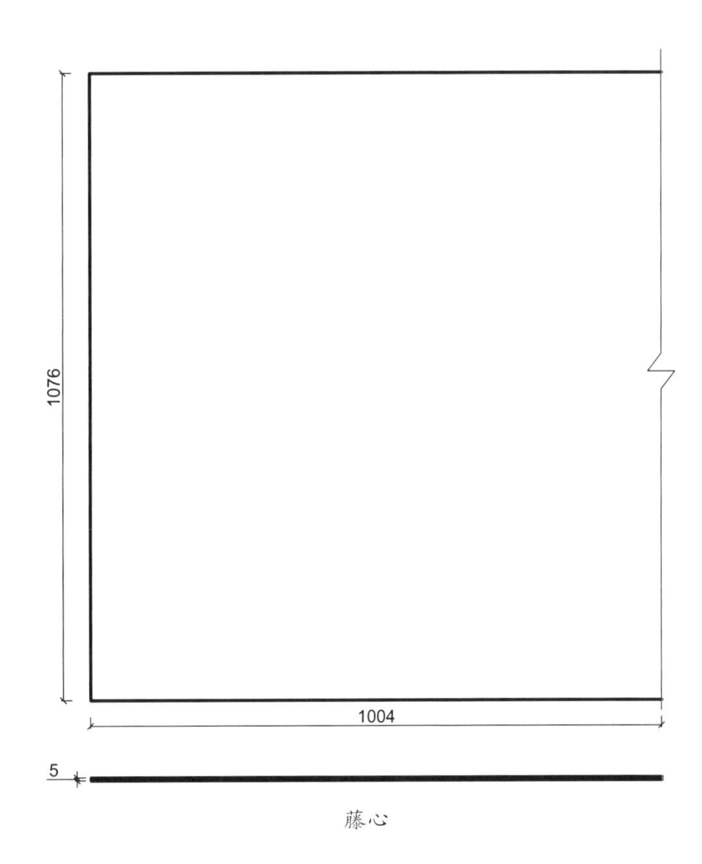
1076
1004
5
藤心

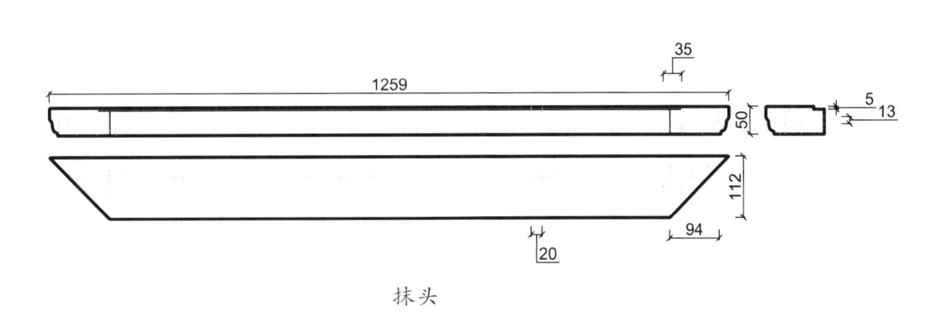
35
1259
50
5
13
112
94
20
抹头

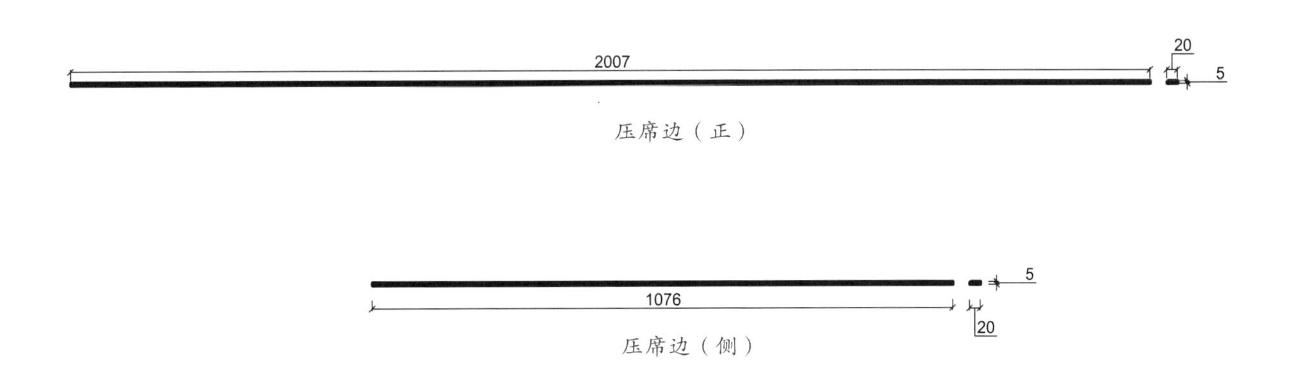
2007
20
5
压席边（正）

5
1076
20
压席边（侧）

细部结构—座面（CAD 图 28 ~图 34）

嵌瓷花卉纹罗汉床

材质：紫檀

年款：清

整体外观（效果图1）

1. 器形点评

此罗汉床为九屏式床围，靠背五扇，高度自中扇向两侧依次递减。扶手床围各两扇，床围中装绦环板，嵌釉里红花鸟图瓷板。座面打槽装板，下有束腰，洼堂肚牙子。用材宽硕，鼓腿彭牙，内翻马蹄足。整个罗汉床造型沉稳大气，色泽明艳的瓷板与颜色沉稳厚重的硬木有机结合，恰成珠玉之配，产生一种焕彩生辉的美。

2. CAD 图示

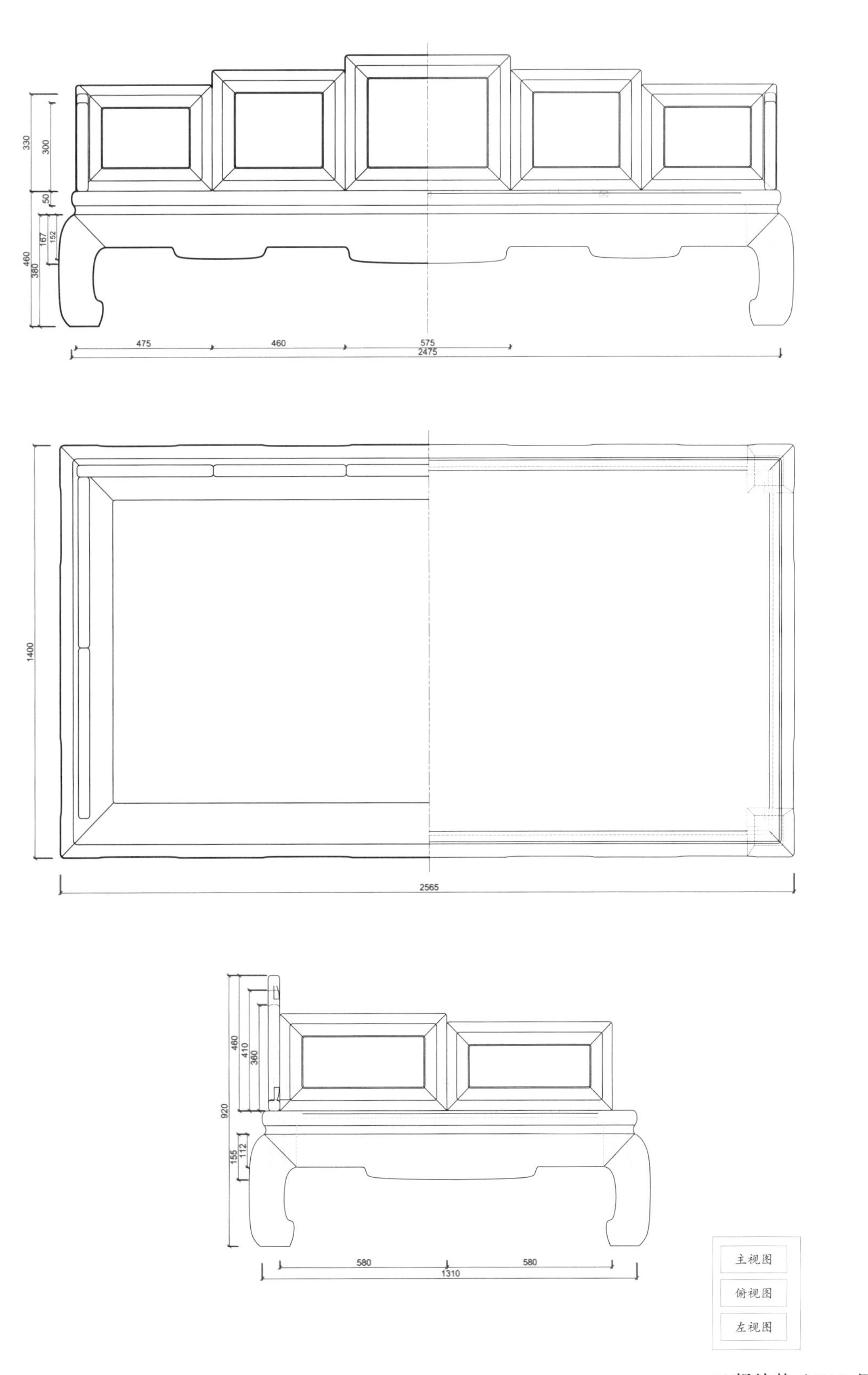
330
300
50
460
380
167
152
475
460
575
2475
1400
2565
460
410
360
920
155
112
580
580
1310
主视图
俯视图
左视图

三视结构（CAD 图 1）

3. 用材效果

用材效果（材质：紫檀；效果图 2）

用材效果（材质：黄花梨；效果图 3）

用材效果（材质：红酸枝；效果图 4）

4. 结构爆炸

结构爆炸（效果图 5）

5. 部件示意

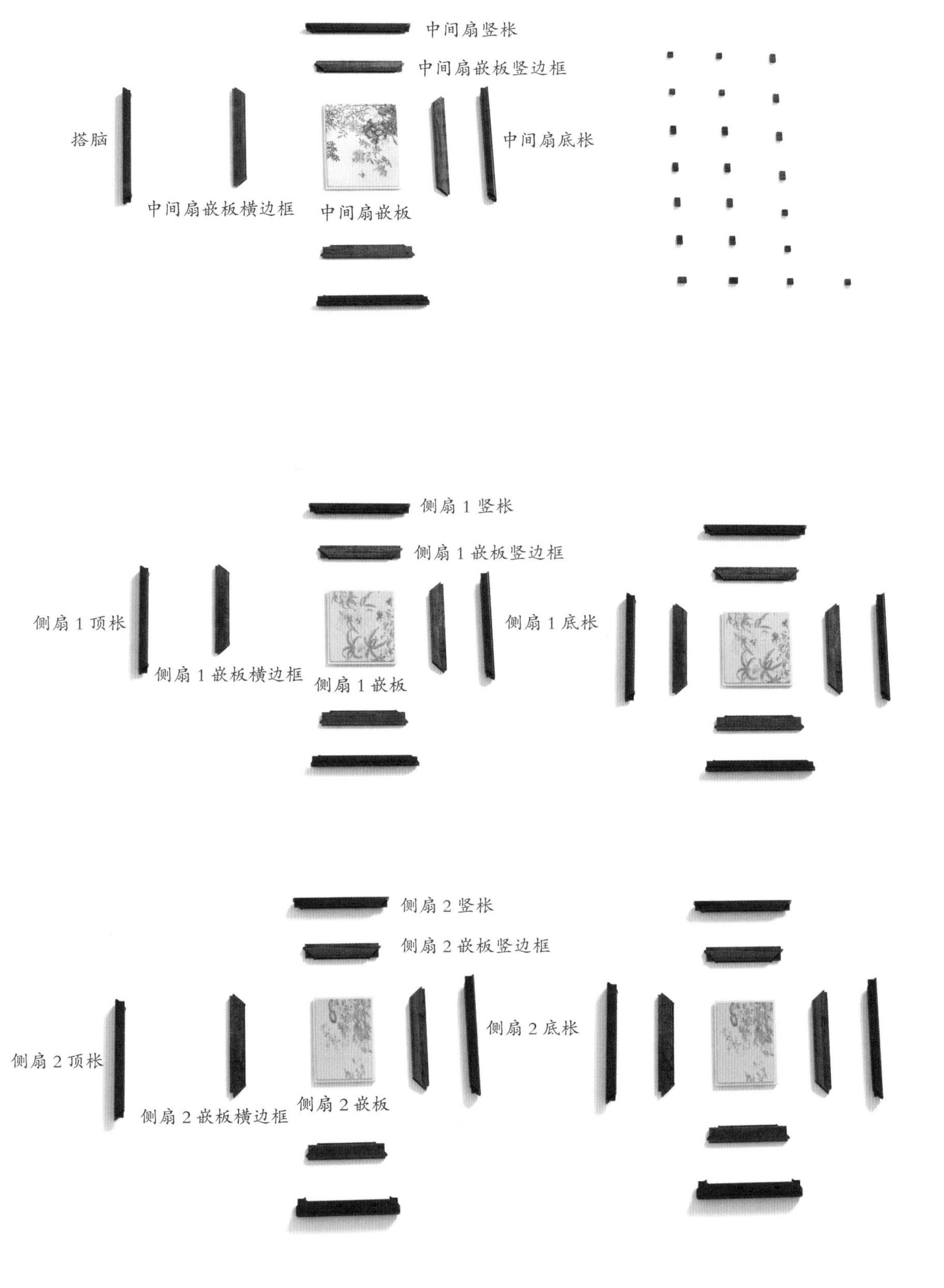
中间扇竖枨
中间扇嵌板竖边框
搭脑
中间扇底枨
中间扇嵌板横边框
中间扇嵌板
侧扇 1 竖枨
侧扇 1 嵌板竖边框
侧扇 1 顶枨
侧扇 1 底枨
侧扇 1 嵌板横边框
侧扇 1 嵌板
侧扇 2 竖枨
侧扇 2 嵌板竖边框
侧扇 2 底枨
侧扇 2 顶枨
侧扇 2 嵌板横边框
侧扇 2 嵌板

部件示意—靠背围子（效果图 6）

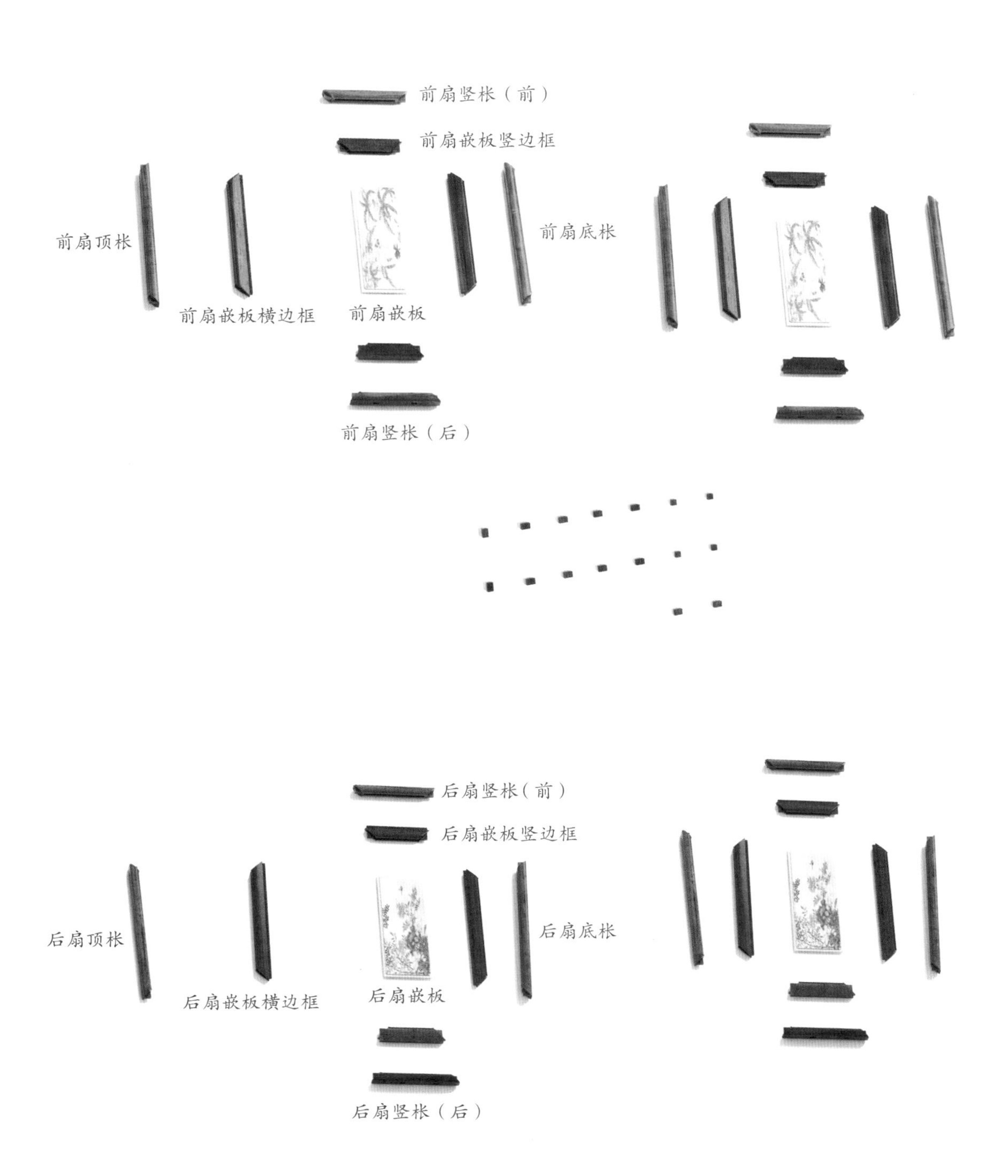
前扇竖枨（前）
前扇嵌板竖边框
前扇顶枨
前扇底枨
前扇嵌板横边框
前扇嵌板
前扇竖枨（后）
后扇竖枨（前）
后扇嵌板竖边框
后扇顶枨
后扇底枨
后扇嵌板横边框
后扇嵌板
后扇竖枨（后）

部件示意—两侧围子（效果图 7）

抹头
面心
穿带
大边（后）
大边（前）

部件示意—座面（效果图8）

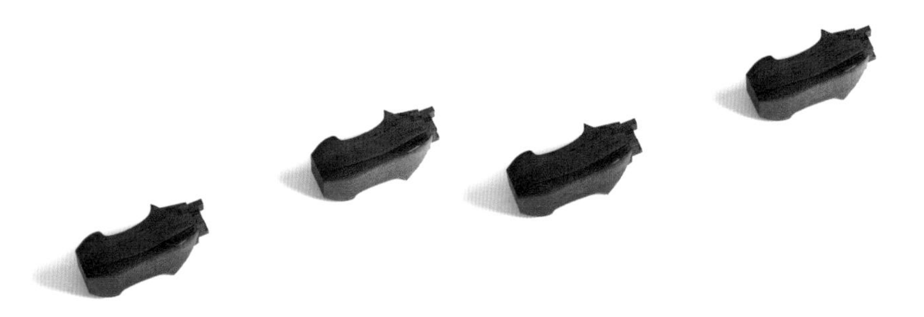

部件示意—腿子（效果图9）

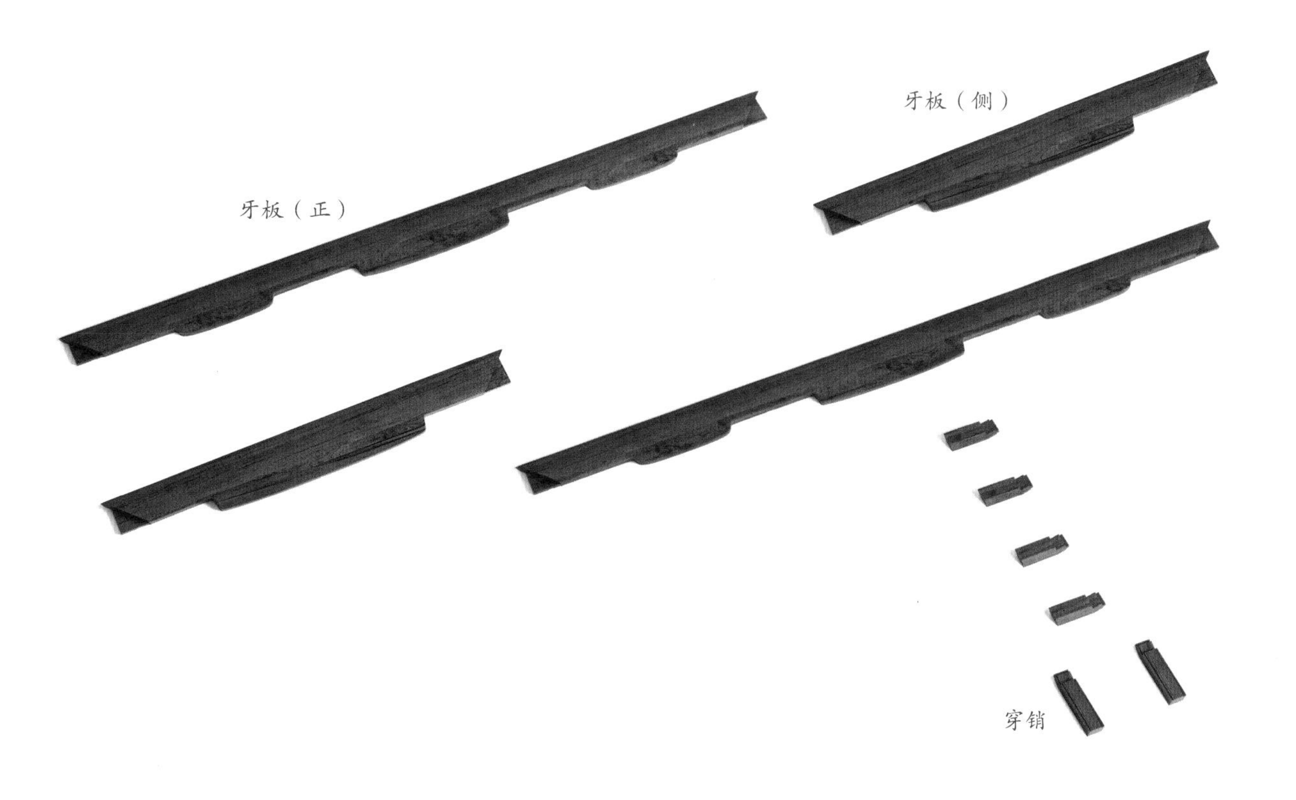
牙板（侧）
牙板（正）
穿销

部件示意—牙板（效果图 10）

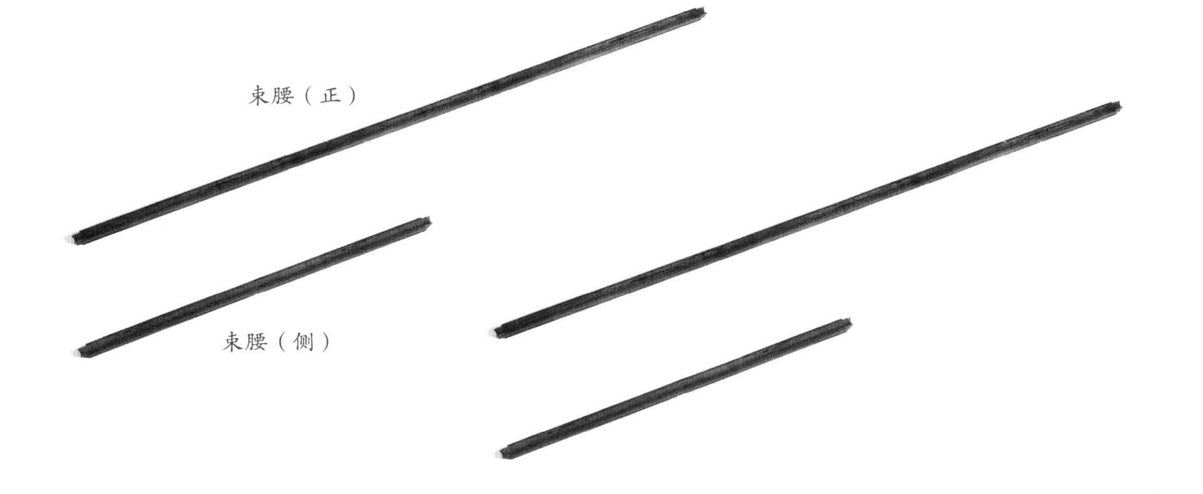
束腰（正）
束腰（侧）

部件示意—束腰（效果图 11）

6. 细部详解

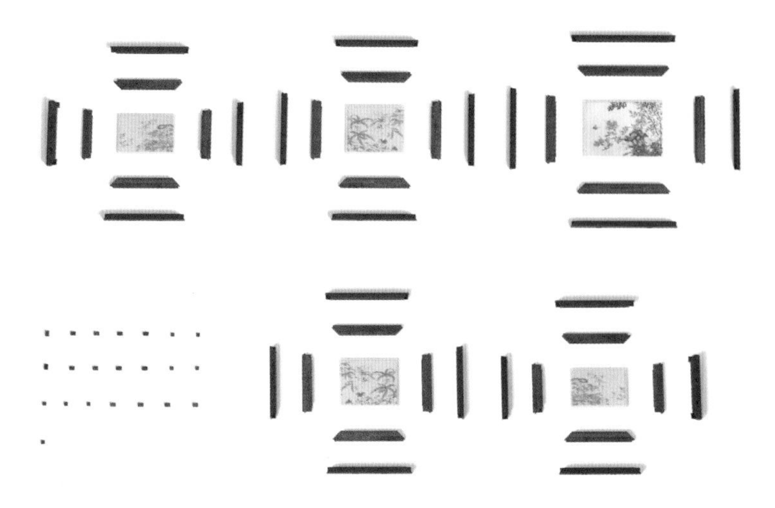

细部效果—靠背围子（效果图12）

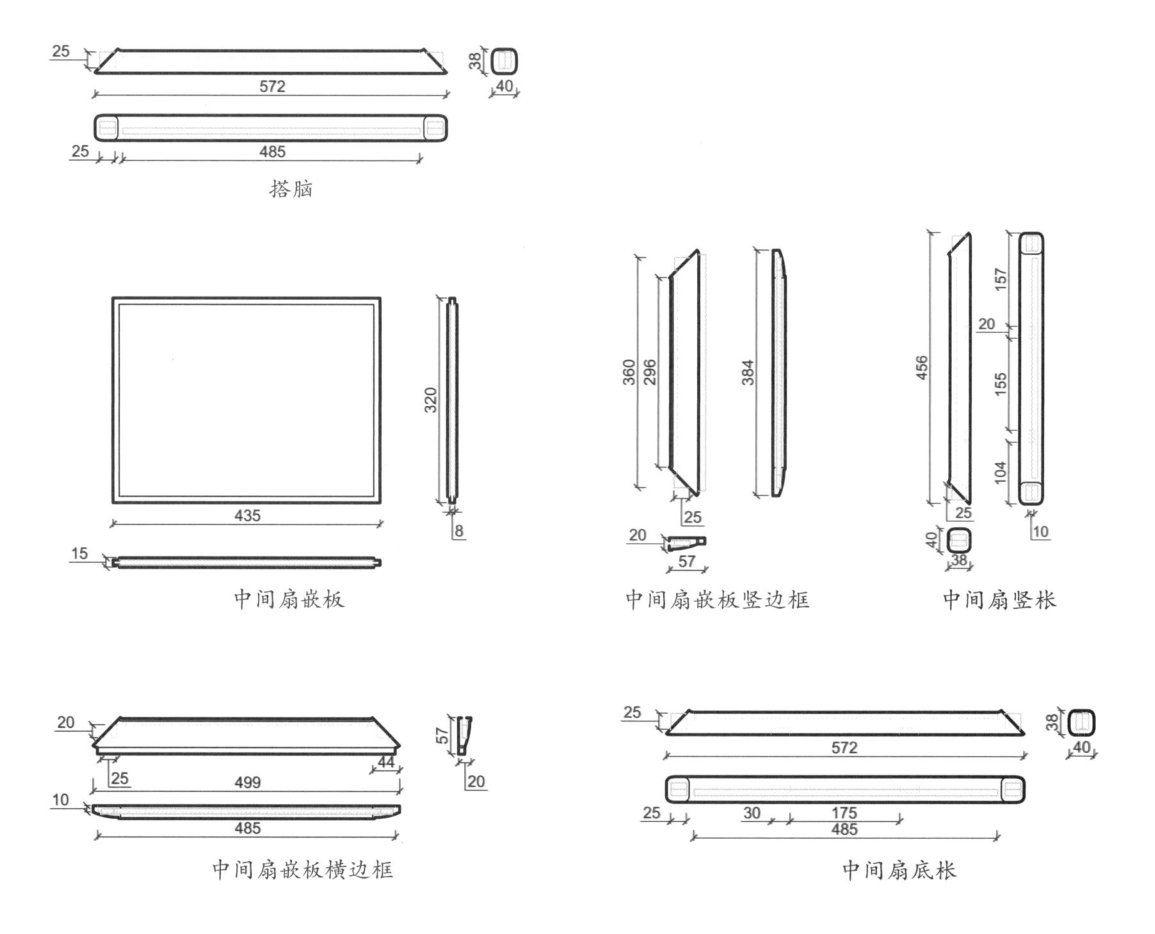

25
572
38
40
25
485
搭脑
320
435
8
15
中间扇嵌板
360
296
384
25
20
57
中间扇嵌板竖边框
456
157
20
155
104
25
40
38
10
中间扇竖枨
20
25
499
44
57
20
10
485
中间扇嵌板横边框
25
572
38
40
25
30
175
485
中间扇底枨

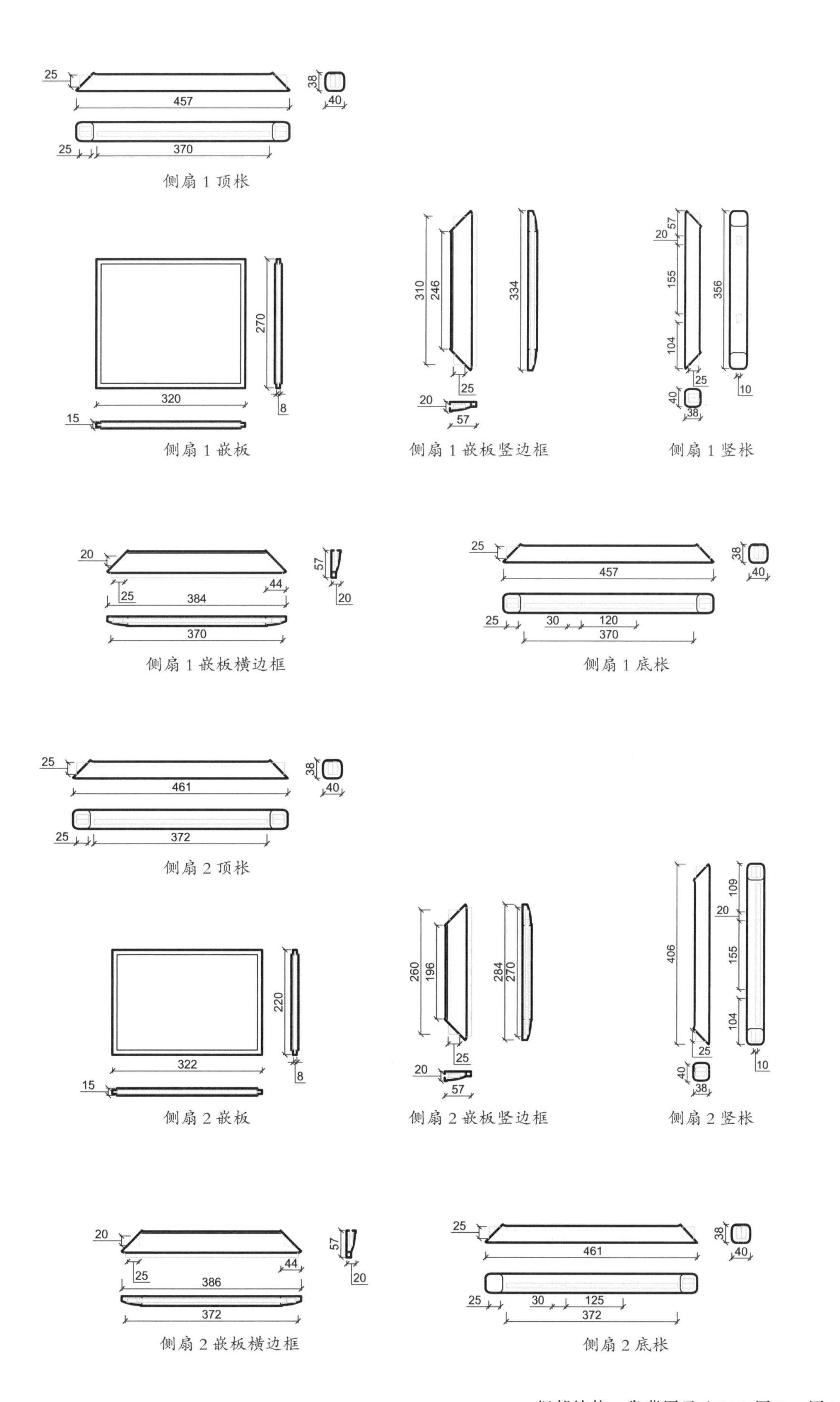
25
457
38
40
25
370
侧扇 1 顶枨
270
320
15
8
侧扇 1 嵌板
310
246
334
25
20
57
侧扇 1 嵌板竖边框
57
20
155
104
356
25
10
40
38
侧扇 1 竖枨
20
25
384
44
370
57
20
侧扇 1 嵌板横边框
25
457
38
40
25
30
120
370
侧扇 1 底枨
25
461
38
40
25
372
侧扇 2 顶枨
220
322
15
8
侧扇 2 嵌板
260
196
284
270
25
20
57
侧扇 2 嵌板竖边框
406
109
20
155
104
25
10
40
38
侧扇 2 竖枨
20
25
386
44
372
57
20
侧扇 2 嵌板横边框
25
461
38
40
25
30
125
372
侧扇 2 底枨

细部结构—靠背围子（CAD 图 2 ~ 图 19）

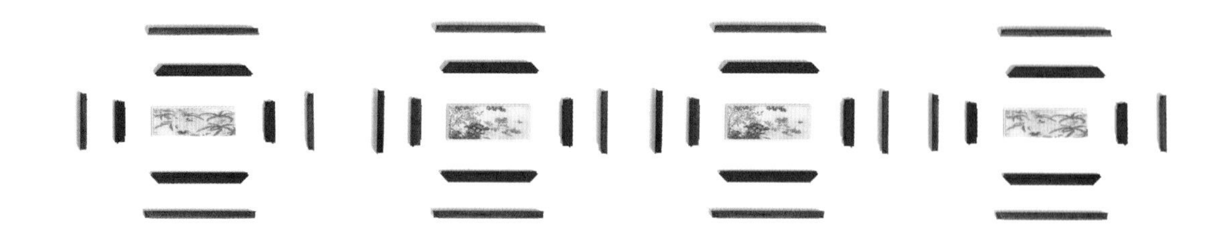

细部效果—两侧围子（效果图 13）

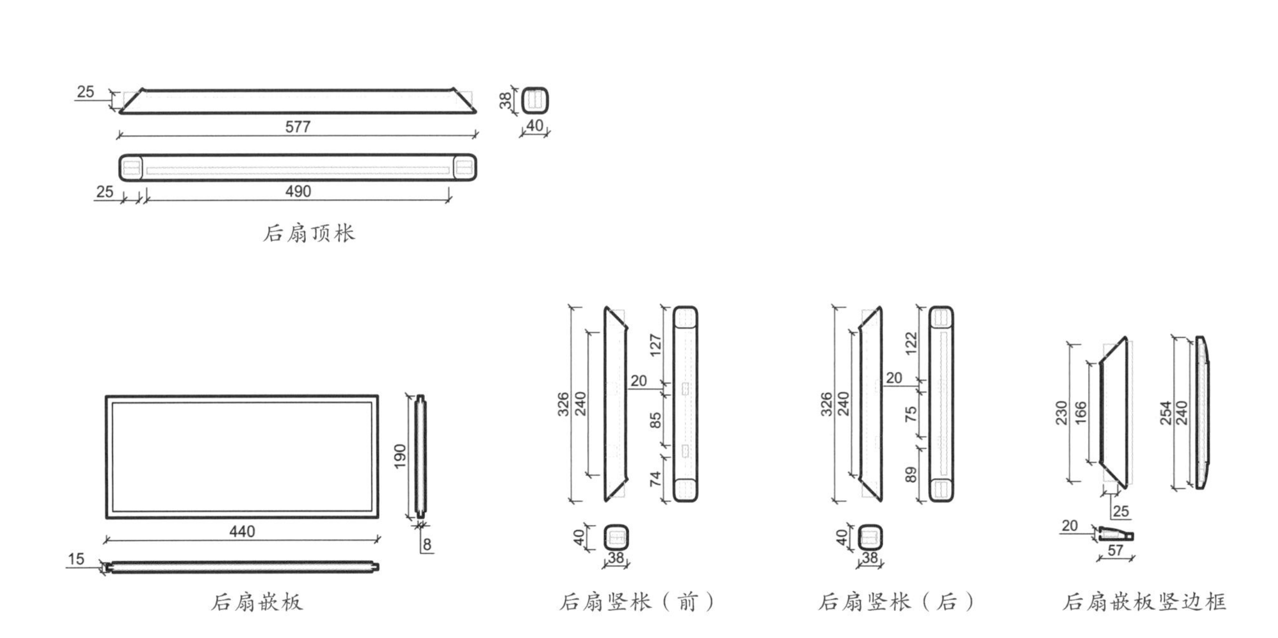

后扇顶枨

后扇嵌板　　后扇竖枨（前）　　后扇竖枨（后）　　后扇嵌板竖边框

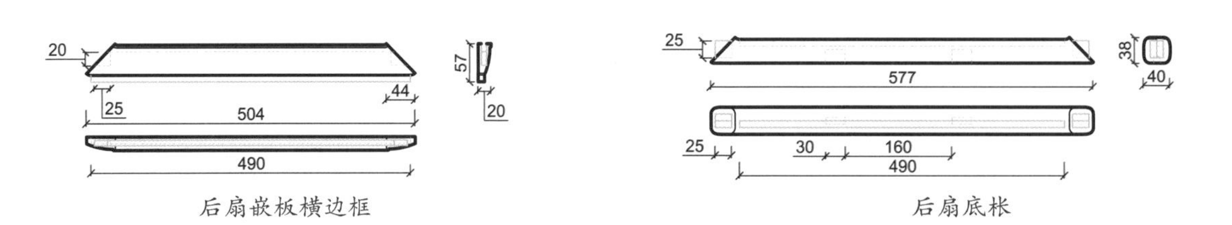

后扇嵌板横边框　　后扇底枨

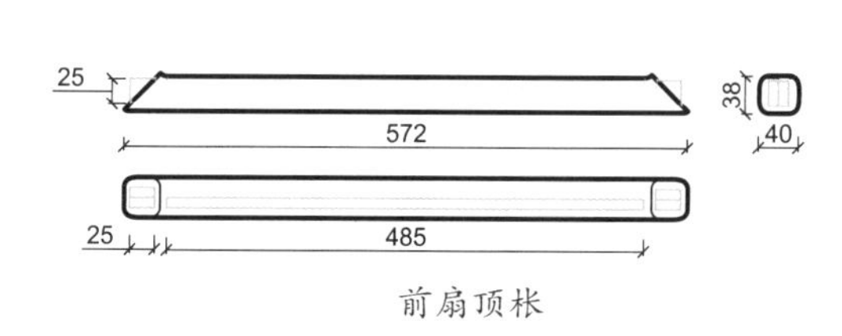

25
572
38
40
25
485

前扇顶枨

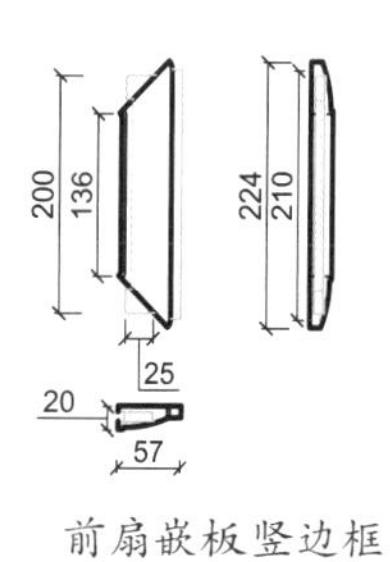

200
136
224
210
25
20
57

前扇嵌板竖边框

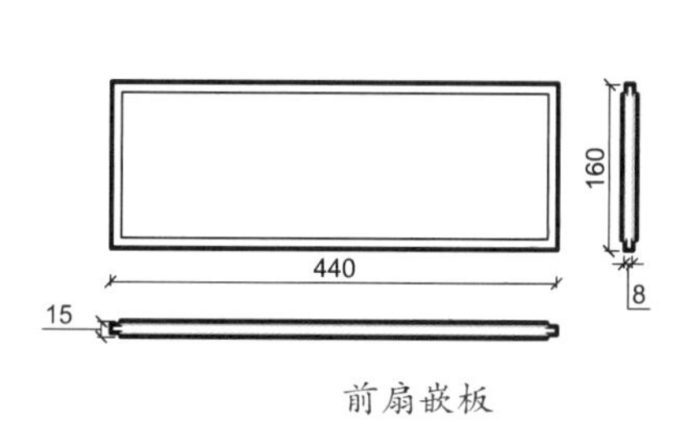

160
440
8
15

前扇嵌板

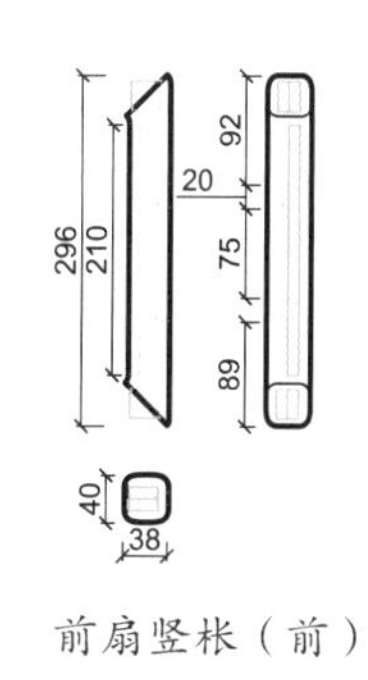

296
210
92
20
75
89
40
38

前扇竖枨（前）

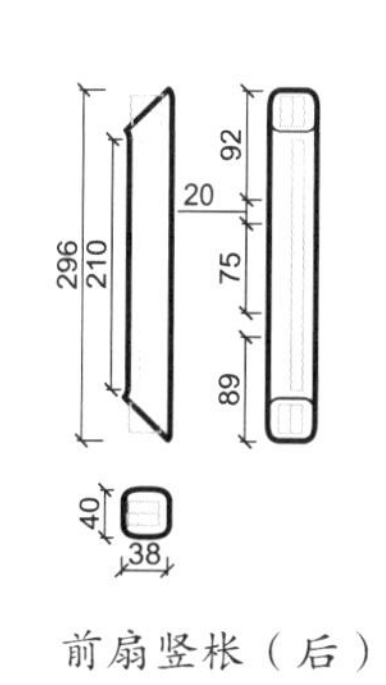

296
210
92
20
75
89
40
38

前扇竖枨（后）

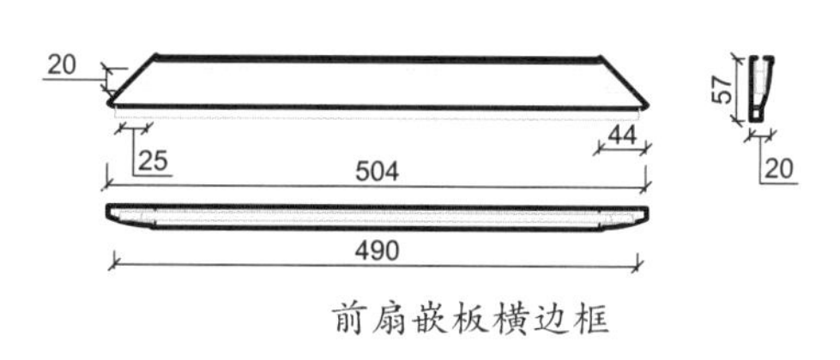

20
44
25
504
57
20
490

前扇嵌板横边框

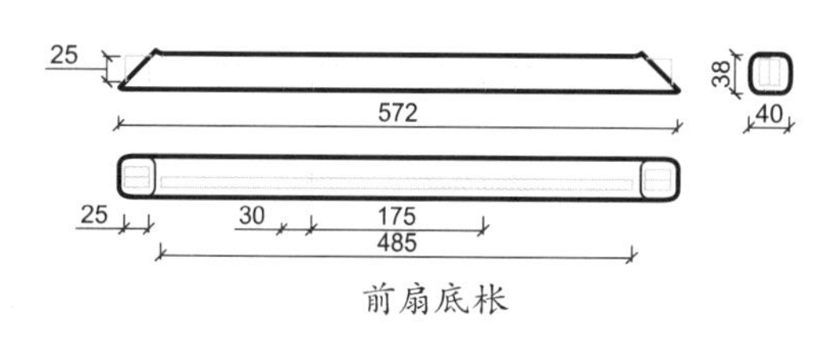

25
572
38
40
25
30
175
485

前扇底枨

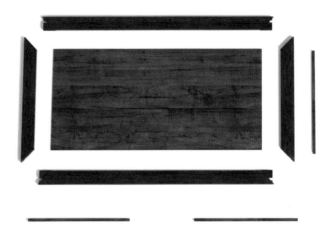

细部效果—座面（效果图 14）

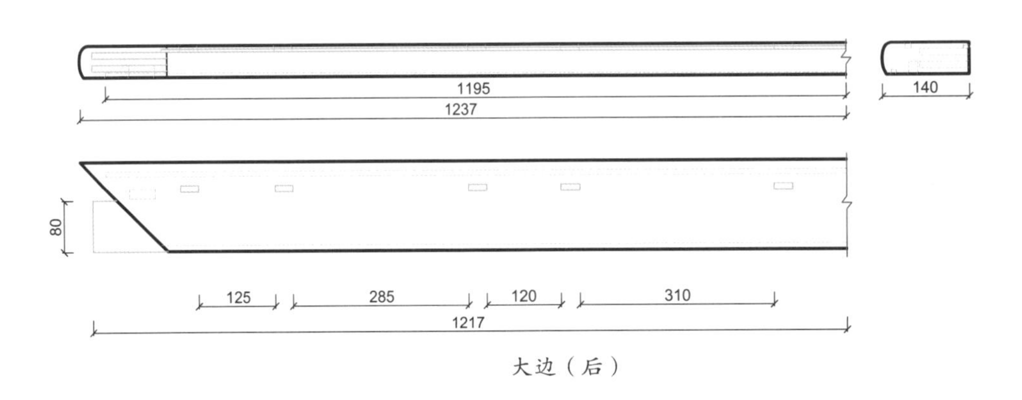

1195
1237
140
80
125
285
120
310
1217

大边（后）

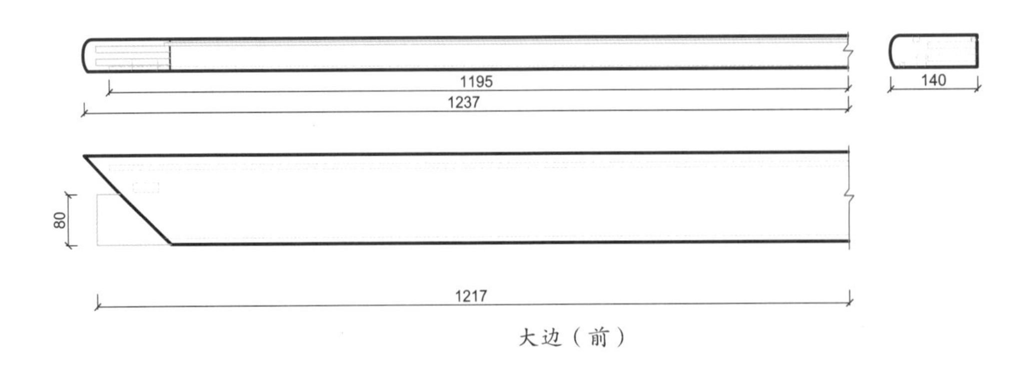

1195
1237
140
80
1217

大边（前）

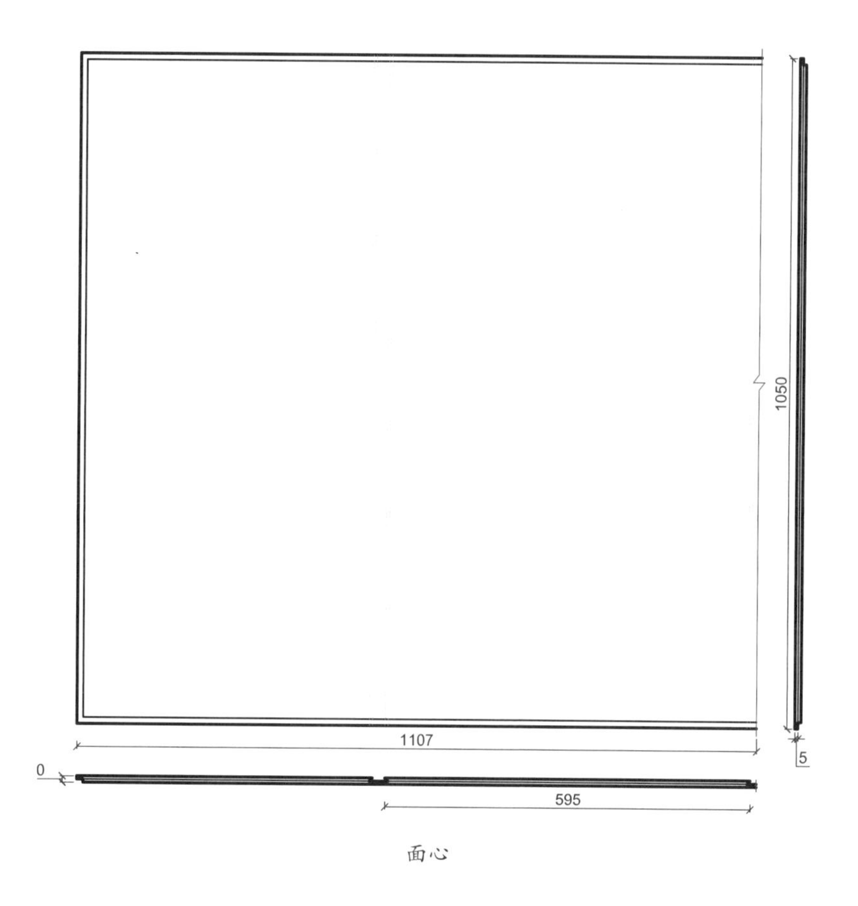
1050
1107
0
5
595

面心

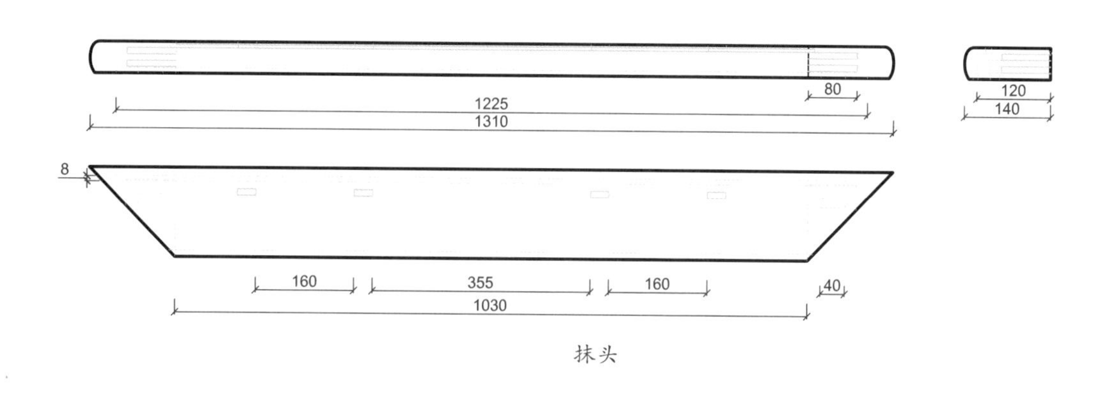
80
1225
1310
120
140
8
160
355
160
40
1030

抹头

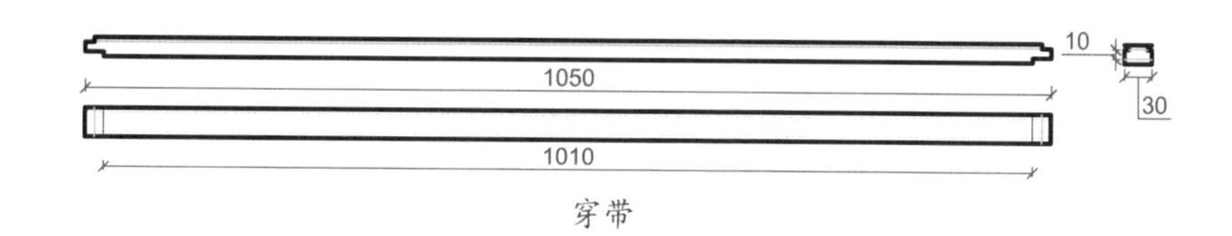
10
1050
30
1010

穿带

细部结构—座面（CAD 图 34 ~ 图 38）

细部效果—牙板（效果图 15）

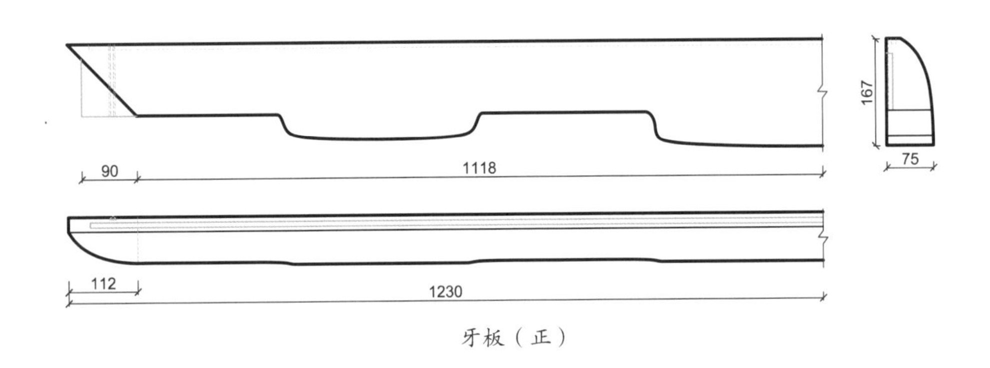
167
90
1118
75
112
1230

牙板（正）

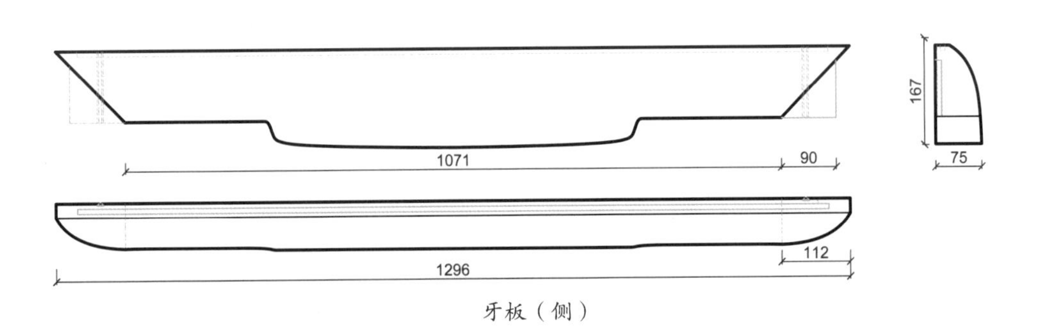
167
1071
90
75
1296
112

牙板（侧）

细部结构—牙板（CAD 图 39 ~图 40）

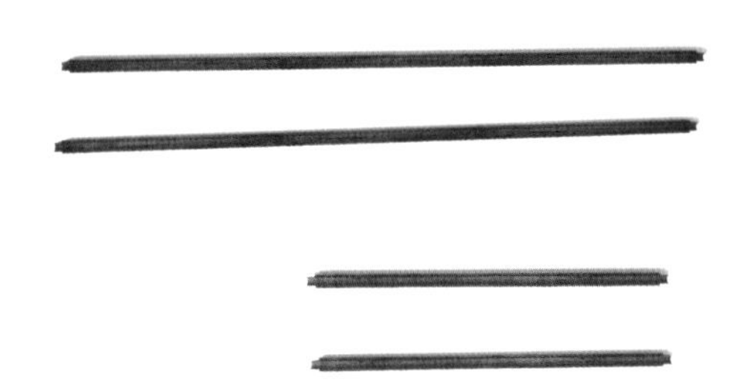

细部效果—束腰（效果图 16）

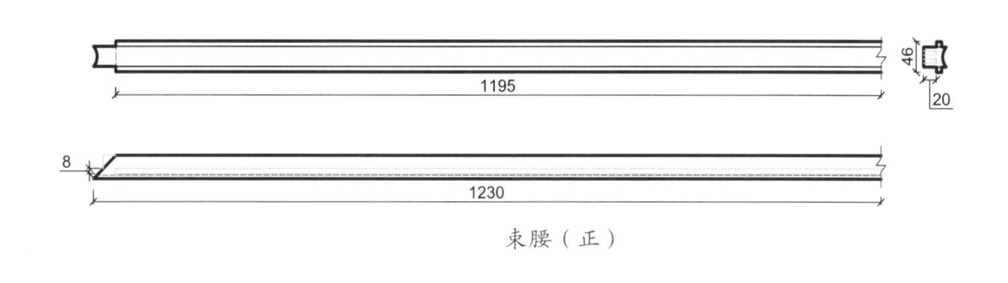
46
20
1195
8
1230

束腰（正）

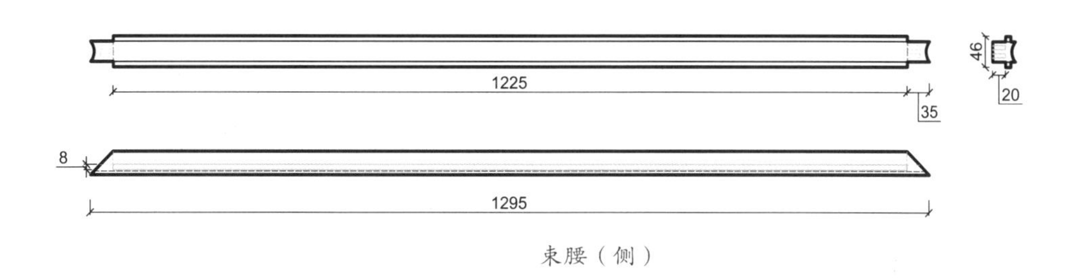
46
20
1225
35
8
1295

束腰（侧）

细部结构—束腰（CAD 图 41 ~ 图 42）

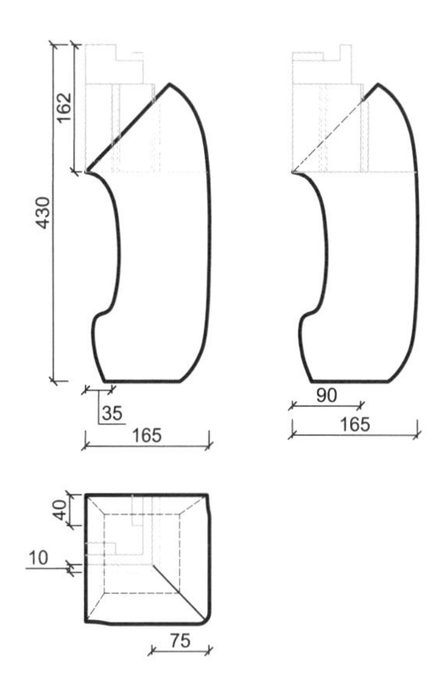
162
430
35
165
90
165
40
10
75

细部结构—腿子（CAD 图 43）

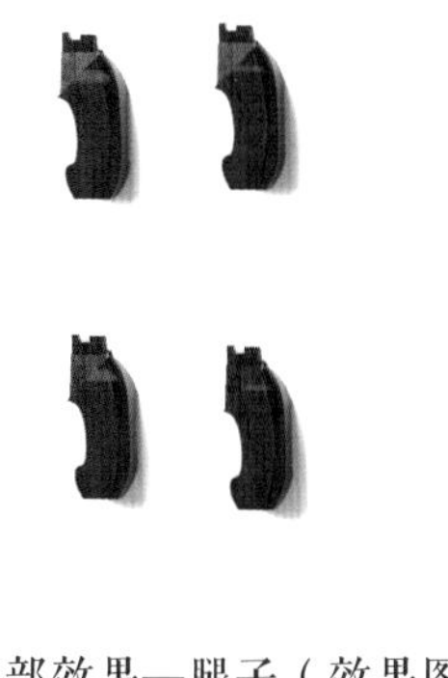

细部效果—腿子（效果图 17）

嵌大理石拐子纹罗汉床

材质：红酸枝

年款：清

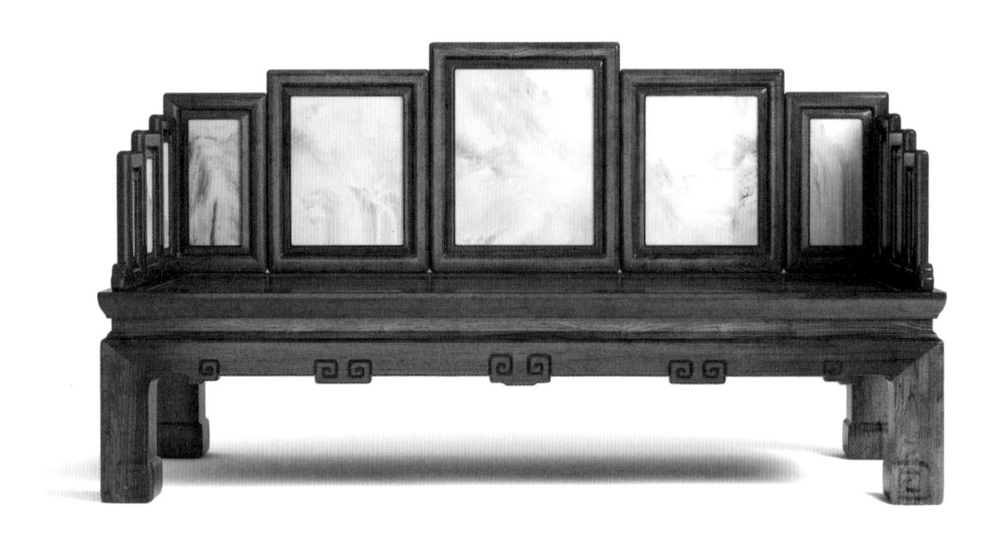

整体外观（效果图1）

1. 器形点评

此罗汉床床围为十一屏式，床围的高度及宽度自靠背中扇向两侧扶手床围依次递减，富有变化及层次感。靠背及扶手围子上均嵌装大理石。座面攒框装板，洼堂肚牙子上浮雕拐子纹。四腿粗硕，足端雕内翻马蹄足。此床用料较为粗壮，体形宽硕大气，仪态威严。

2. CAD 图示

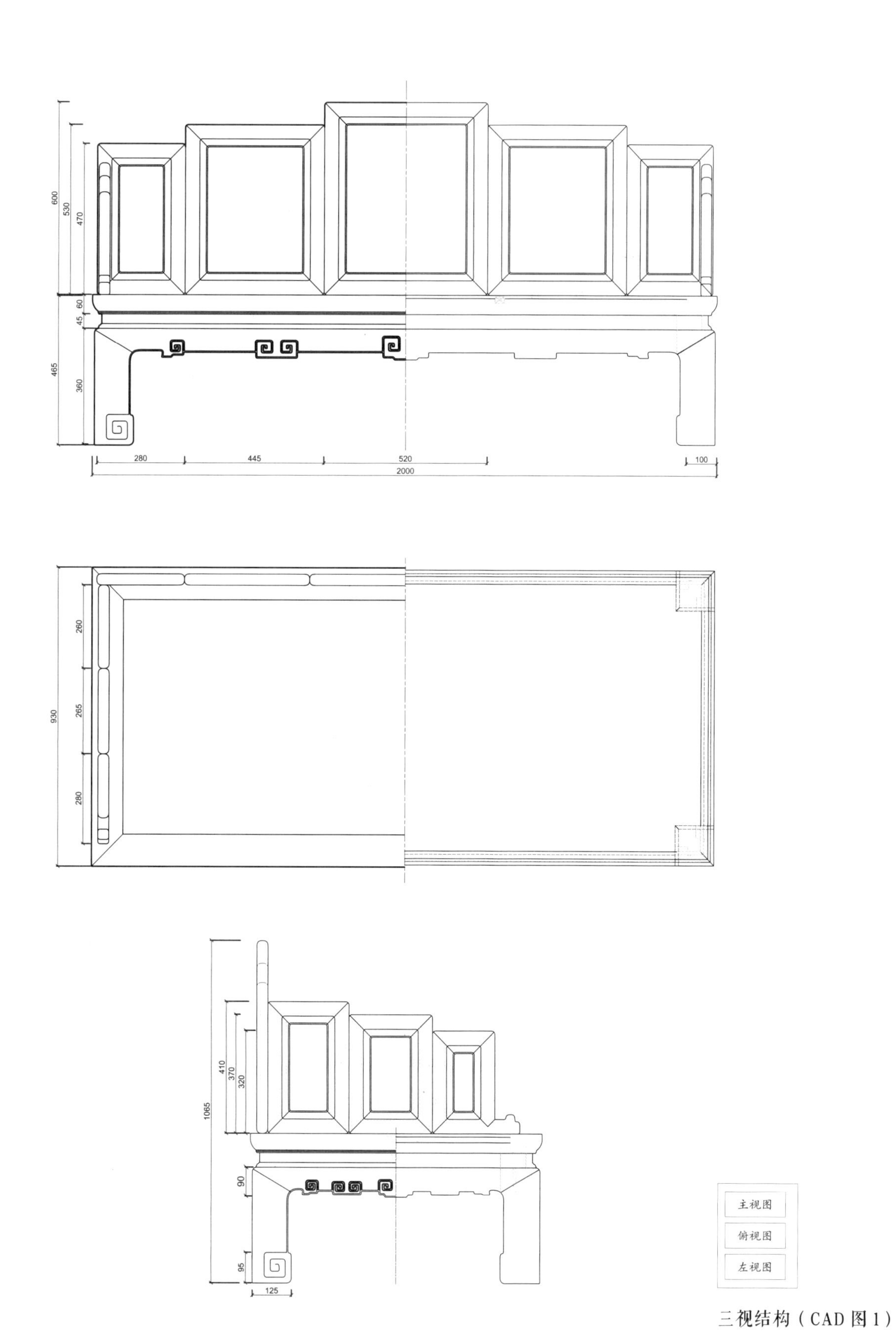
600
530
470
60
45
465
360
280
445
520
100
2000
260
265
280
930
410
370
320
1065
90
95
125
主视图
俯视图
左视图

三视结构（CAD 图1）

3. 用材效果

用材效果（材质：紫檀；效果图 2）

用材效果（材质：黄花梨；效果图 3）

用材效果（材质：红酸枝；效果图 4）

4. 结构爆炸

结构爆炸（效果图 5）

5. 部件示意

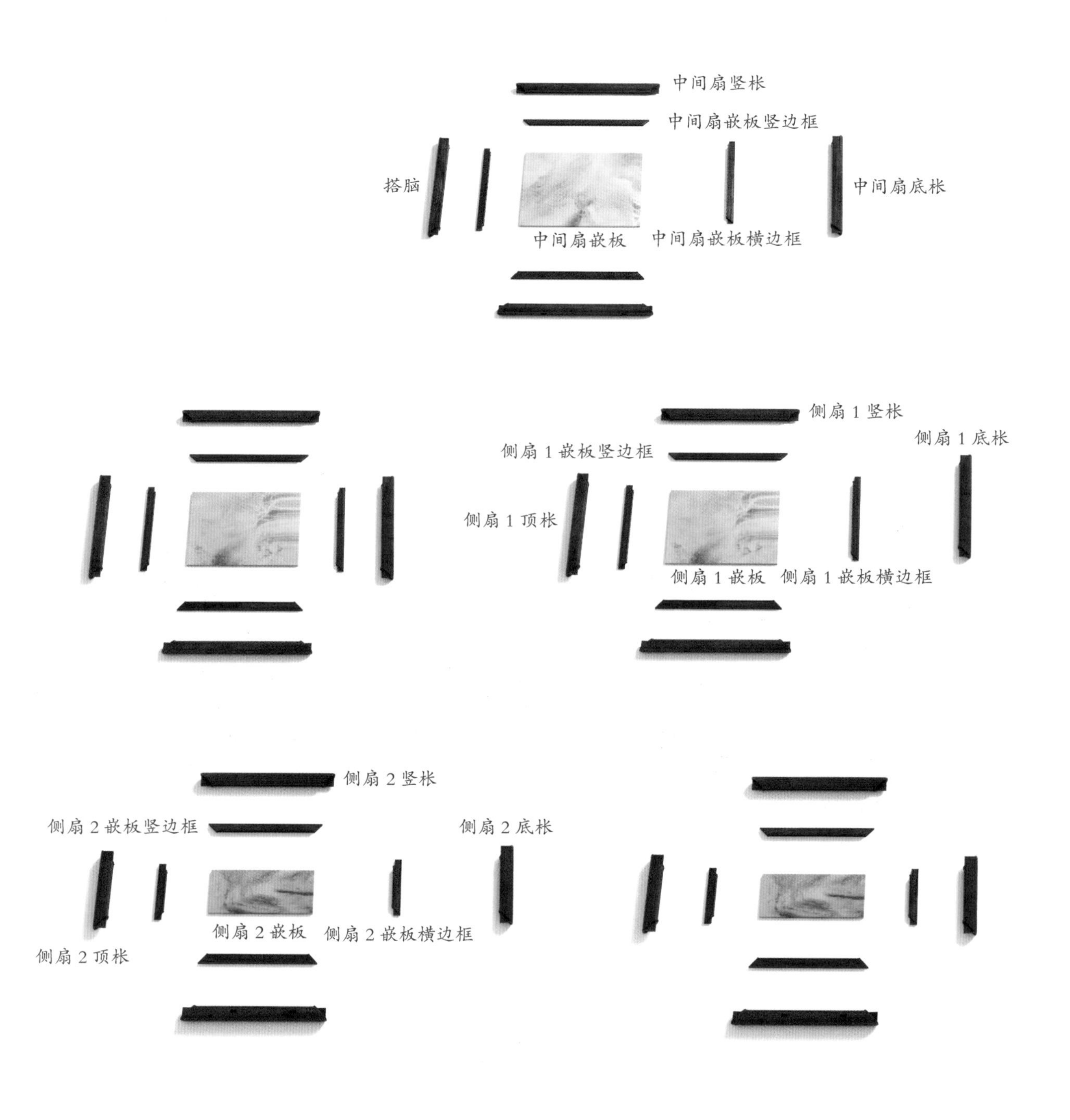
中间扇竖枨
中间扇嵌板竖边框
搭脑
中间扇底枨
中间扇嵌板
中间扇嵌板横边框
侧扇 1 竖枨
侧扇 1 底枨
侧扇 1 嵌板竖边框
侧扇 1 顶枨
侧扇 1 嵌板
侧扇 1 嵌板横边框
侧扇 2 竖枨
侧扇 2 嵌板竖边框
侧扇 2 底枨
侧扇 2 嵌板
侧扇 2 嵌板横边框
侧扇 2 顶枨

部件示意—靠背围子（效果图 6）

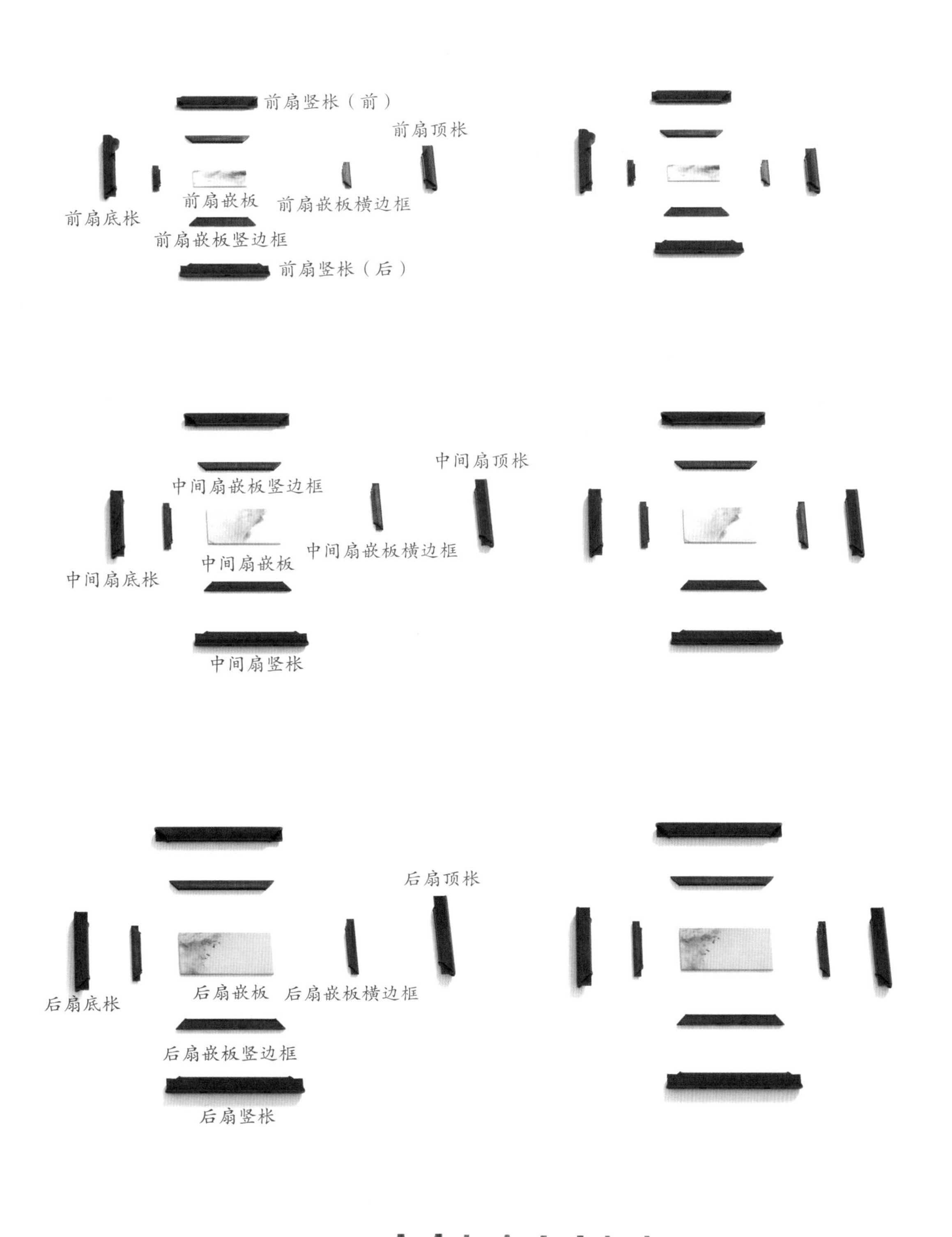
前扇竖枨（前）
前扇顶枨
前扇底枨
前扇嵌板
前扇嵌板横边框
前扇嵌板竖边框
前扇竖枨（后）
中间扇顶枨
中间扇嵌板竖边框
中间扇底枨
中间扇嵌板
中间扇嵌板横边框
中间扇竖枨
后扇顶枨
后扇底枨
后扇嵌板
后扇嵌板横边框
后扇嵌板竖边框
后扇竖枨

部件示意—两侧围子（效果图 7）

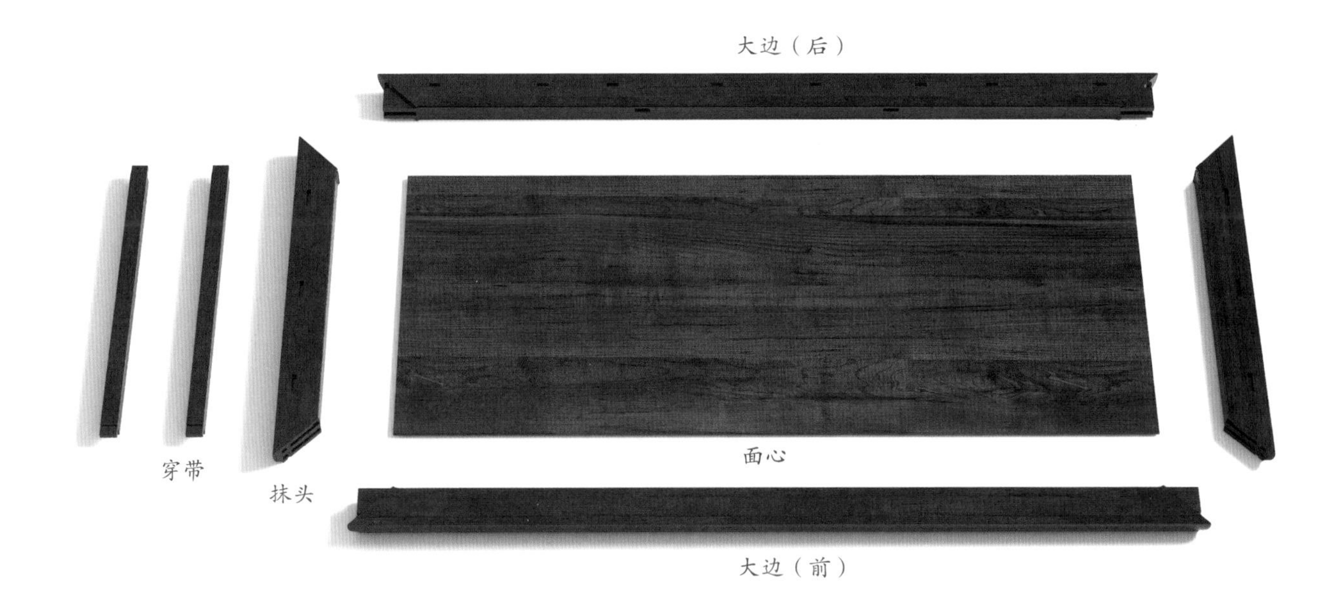
大边（后）
穿带
抹头
面心
大边（前）

部件示意—座面（效果图 8）

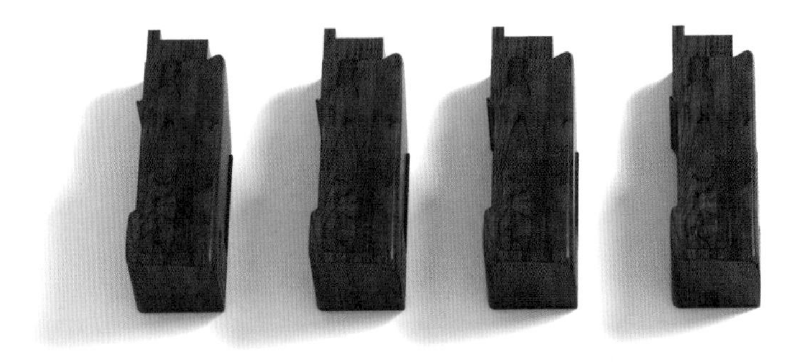

部件示意—腿子（效果图 9）

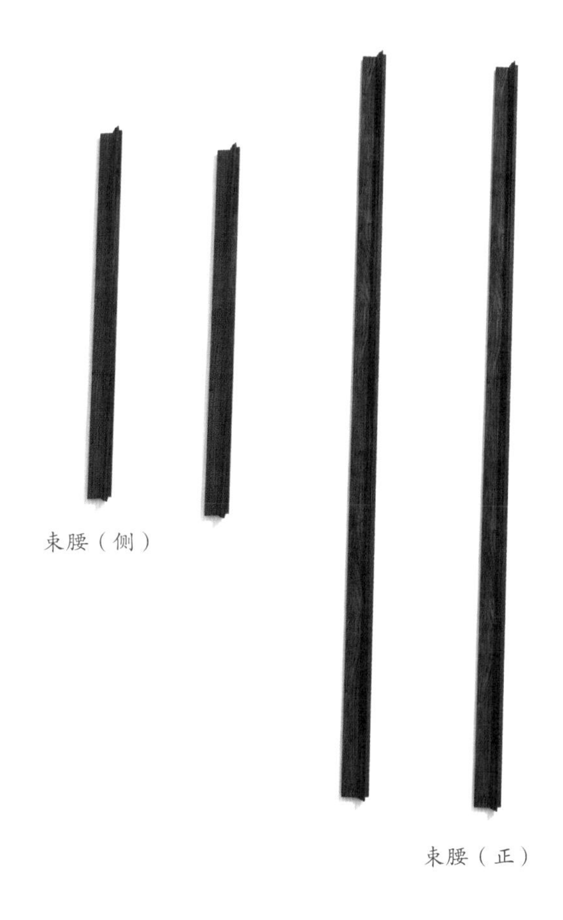
束腰（侧）
束腰（正）

部件示意—束腰（效果图10）

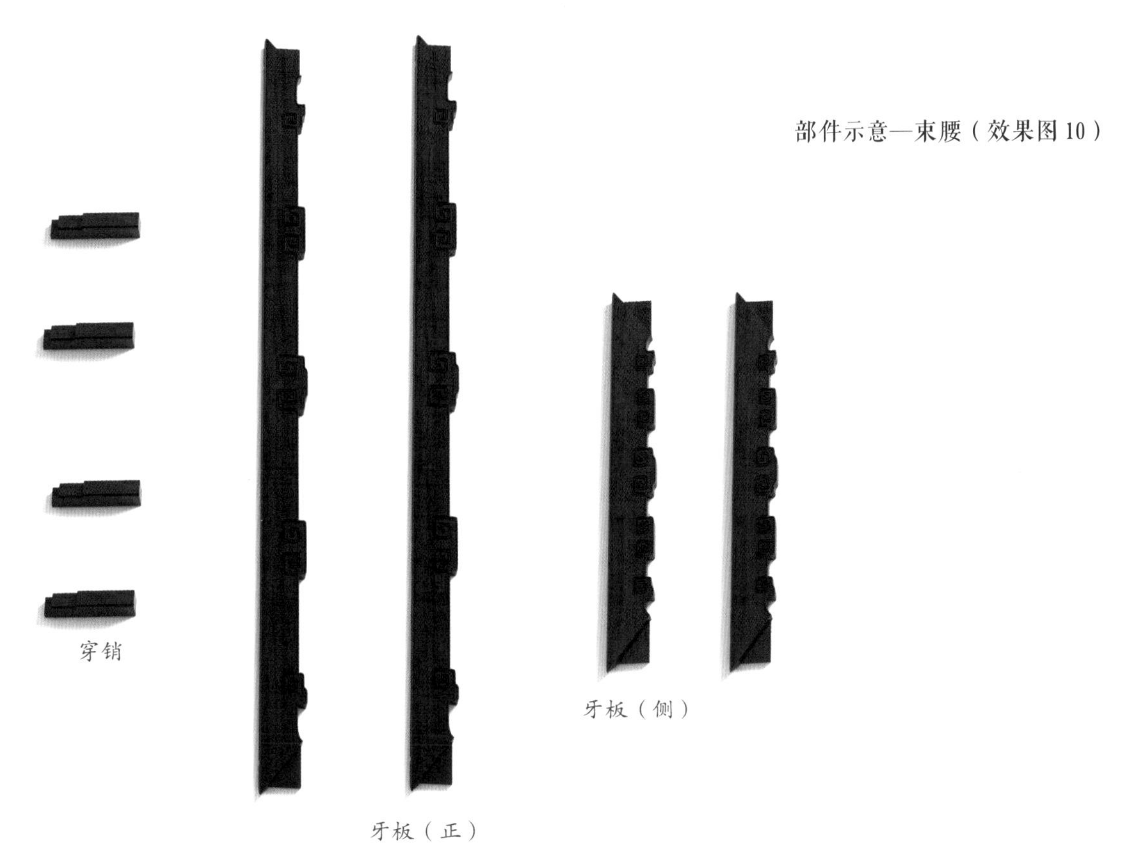
穿销
牙板（侧）
牙板（正）

部件示意—牙板（效果图11）

6. 细部详解

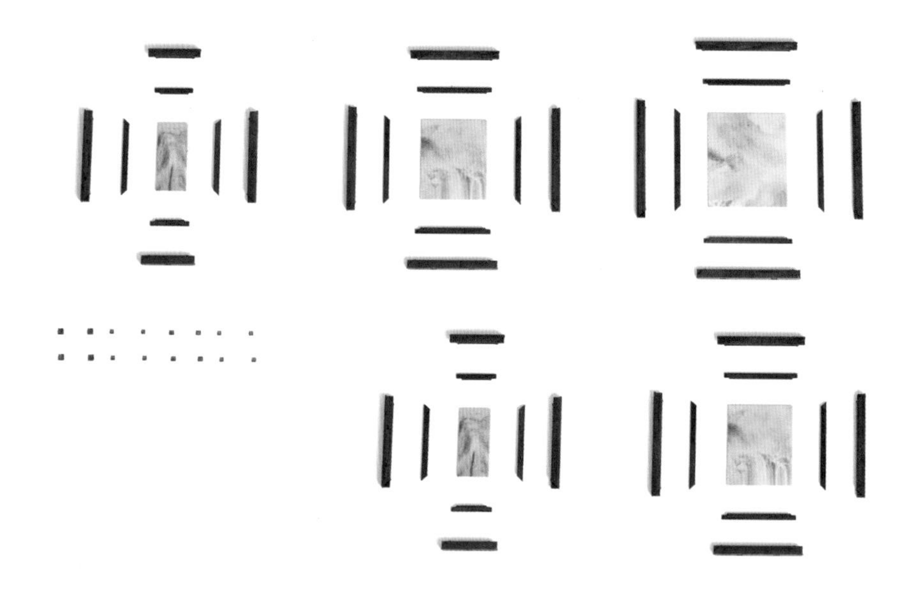

细部效果—靠背围子（效果图12）

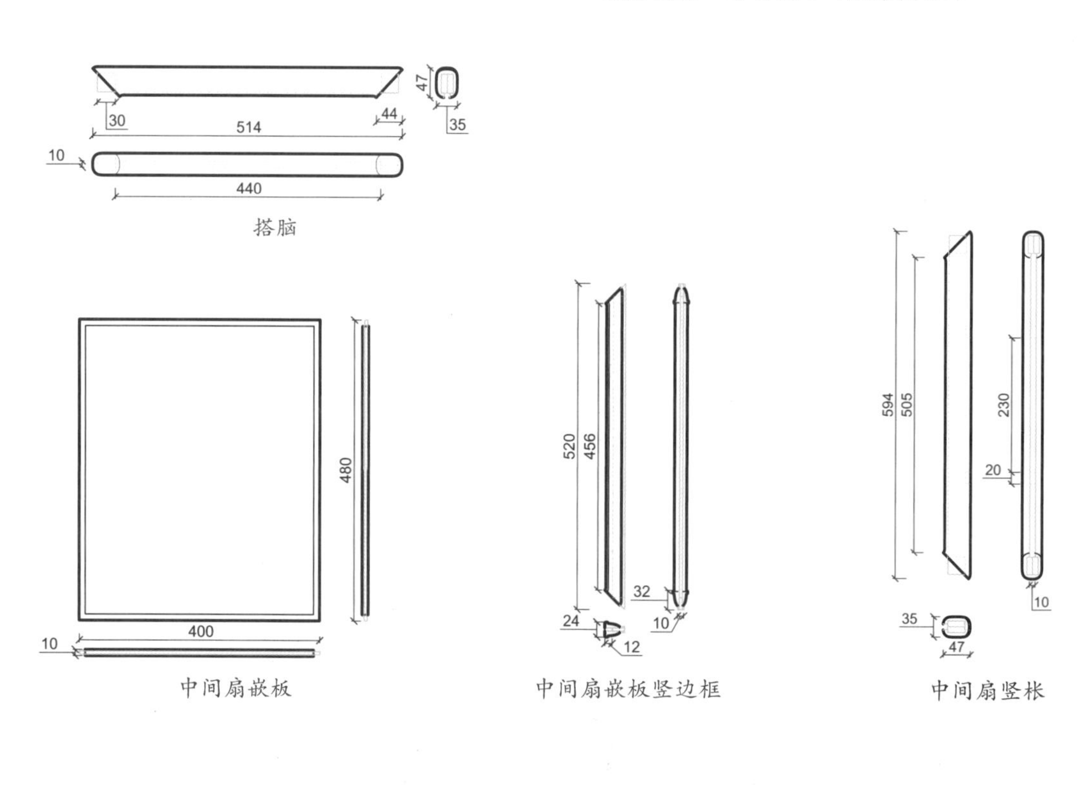

47
35
30
514
44
10
440
480
400
10
520
456
32
24
10
12
594
505
230
20
10
35
47

搭脑

中间扇嵌板　　中间扇嵌板竖边框　　中间扇竖枨

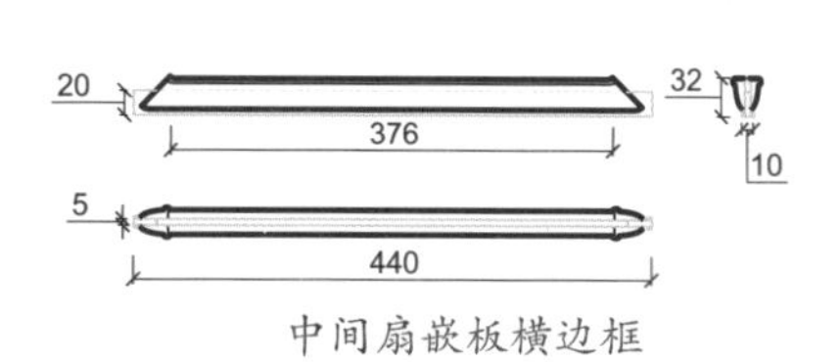

20
376
32
10
5
440

中间扇嵌板横边框

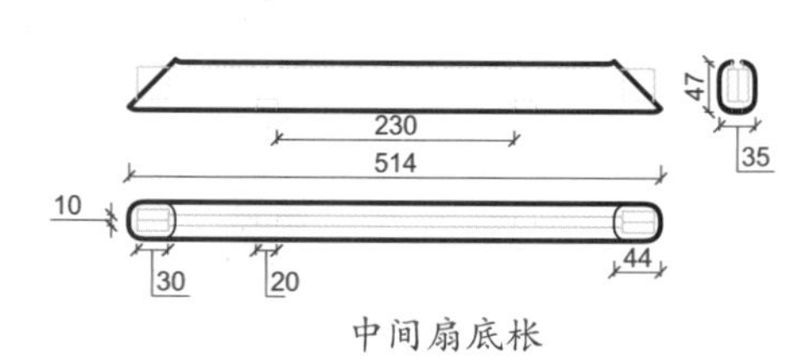

47
35
230
514
10
30
20
44

中间扇底枨

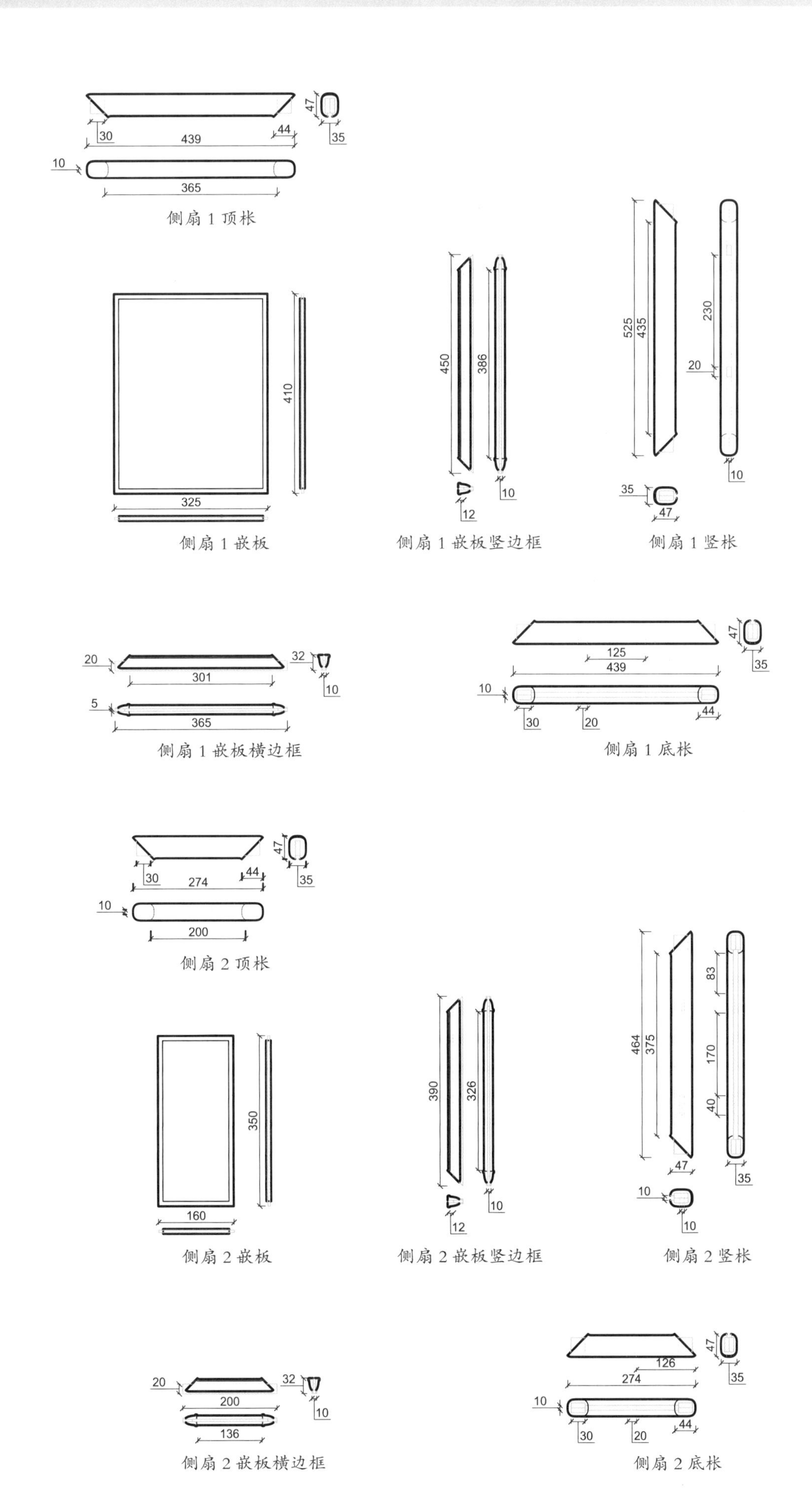
47
30
439
44
35
10
365
侧扇 1 顶枨
410
325
侧扇 1 嵌板
450
386
12
10
侧扇 1 嵌板竖边框
525
435
230
20
10
35
47
侧扇 1 竖枨
20
301
32
10
5
365
侧扇 1 嵌板横边框
125
439
47
35
10
30
20
44
侧扇 1 底枨
47
30
274
44
35
10
200
侧扇 2 顶枨
350
160
侧扇 2 嵌板
390
326
12
10
侧扇 2 嵌板竖边框
464
375
83
170
40
47
35
10
10
侧扇 2 竖枨
20
200
32
10
136
侧扇 2 嵌板横边框
126
274
47
35
10
30
20
44
侧扇 2 底枨

细部结构—靠背围子（CAD 图 2 ~图 19）

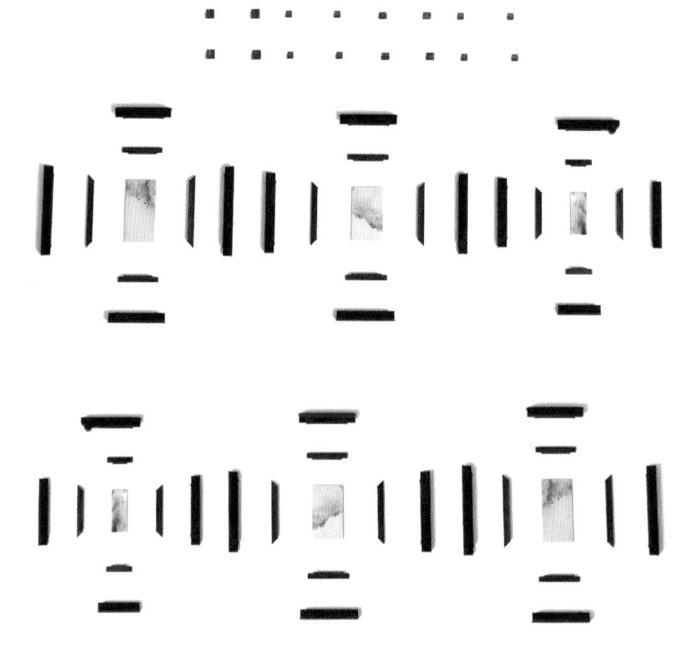

细部效果—两侧围子（效果图 13）

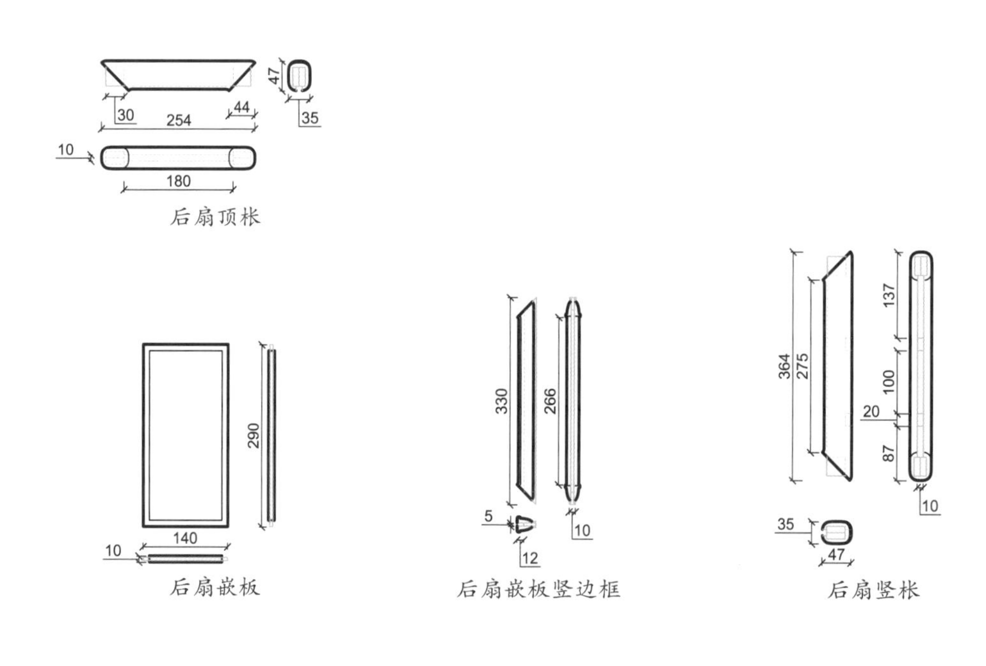
47
30
254
44
35
10
180
后扇顶枨
290
140
10
后扇嵌板
330
266
5
12
10
后扇嵌板竖边框
364
275
137
100
20
87
10
35
47
后扇竖枨

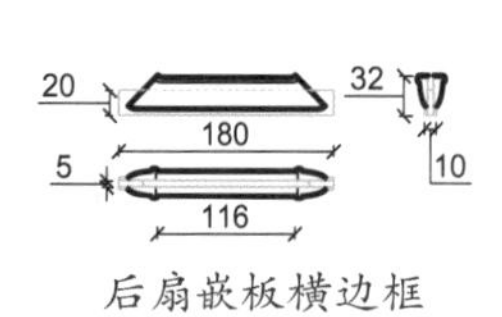
20
32
180
5
10
116

后扇嵌板横边框

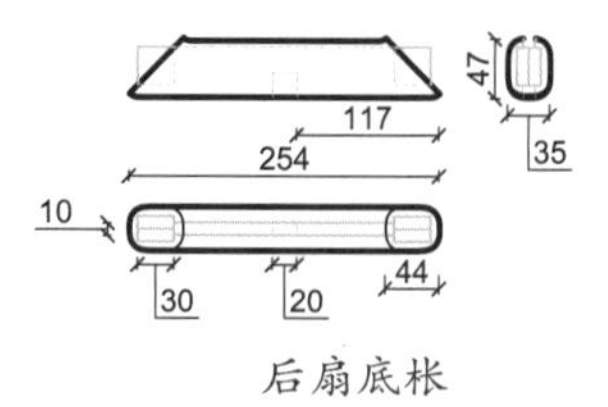
47
117
254
35
10
30
20
44

后扇底枨

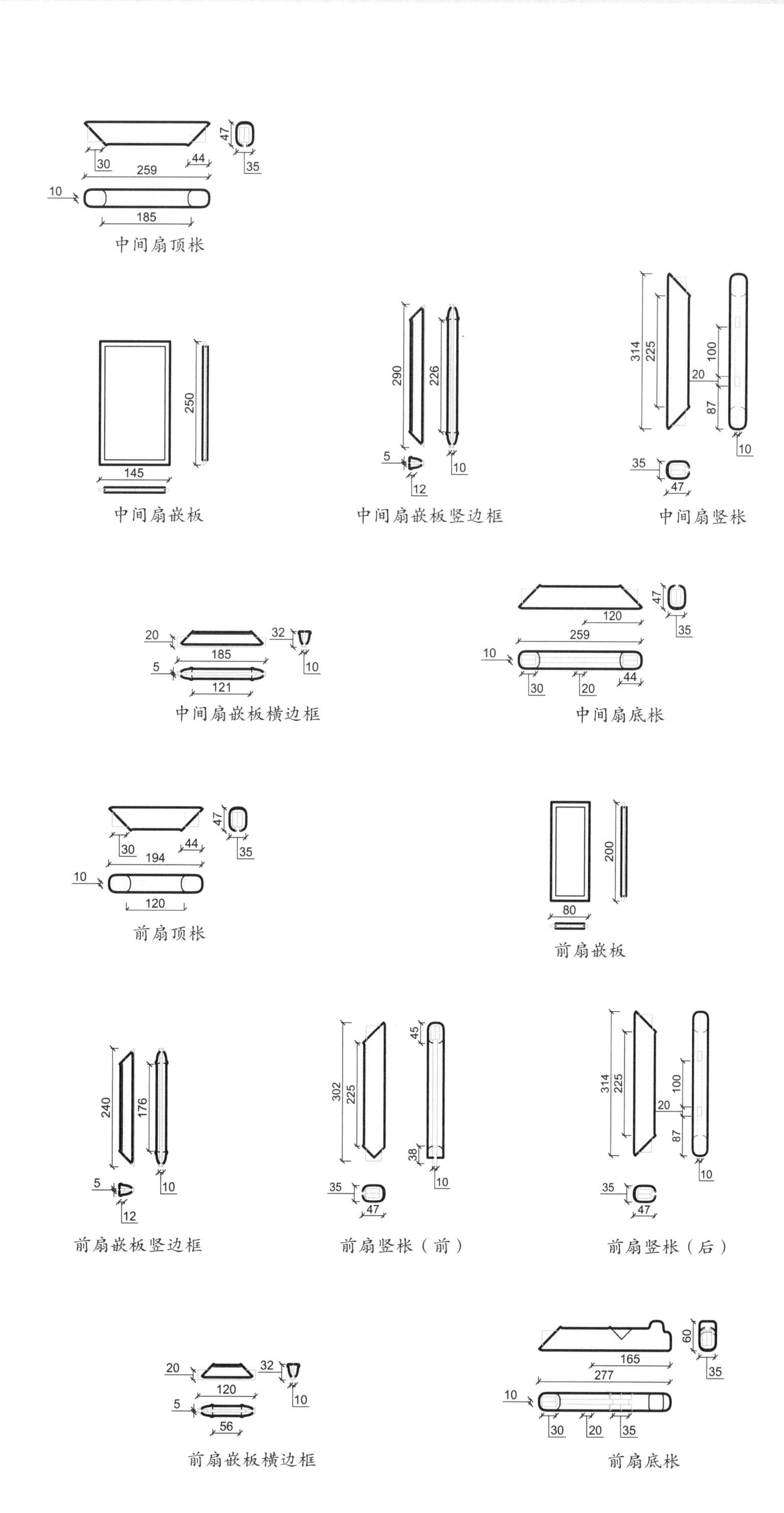

47
30
44
35
259
10
185
中间扇顶枨
250
145
中间扇嵌板
290
226
5
10
12
中间扇嵌板竖边框
314
225
100
20
87
10
35
47
中间扇竖枨
20
32
185
5
10
121
中间扇嵌板横边框
47
120
35
259
10
30
20
44
中间扇底枨
47
30
44
35
194
10
120
前扇顶枨
200
80
前扇嵌板
240
176
5
10
12
前扇嵌板竖边框
302
225
45
38
35
10
47
前扇竖枨（前）
314
225
100
20
87
10
35
47
前扇竖枨（后）
20
32
120
10
5
56
前扇嵌板横边框
60
165
35
277
10
30
20
35
前扇底枨

细部结构—两侧围子（CAD 图 20 ~ 图 38）

细部效果—座面（效果图 14）

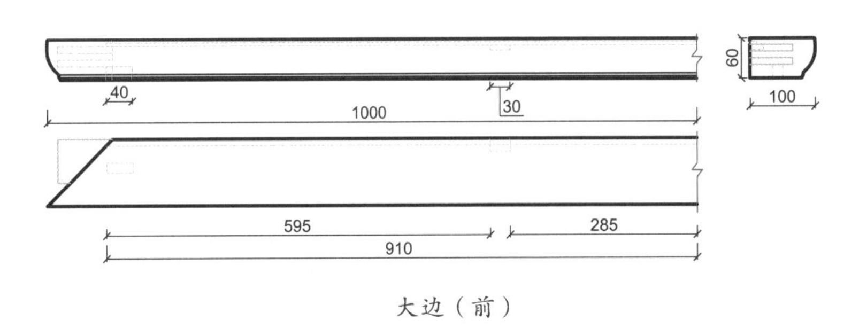

40
30
1000
60
100
595
285
910

大边（前）

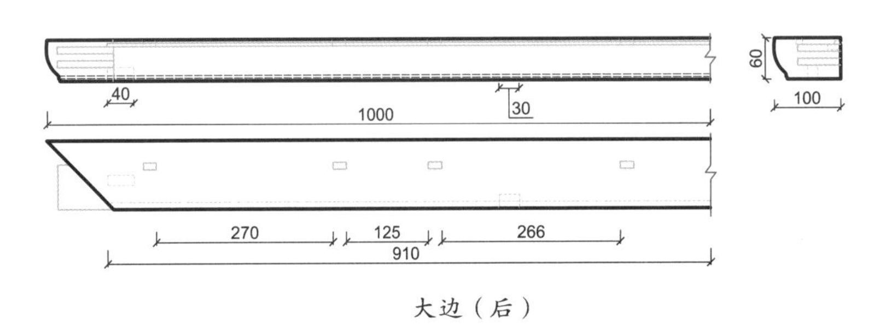

40
30
1000
60
100
270
125
266
910

大边（后）

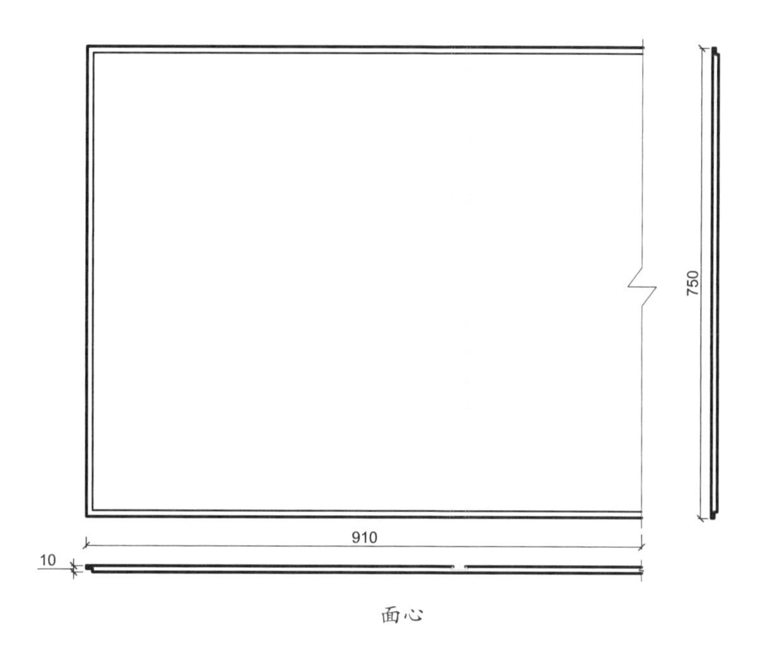
750
910
10

面心

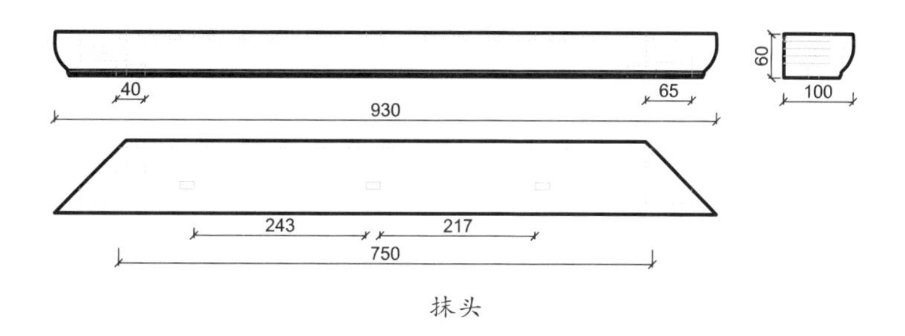
60
40
65
100
930
243
217
750

抹头

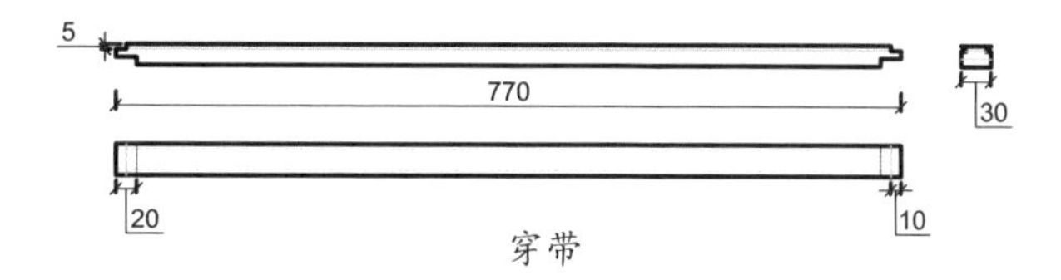
5
770
30
20
10

穿带

细部结构—座面（CAD 图 39 ~图 43）

细部效果—束腰（效果图 15）

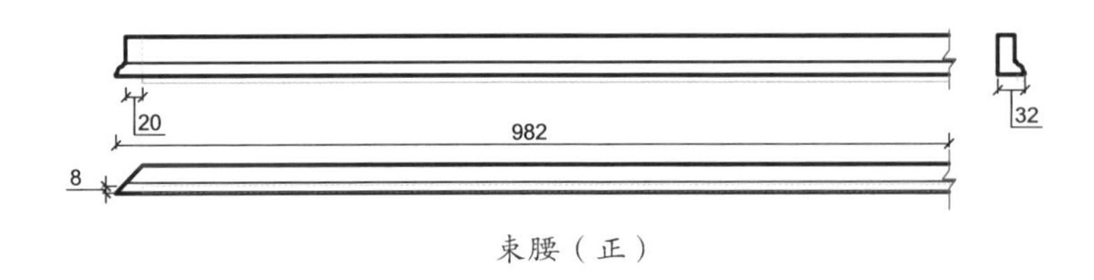
20
982
32
8

束腰（正）

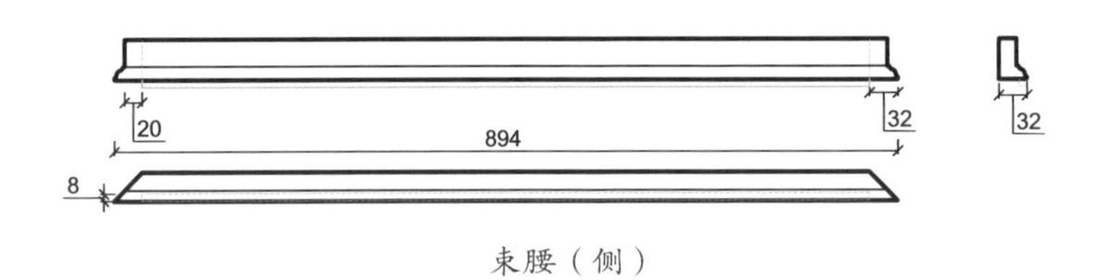
20
894
32
32
8

束腰（侧）

细部结构—束腰（CAD 图 44 ~图 45）

细部效果—牙板（效果图 16）

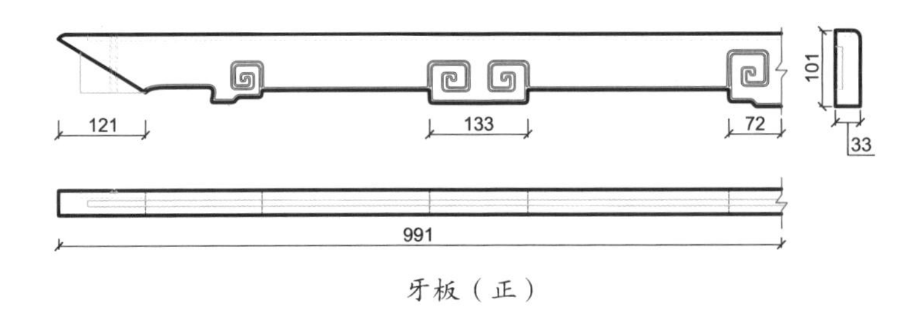
121
133
72
101
33
991

牙板（正）

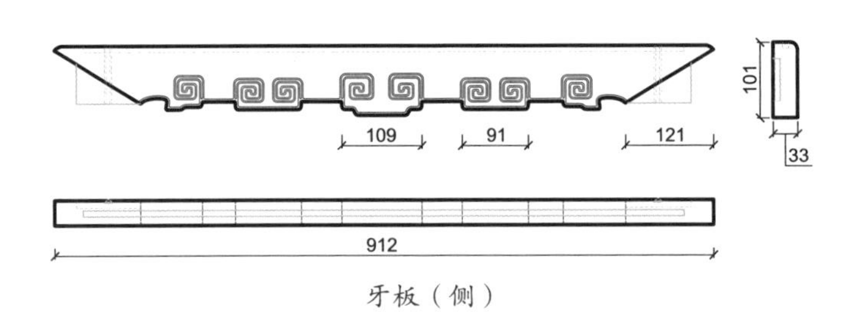
109
91
121
101
33
912

牙板（侧）

细部结构—牙板（CAD 图 46 ~图 47）

细部效果—腿子（效果图 17）

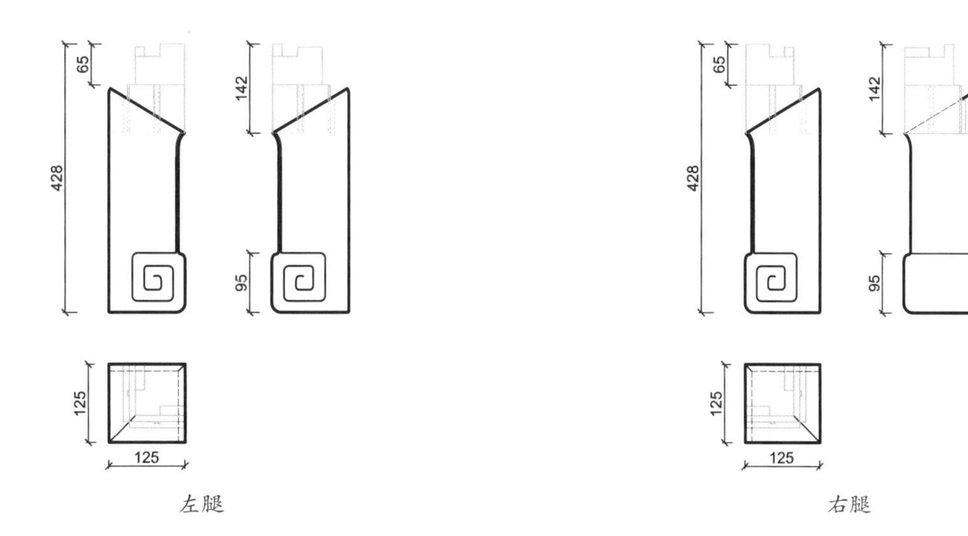
65
428
142
95
125
125
左腿
65
428
142
95
125
125
右腿

细部结构—腿子（CAD 图 48 ~图 49）

夔龙拱壁纹罗汉床

材质：紫檀

年款：清

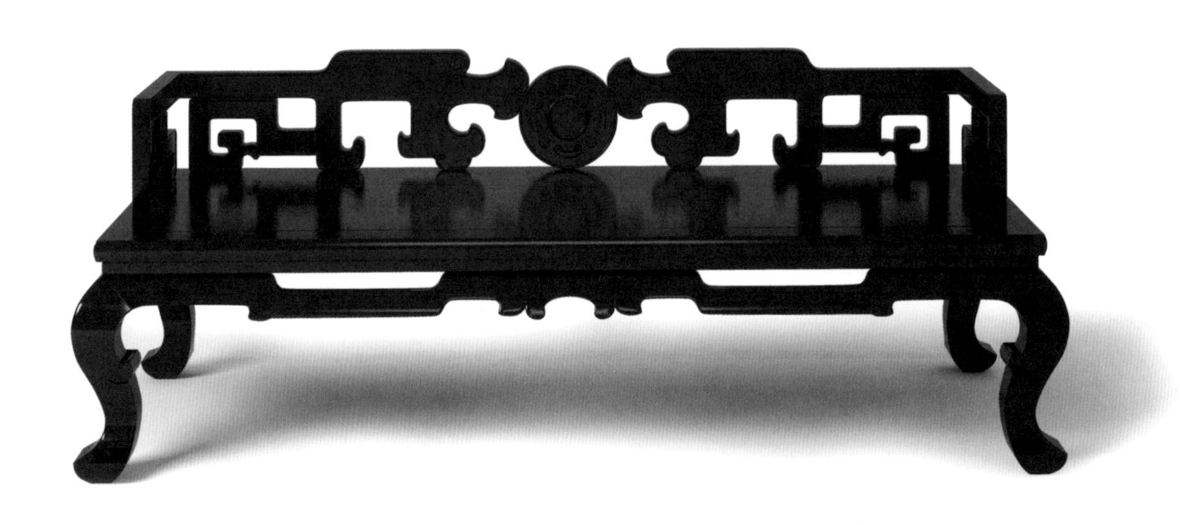

整体外观（效果图 1）

1. 器形点评

此罗汉床床围为三屏式，靠背及扶手围子甚矮。靠背攒拐子龙纹，做成夔龙拱壁形状。两侧扶手围子同一般罗汉床扶手边框与床角几乎齐平的做法不同，而是往里缩进床面安装，扶手围子也以攒拐子纹手法做成。床面光滑平整，下有束腰，束腰之下装牙板。四腿为三弯腿，腿上部起云纹翅，足端雕成外翻马蹄足。此床造型秀灵，雕饰精美，线条流畅，设计新颖别致，独具特色。

2. CAD 图示

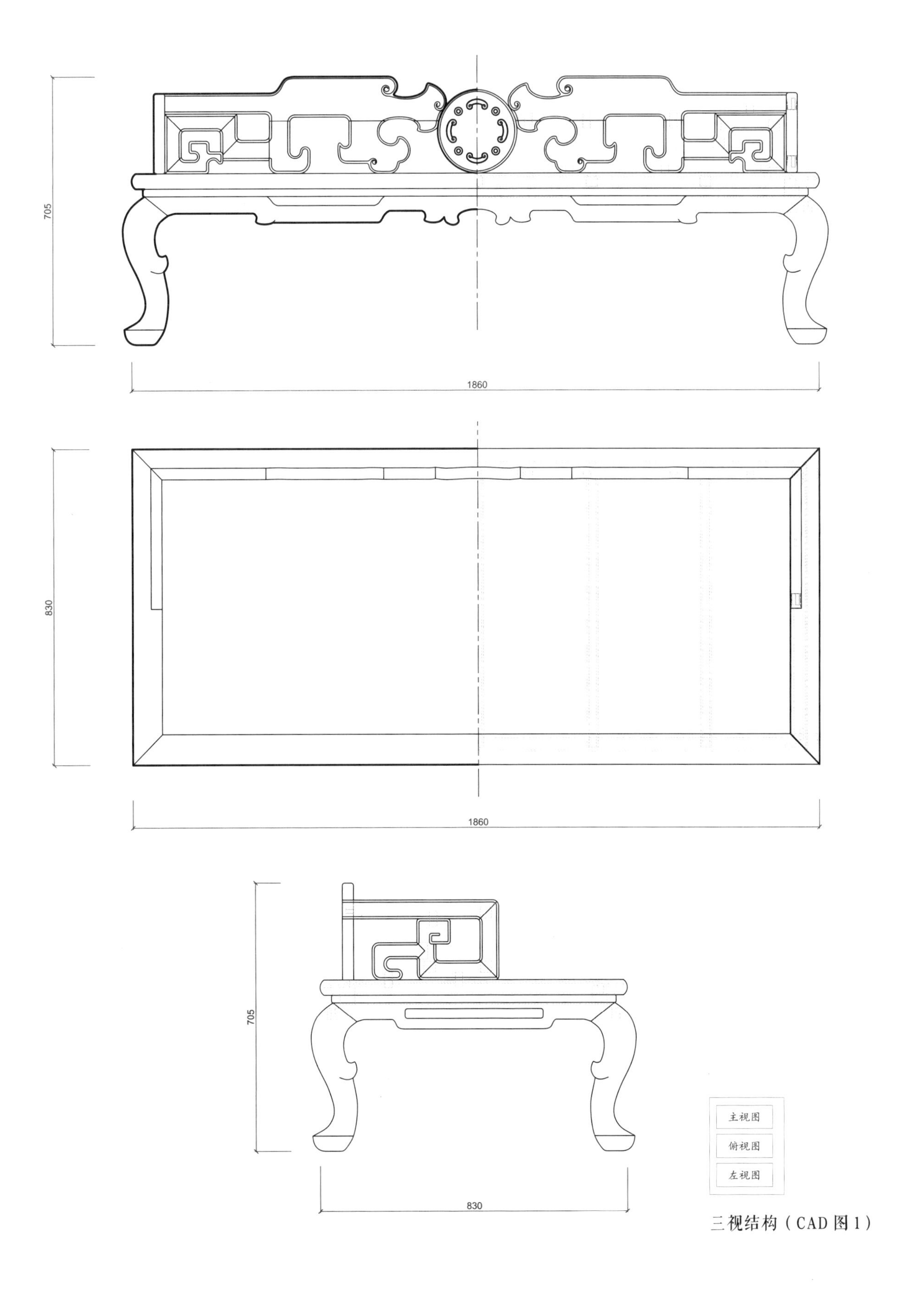
705
1860
830
1860
705
830
主视图
俯视图
左视图

三视结构（CAD 图 1）

3. 用材效果

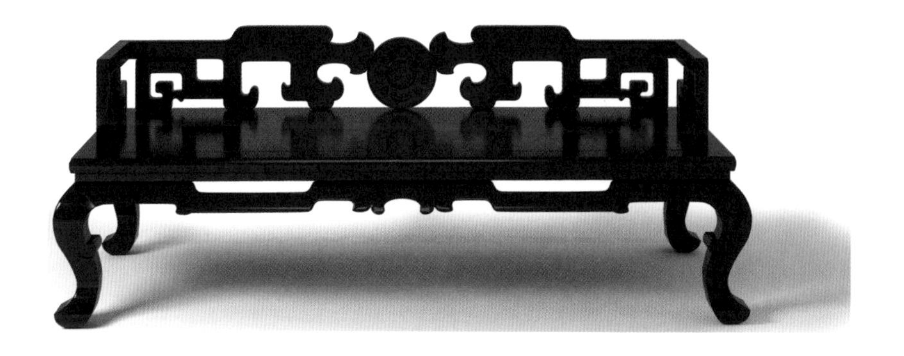

用材效果（材质：紫檀；效果图 2）

用材效果（材质：黄花梨；效果图 3）

用材效果（材质：红酸枝；效果图 4）

4. 结构爆炸

结构爆炸（效果图5）

5. 部件示意

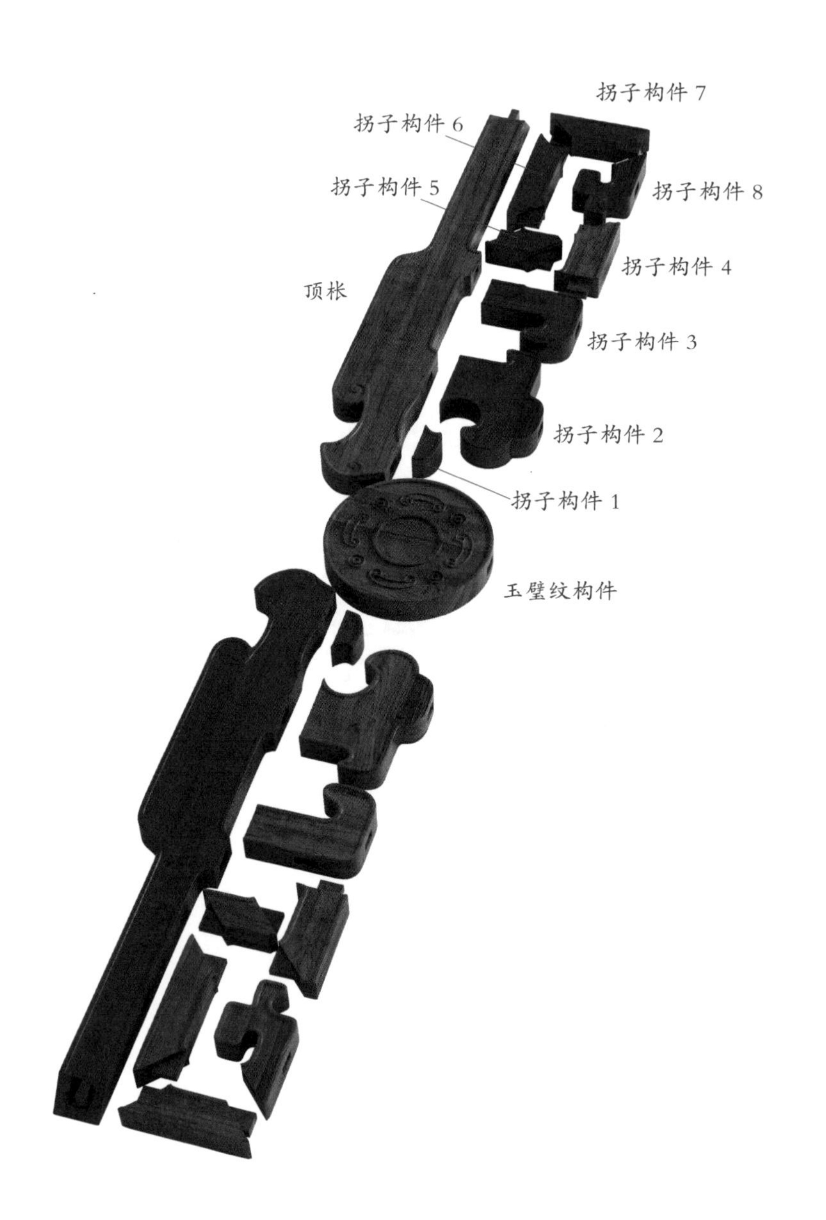
拐子构件 7
拐子构件 6
拐子构件 8
拐子构件 5
拐子构件 4
顶枨
拐子构件 3
拐子构件 2
拐子构件 1
玉璧纹构件

部件示意—靠背围子（效果图 6）

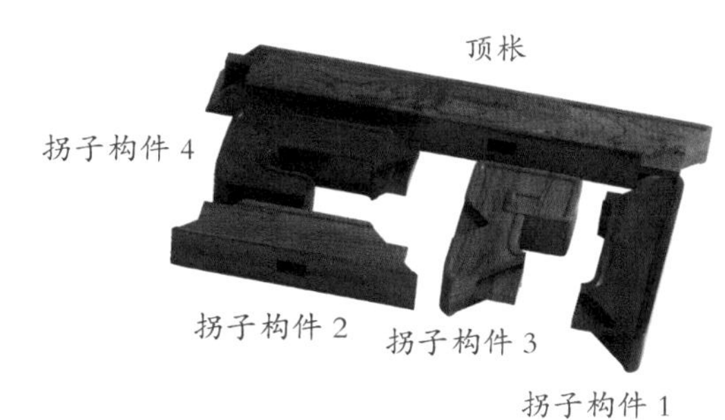
顶枨
拐子构件 4
拐子构件 2
拐子构件 3
拐子构件 1

部件示意—两侧围子（效果图 7）

部件示意—腿子（效果图 8）

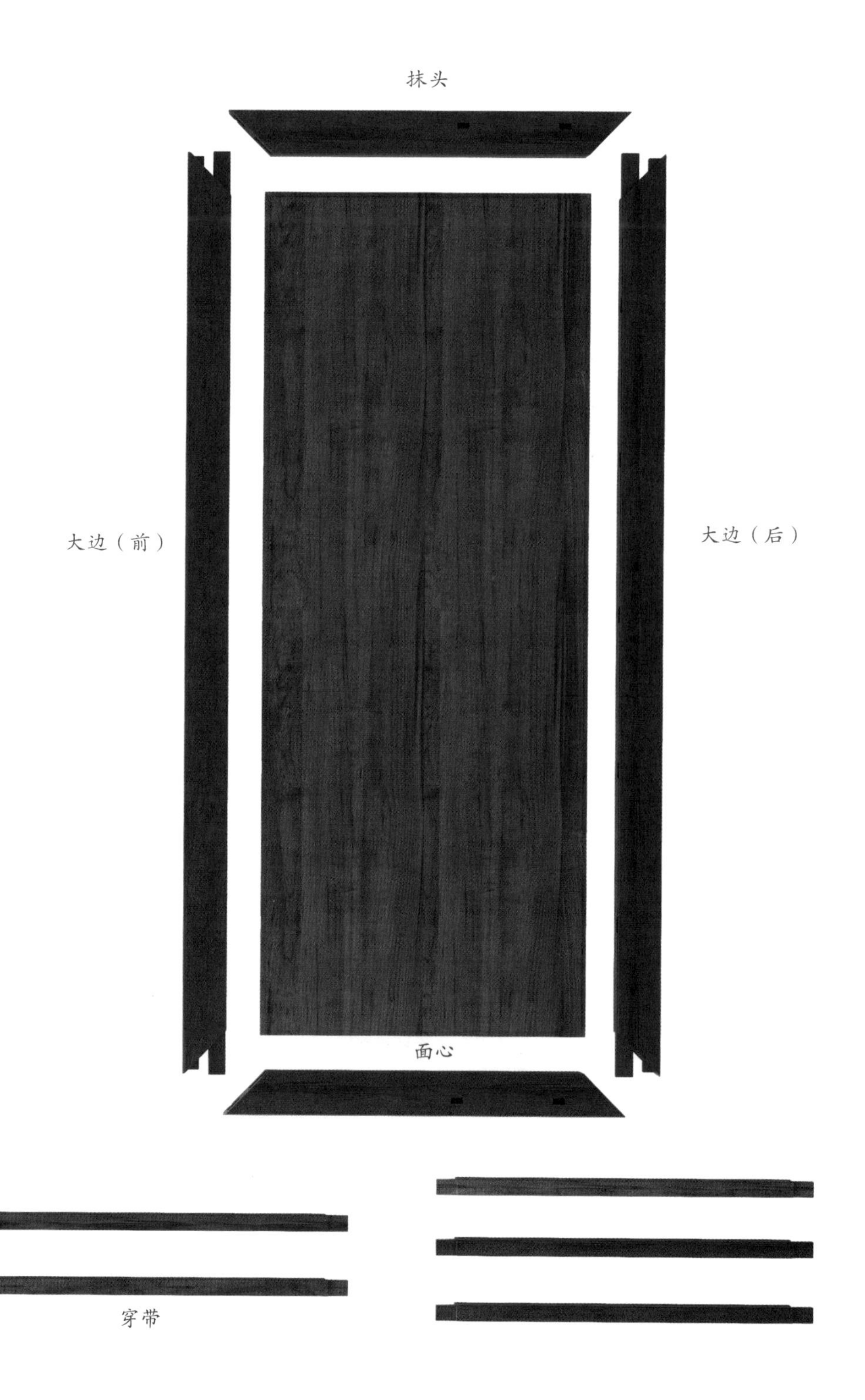
抹头
大边（前）
大边（后）
面心
穿带

部件示意—座面（效果图 9）

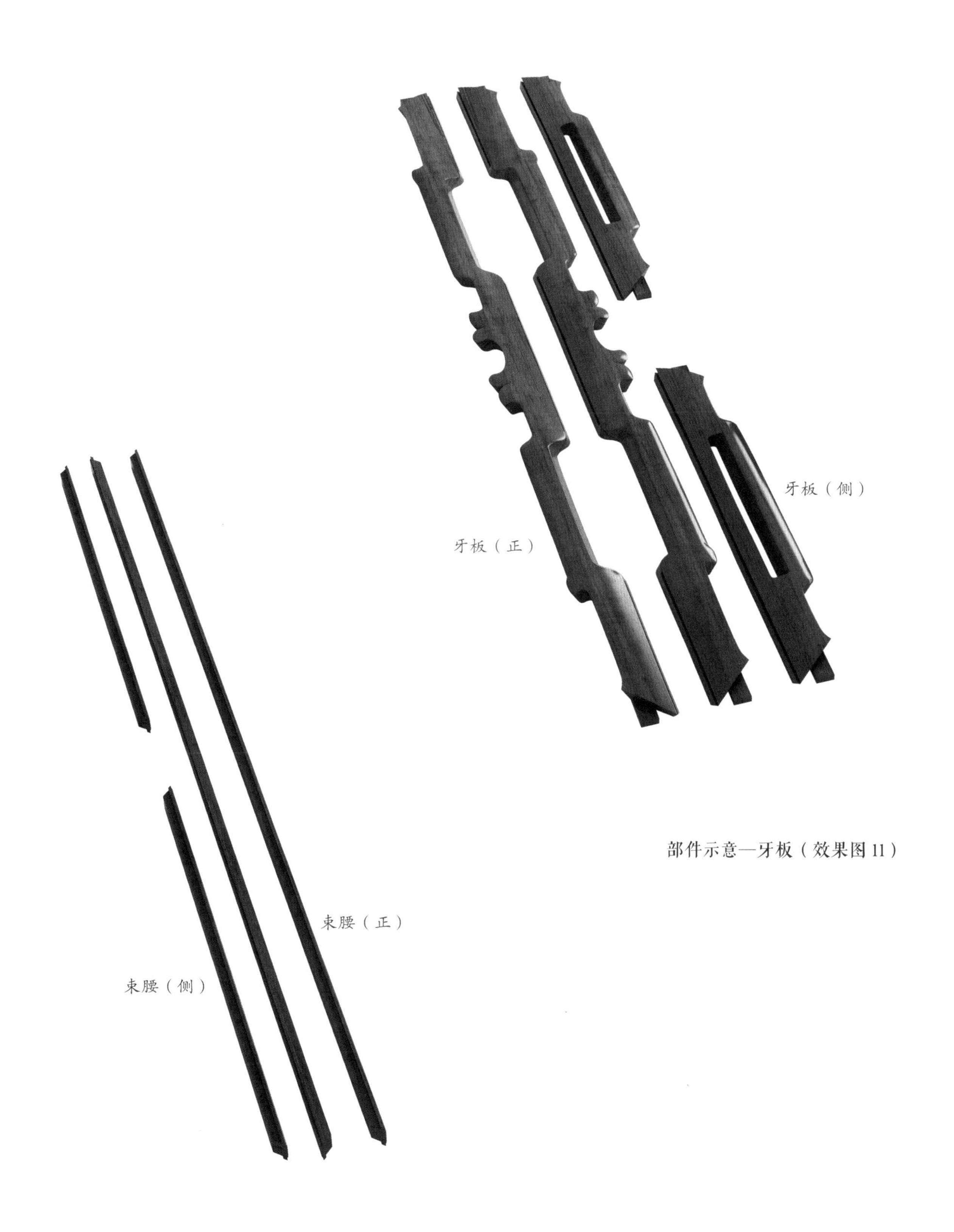
牙板（侧）
牙板（正）
束腰（正）
束腰（侧）

部件示意—牙板（效果图11）

部件示意—束腰（效果图10）

6. 细部详解

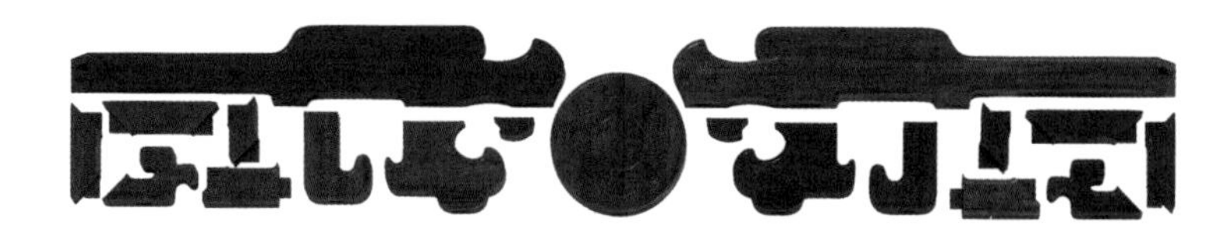

细部效果—靠背围子（效果图12）

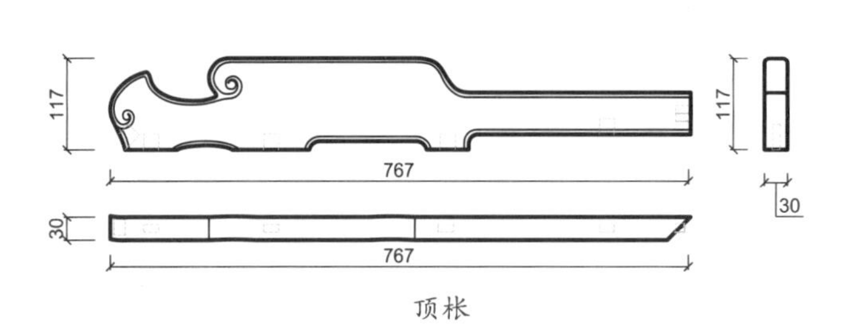

117
767
117
30
30
767

顶枨

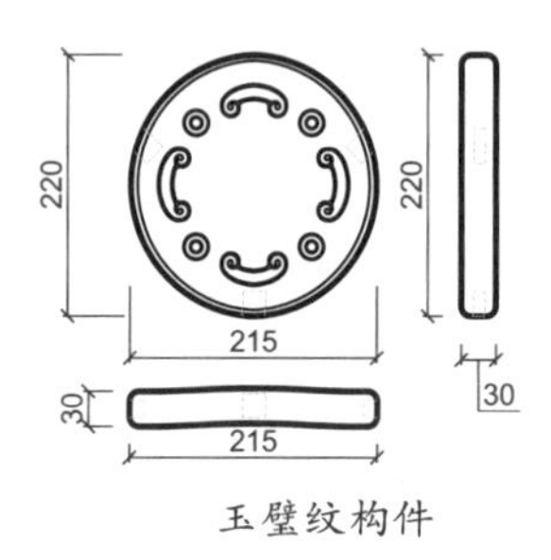

220
215
220
30
30
215

玉璧纹构件

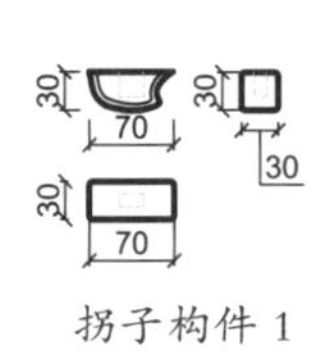

30
70
30
30
70

拐子构件1

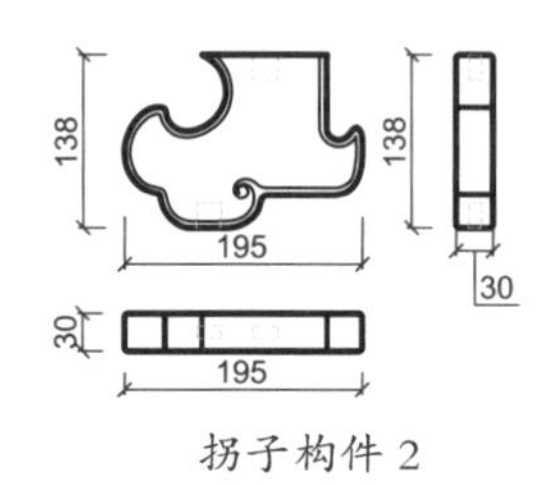

138
195
138
30
30
195

拐子构件2

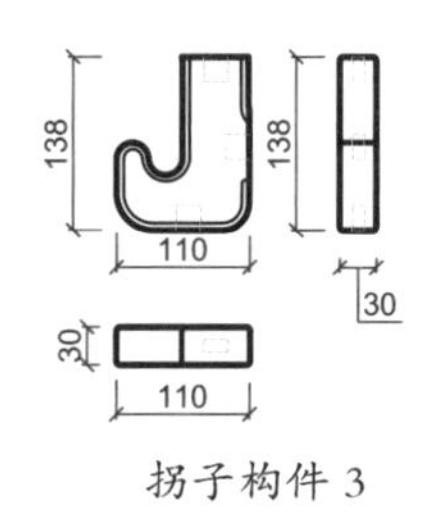

138
110
138
30
30
110

拐子构件3

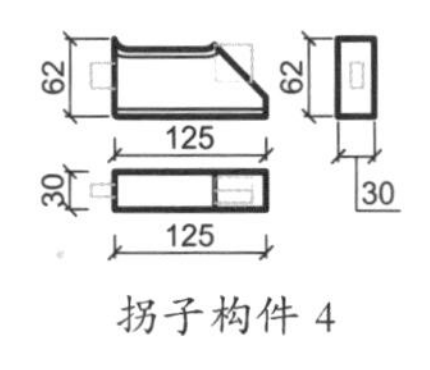

62
125
62
30
30
125

拐子构件4

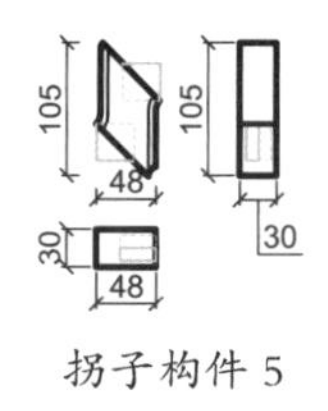

105
48
105
30
30
48

拐子构件5

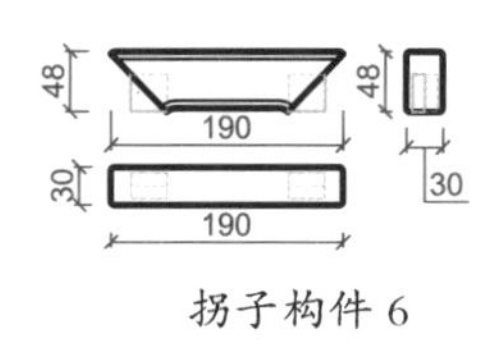

48
190
48
30
30
190

拐子构件6

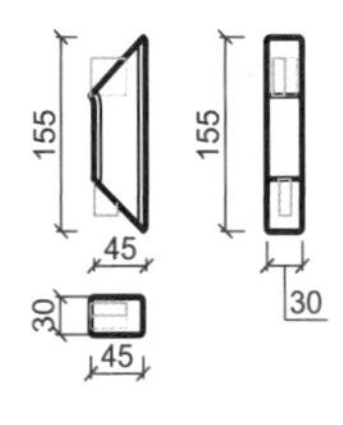

155
45
155
30
30
45

拐子构件7

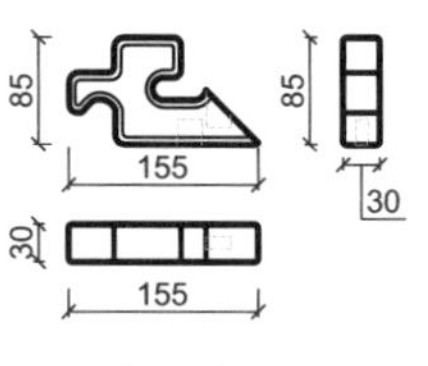

85
155
85
30
30
155

拐子构件8

细部结构—靠背围子（CAD图2～图11）

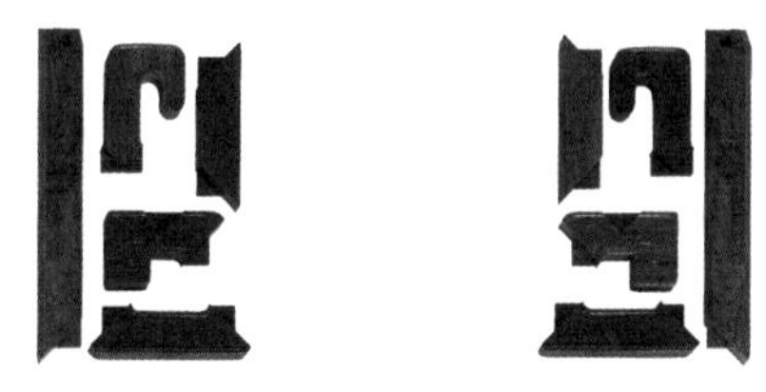

细部效果—两侧围子（效果图 13）

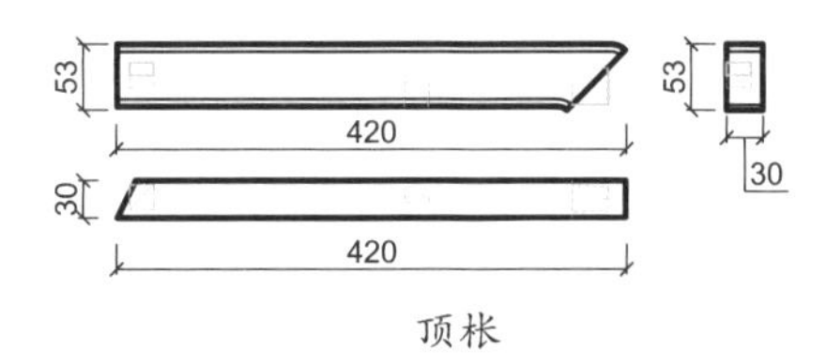
53
420
53
30
30
420

顶枨

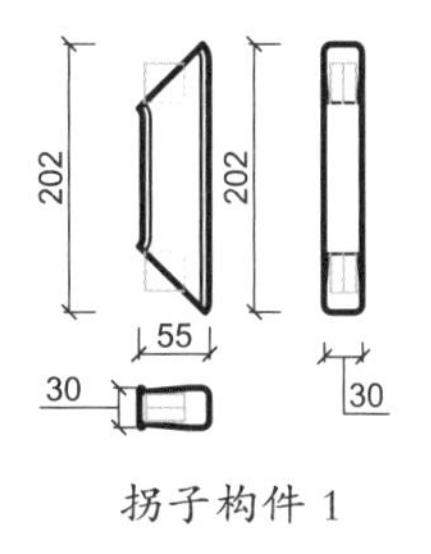
202
202
55
30
30

拐子构件 1

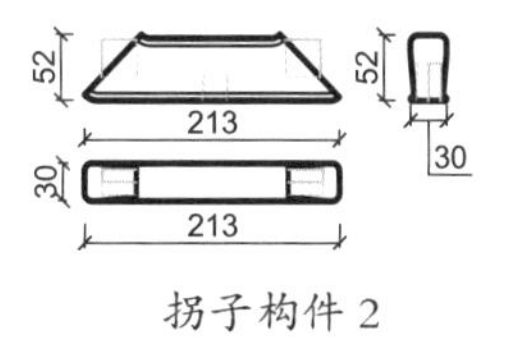
52
213
52
30
30
213

拐子构件 2

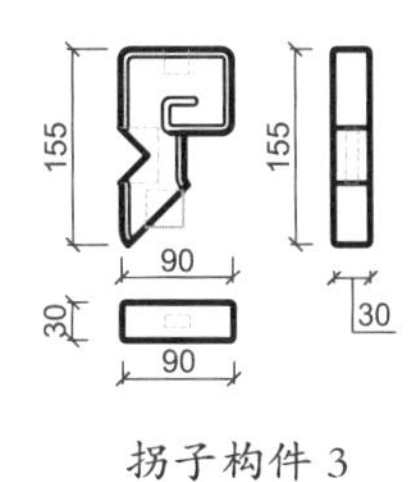
155
155
90
30
30
90

拐子构件 3

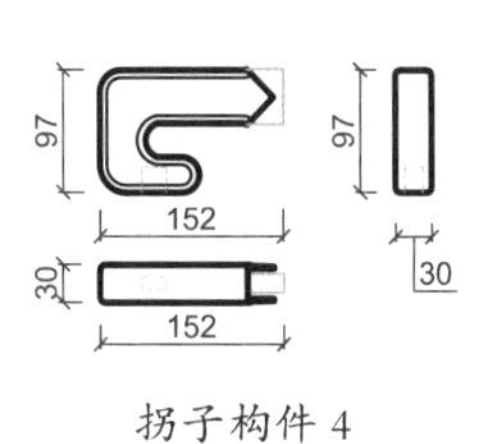
97
152
97
30
30
152

拐子构件 4

细部结构—两侧围子（CAD 图 12 ~ 图 16）

细部效果—座面（效果图 14）

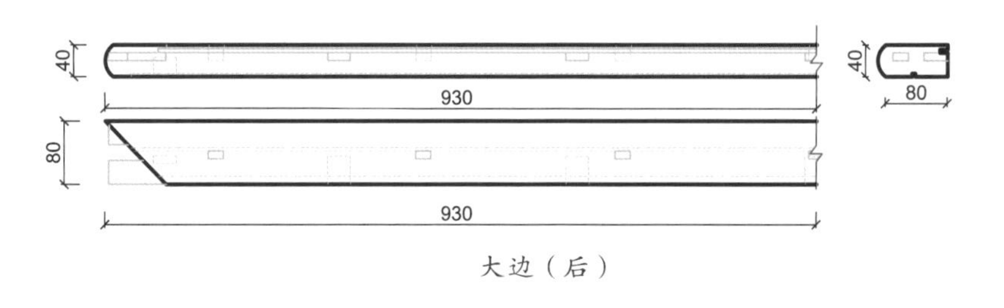

40
930
40
80
80
930

大边（后）

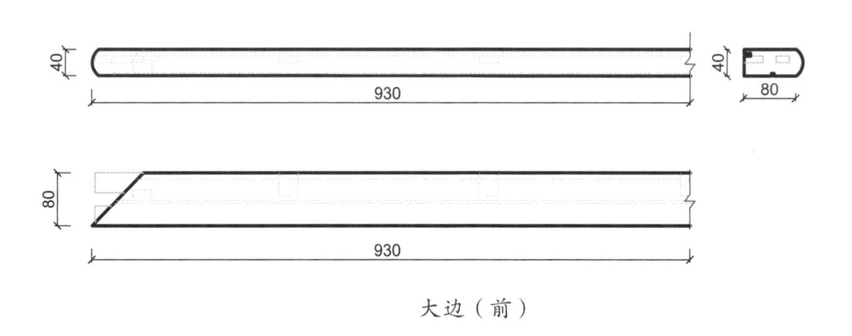

40
930
40
80
80
930

大边（前）

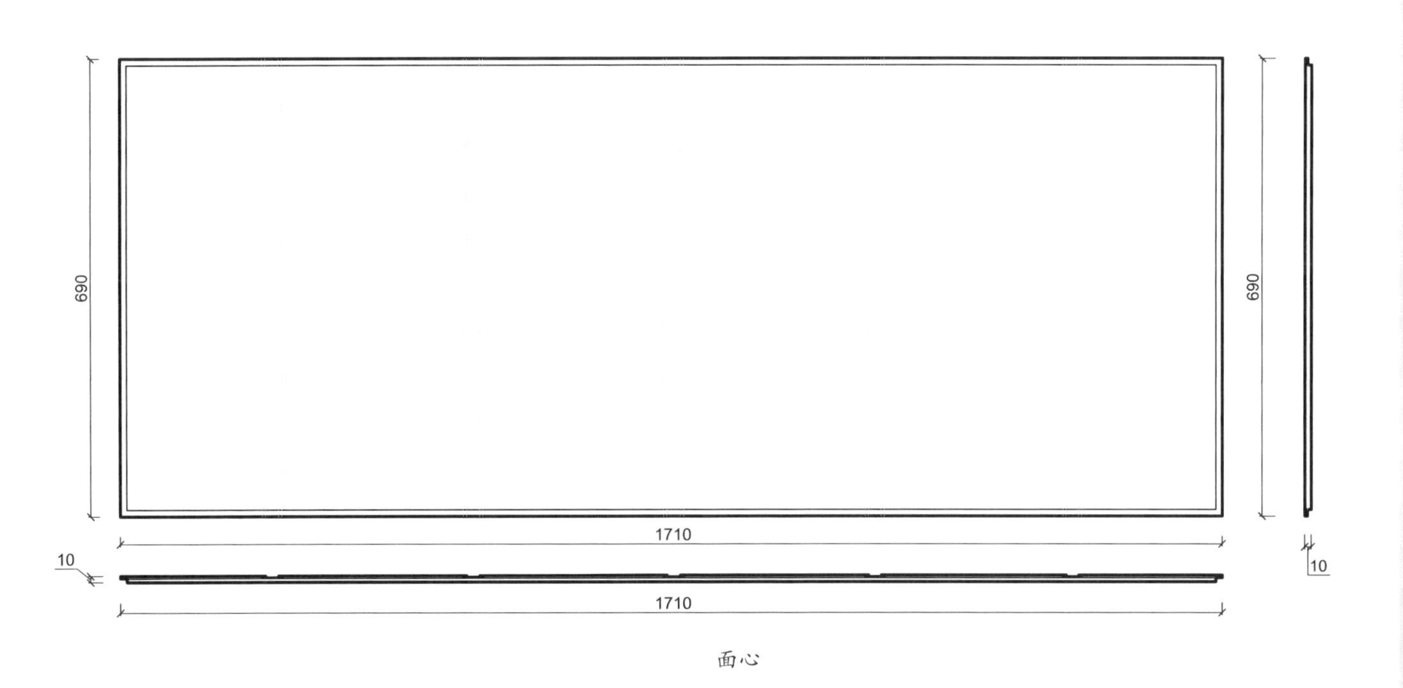
690
690
1710
10
10
1710

面心

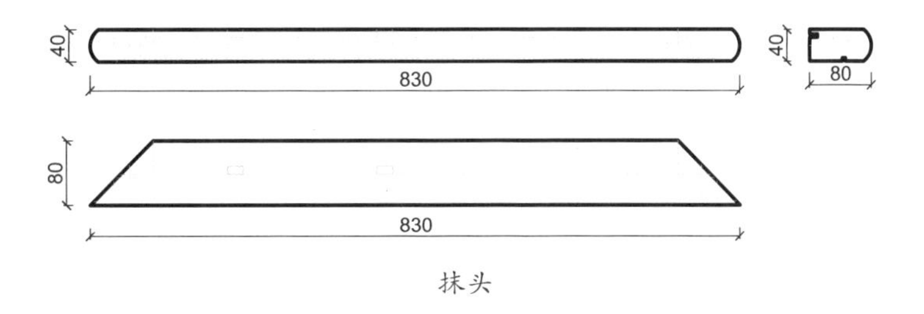
40
830
40
80
80
830

抹头

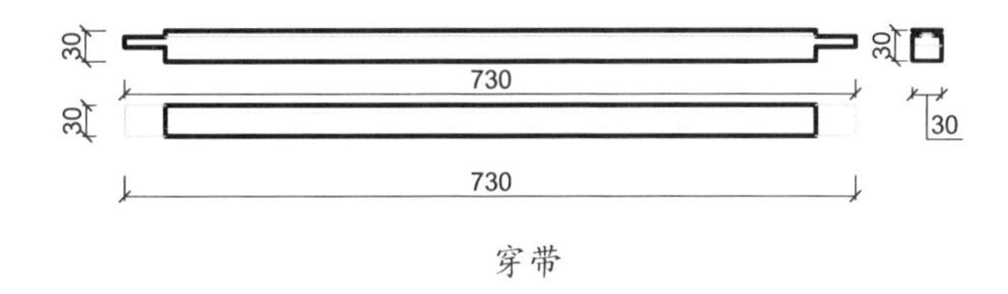
30
730
30
30
30
730

穿带

细部结构—座面（CAD 图 17 ~ 图 21）

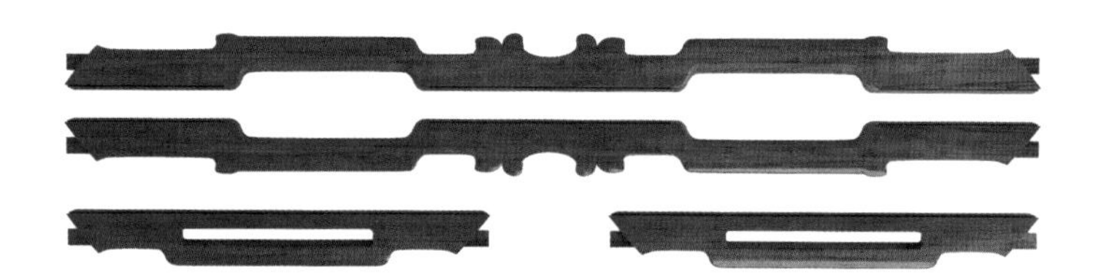

细部效果—牙板（效果图15）

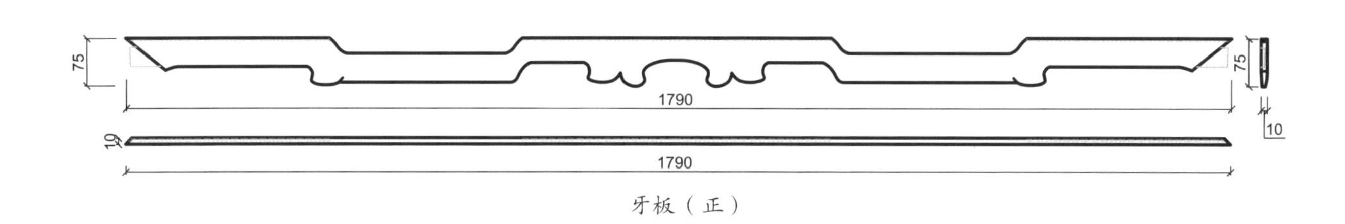

75
1790
75
10
19
1790

牙板（正）

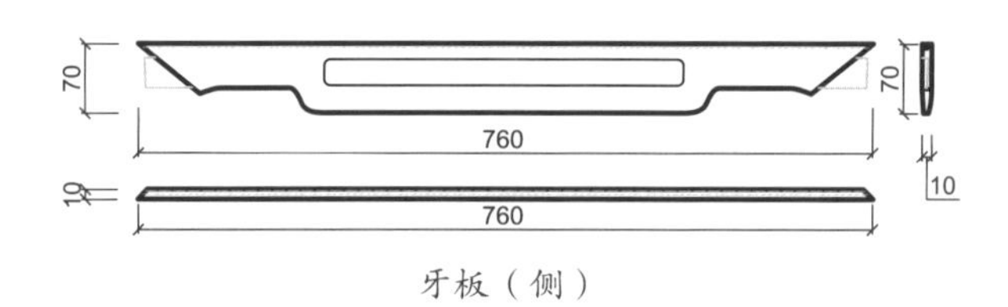

70
760
70
10
19
760

牙板（侧）

细部结构—牙板（CAD图22～图23）

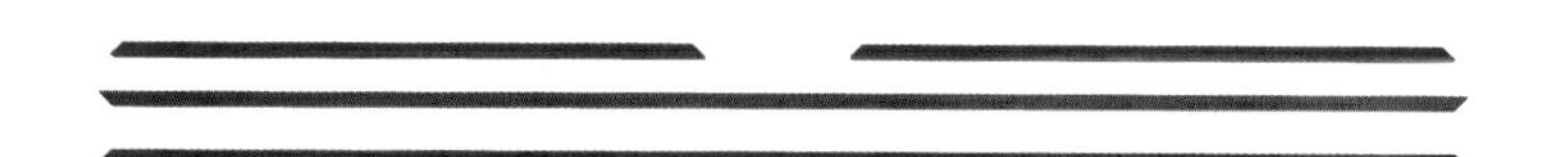

细部效果—束腰（效果图16）

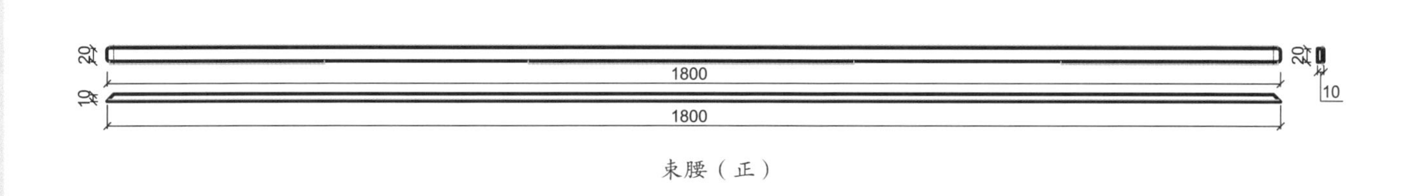

20
1800
20
10
19
1800

束腰（正）

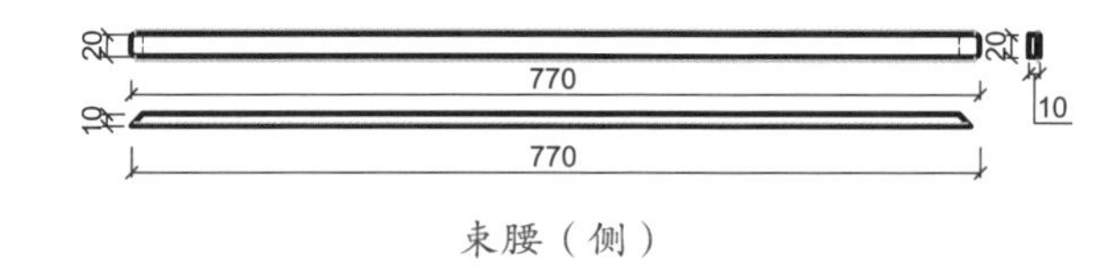

20
770
20
10
19
770

束腰（侧）

细部结构—束腰（CAD图24～图25）

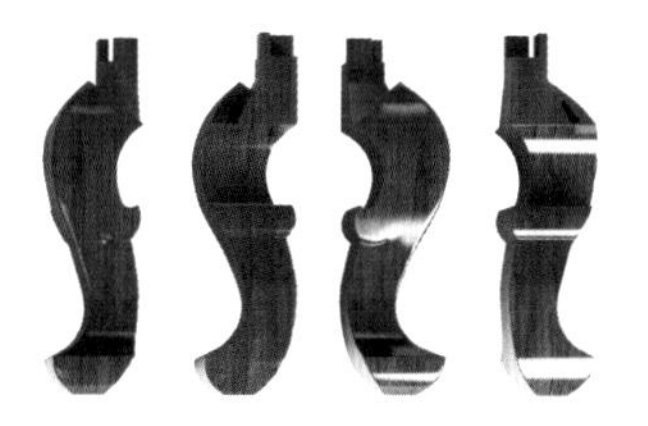

细部效果—腿子（效果图 17）

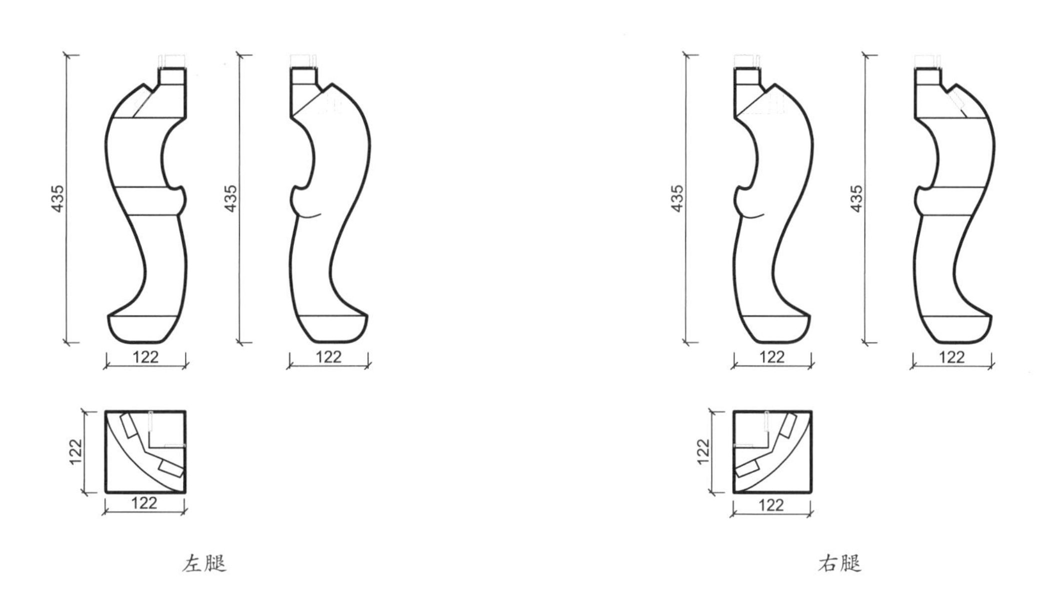
435
435
122
122
122
122
左腿
435
435
122
122
122
122
右腿

细部结构—腿子（CAD 图 26 ~图 27）

卷云纹搭脑罗汉床

材质：红酸枝

年款：清

整体外观（效果图 1）

1. 器形点评

此罗汉床做成三屏式床围，卷云纹搭脑，床围高度自搭脑向两侧扶手依次递减。床面为木板贴席，床面之下有束腰，束腰下为洼堂肚牙子，牙子正中雕拐子纹。四腿直下，足端为内翻云头足，下踩托泥，托泥下有龟足。此床通体简洁素雅，唯以卷云纹及拐子纹为饰，略施粉黛，美观大方。

2. CAD 图示

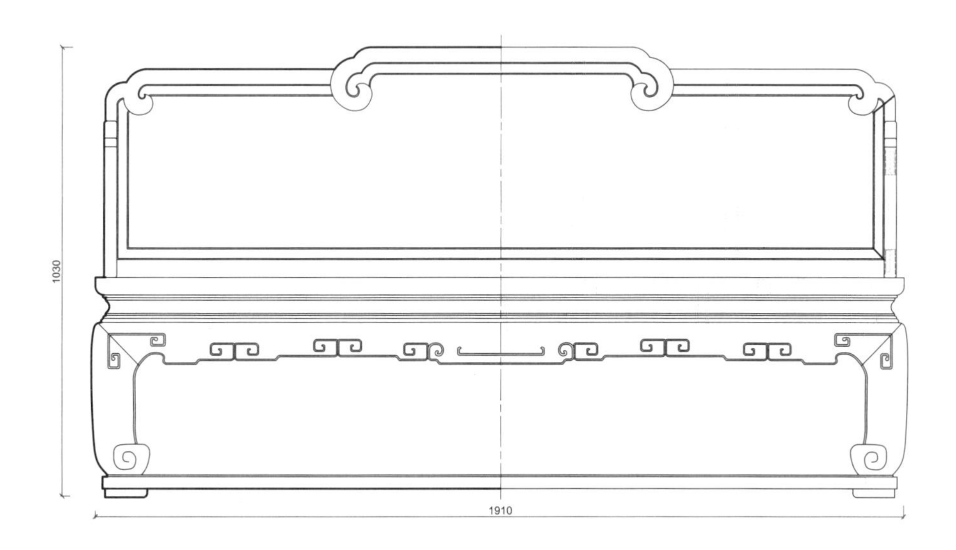
1030
1910

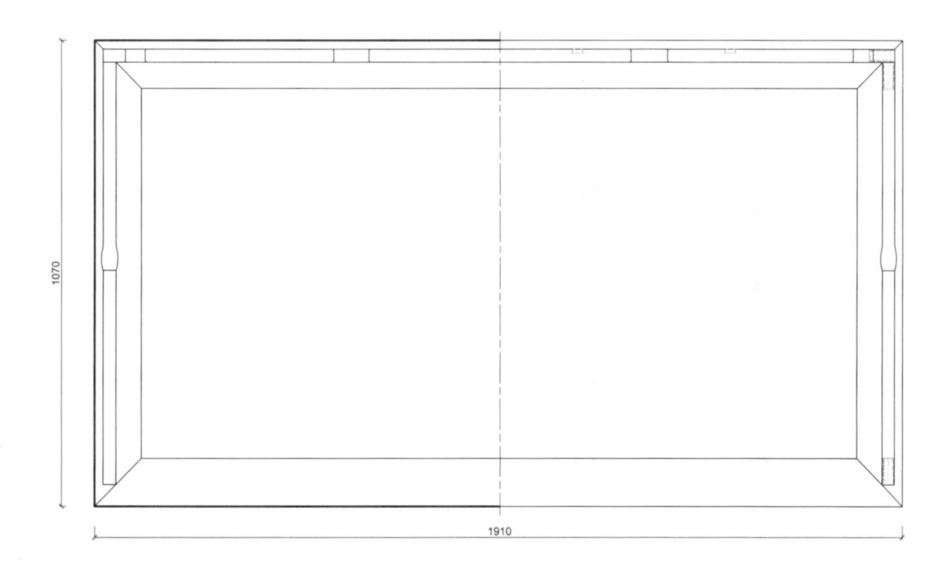
1070
1910

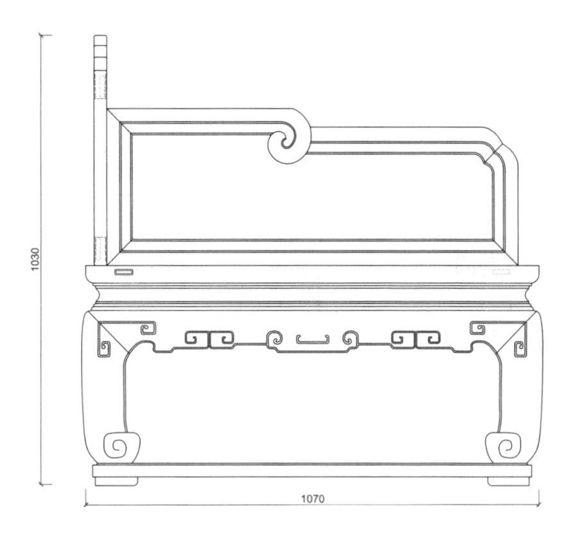
1030
1070

主视图
俯视图
左视图

三视结构（CAD 图 1）

3. 用材效果

用材效果（材质：紫檀；效果图 2）

用材效果（材质：黄花梨；效果图 3）

用材效果（材质：红酸枝；效果图 4）

4. 结构爆炸

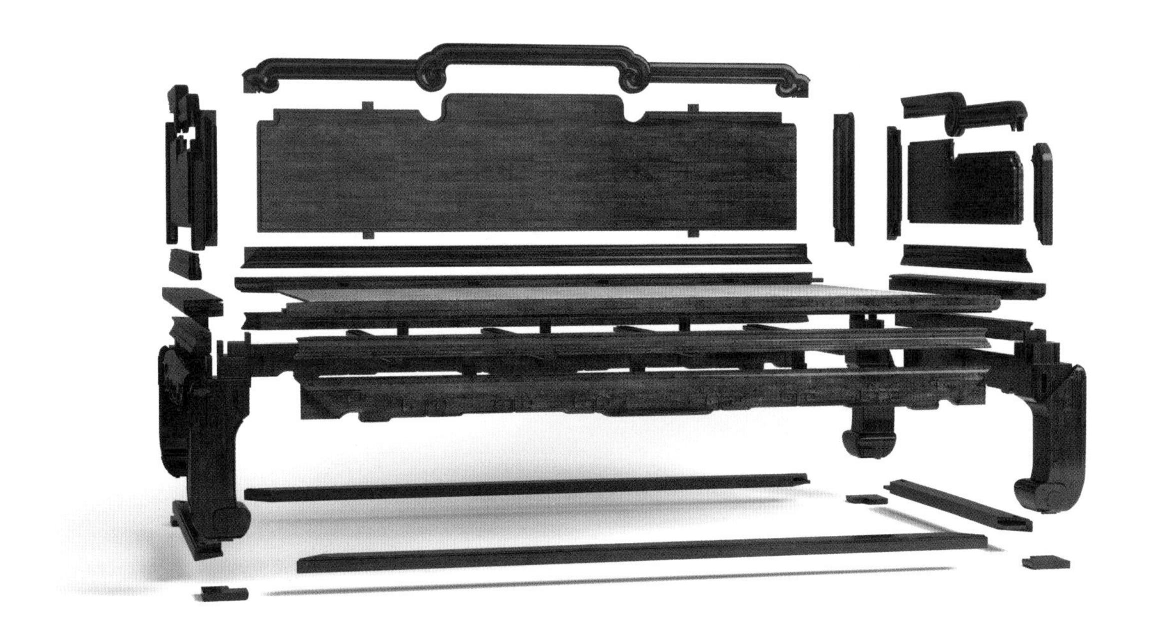

结构爆炸（效果图 5）

5. 部件示意

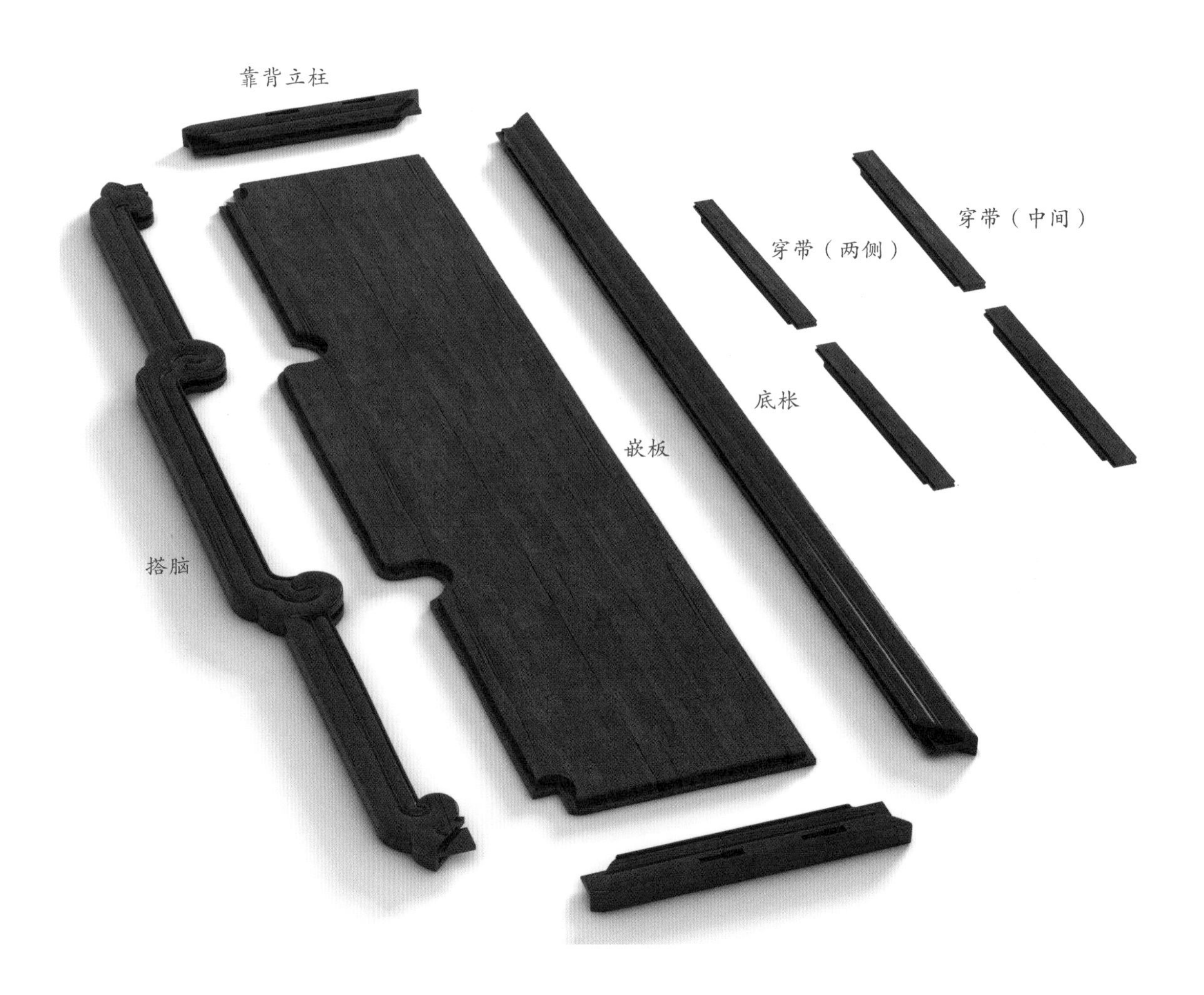
靠背立柱
穿带（中间）
穿带（两侧）
底枨
嵌板
搭脑

部件示意—靠背围子（效果图 6）

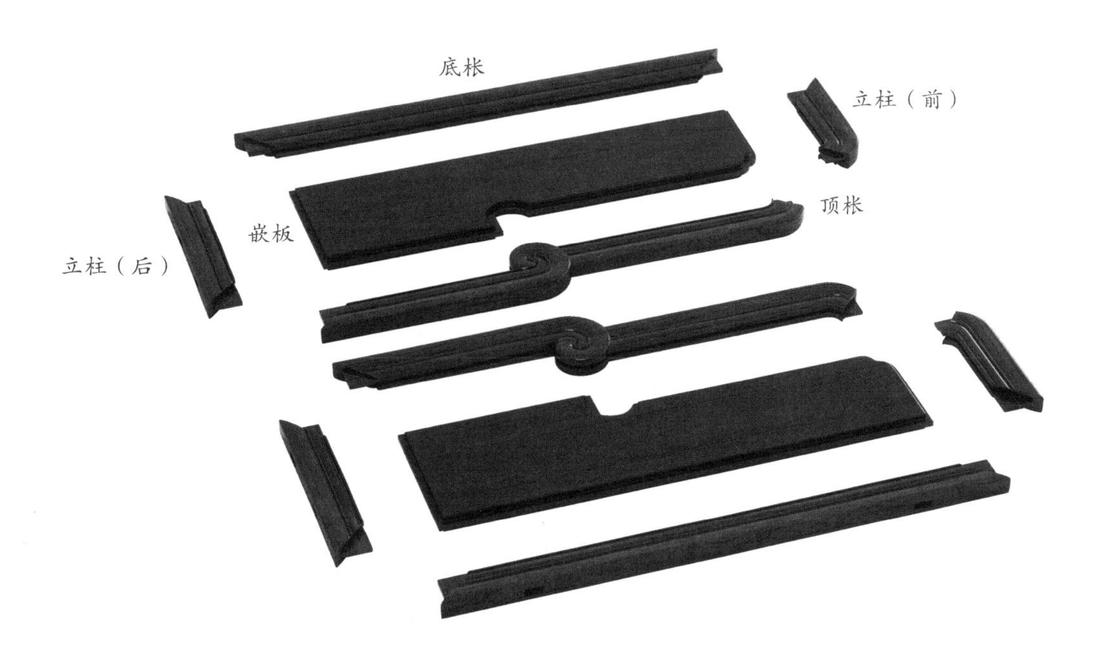
底枨
立柱（前）
顶枨
嵌板
立柱（后）

部件示意—两侧围子（效果图7）

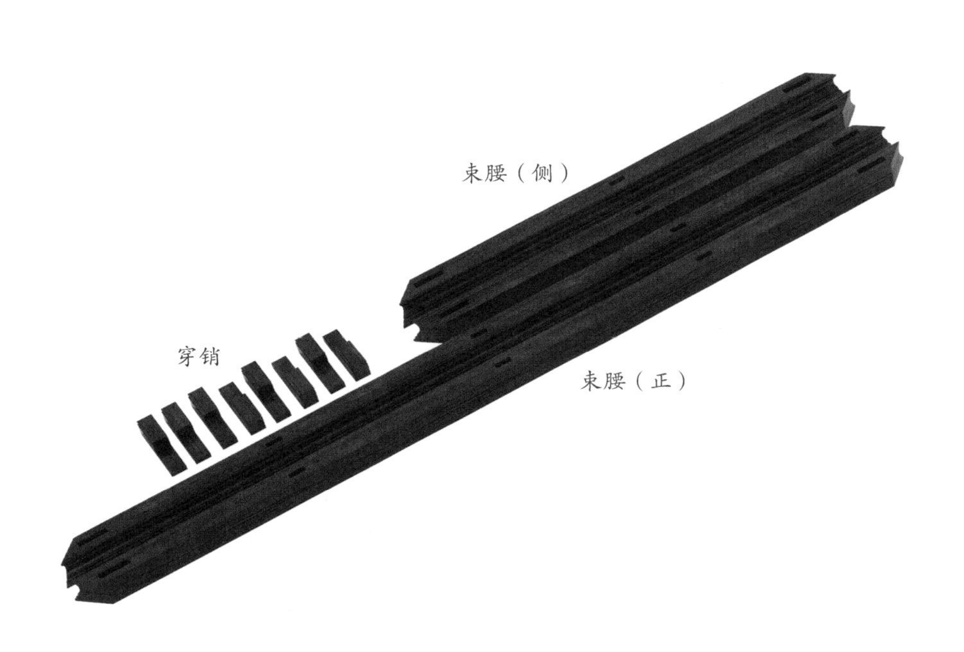
束腰（侧）
穿销
束腰（正）

部件示意—束腰（效果图8）

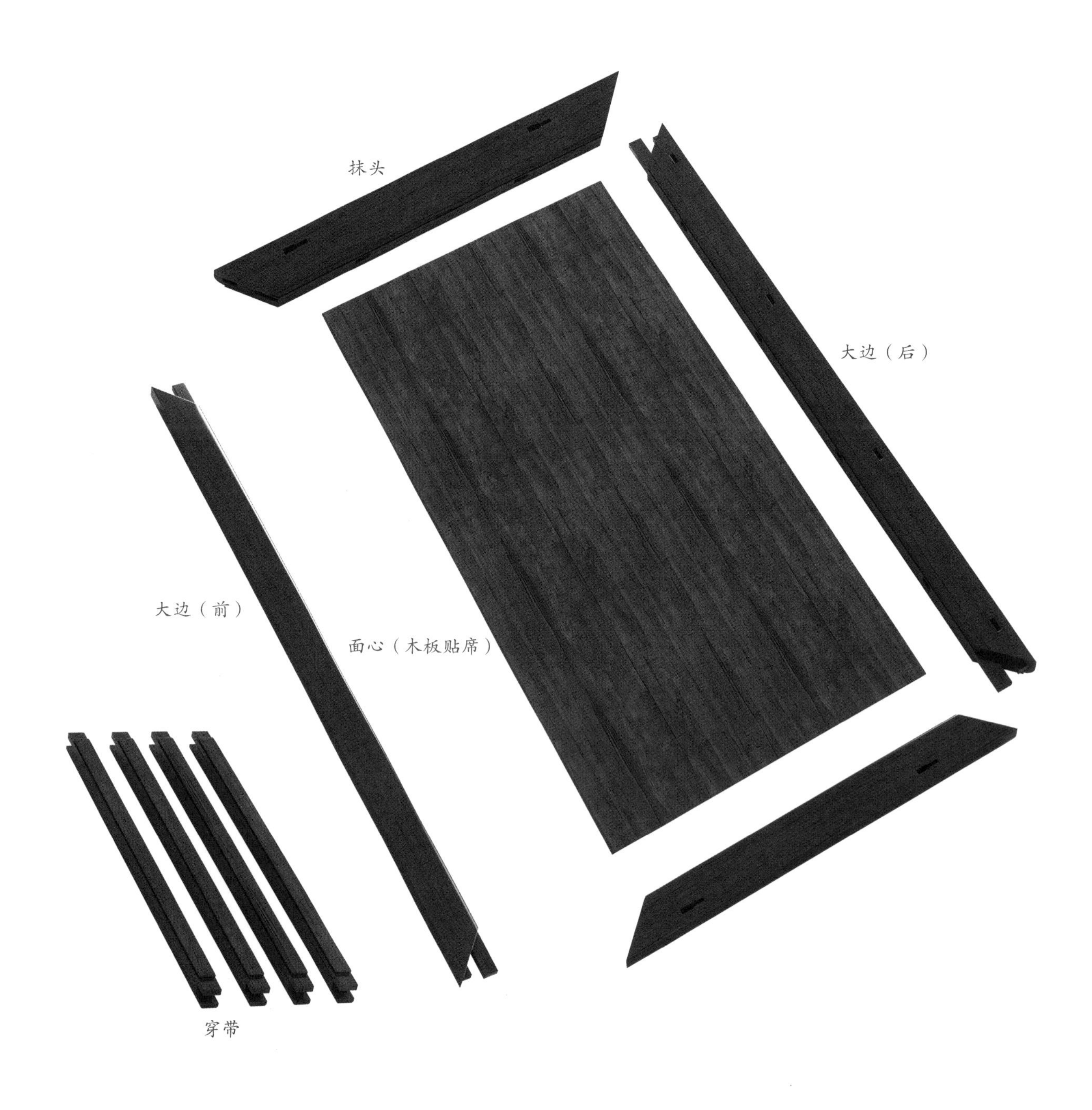
抹头
大边（后）
大边（前）
面心（木板贴席）
穿带

部件示意—座面（效果图 9）

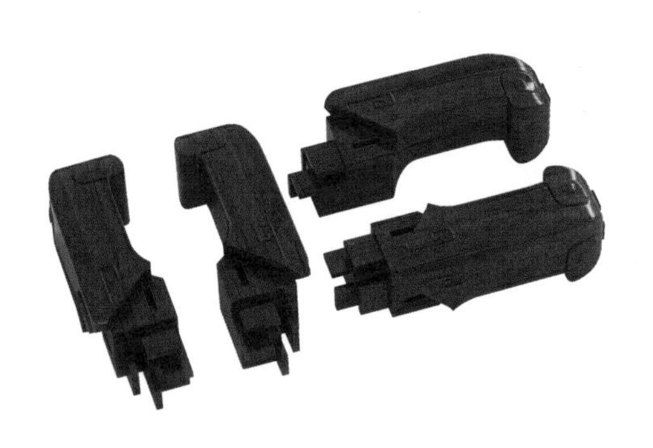

部件示意—腿子（效果图 10）

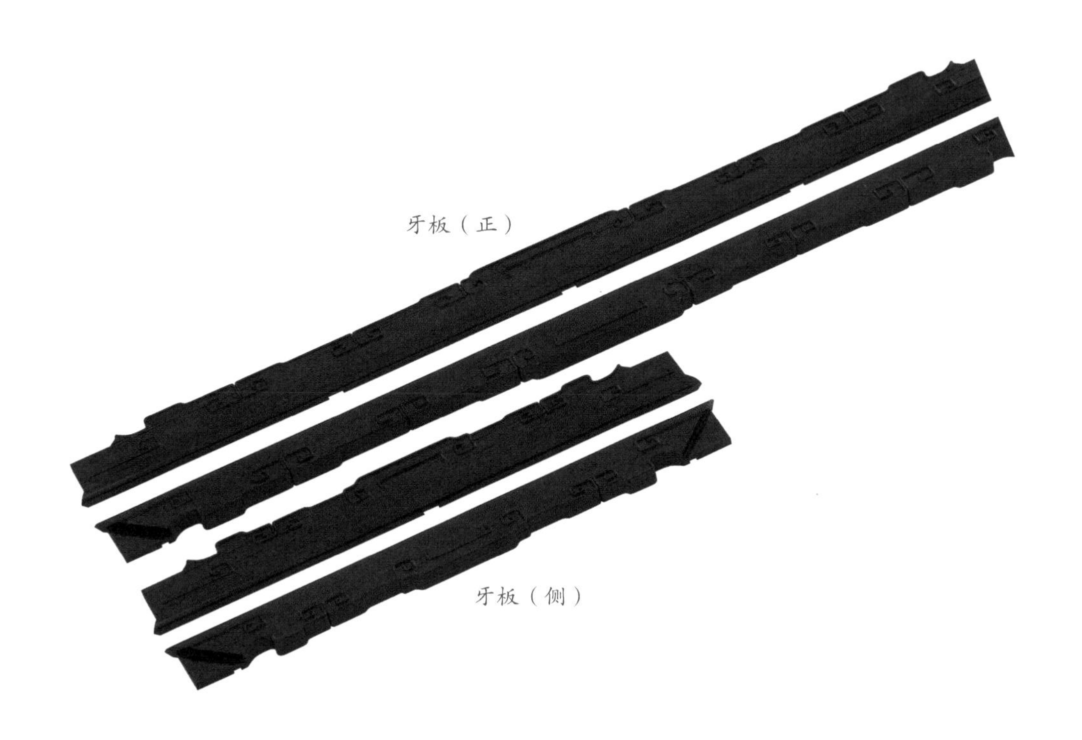
牙板（正）
牙板（侧）

部件示意—牙板（效果图 11）

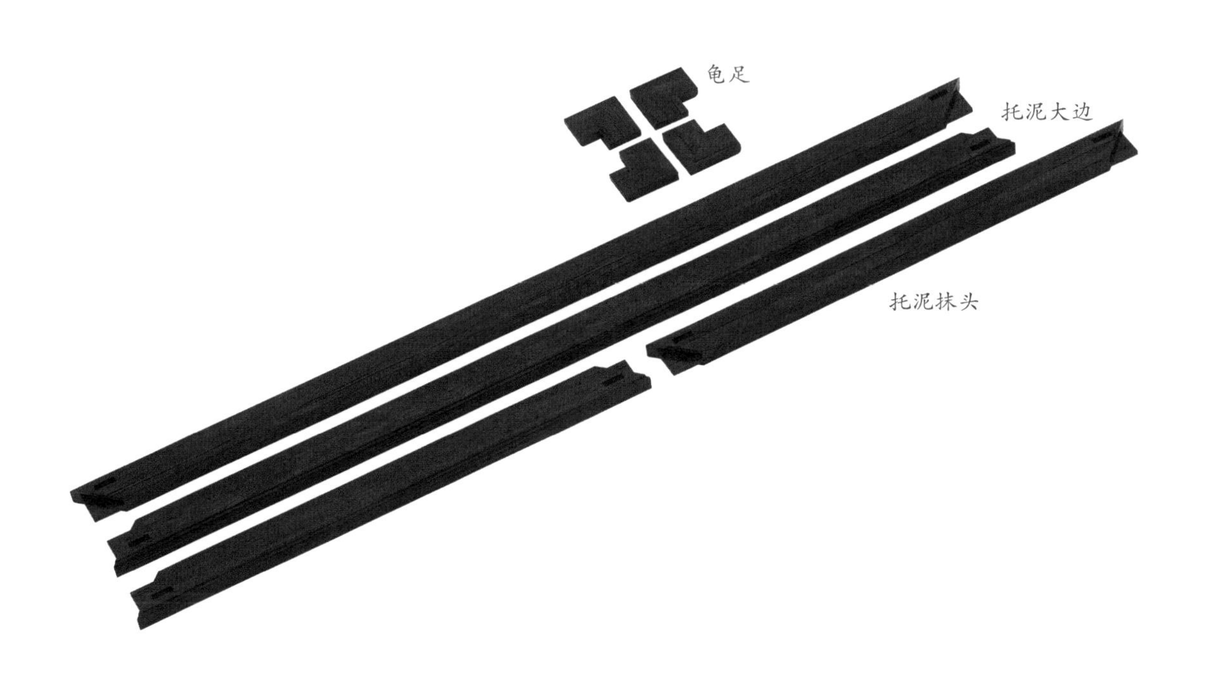
龟足
托泥大边
托泥抹头

部件示意—托泥和龟足（效果图 12）

6. 细部详解

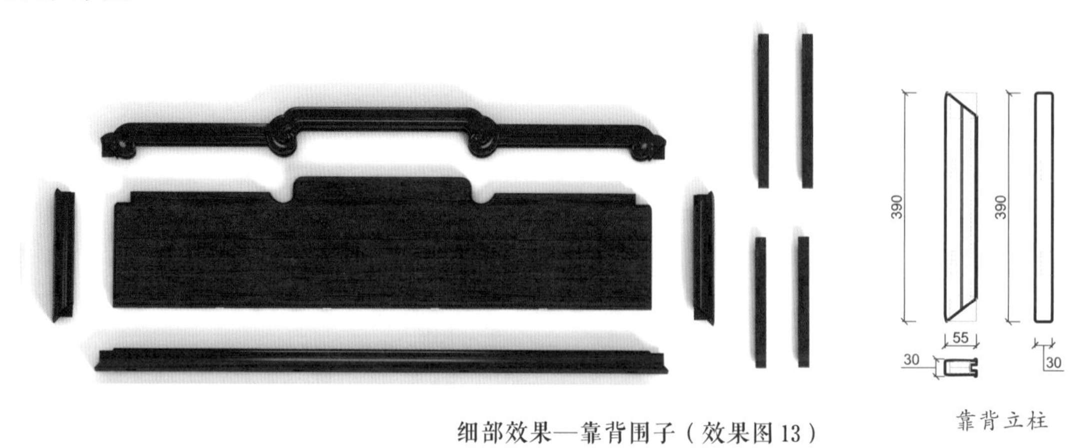
390
55
30
390
30
靠背立柱

细部效果—靠背围子（效果图 13）

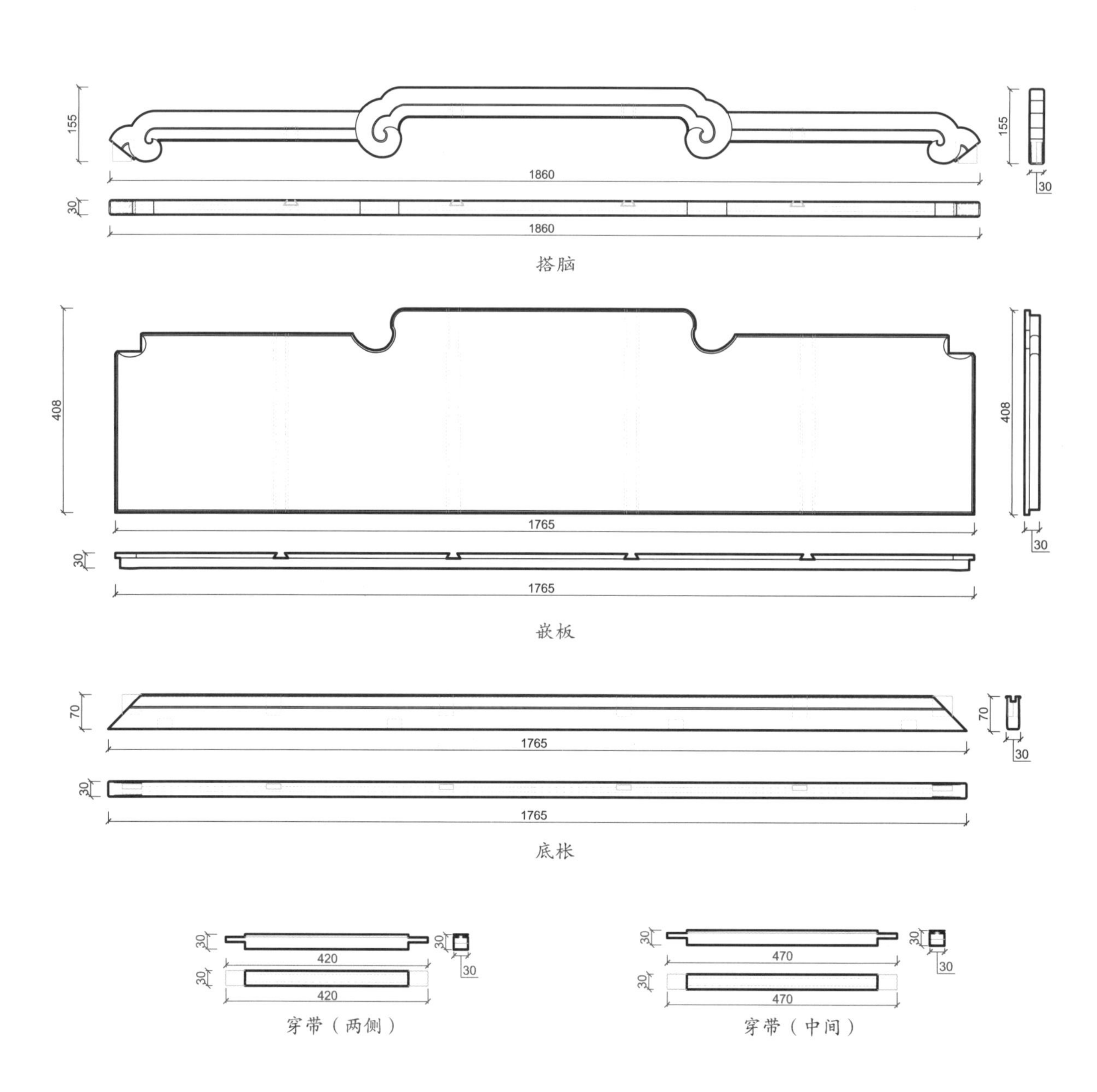
155
1860
155
30
30
1860
搭脑
408
408
1765
30
30
1765
嵌板
70
1765
70
30
30
1765
底枨
30
420
30
30
30
420
穿带（两侧）
30
470
30
30
30
470
穿带（中间）

细部结构—靠背围子（CAD 图 2 ~ 图 7）

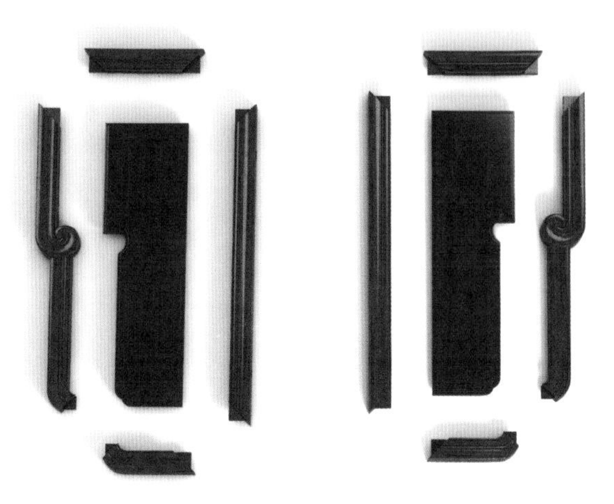

细部效果—两侧围子（效果图 14）

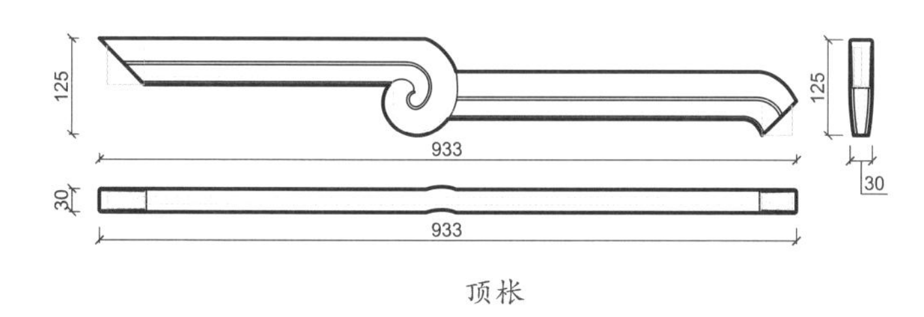
125
933
125
30
30
933

顶枨

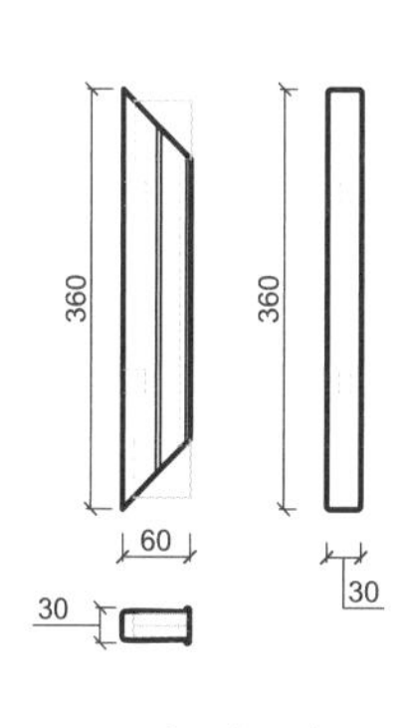
360
360
60
30
30

立柱（后）

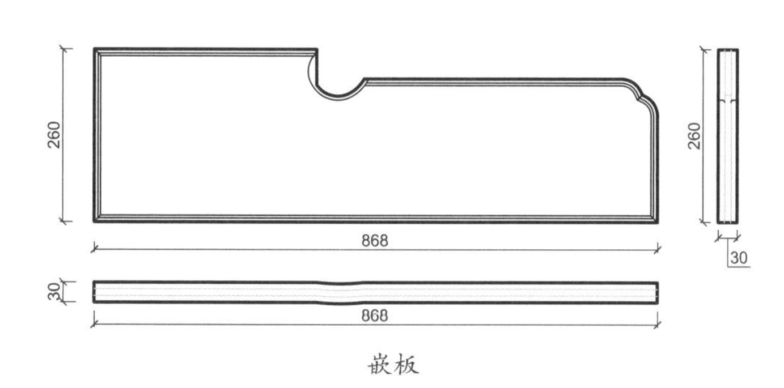
260
868
260
30
30
868

嵌板

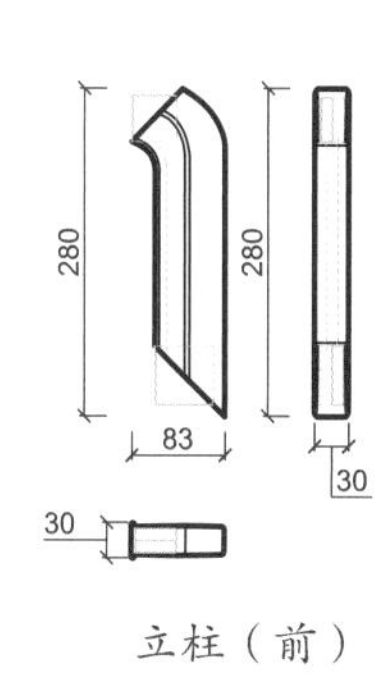
280
280
83
30
30

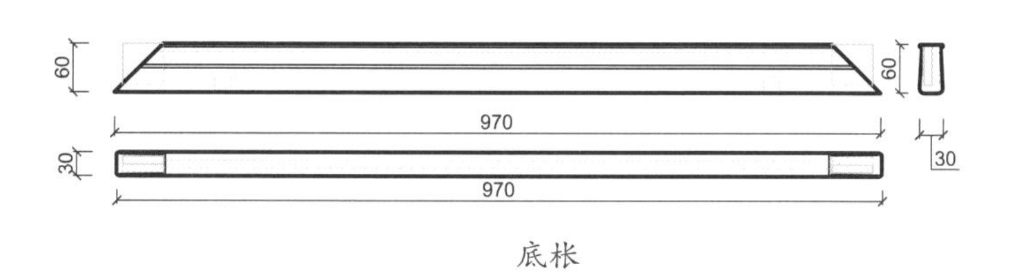
60
970
60
30
30
970

底枨

立柱（前）

细部结构—两侧围子（CAD 图 8 ~ 图 12）

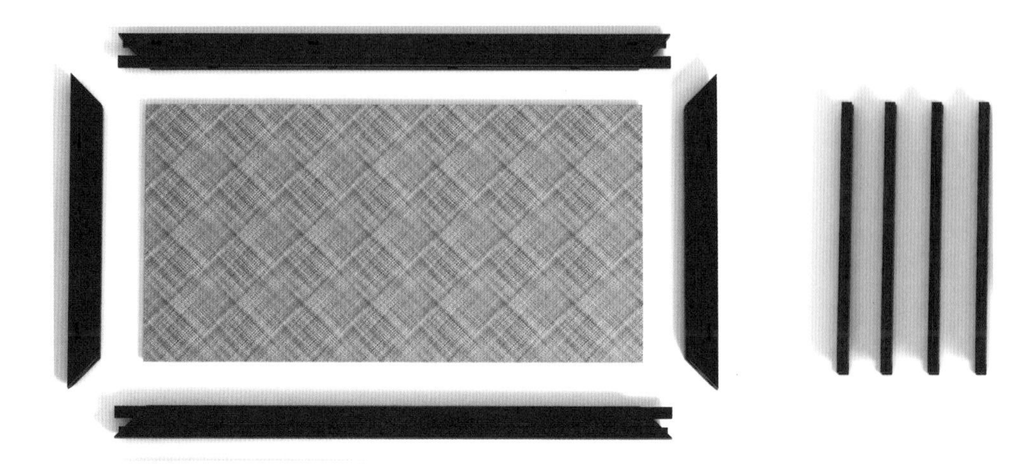

细部效果—座面（效果图 15）

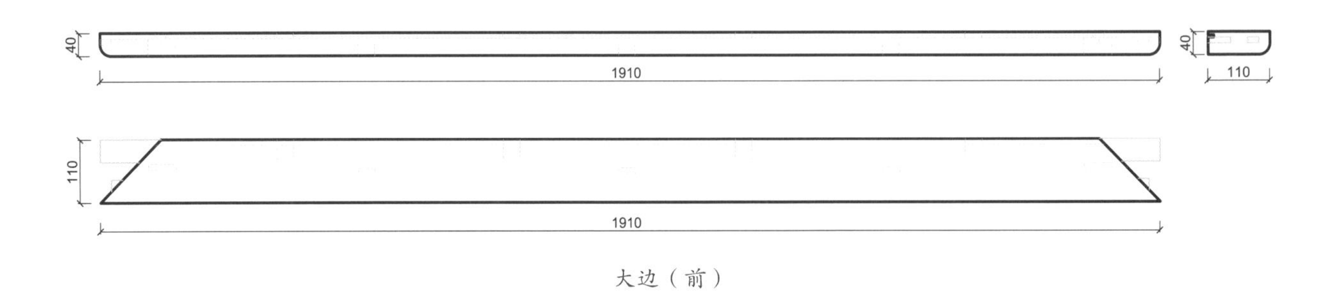

40
1910
40
110
110
1910

大边（前）

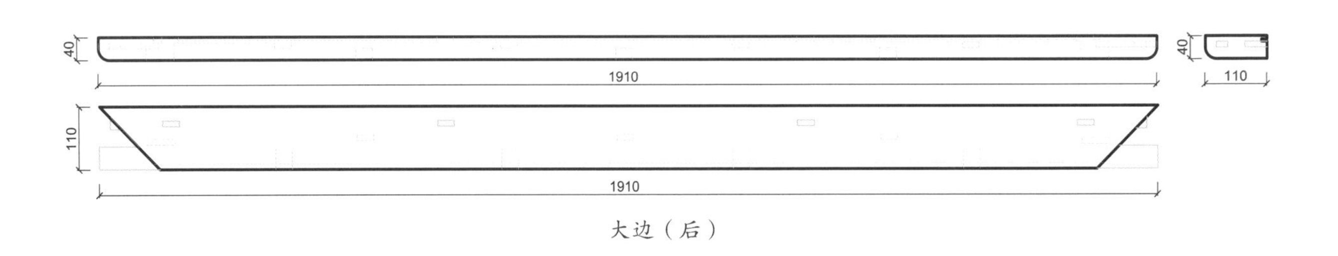

40
1910
40
110
110
1910

大边（后）

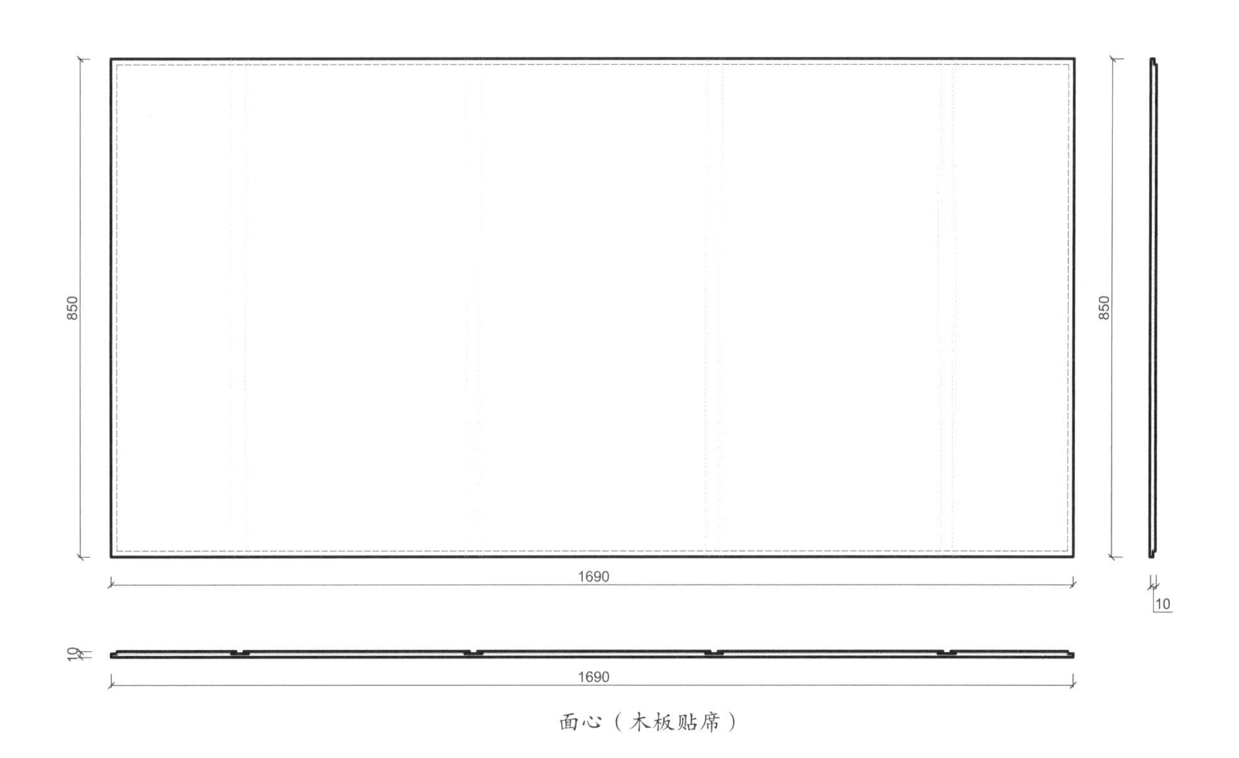
850
850
1690
10
10
1690
面心（木板贴席）

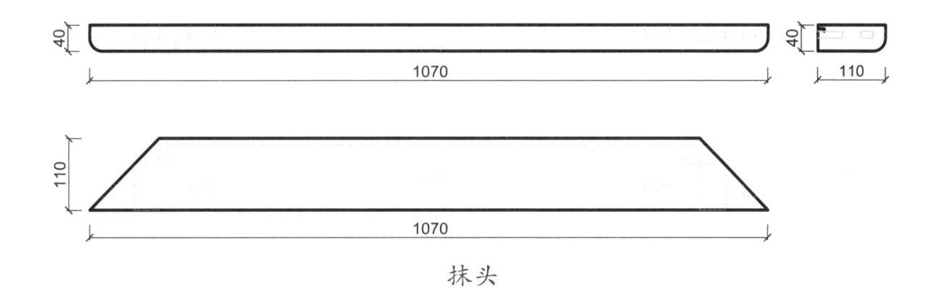
40
1070
40
110
110
1070
抹头

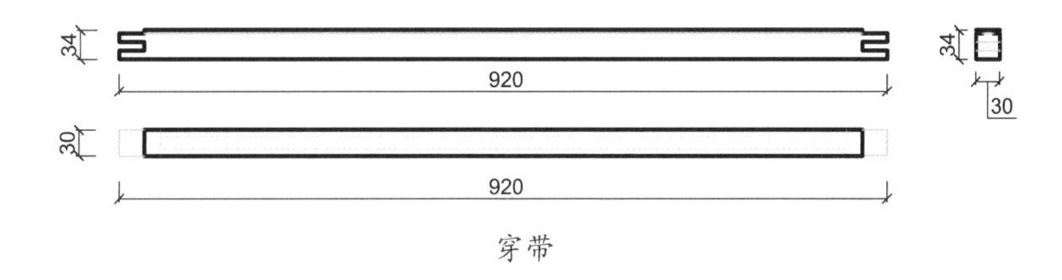
34
920
34
30
30
920
穿带

细部结构—座面（CAD 图 13 ~图 17）

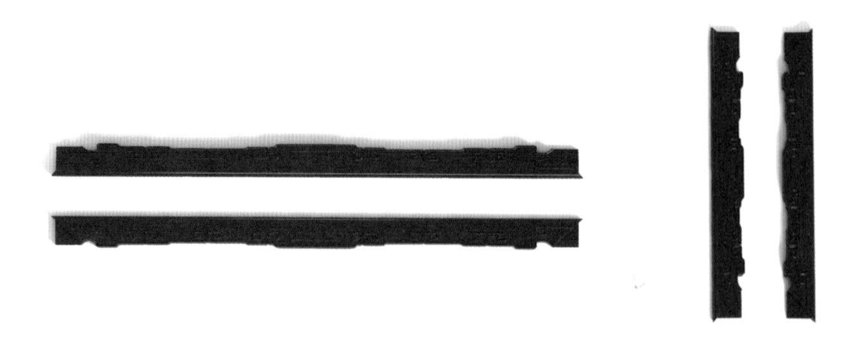

细部效果—牙板（效果图16）

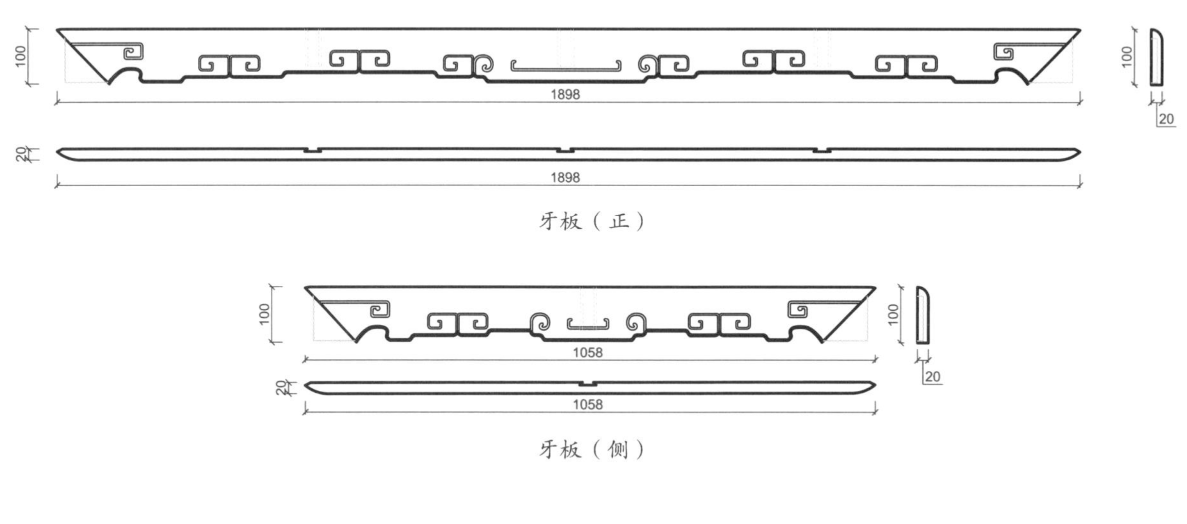
100
1898
20
1898
牙板（正）
100
1058
20
1058
牙板（侧）

细部结构—牙板（CAD图18～图19）

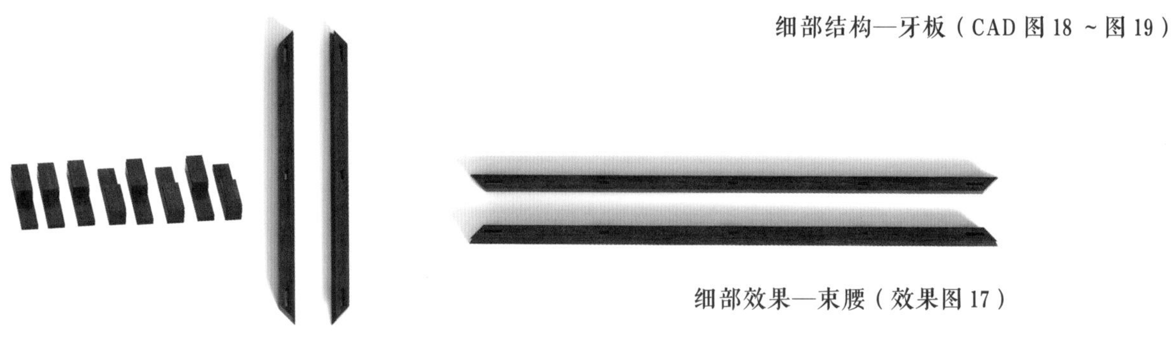

细部效果—束腰（效果图17）

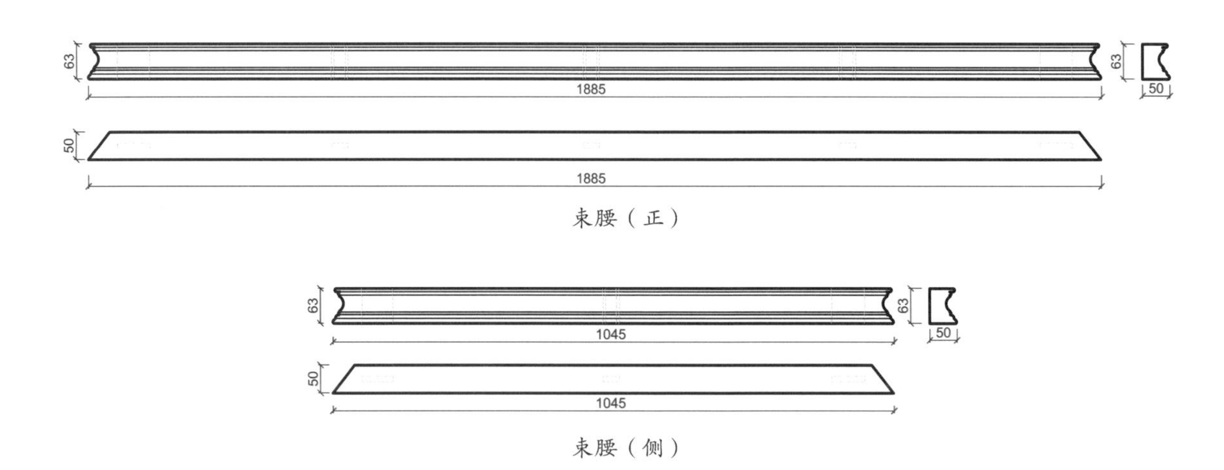
63
1885
50
1885
束腰（正）
63
1045
50
1045
束腰（侧）

细部结构—束腰（CAD图20～图21）

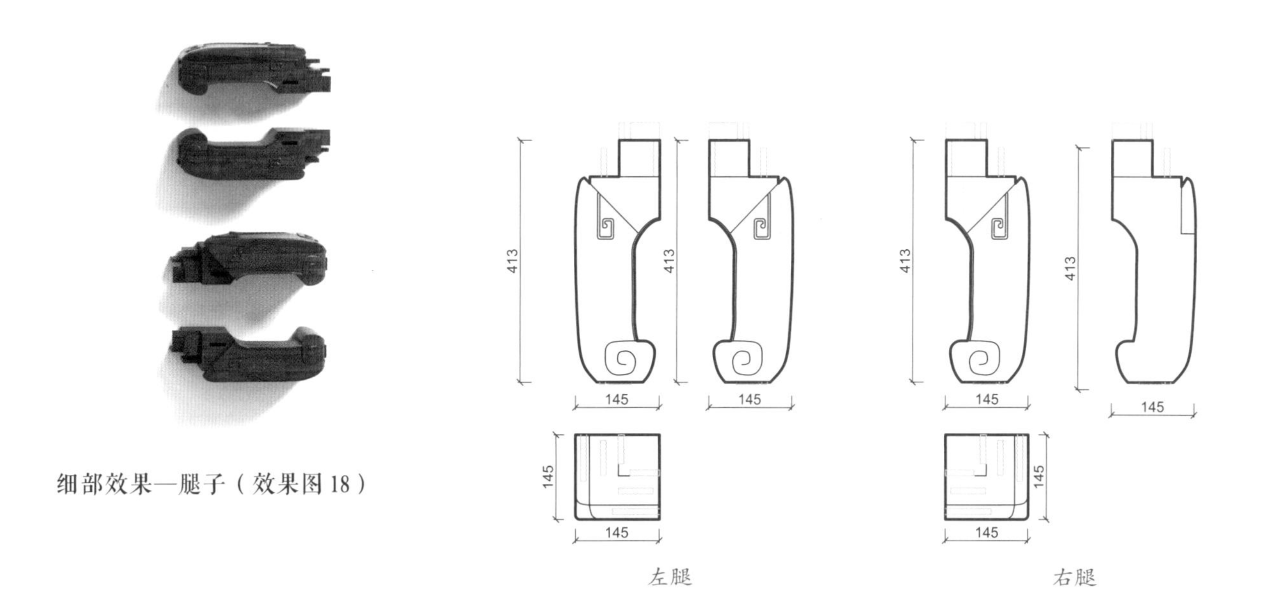
413
145
左腿
右腿

细部效果—腿子（效果图18）

细部结构—腿子（CAD图22～图23）

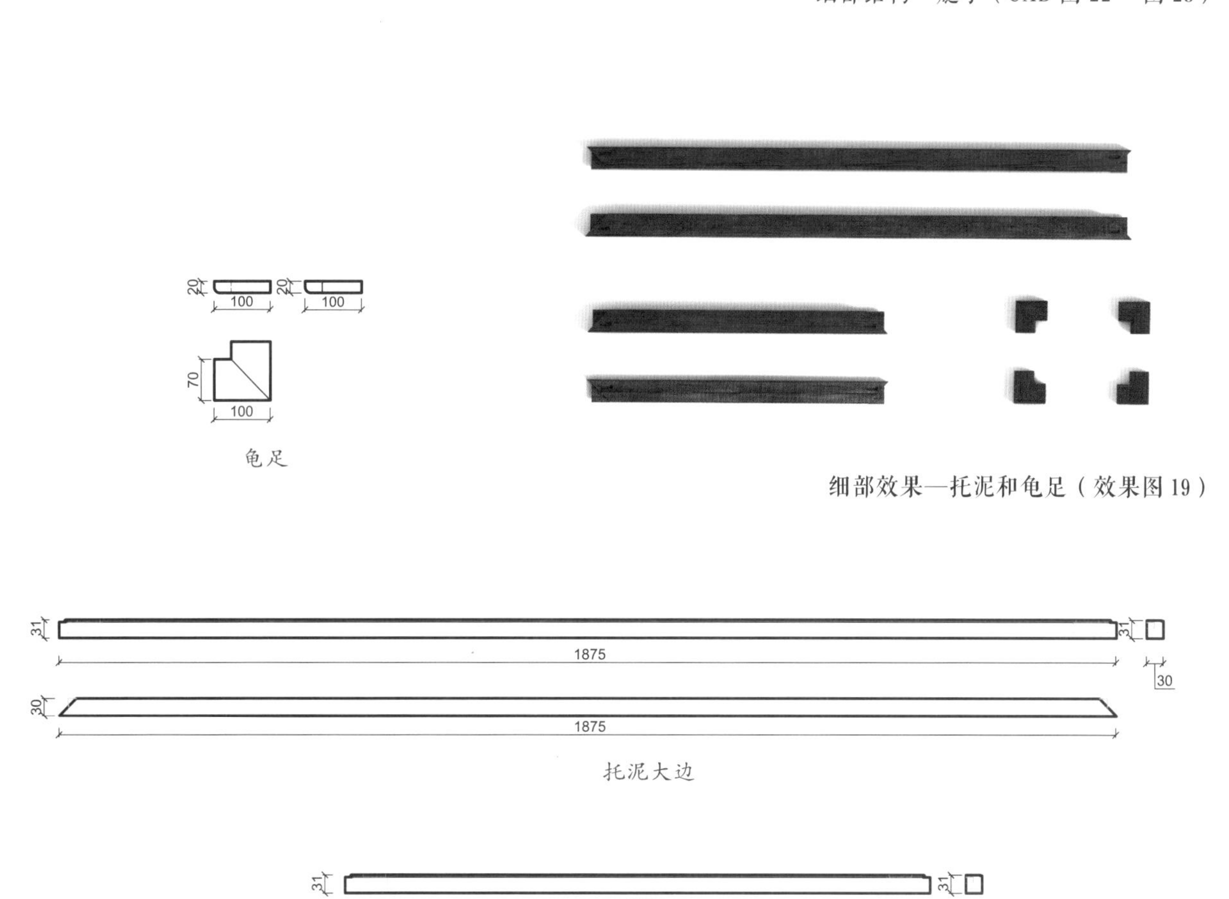
20
100
70
龟足
31
30
1875
托泥大边
1035
托泥抹头

细部效果—托泥和龟足（效果图19）

细部结构—托泥和龟足（CAD图24～图26）

曲尺棂格罗汉床

材质：红酸枝

年款：明

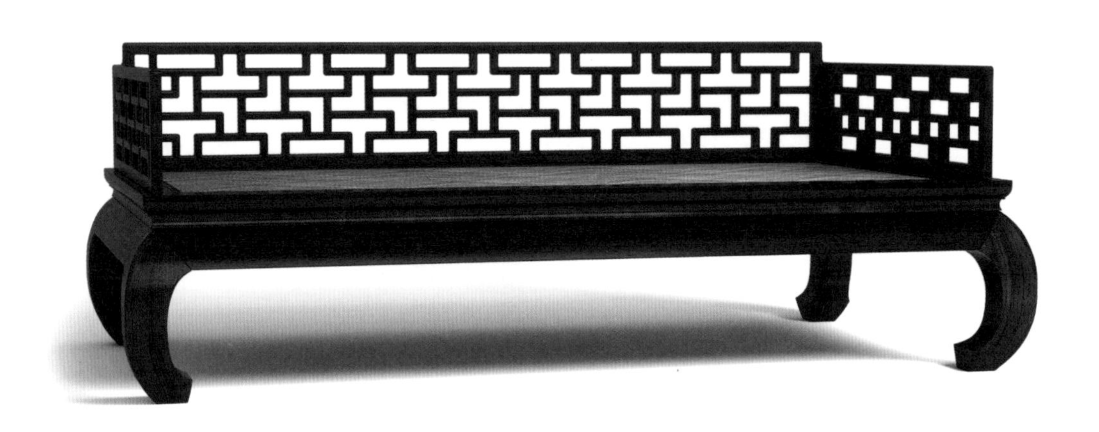

整体外观（效果图 1）

1. 器形点评

此罗汉床为三屏式床围，靠背及两侧扶手围子上均以横竖材攒成曲尺棂格。床面镶藤屉，下有束腰。鼓腿彭牙，内翻马蹄足。此床床围中以透空曲尺棂格攒成，有空灵逸秀之感。

2. CAD 图示

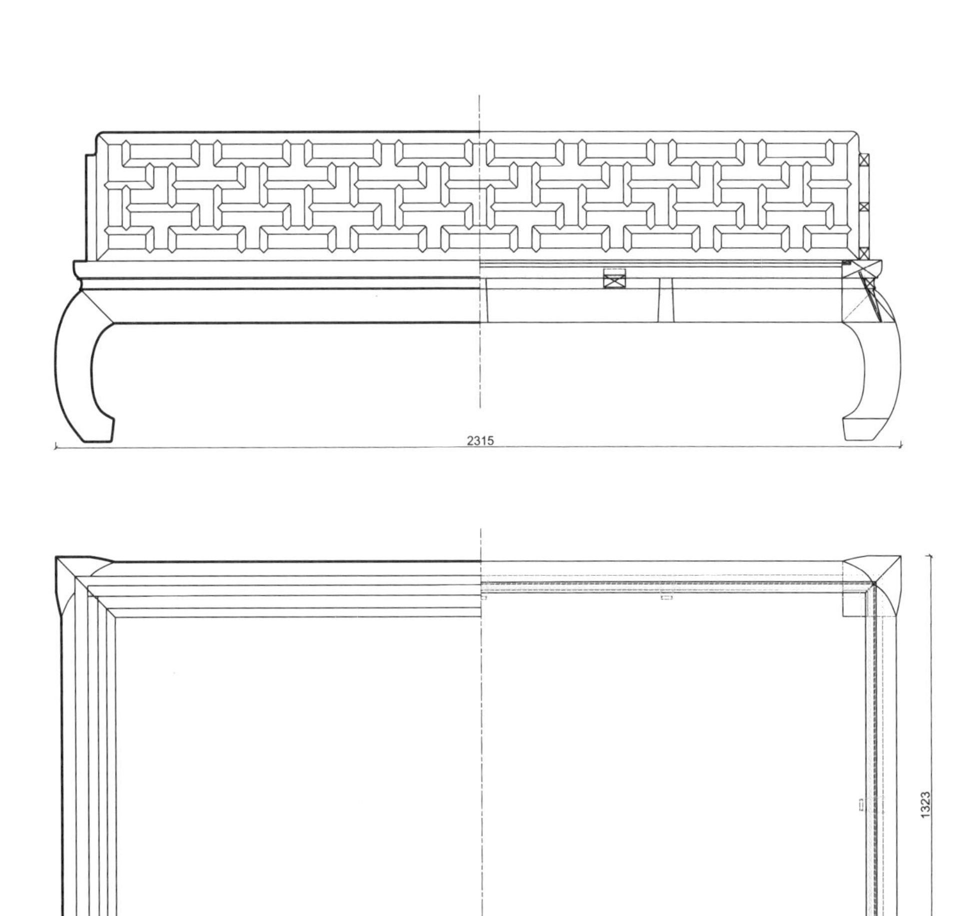
2315
1323

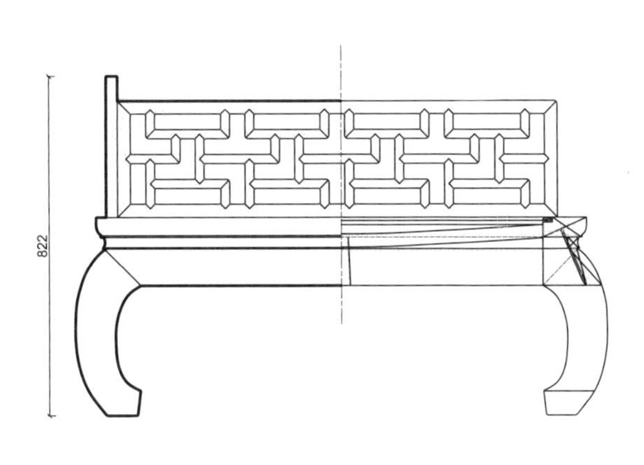
822

主视图

俯视图

左视图

三视结构（CAD 图 1）

3. 用材效果

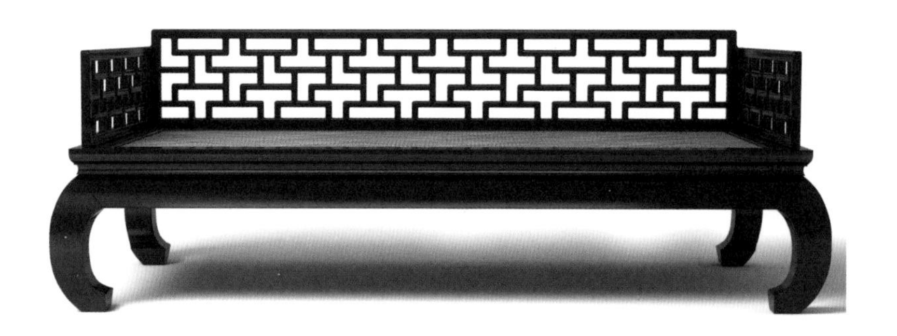

用材效果（材质：紫檀；效果图 2）

用材效果（材质：黄花梨；效果图 3）

用材效果（材质：红酸枝；效果图 4）

4. 结构爆炸

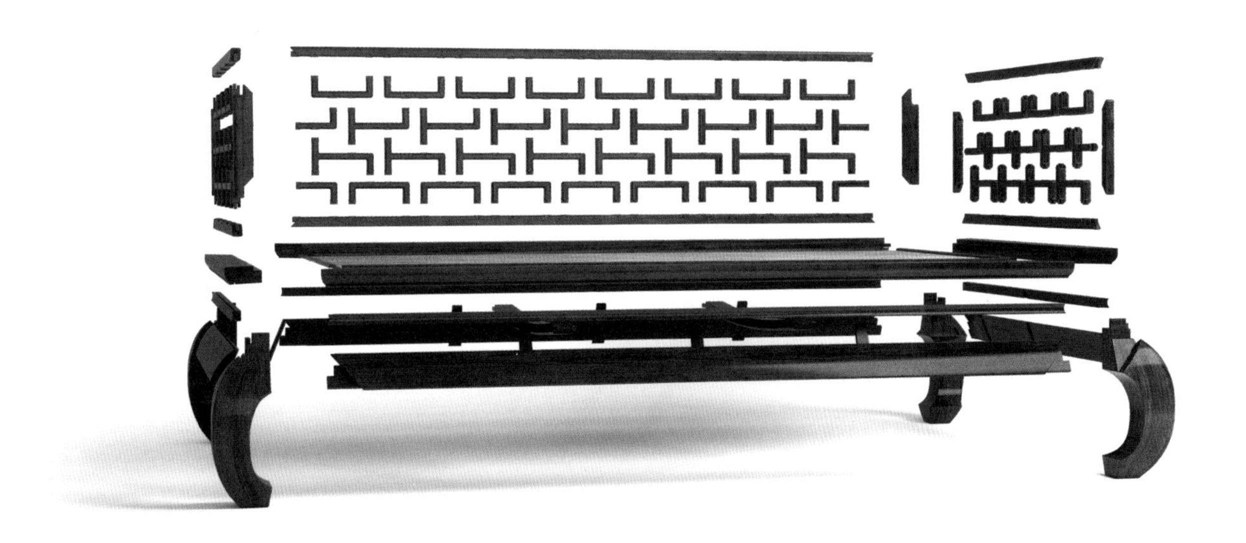

结构爆炸（效果图5）

5. 部件示意

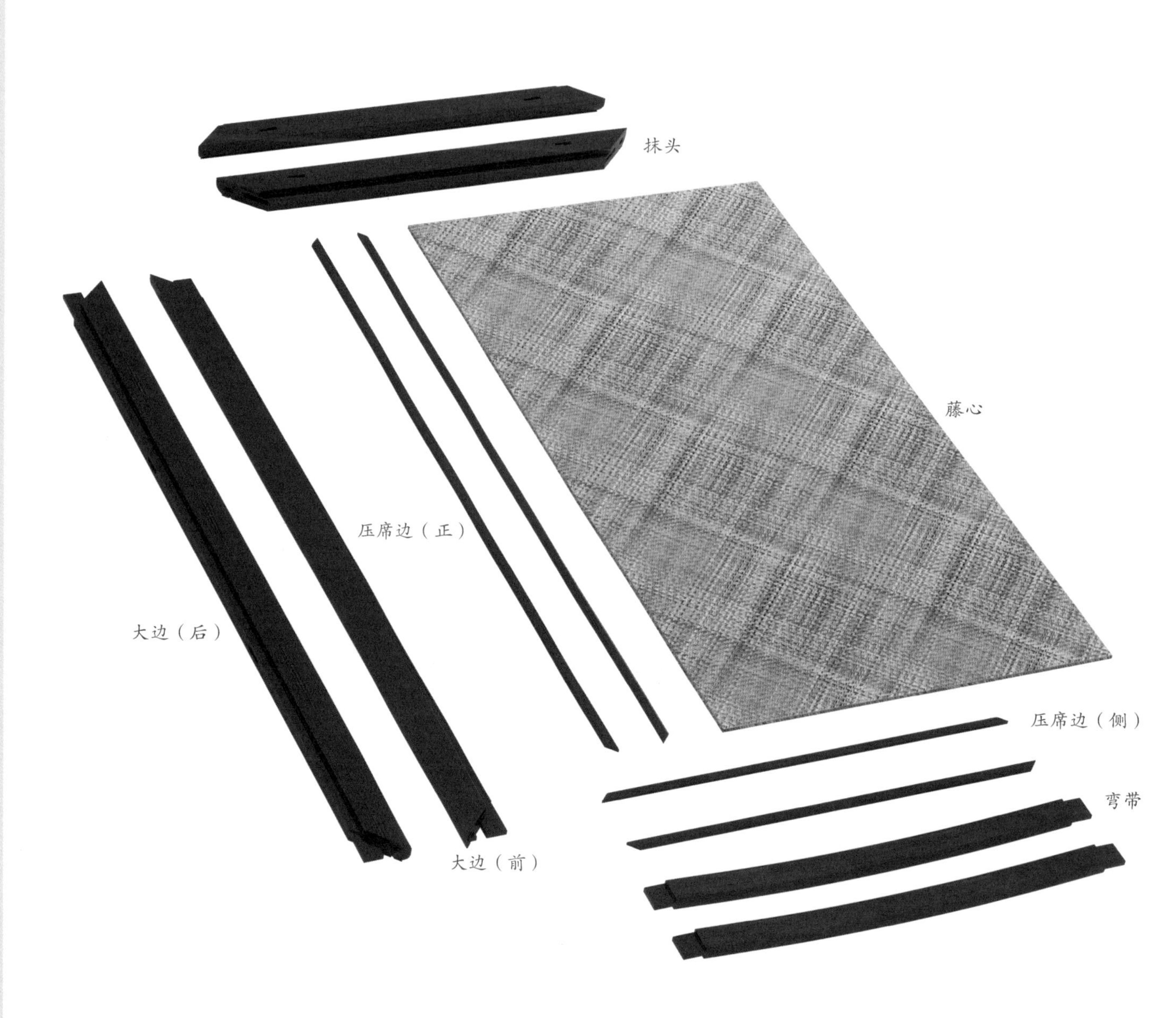
抹头
藤心
压席边（正）
大边（后）
压席边（侧）
弯带
大边（前）

部件示意—座面（效果图 6）

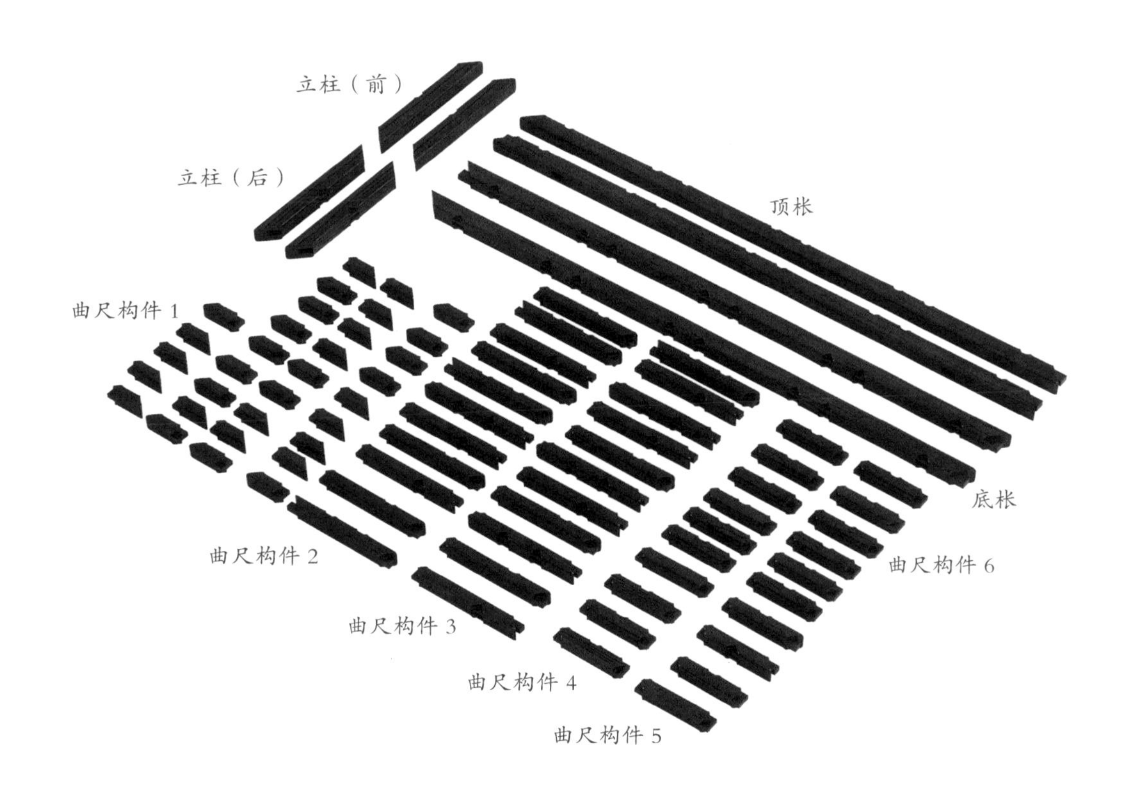
立柱（前）
立柱（后）
顶枨
曲尺构件 1
底枨
曲尺构件 2
曲尺构件 6
曲尺构件 3
曲尺构件 4
曲尺构件 5

部件示意—两侧围子（效果图 7）

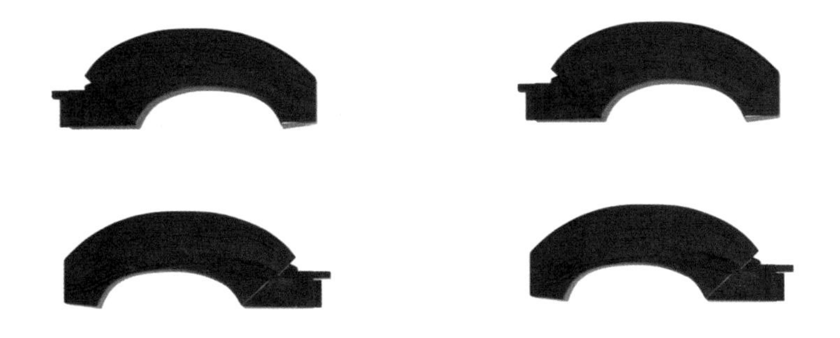

部件示意—腿子（效果图 8）

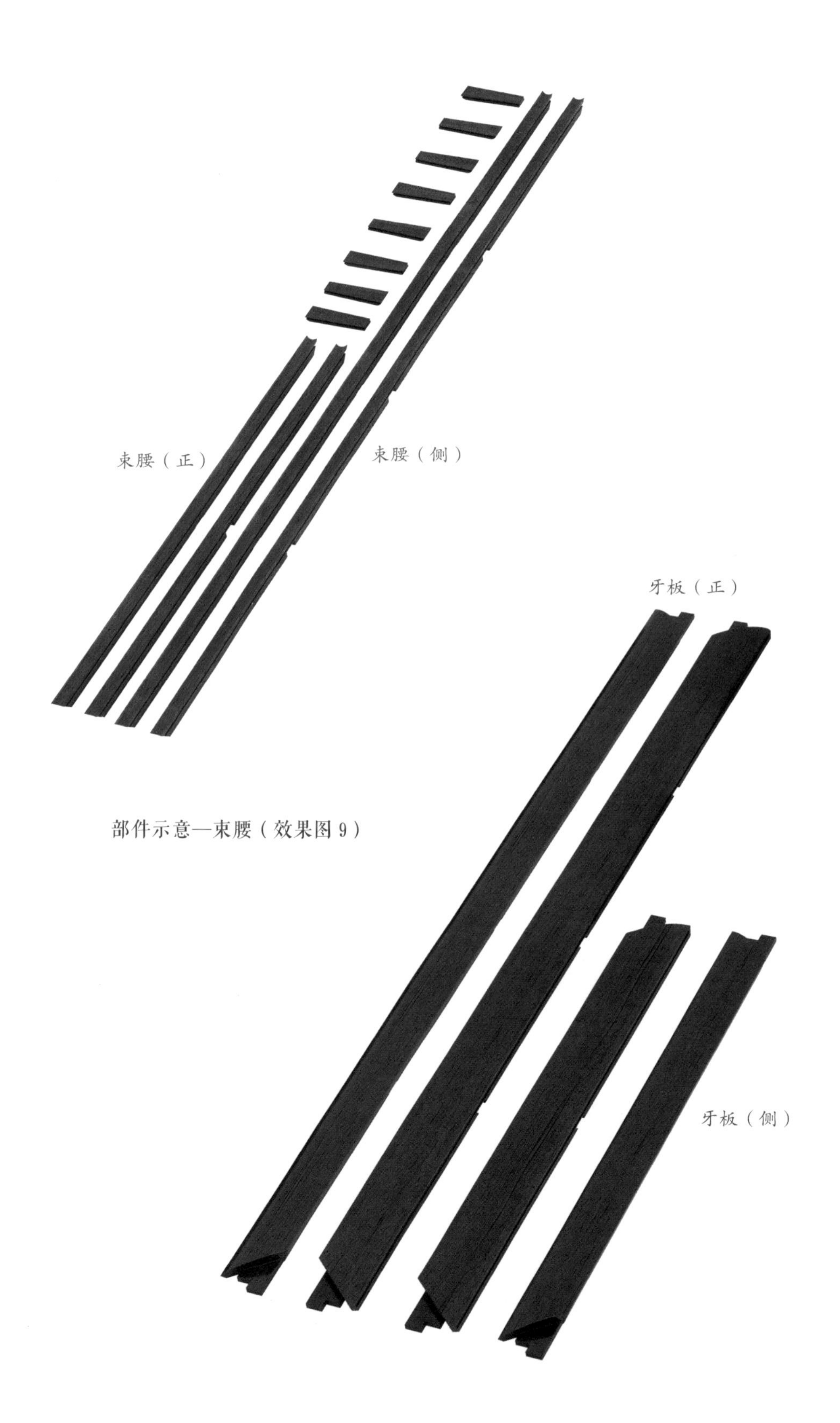
束腰（正）
束腰（侧）
牙板（正）
牙板（侧）

部件示意—束腰（效果图 9）

部件示意—牙板（效果图 10）

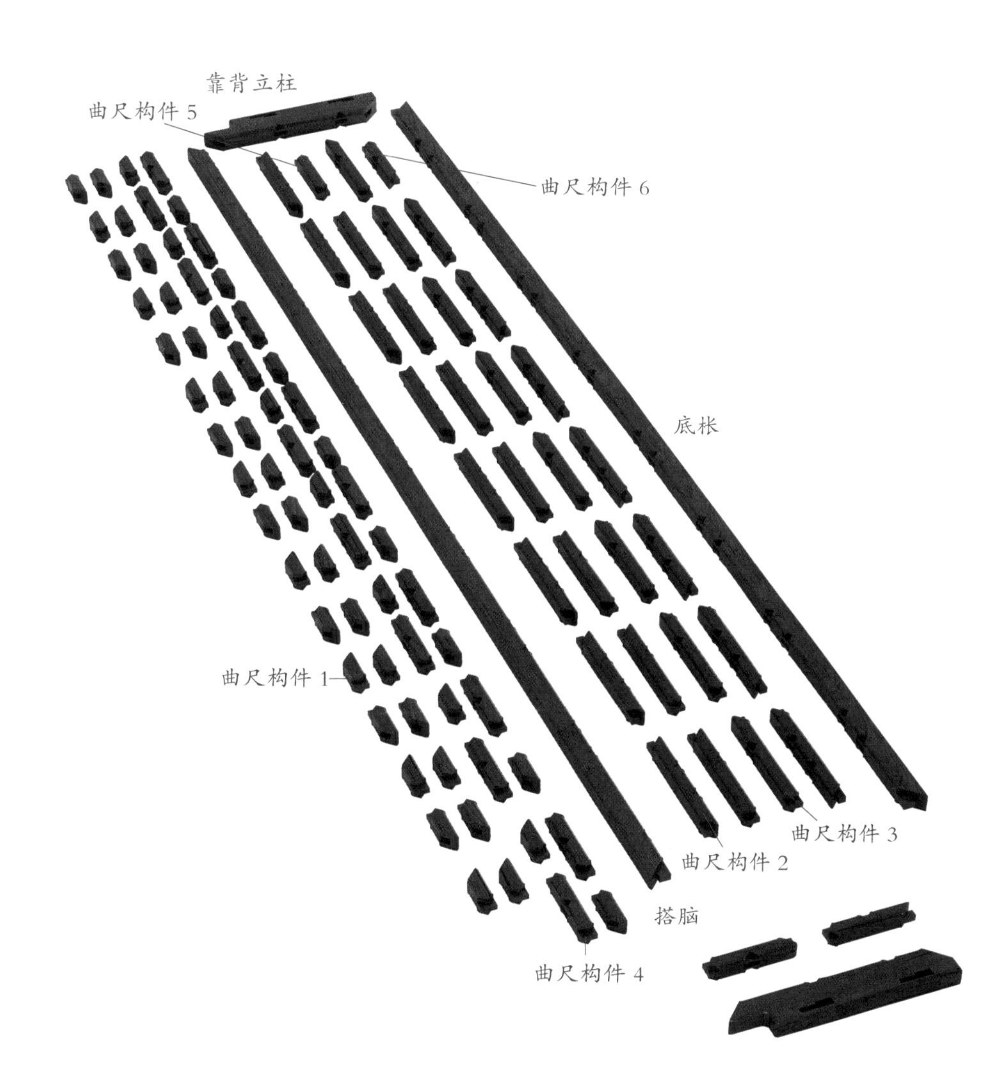
靠背立柱
曲尺构件 5
曲尺构件 6
底枨
曲尺构件 1
曲尺构件 2
曲尺构件 3
搭脑
曲尺构件 4

部件示意—靠背围子（效果图 11）

6. 细部详解

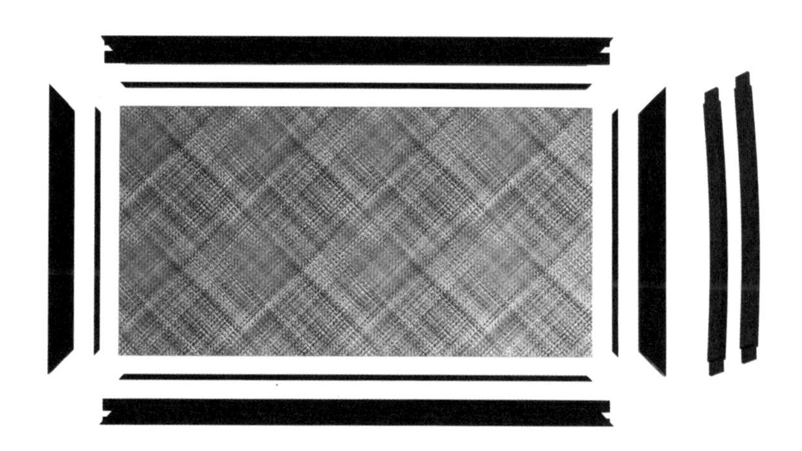

细部效果—座面（效果图 12）

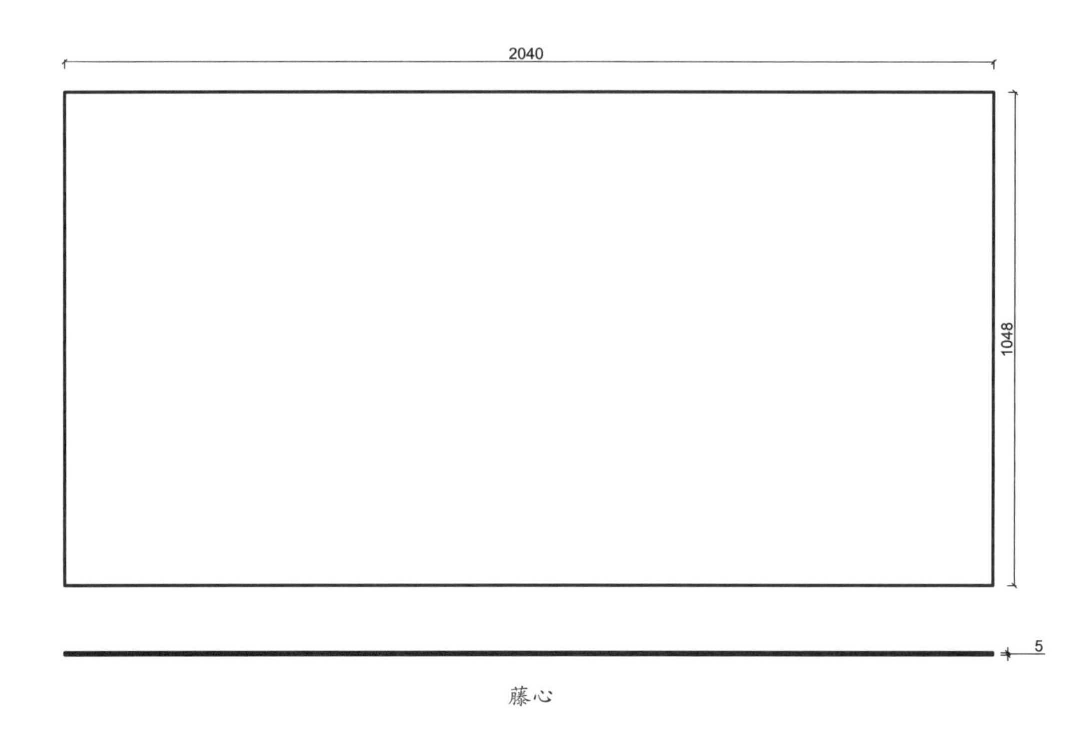
2040
1048
5

藤心

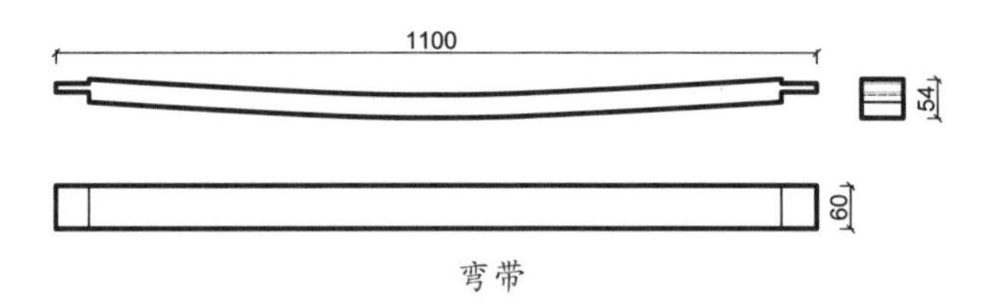
1100
54
60

弯带

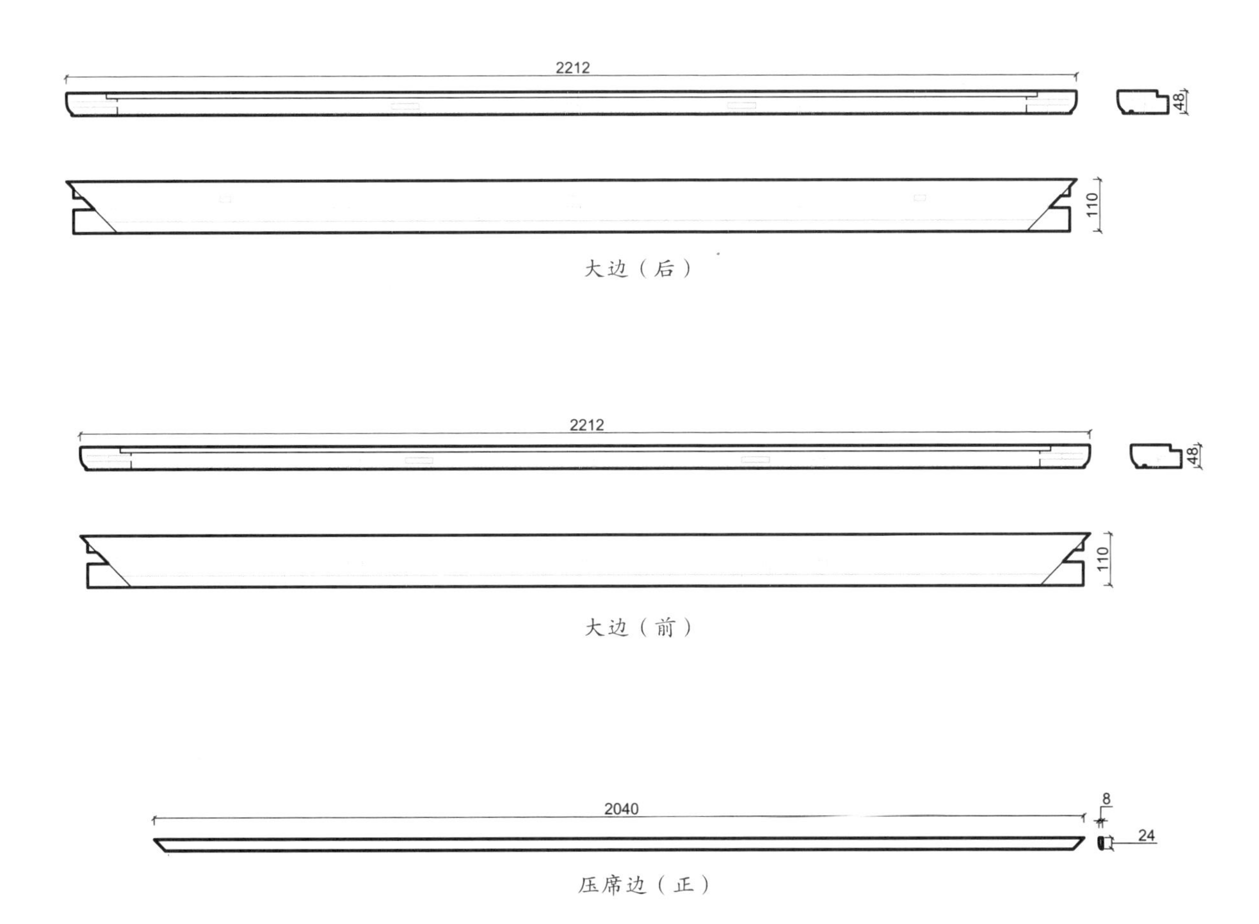
2212
48
110
大边（后）
2212
48
110
大边（前）
2040
8
24
压席边（正）

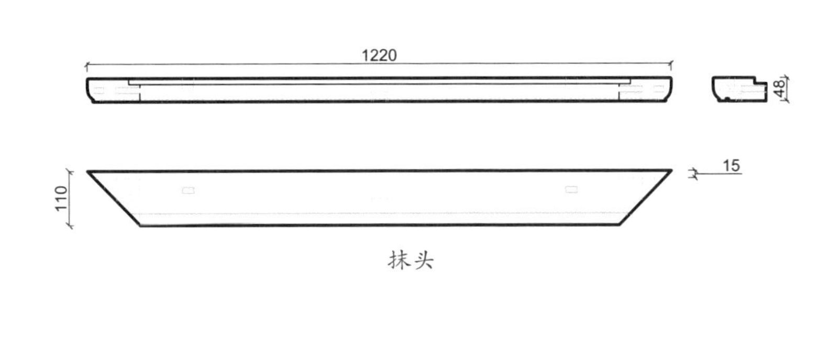
1220
48
110
15
抹头

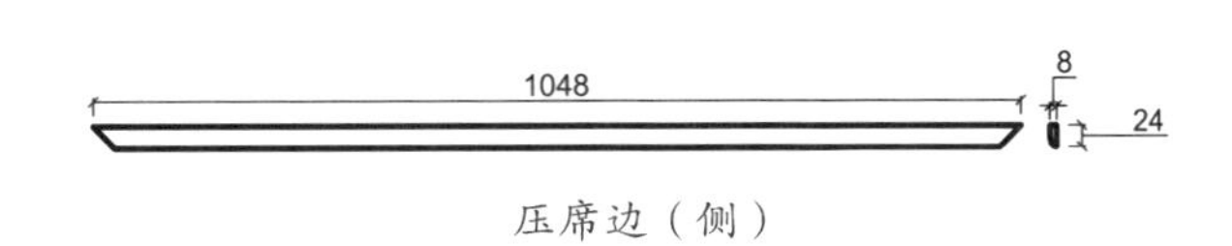
1048
8
24
压席边（侧）

细部结构—座面（CAD 图 2 ~图 8）

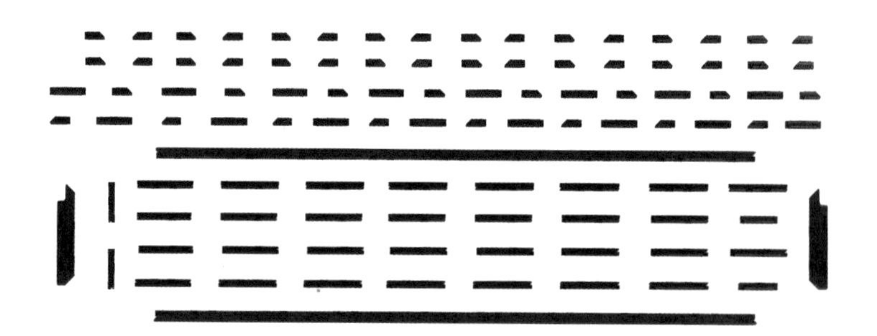

细部效果—靠背围子（效果图 13）

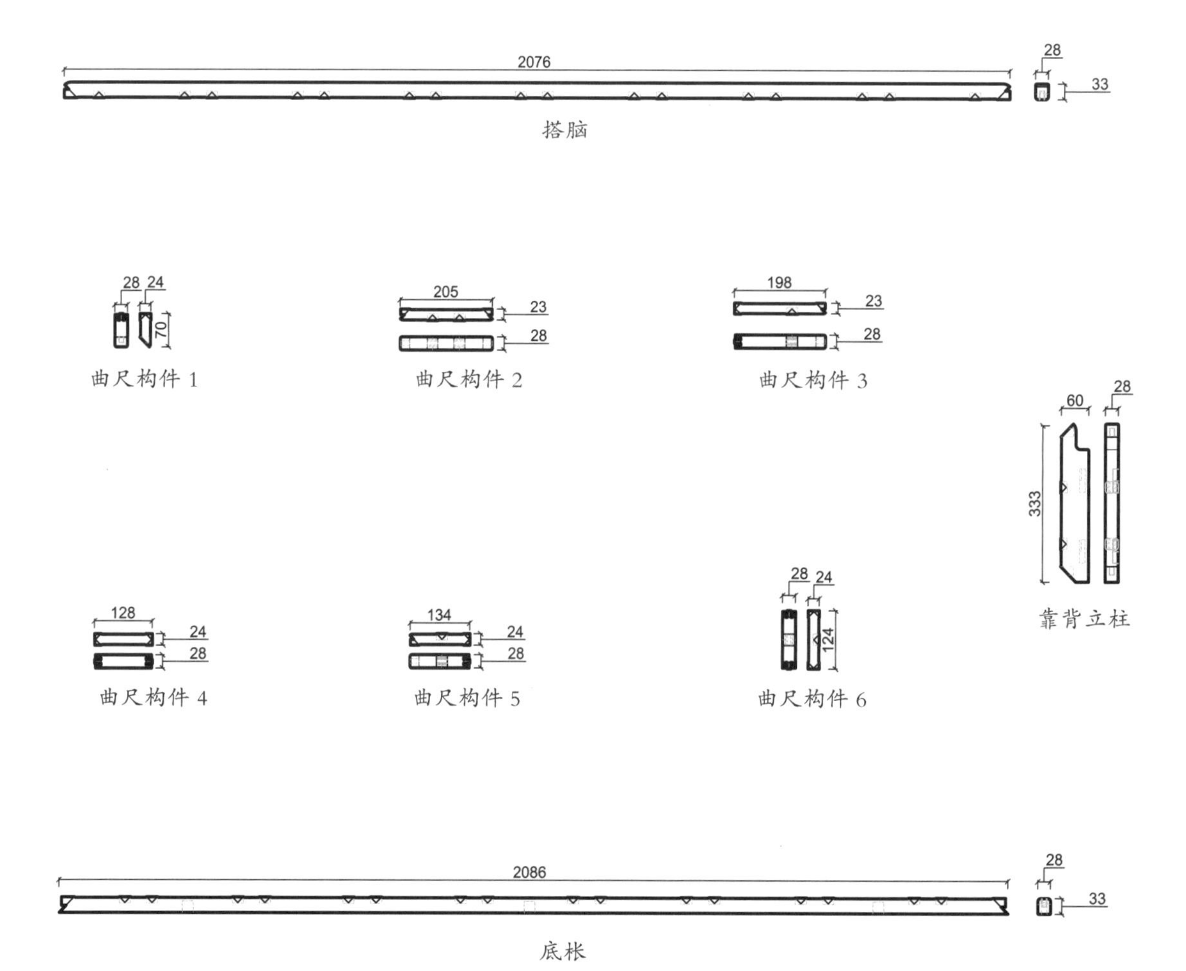

2076
28
33
搭脑
28 24
70
曲尺构件 1
205
23
28
曲尺构件 2
198
23
28
曲尺构件 3
60
28
333
靠背立柱
128
24
28
曲尺构件 4
134
24
28
曲尺构件 5
28 24
124
曲尺构件 6
2086
28
33
底枨

细部结构—靠背围子（CAD 图 9 ~ 图 17）

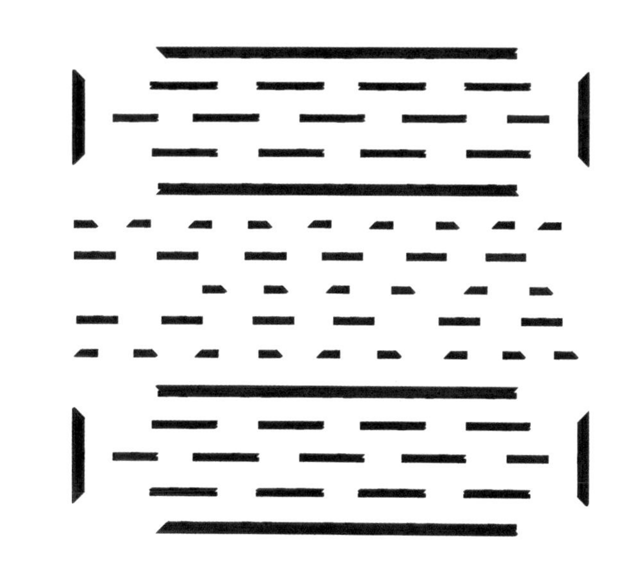

细部效果—两侧围子（效果图 14）

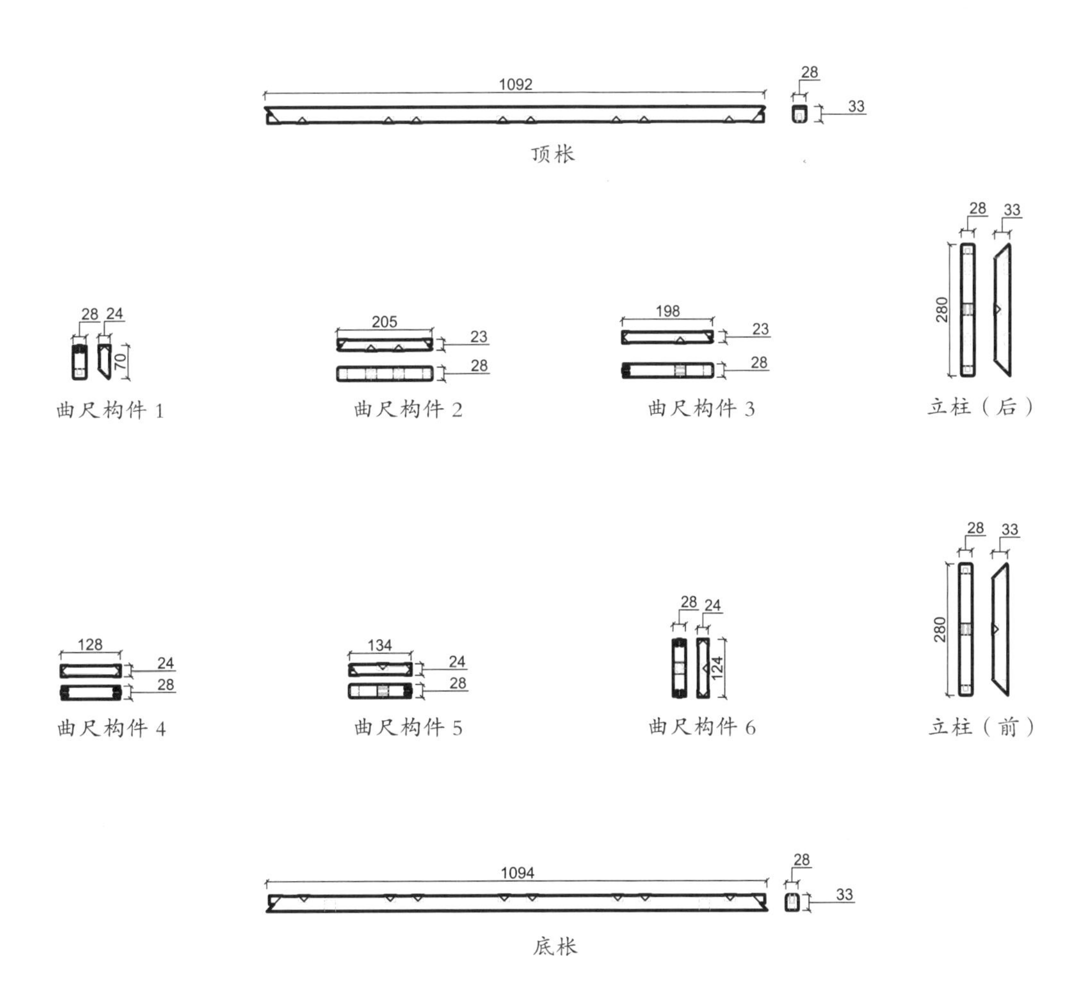
1092
28
33
顶枨
28
24
70
曲尺构件 1
205
23
28
曲尺构件 2
198
23
28
曲尺构件 3
28
33
280
立柱（后）
128
24
28
曲尺构件 4
134
24
28
曲尺构件 5
28
24
124
曲尺构件 6
28
33
280
立柱（前）
1094
28
33
底枨

细部结构—两侧围子（CAD 图 18 ~图 27）

细部效果—束腰（效果图 15）

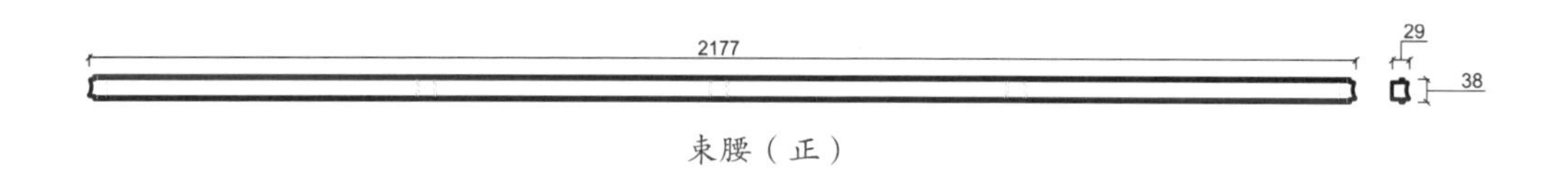
2177
29
38

束腰（正）

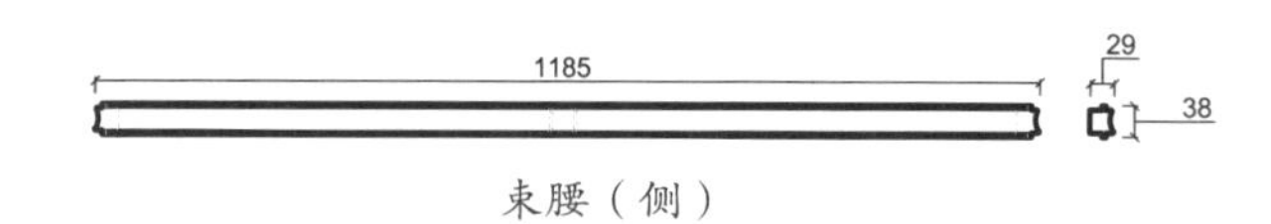
1185
29
38

束腰（侧）

细部结构—束腰（CAD 图 28 ~ 图 29）

细部效果—牙板（效果图 16）

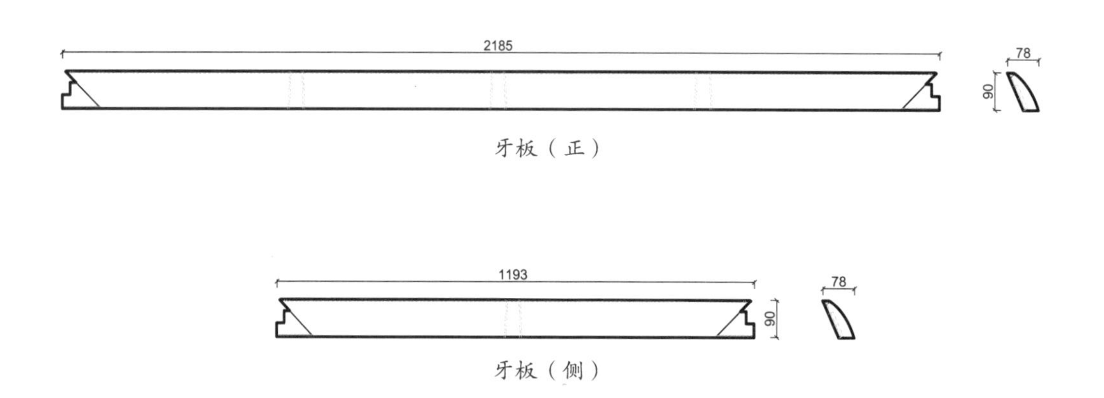
2185
78
90
牙板（正）
1193
90
78
牙板（侧）

细部结构—牙板（CAD 图 30 ~ 图 31）

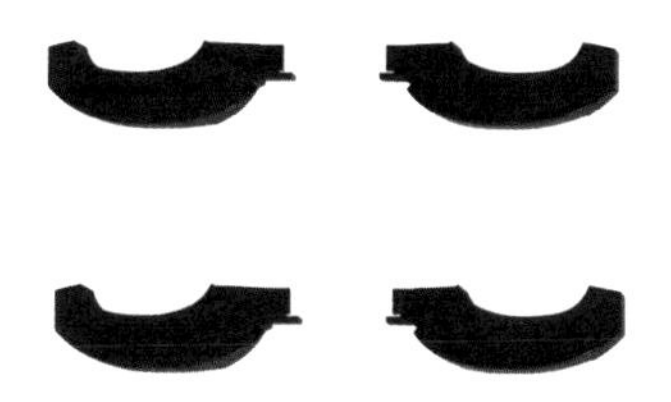

细部效果—腿子（效果图 17）

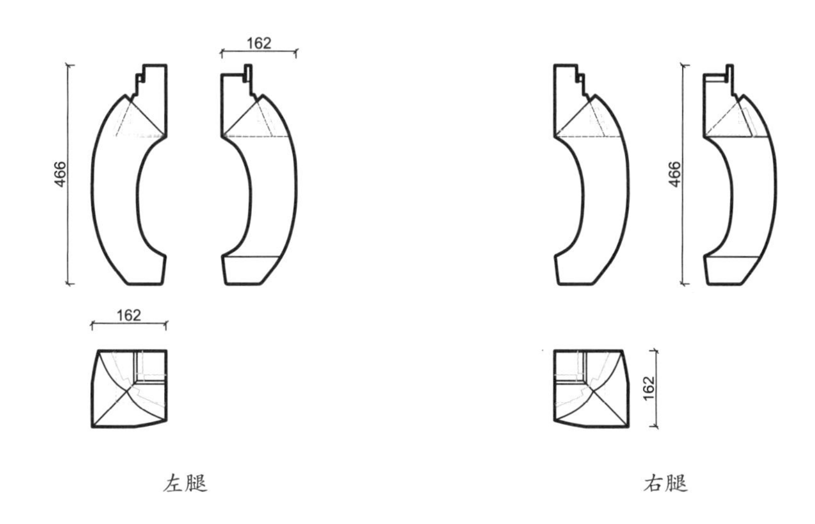
162
466
162
左腿
466
162
右腿

细部结构—腿子（CAD 图 32 ~图 33）

卷云纹搭脑带托泥罗汉床

材质：红酸枝

年款：清

整体外观（效果图 1）

1. 器形点评

此罗汉床做成三屏式造型床围，卷云纹搭脑，靠背两端及扶手围子的边角做成圆润的委角。床面为木板贴席做法，座面下有束腰，洼堂肚牙子，浮雕回纹。四腿为方材，足端雕成内翻回纹马蹄足，下踩托泥。

2. CAD 图示

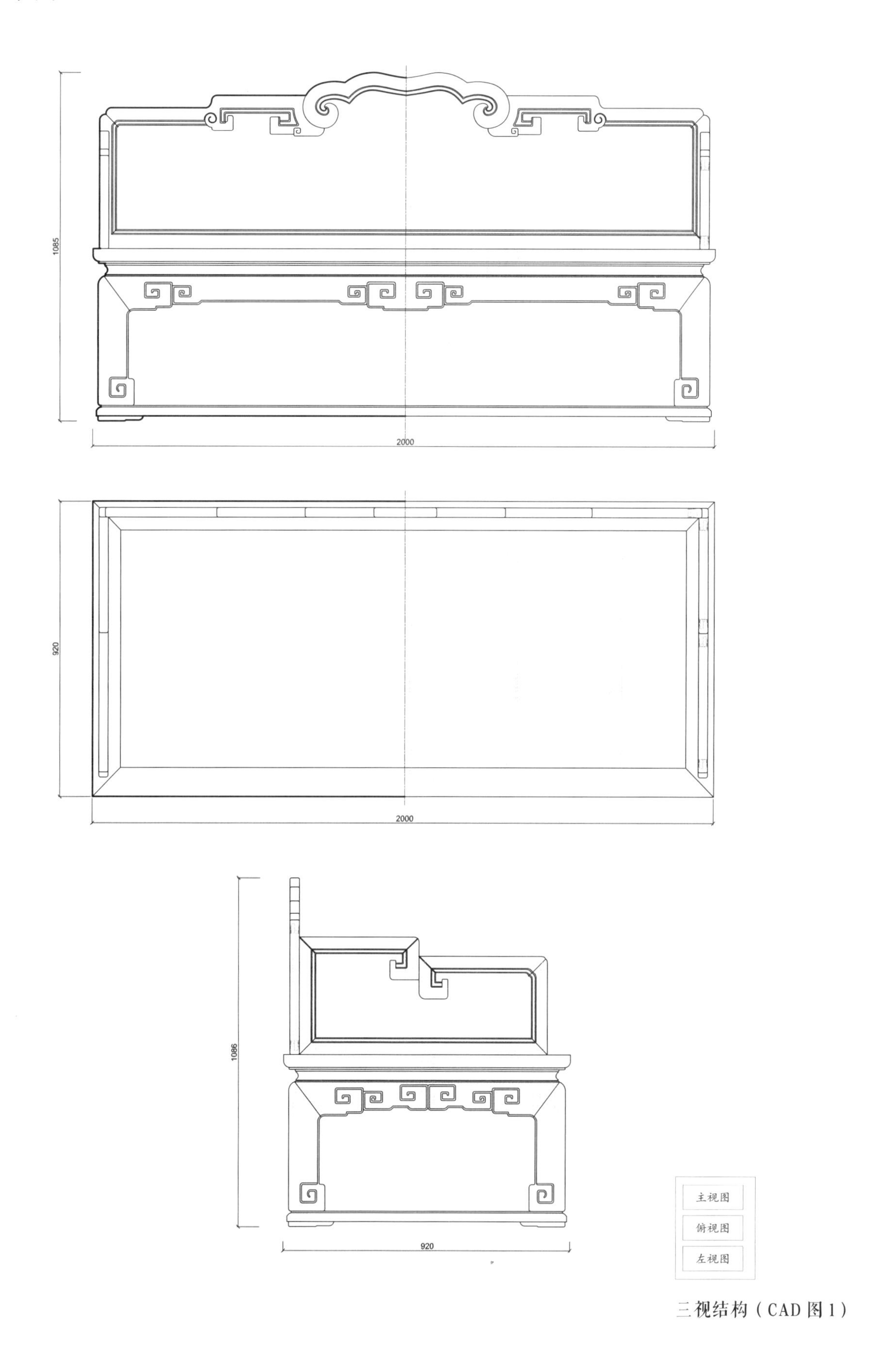

1085
2000
920
2000
1086
920
主视图
俯视图
左视图

三视结构（CAD 图 1）

3. 用材效果

用材效果（材质：紫檀；效果图 2）

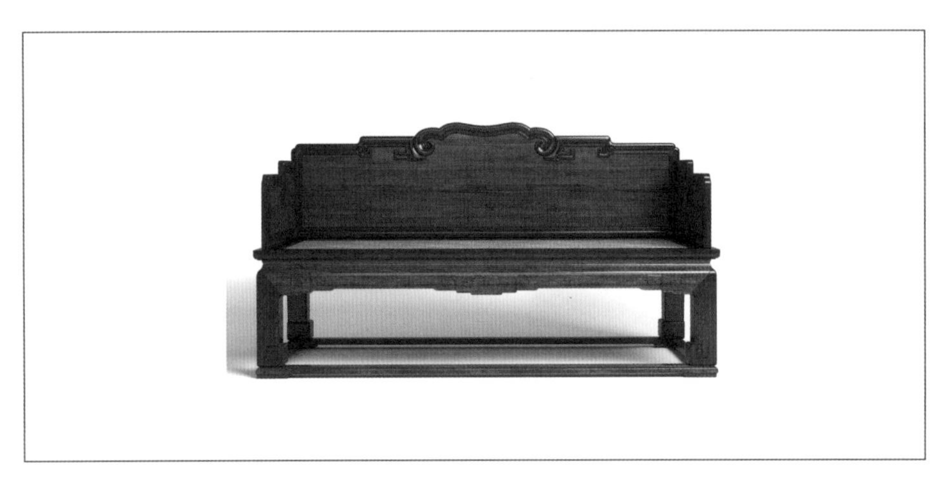

用材效果（材质：黄花梨；效果图 3）

用材效果（材质：红酸枝；效果图 4）

4. 结构爆炸

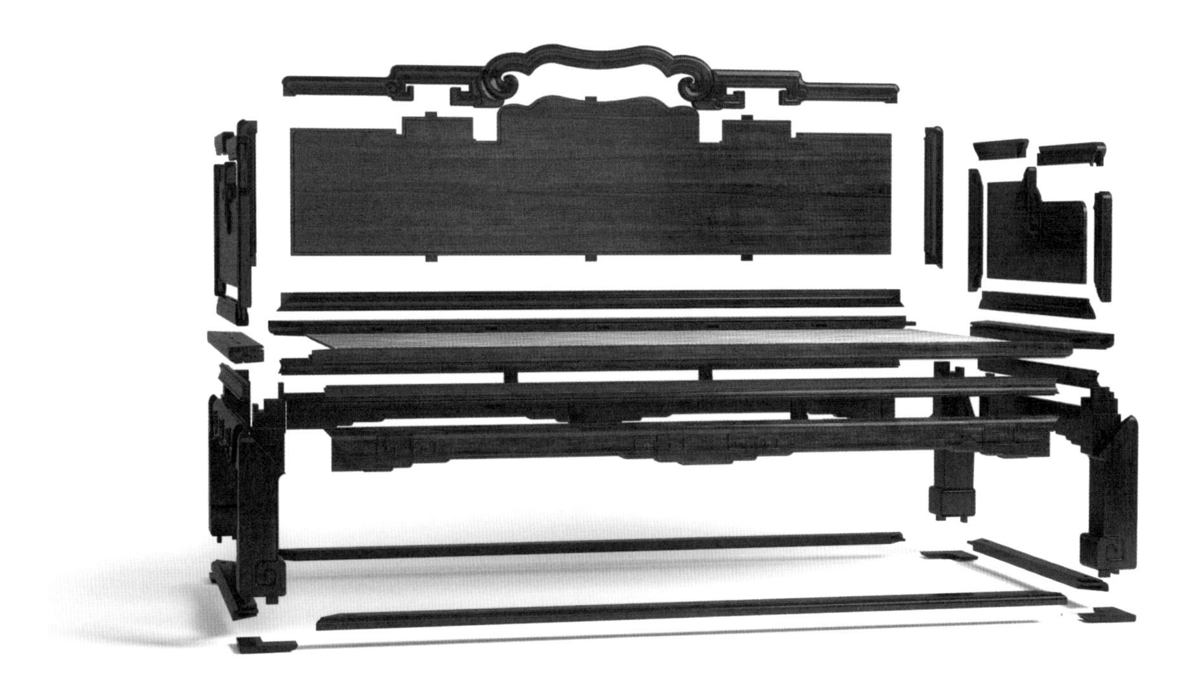

结构爆炸（效果图5）

5. 部件示意

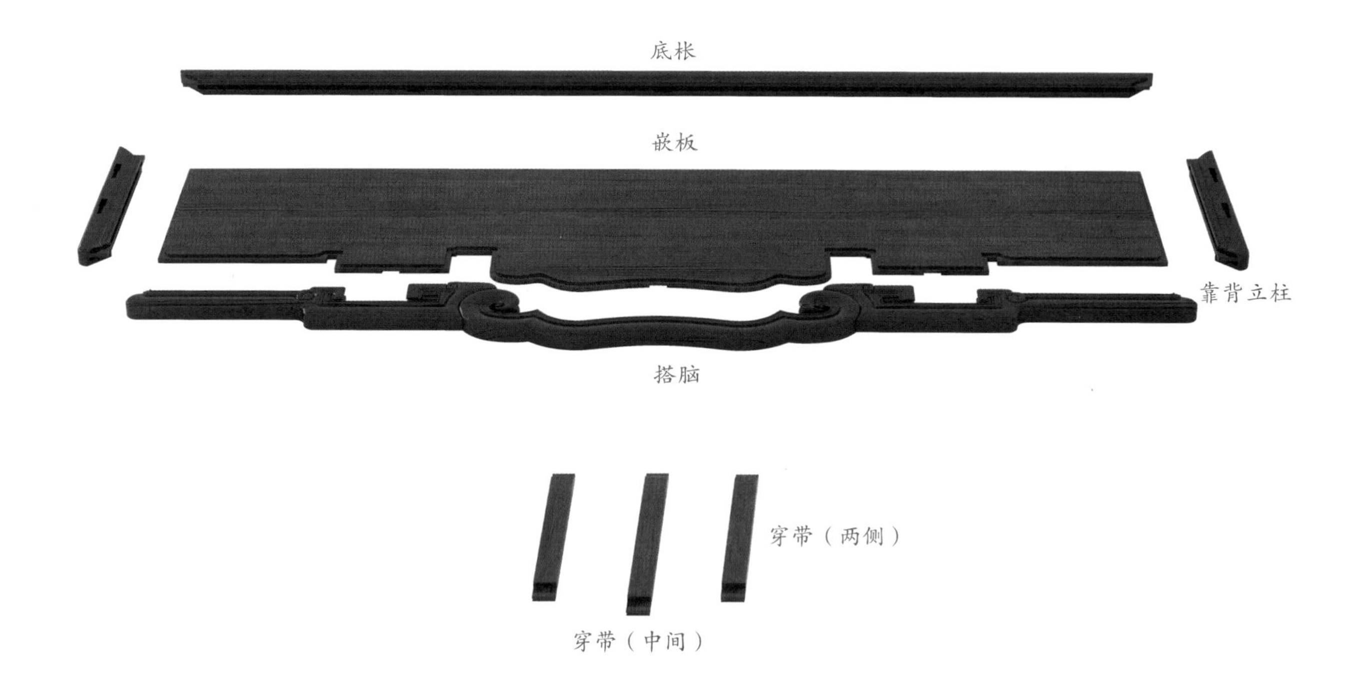

底枨
嵌板
靠背立柱
搭脑
穿带（两侧）
穿带（中间）

部件示意—靠背围子（效果图 6）

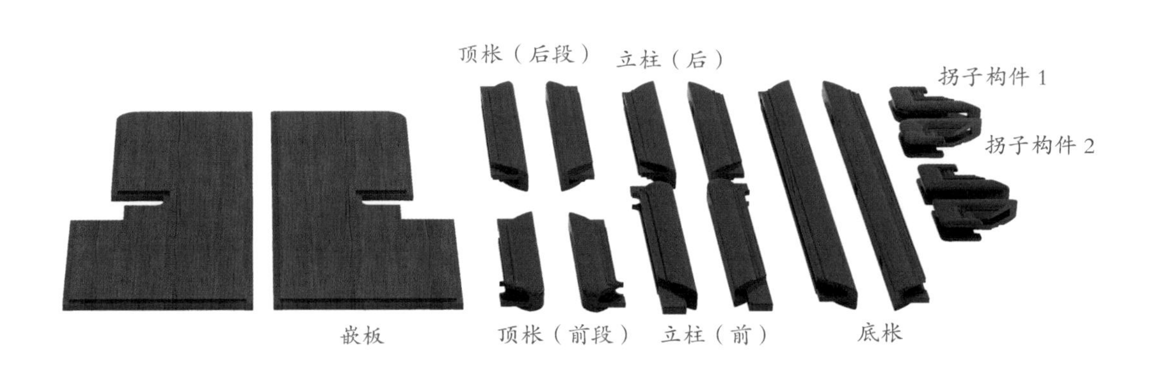

顶枨（后段）
立柱（后）
拐子构件 1
拐子构件 2
嵌板
顶枨（前段）
立柱（前）
底枨

部件示意—两侧围子（效果图 7）

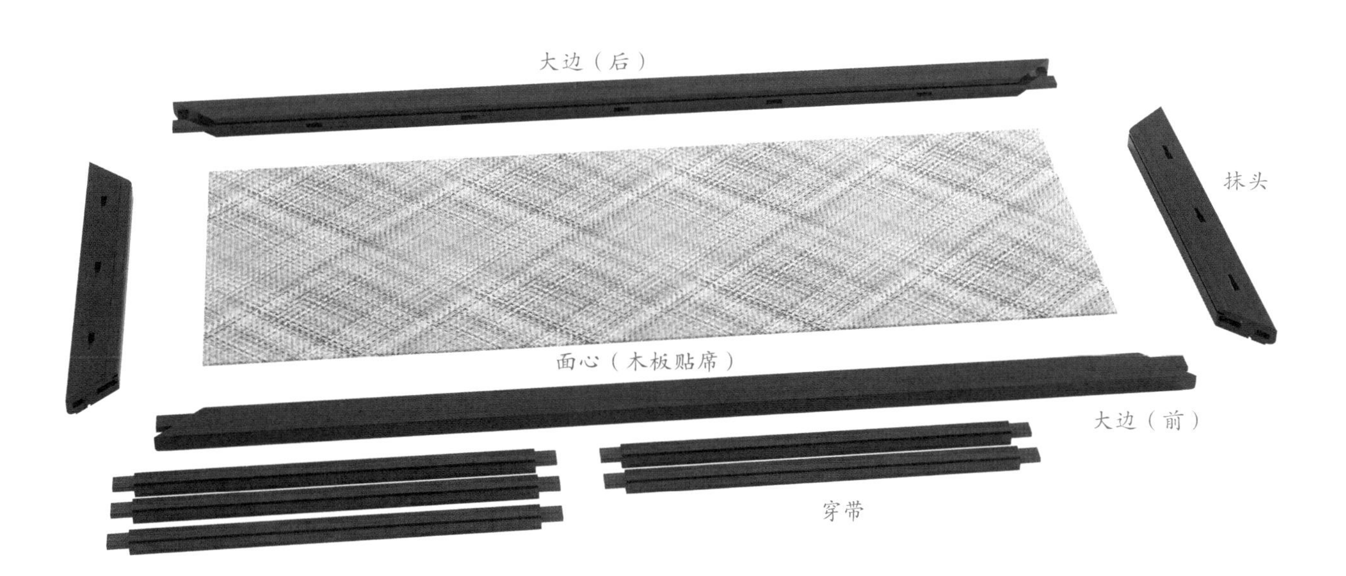
大边（后）
抹头
面心（木板贴席）
大边（前）
穿带

部件示意—座面（效果图8）

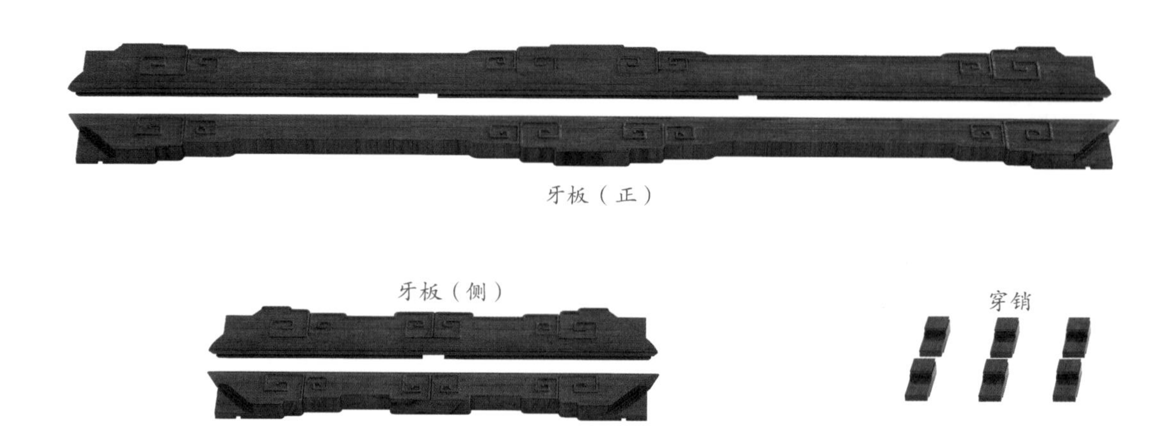
牙板（正）
牙板（侧）
穿销

部件示意—牙板（效果图9）

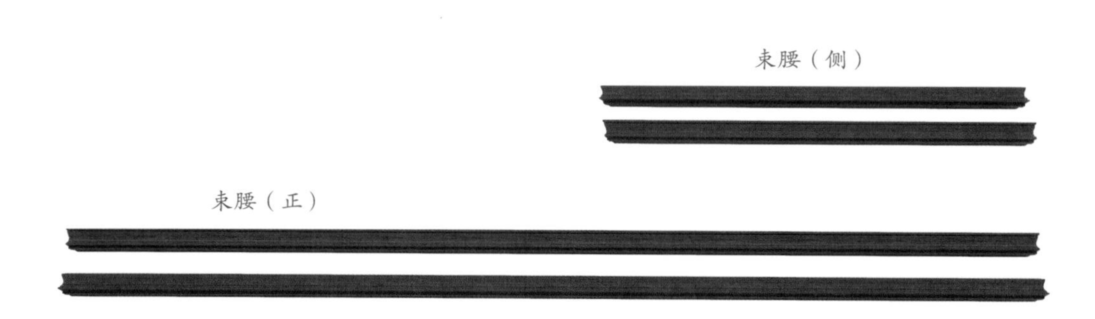
束腰（侧）
束腰（正）

部件示意—束腰（效果图10）

部件示意—腿子（效果图 11）

托泥大边

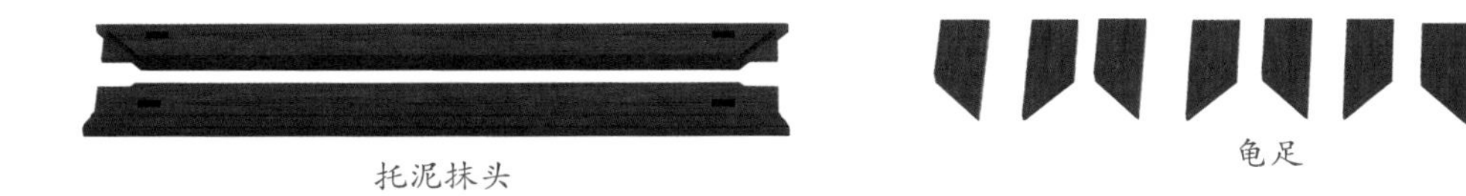
托泥抹头
龟足

部件示意—托泥和龟足（效果图 12）

6. 细部详解

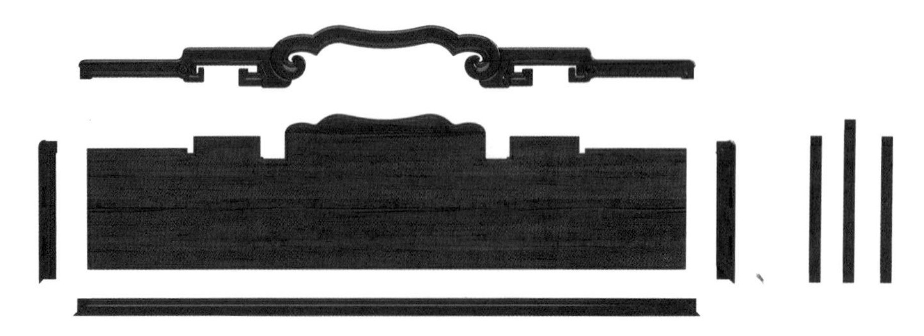

细部效果—靠背围子（效果图 13）

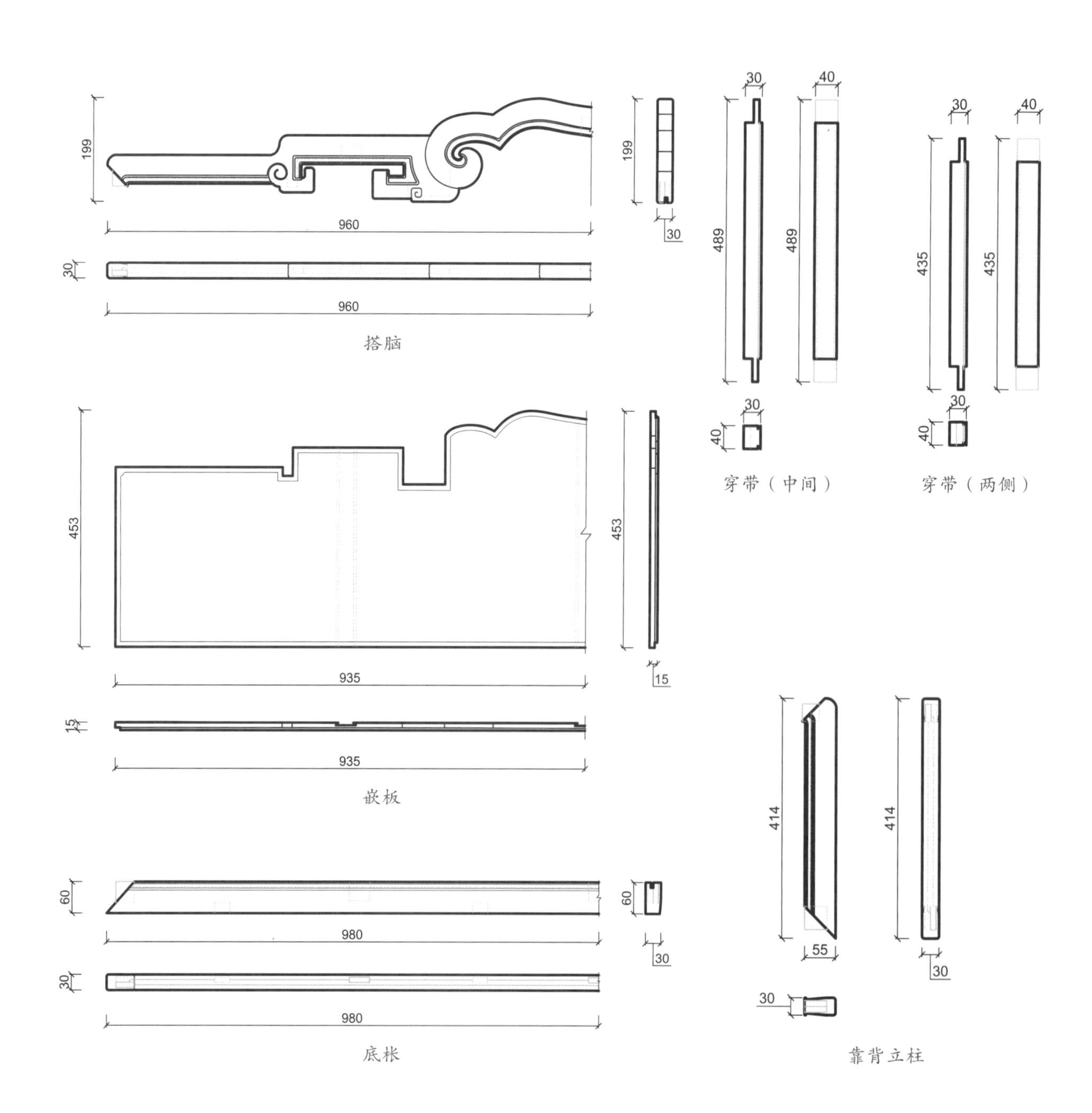

199
960
30
960
搭脑
199
30
30
489
30
40
489
40
40
穿带（中间）
30
435
30
40
435
40
穿带（两侧）
453
935
15
935
嵌板
453
15
414
55
414
30
30
靠背立柱
60
980
30
980
底枨
60
30

细部结构—靠背围子（CAD 图 2 ~图 7）

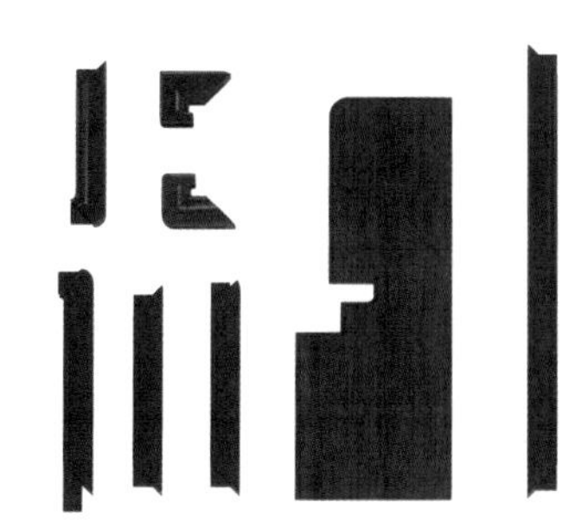

细部效果—两侧围子（效果图 14）

134 93 134 30 30

扬子构件 1

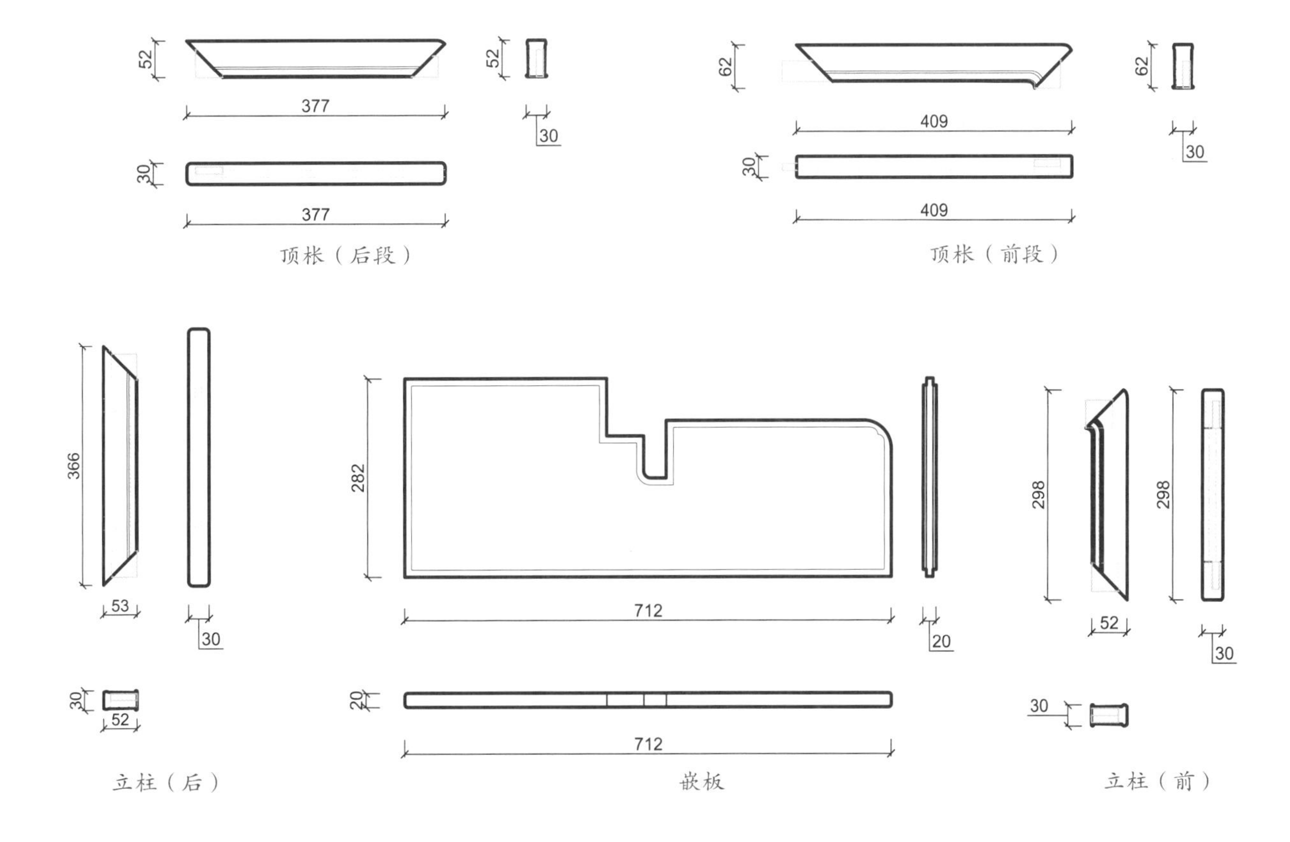

52
377
52
30
30
377
62
409
62
30
30
409
366
53
30
30
52
282
712
20
20
712
298
52
298
30
30

顶枨（后段）

顶枨（前段）

立柱（后）

嵌板

立柱（前）

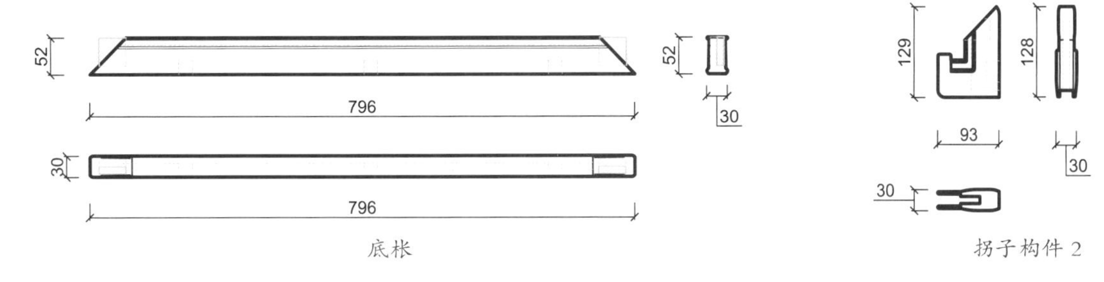

52
796
52
30
30
796
129
128
93
30
30

底枨

扬子构件 2

细部结构—两侧围子（CAD 图 8 ~图 15）

细部效果—座面（效果图 15）

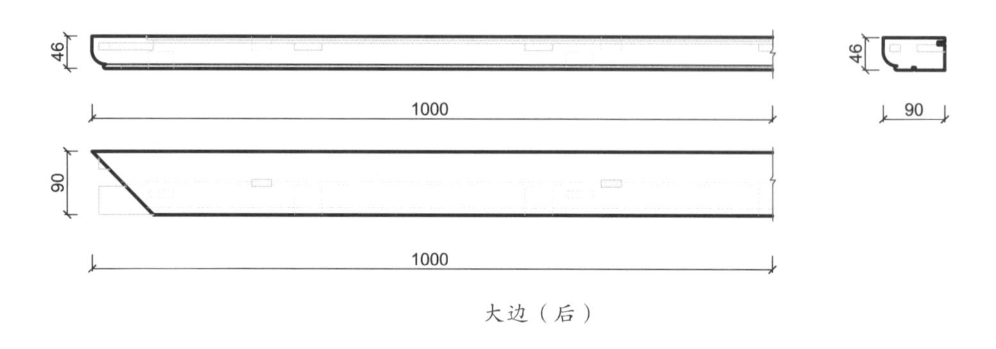
46
1000
46
90
90
1000

大边（后）

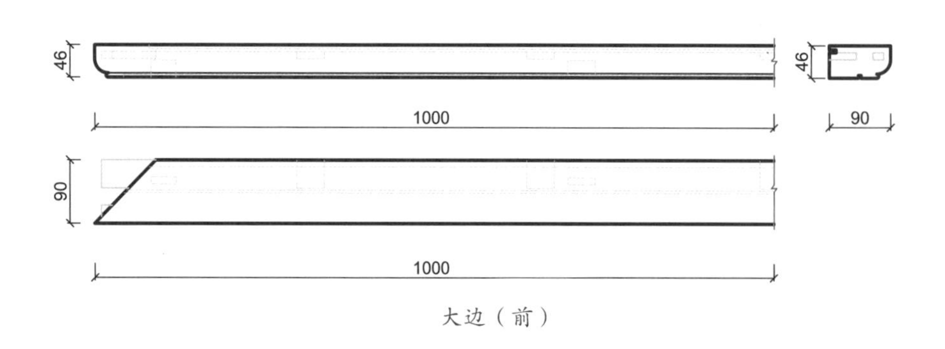
46
1000
46
90
90
1000

大边（前）

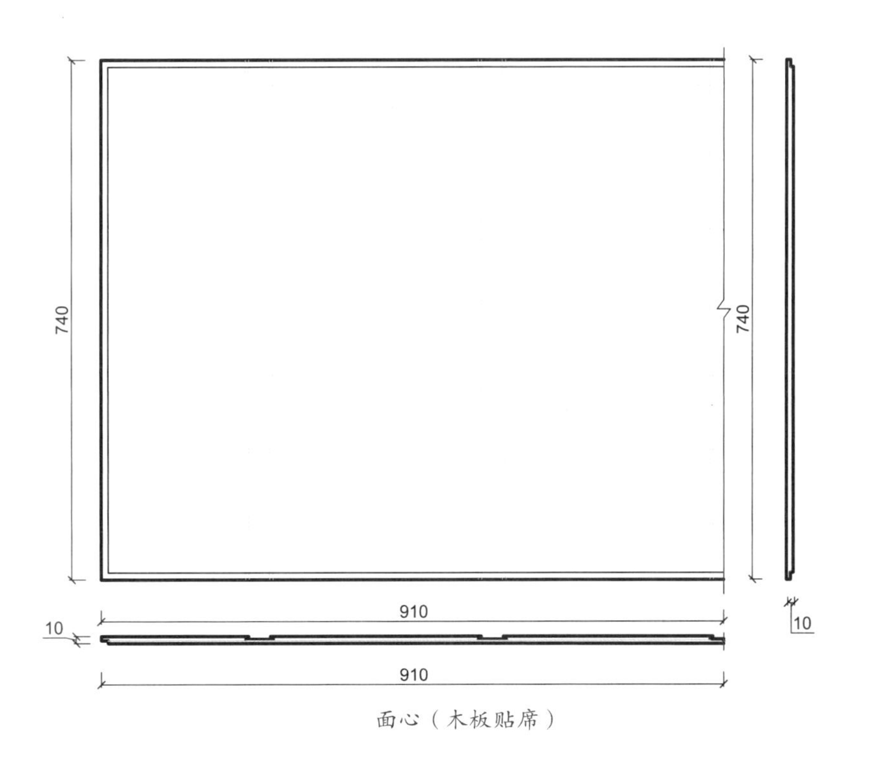
740
740
910
10
10
910
面心（木板贴席）

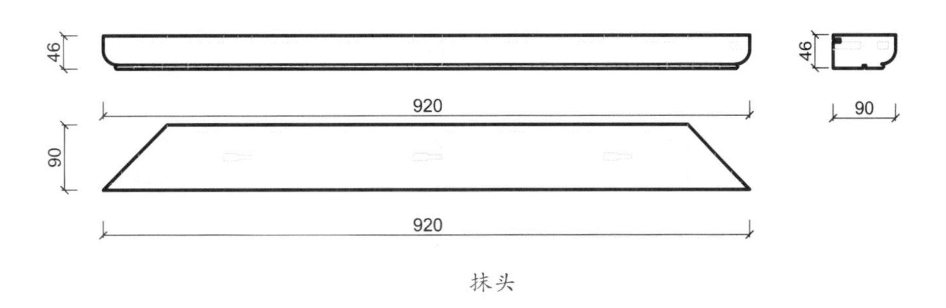
46
46
920
90
90
920
抹头

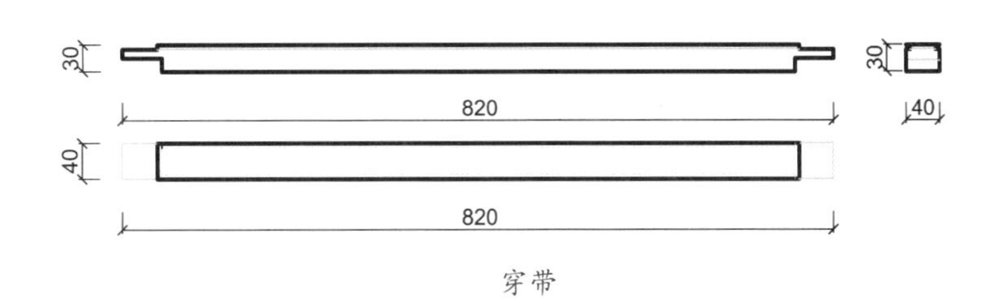
30
30
820
40
40
820
穿带

细部结构—座面（CAD 图 16 ~ 图 20）

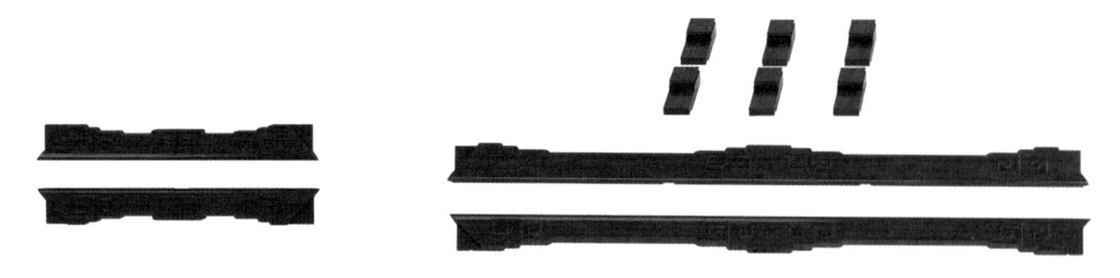

细部效果—牙板（效果图 16）

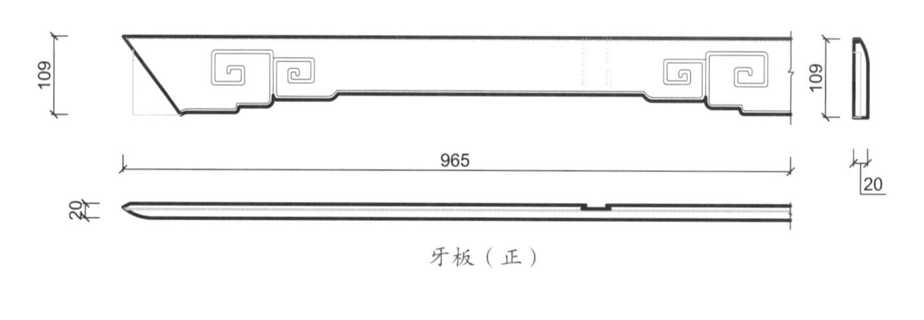
109
965
109
20
20

牙板（正）

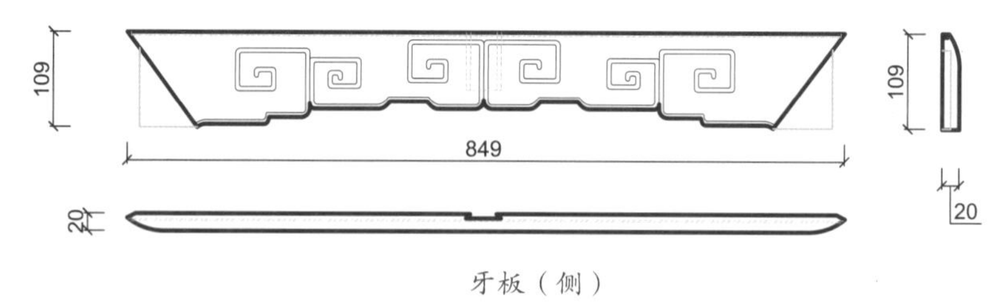
109
849
109
20
20

牙板（侧）

细部结构—牙板（CAD 图 21 ~ 图 22）

细部效果—束腰（效果图 17）

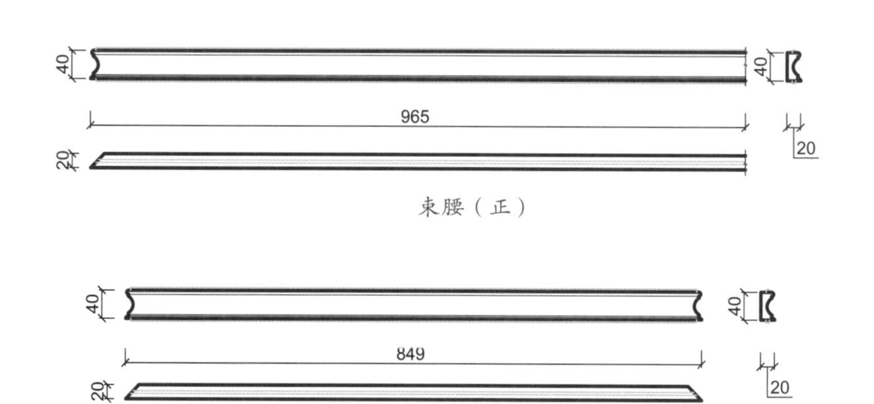
40
965
40
20
20
40
849
40
20
20

束腰（正）

束腰（侧）

细部结构—束腰（CAD 图 23 ~ 图 24）

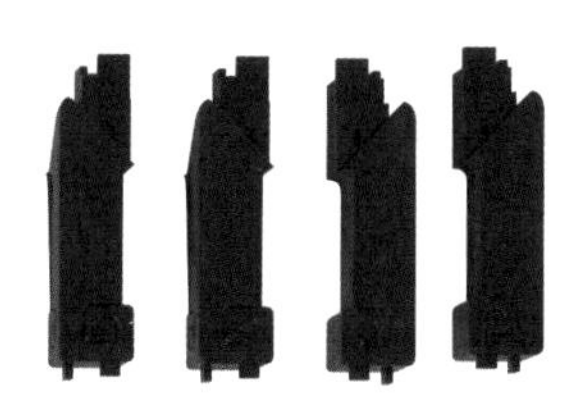

细部效果—腿子（效果图 18）

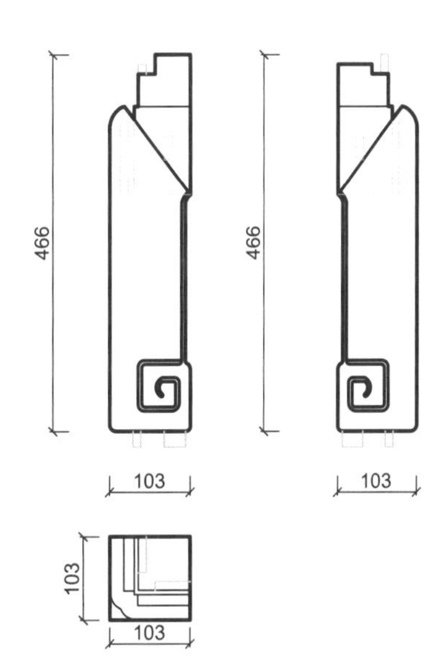
466
466
103
103
103
103
103

细部结构—腿子（CAD 图 25）

细部效果—托泥和龟足（效果图 19）

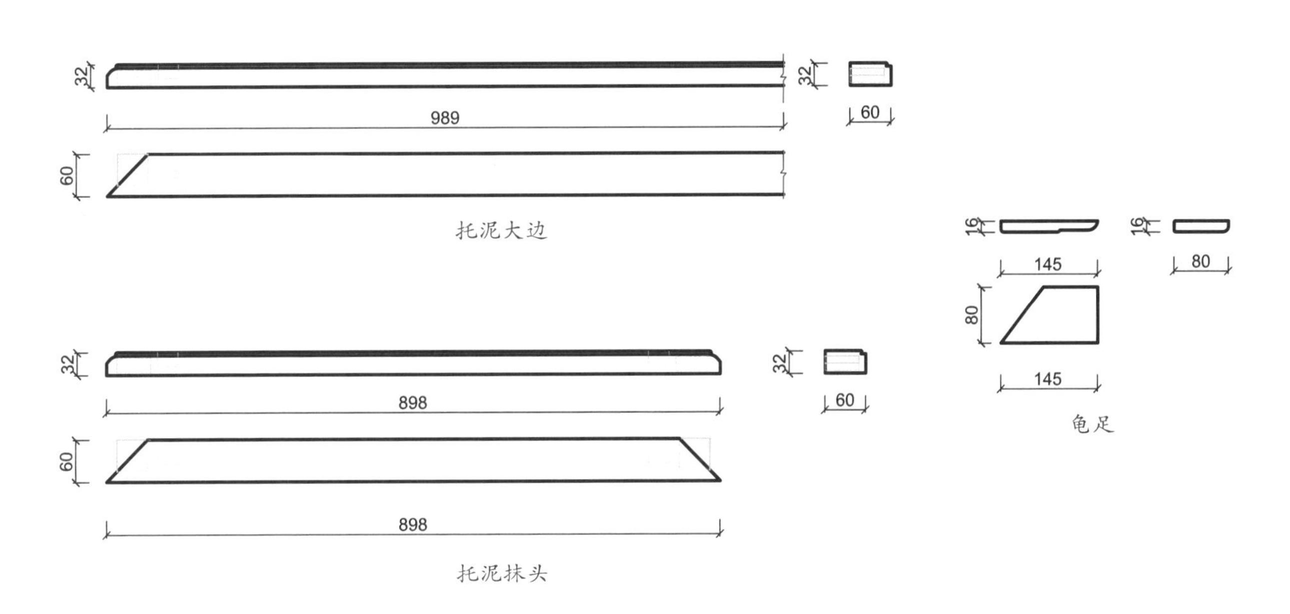
32
32
989
60
60
托泥大边
16
145
16
80
80
145
龟足
32
32
898
60
60
898
托泥抹头

细部结构—托泥和龟足（CAD 图 26 ~图 28）

五屏式鼓腿彭牙罗汉床

材质：紫檀

年款：明

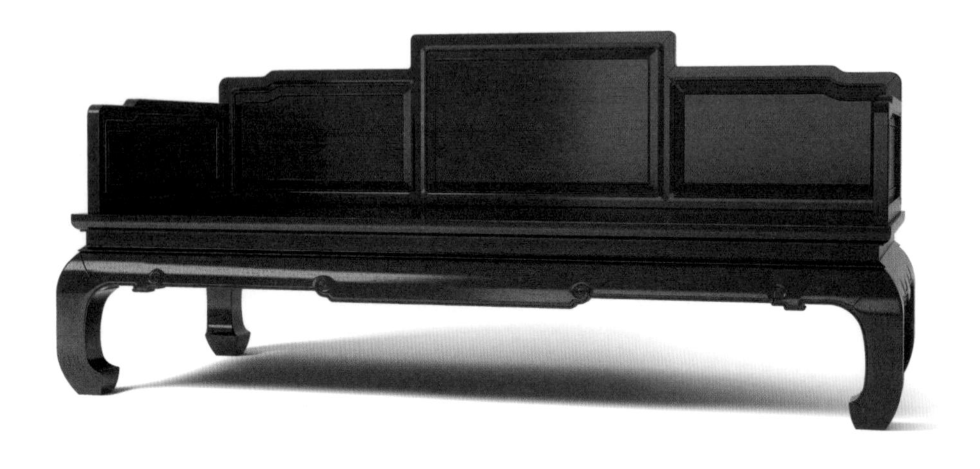

整体外观（效果图 1）

1. 器形点评

此罗汉床为五屏式床围，靠背三扇，左右扶手各一扇。靠背床围中高侧低，床围高度自靠背向两侧扶手依次递减。居中的床围边角采用直角形式，两侧床围以及扶手床围的边角则为圆润的软圆角。座面平齐，下有束腰，洼堂肚卷云牙板。鼓腿彭牙，足部为内翻马蹄足。此床造型简洁，略施简饰，有一种素面朝天的自然美感。

2. CAD 图示

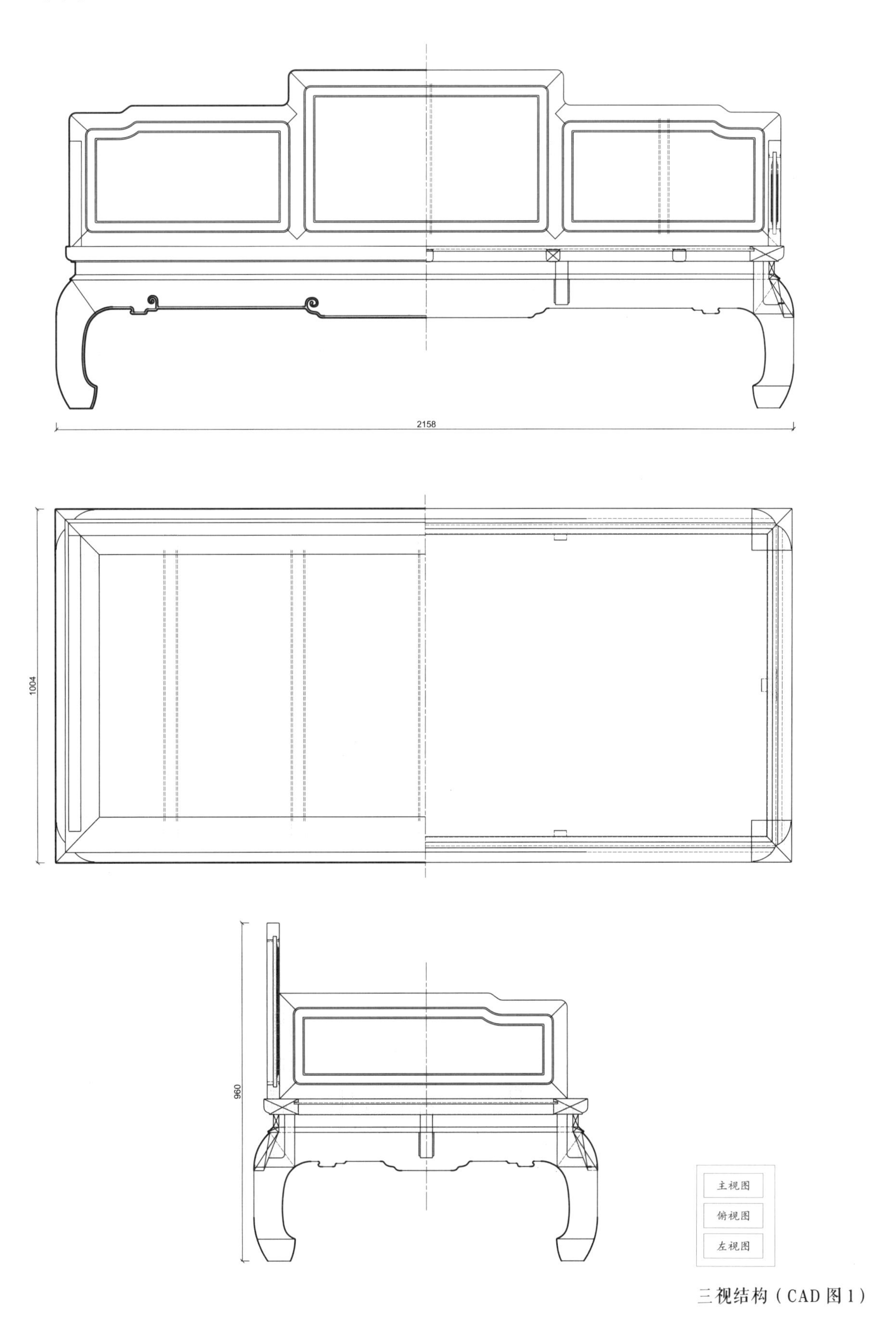
2158
1004
960
主视图
俯视图
左视图

三视结构（CAD 图 1）

3. 用材效果

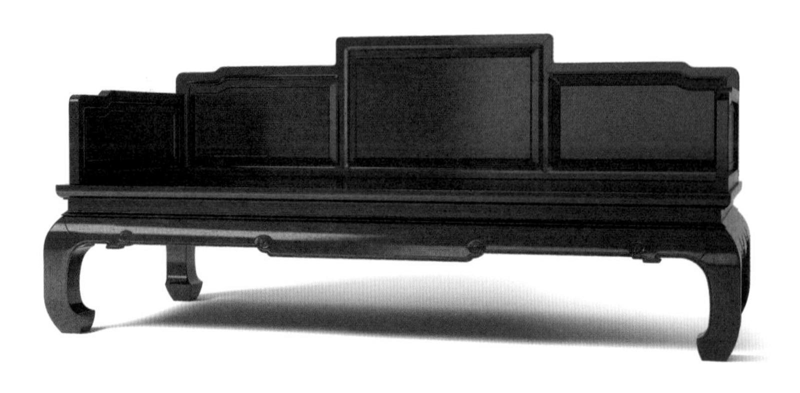

用材效果（材质：紫檀；效果图 2）

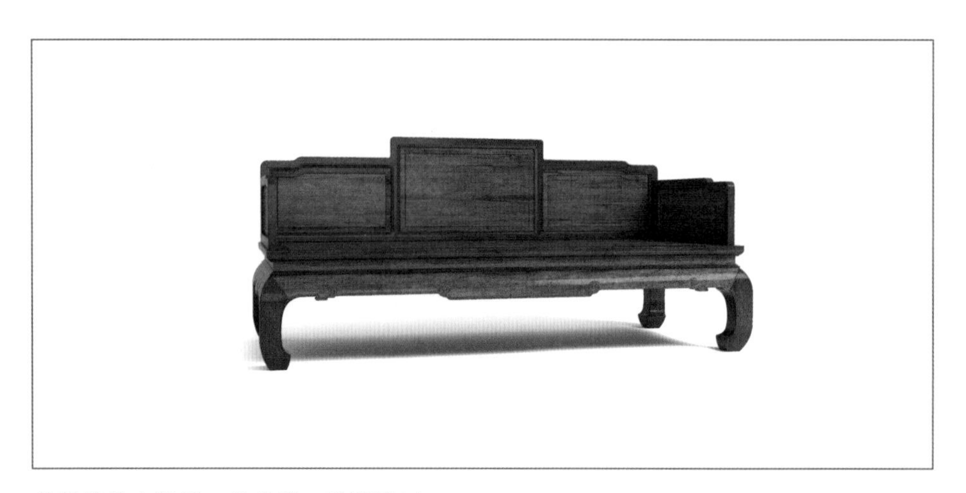

用材效果（材质：黄花梨；效果图 3）

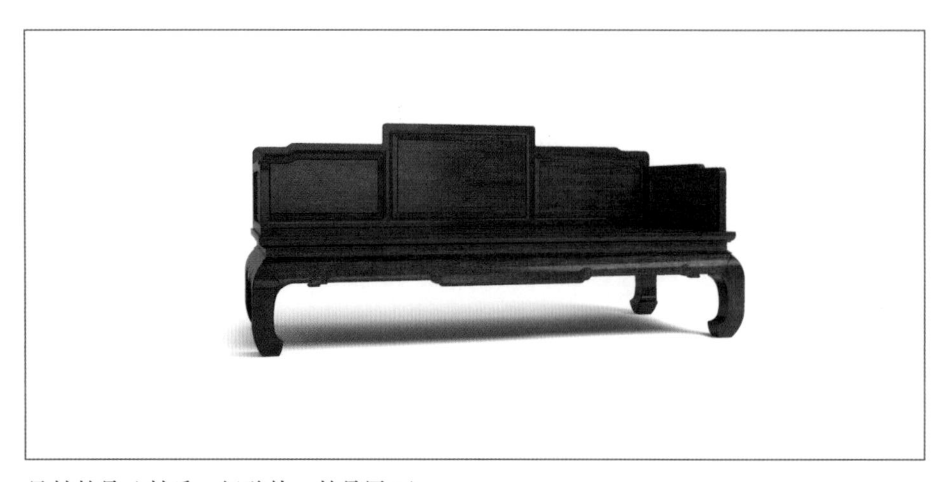

用材效果（材质：红酸枝；效果图 4）

4. 结构爆炸

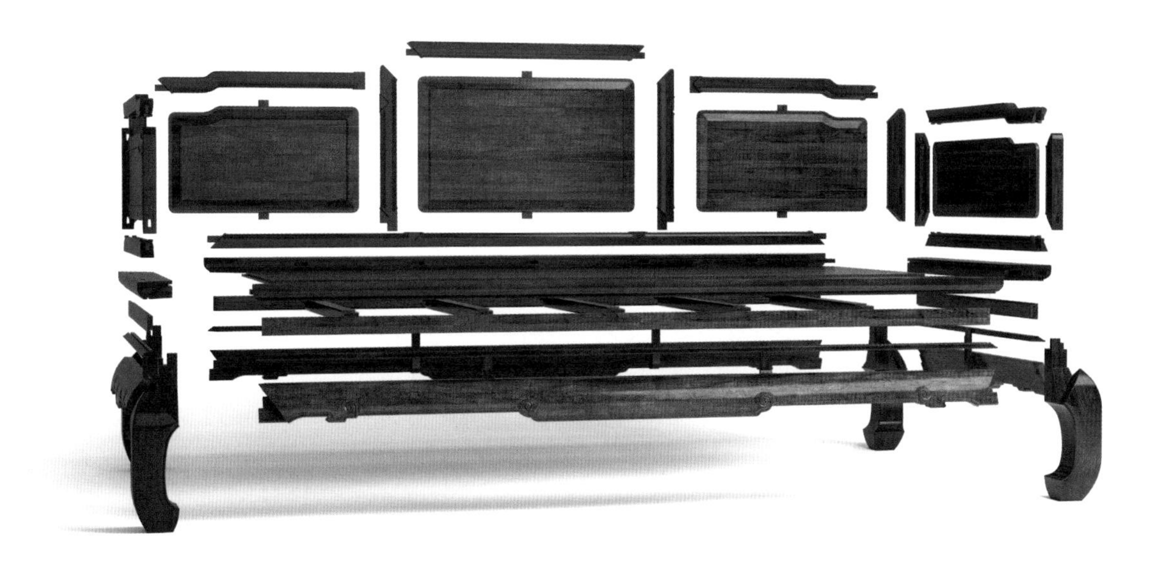

结构爆炸（效果图5）

5. 部件示意

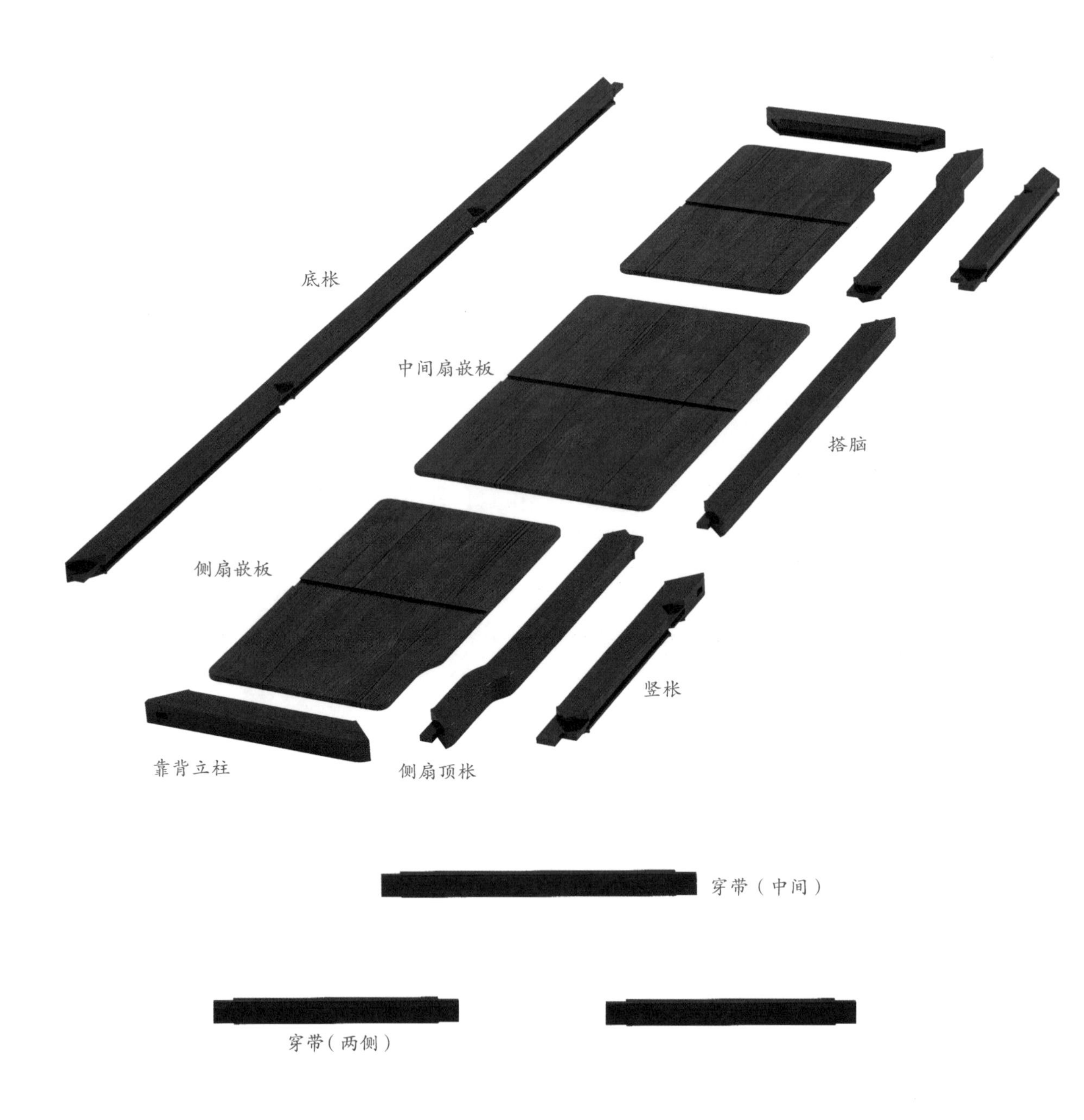

底枨
中间扇嵌板
搭脑
侧扇嵌板
竖枨
靠背立柱
侧扇顶枨
穿带（中间）
穿带（两侧）

部件示意—靠背围子（效果图 6）

立柱（前）
顶枨
底枨
立柱（后）
嵌板

部件示意—两侧围子（效果图 7）

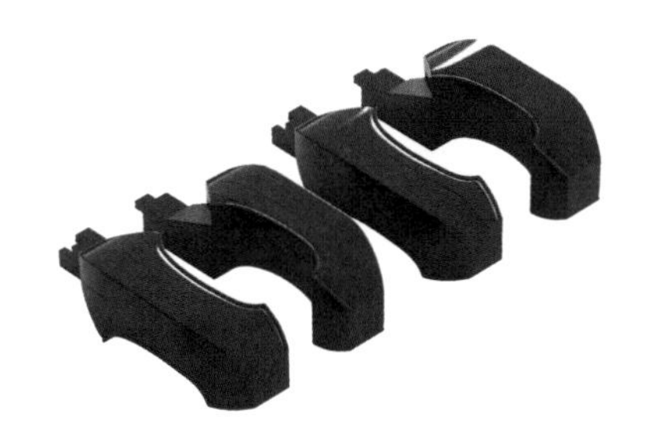

部件示意—腿子（效果图 8）

抹头
面心
大边（后）
大边（前）
穿带

部件示意—座面（效果图9）

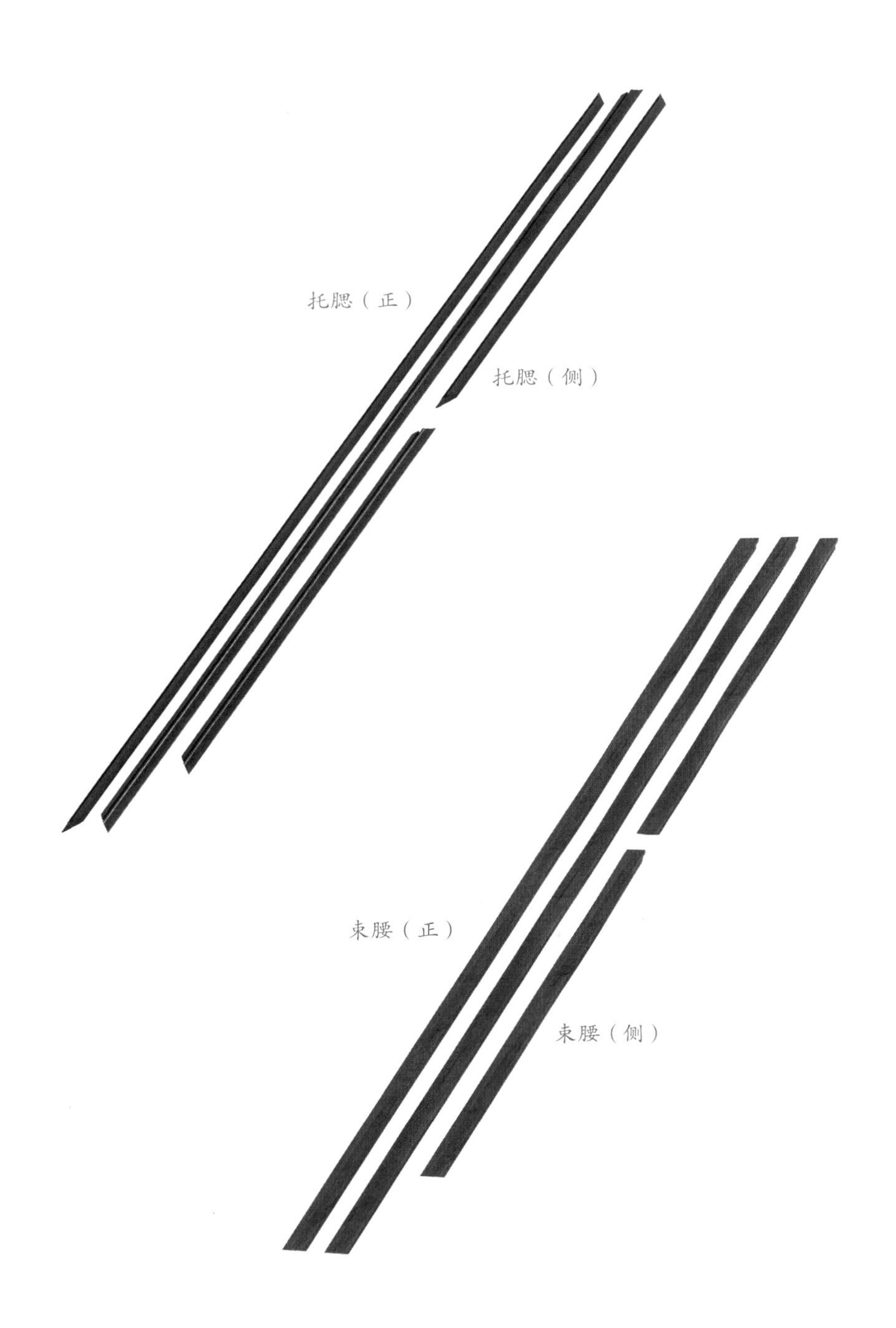
托腮（正）
托腮（侧）
束腰（正）
束腰（侧）

部件示意—束腰和托腮（效果图10）

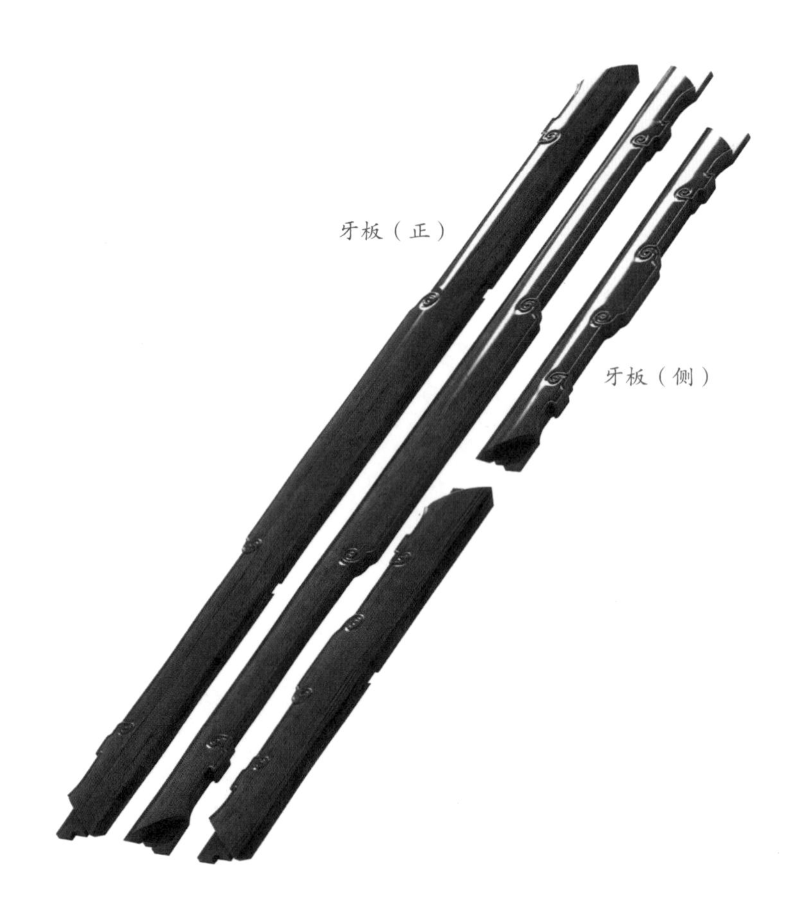
牙板（正）
牙板（侧）

部件示意—牙板（效果图 11）

6. 细部详解

细部效果—靠背围子（效果图 12）

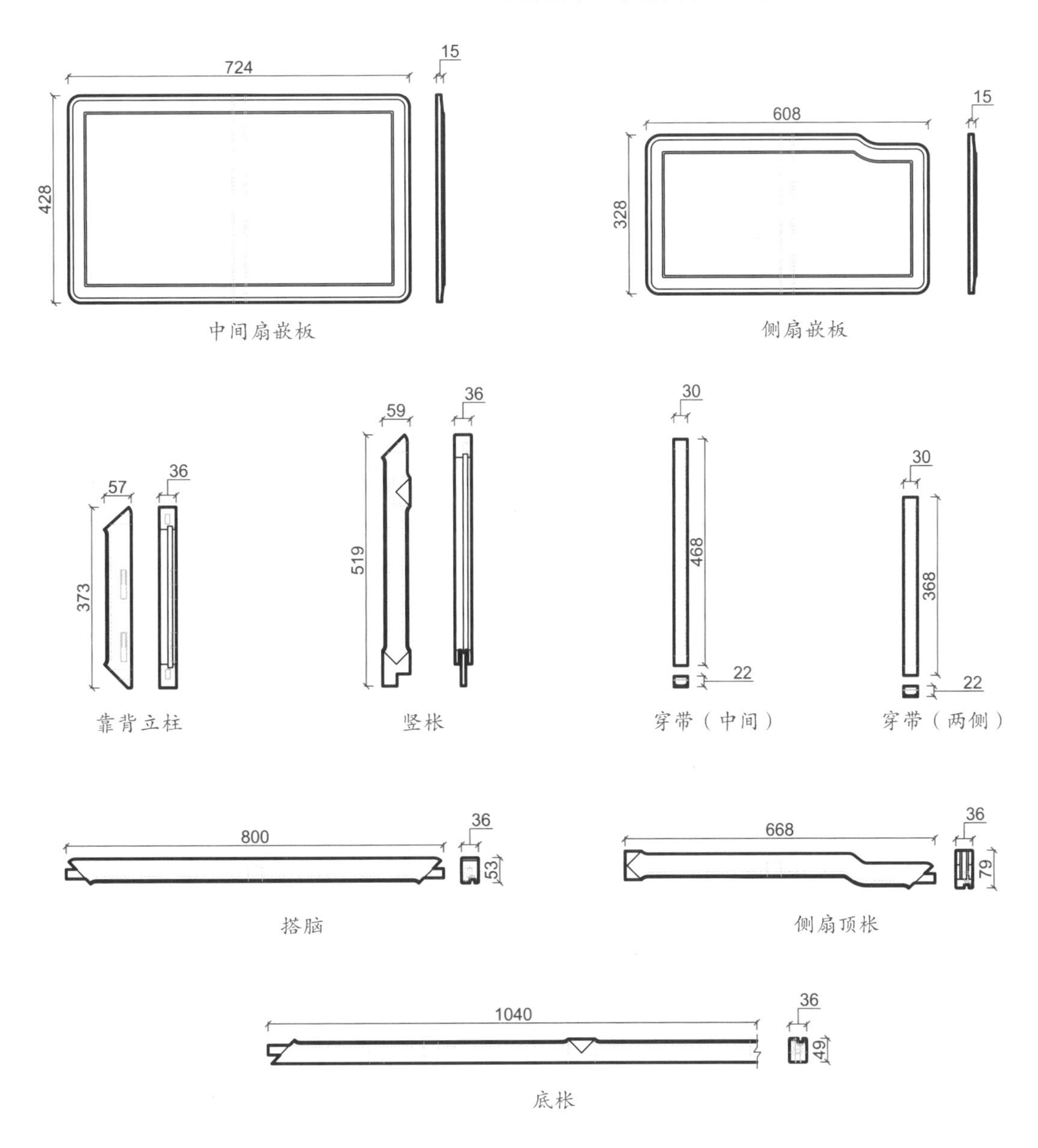

724
15
428
608
15
328
中间扇嵌板
侧扇嵌板
57
36
373
59
36
519
30
468
22
30
368
22
靠背立柱
竖枨
穿带（中间）
穿带（两侧）
800
36
53
668
36
79
搭脑
侧扇顶枨
1040
36
49
底枨

细部结构—靠背围子（CAD 图 2 ~ 图 10）

细部效果—两侧围子（效果图 13）

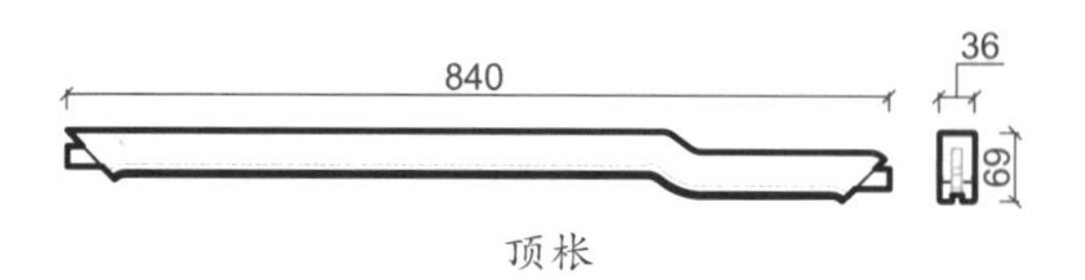

840
36
69

顶枨

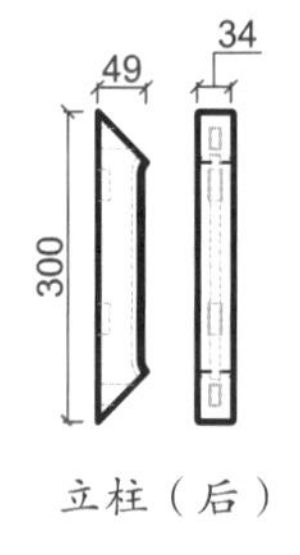

49
34
300

立柱（后）

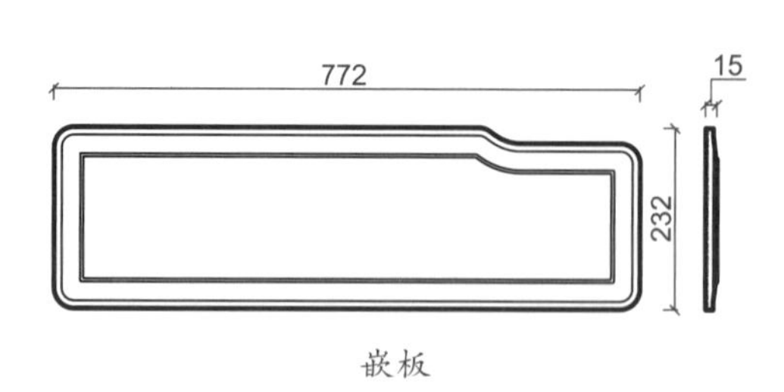

772
15
232

嵌板

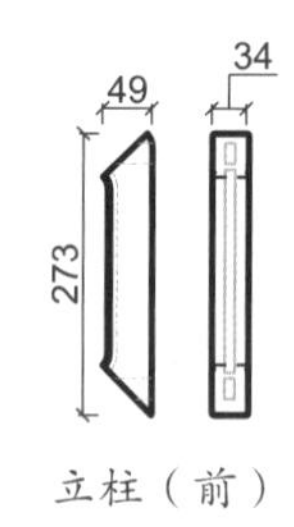

49
34
273

立柱（前）

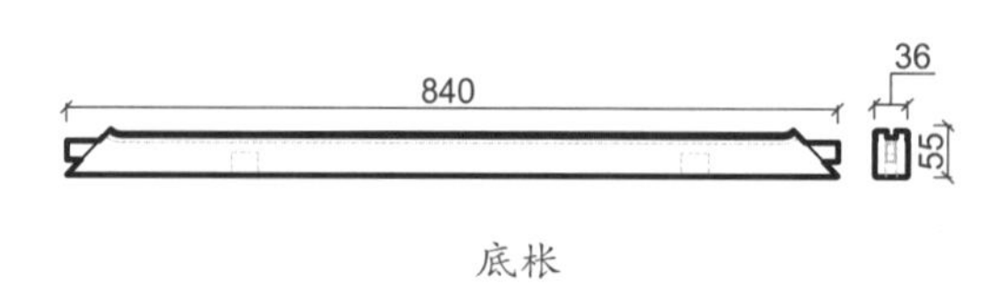

840
36
55

底枨

细部结构—两侧围子（CAD 图 11 ~图 15）

细部效果—座面（效果图 14）

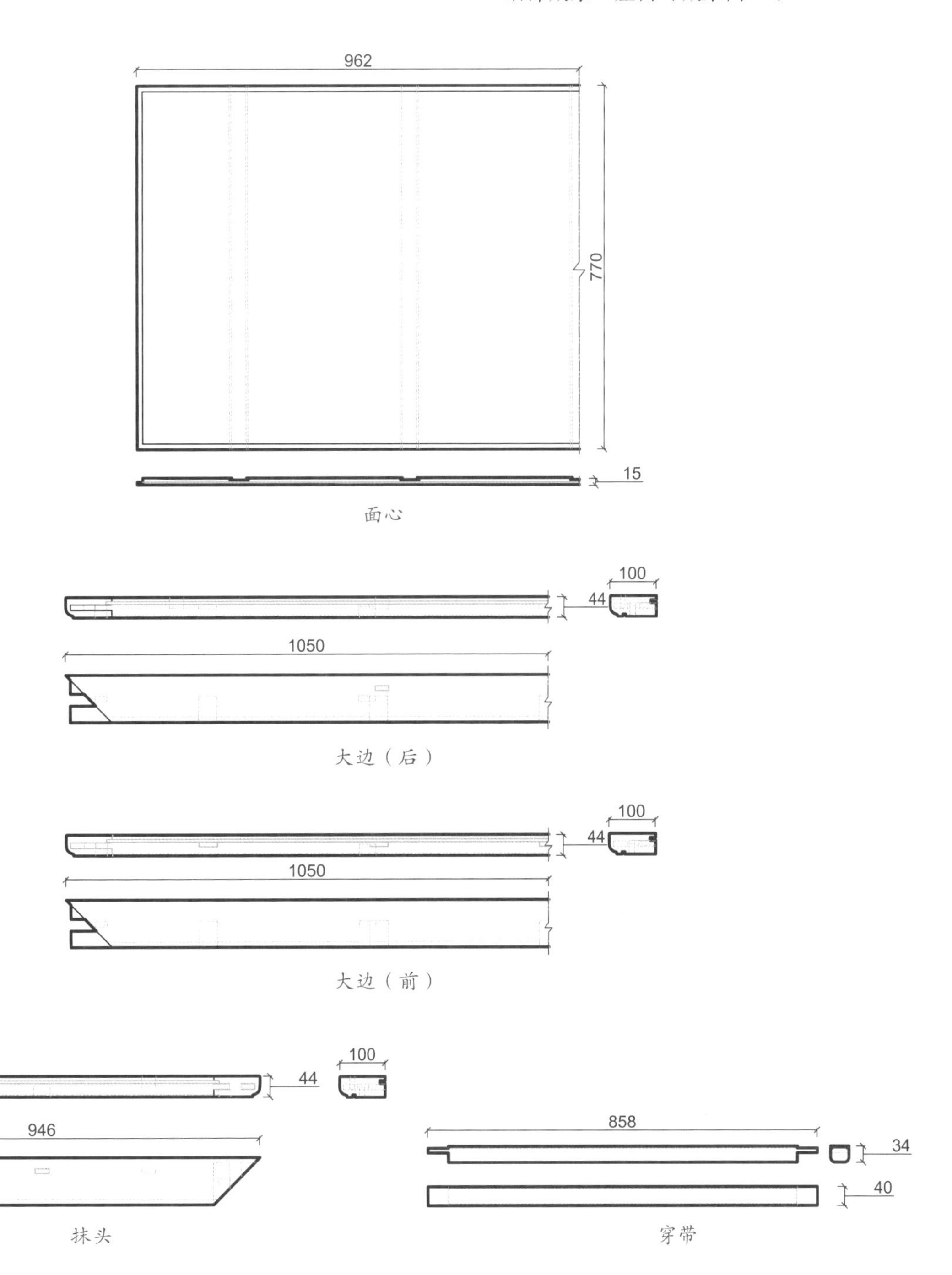

962
770
15
面心
100
44
1050
大边（后）
100
44
1050
大边（前）
100
44
946
抹头
858
34
40
穿带

细部结构—座面（CAD 图 16 ~ 图 20）

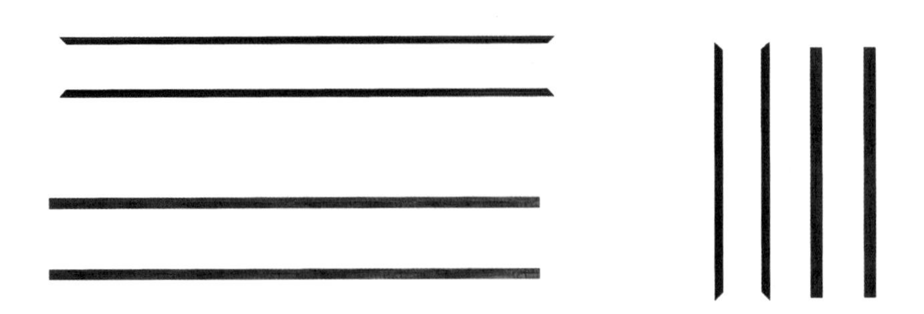

细部效果—束腰和托腮（效果图 15）

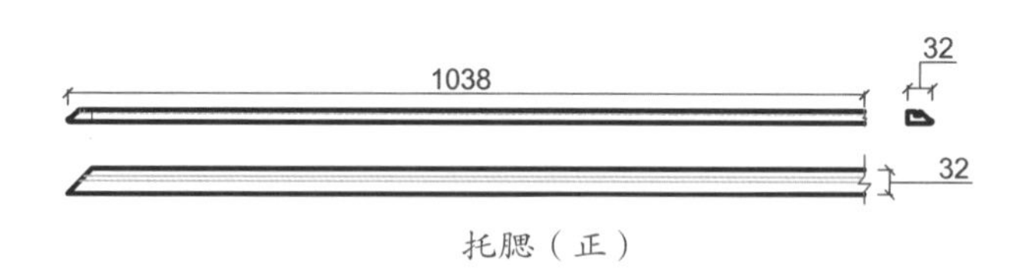
1038
32
32

托腮（正）

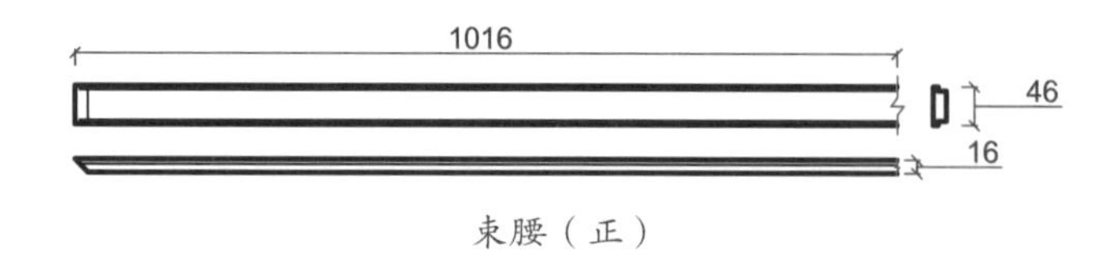
1016
46
16

束腰（正）

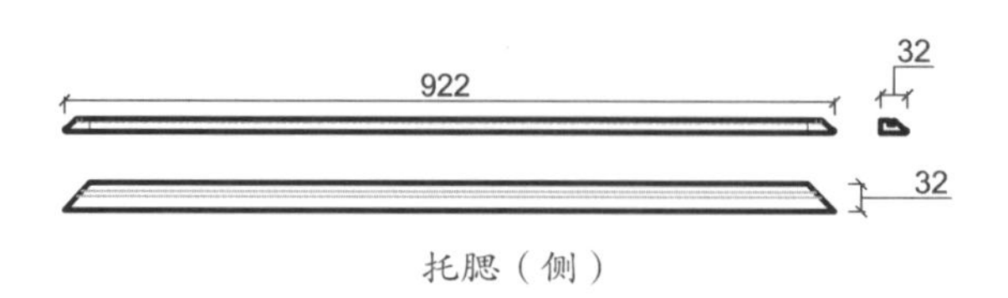
922
32
32

托腮（侧）

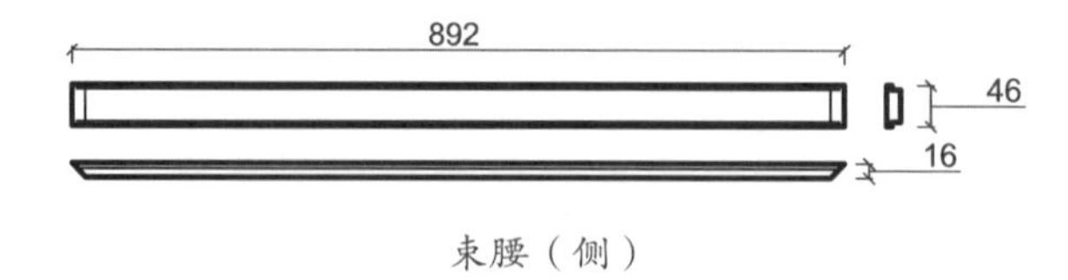
892
46
16

束腰（侧）

细部结构—束腰和托腮（CAD 图 21 ~ 图 24）

细部效果—牙板（效果图 16）

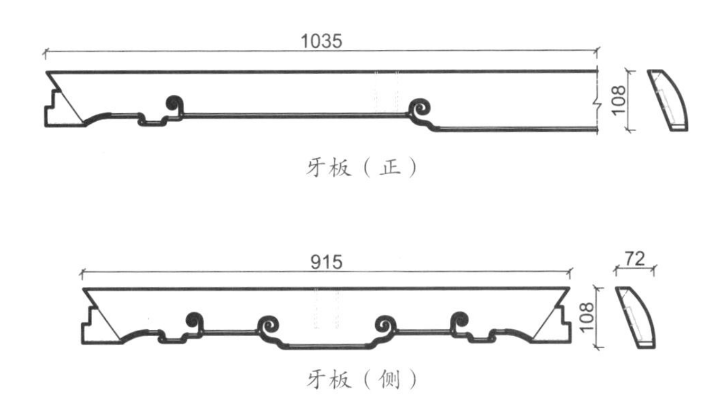
1035
108
牙板（正）
915
72
108
牙板（侧）

细部结构—牙板（CAD 图 25 ~ 图 26）

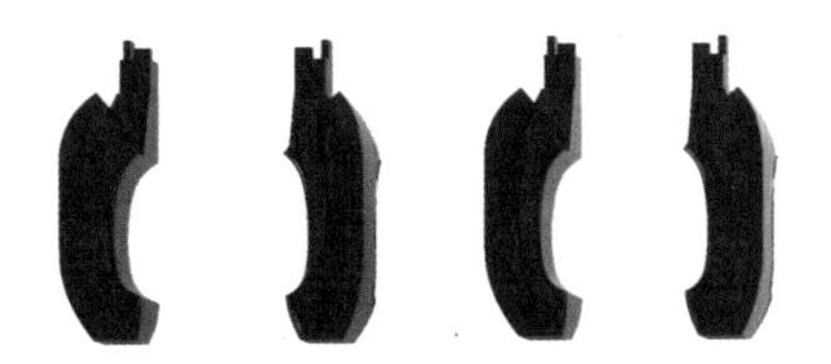

细部效果—腿子（效果图 17）

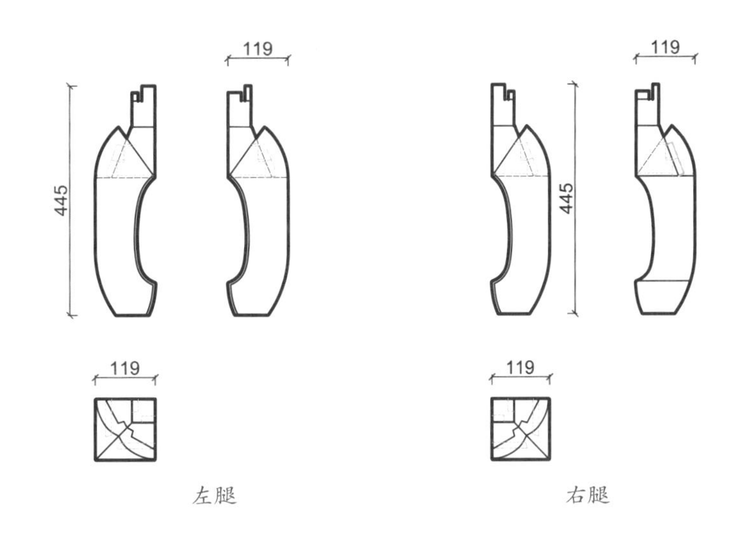
119
445
119
左腿
119
445
119
右腿

细部结构—腿子（CAD 图 27 ~ 图 28）

月洞式门罩架子床

材质：黄花梨

年款：明

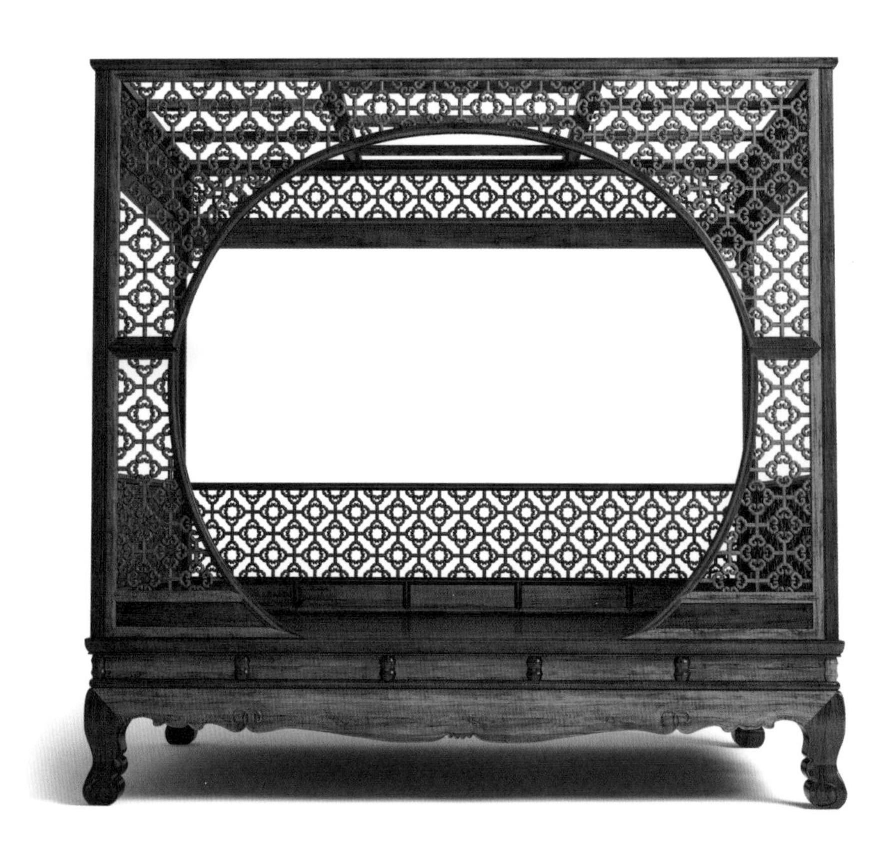

整体外观（效果图 1）

1. 器形点评

此架子床门罩由上半、下左、下右三扇拼合而成，上安顶架。床罩做成月洞门式，以四簇云纹加十字枨连接而成。床面为硬屉，下面的束腰装绦环板，中以竹节纹矮老相隔。束腰下为素混面托腮，托腮下接壶门牙子。三弯腿，涡纹足。此床做工精湛，月洞门罩空灵逸秀，构图饱满圆润，为明式家具的经典之作。

2. CAD 图示

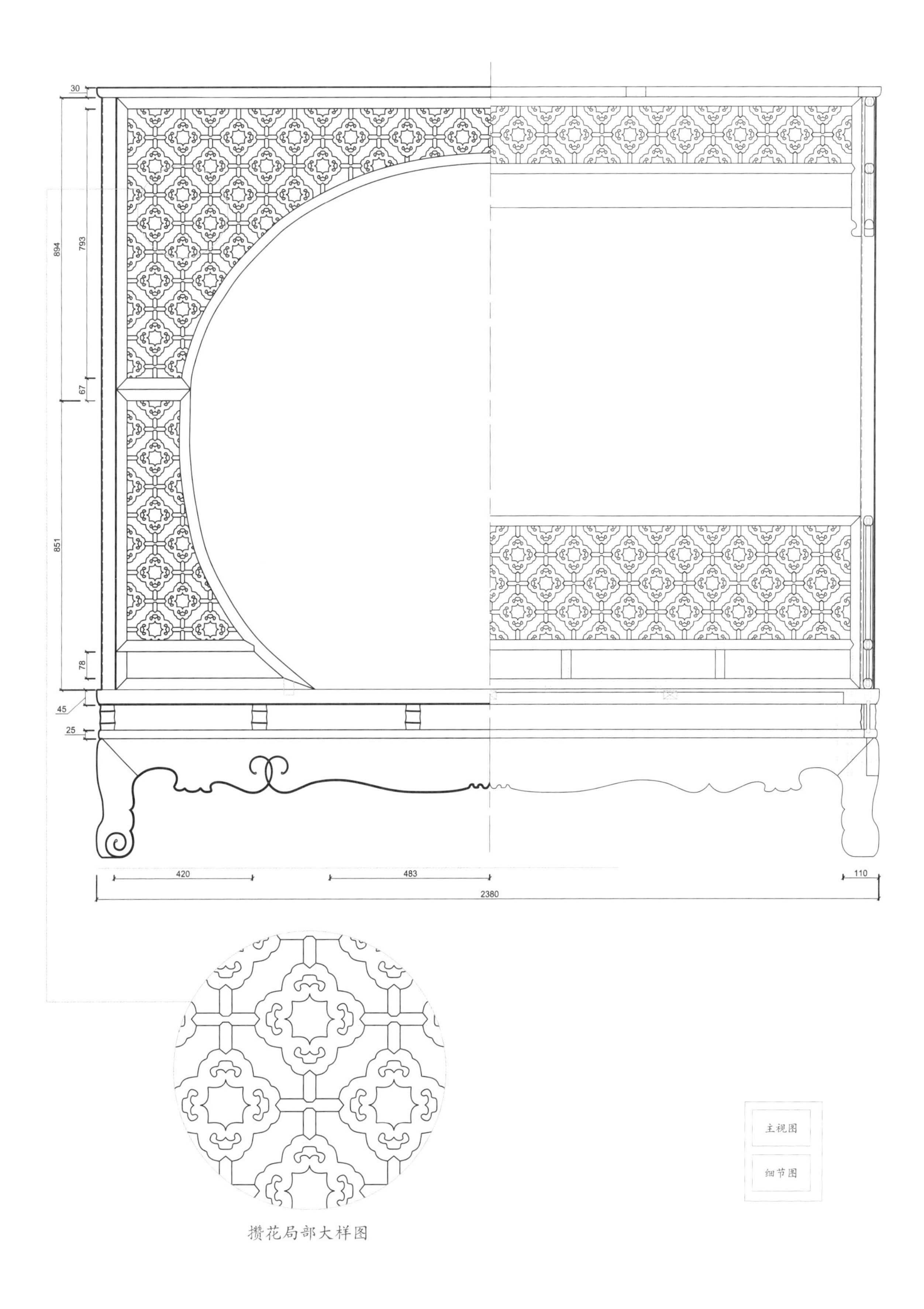
30
894
793
67
851
78
45
25
420
483
110
2380
主视图
细节图

攒花局部大样图

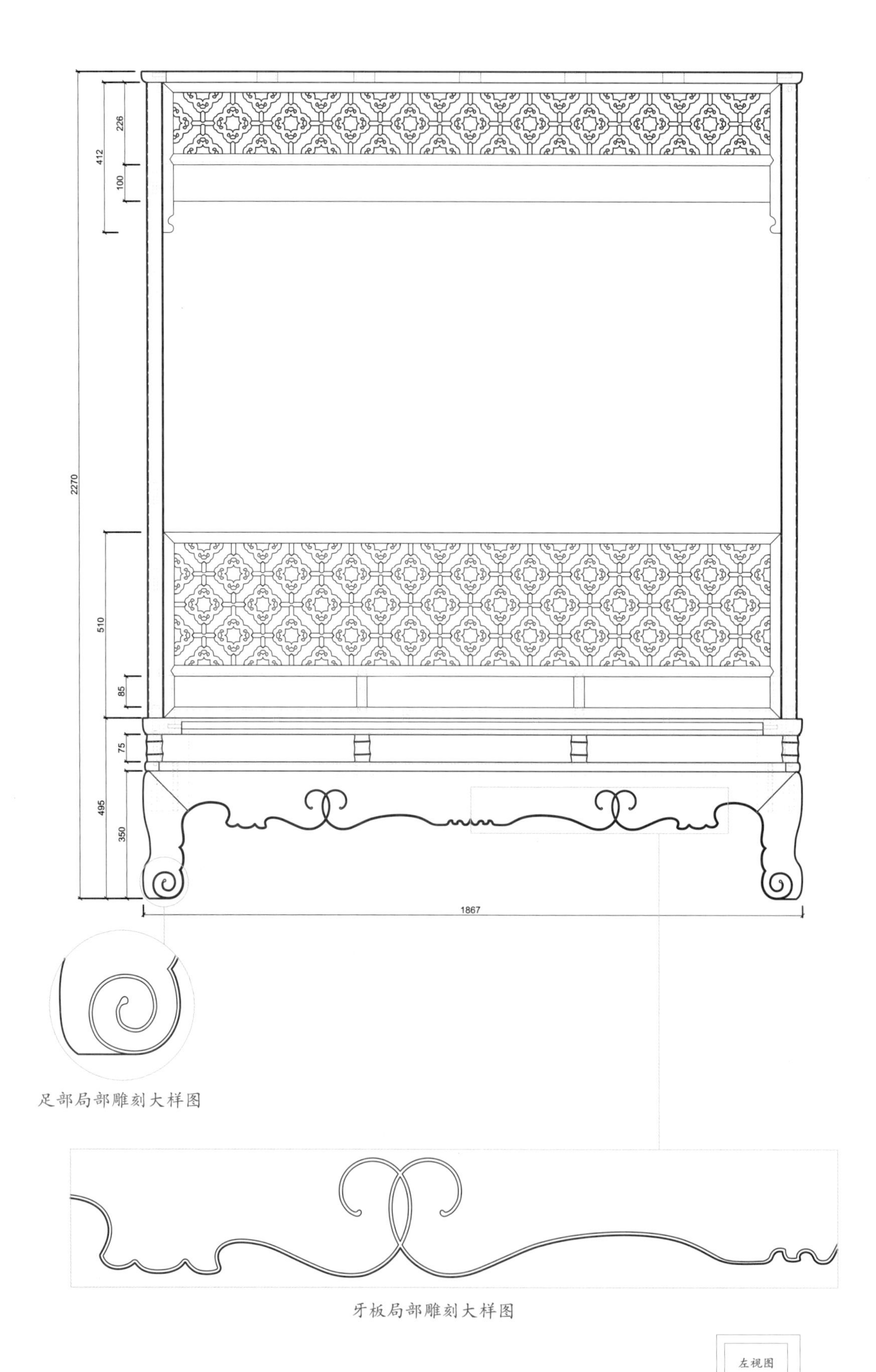
2270
412
226
100
510
85
75
495
350
1867

足部局部雕刻大样图

牙板局部雕刻大样图

左视图

细节图

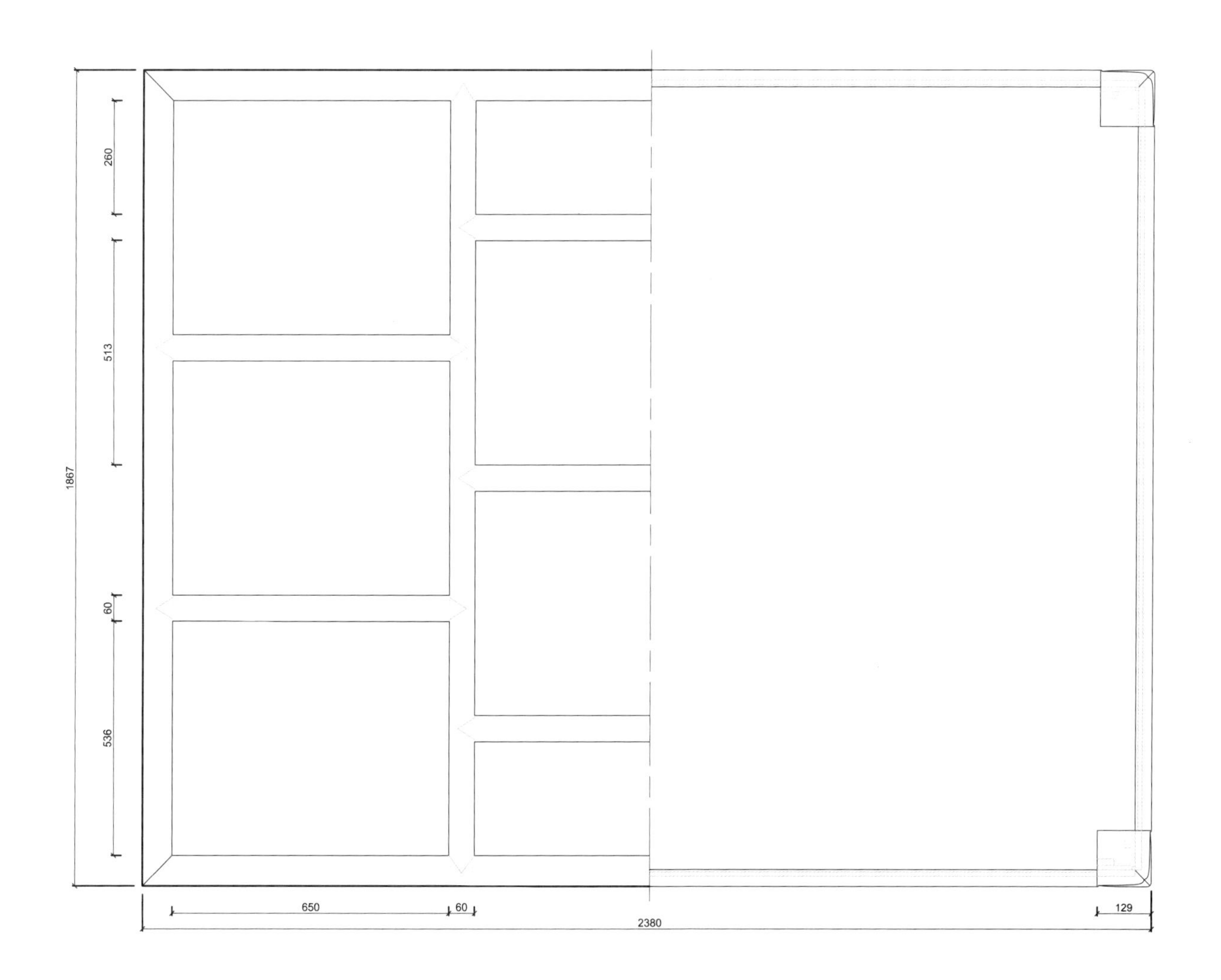
260
513
1867
60
536
650
60
2380
129
俯视图

三视结构（CAD图1）

3. 用材效果

用材效果（材质：紫檀；效果图 2）

用材效果（材质：黄花梨；效果图 3）

用材效果（材质：红酸枝；效果图 4）

4. 结构爆炸

结构爆炸（效果图 5）

5. 部件示意

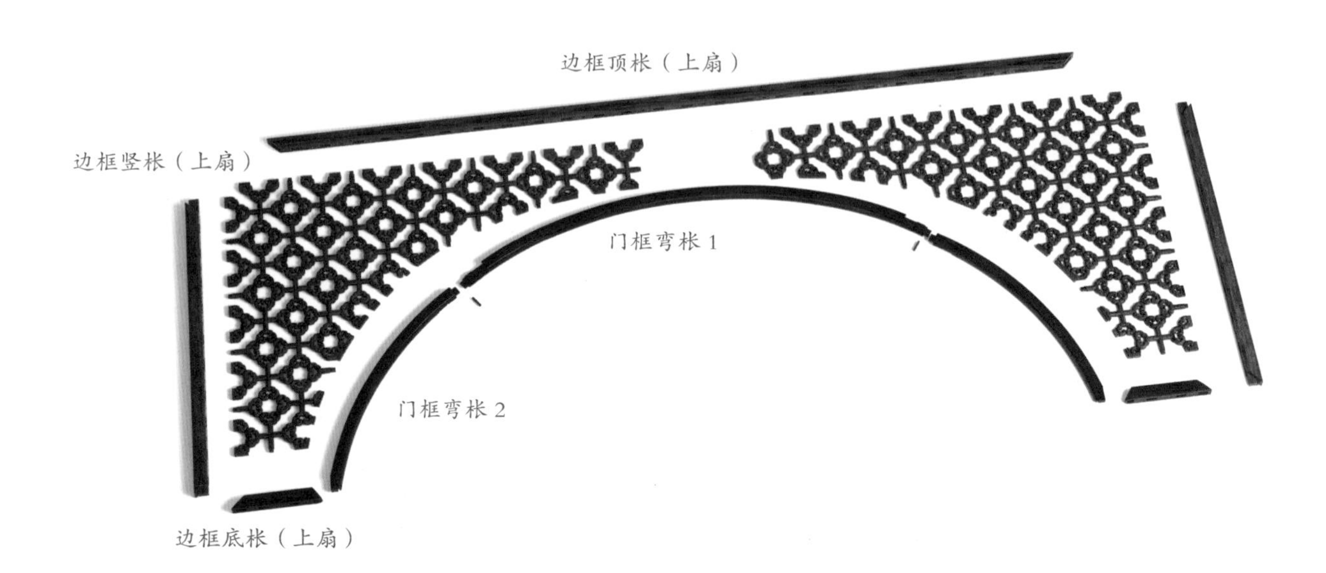

边框顶枨（上扇）
边框竖枨（上扇）
门框弯枨 1
门框弯枨 2
边框底枨（上扇）

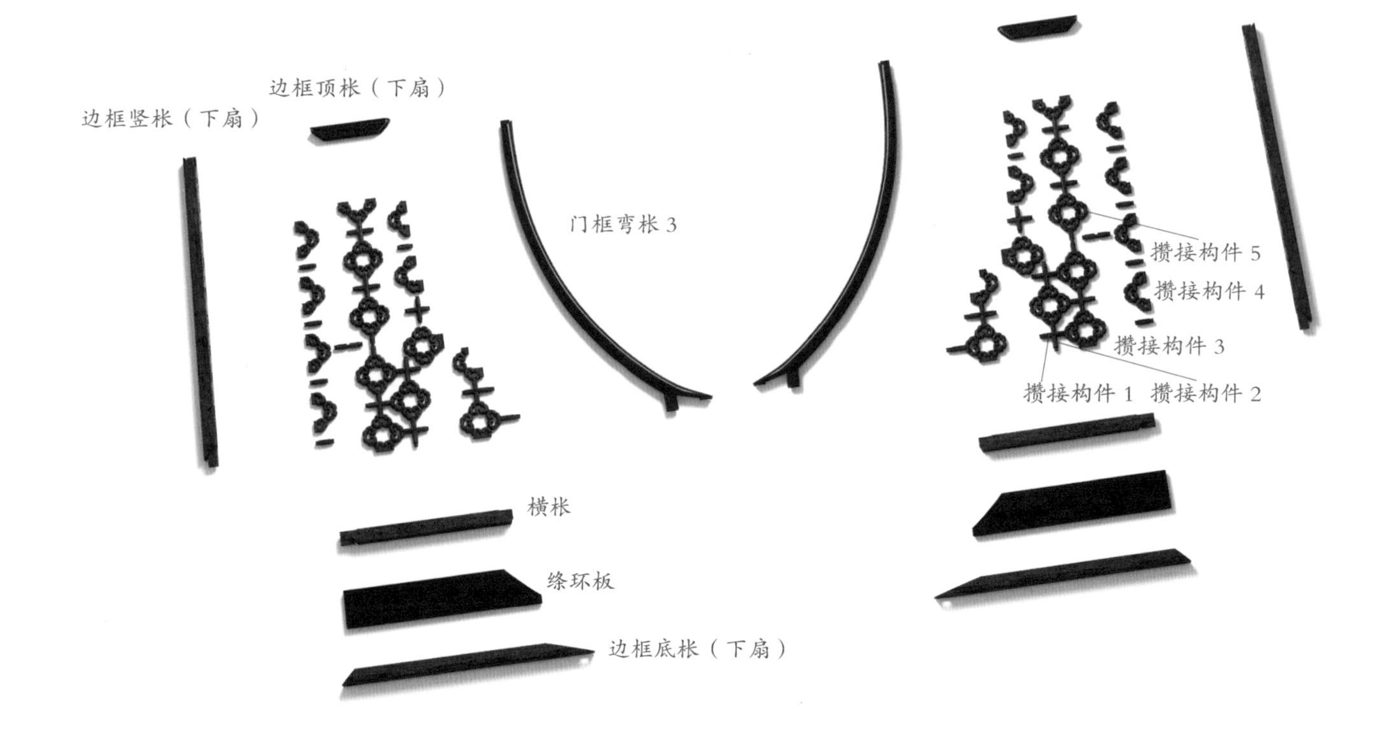

边框顶枨（下扇）
边框竖枨（下扇）
门框弯枨 3
攒接构件 5
攒接构件 4
攒接构件 3
攒接构件 1
攒接构件 2
横枨
绦环板
边框底枨（下扇）

部件示意—门罩（效果图 6）

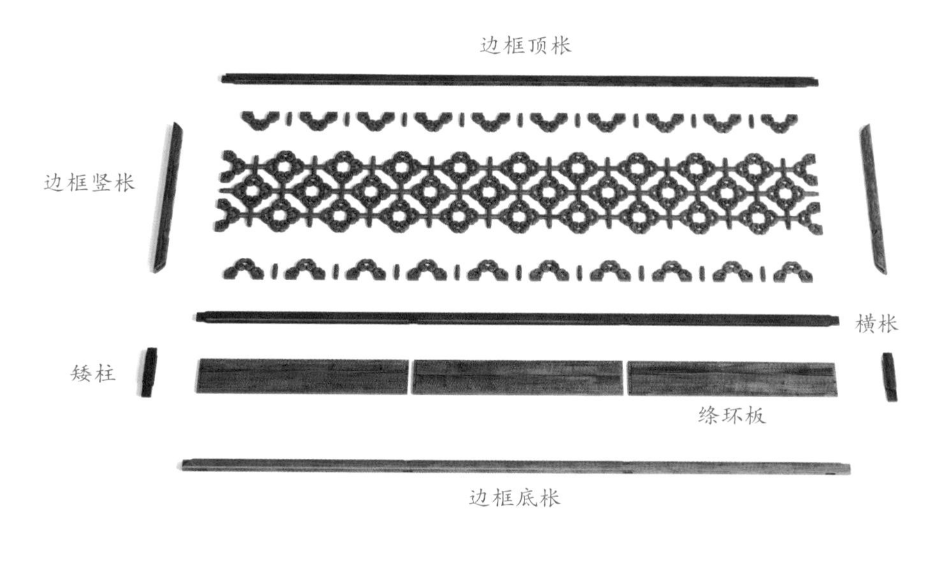
边框顶枨
边框竖枨
横枨
矮柱
绦环板
边框底枨

部件示意—侧面床围子（效果图 7）

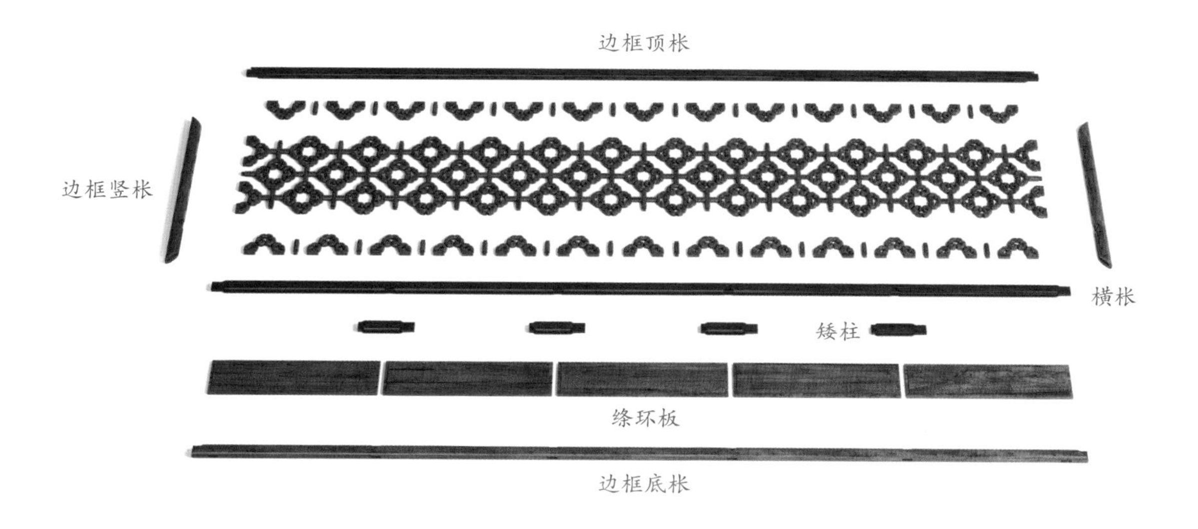
边框顶枨
边框竖枨
横枨
矮柱
绦环板
边框底枨

部件示意—后面床围子（效果图 8）

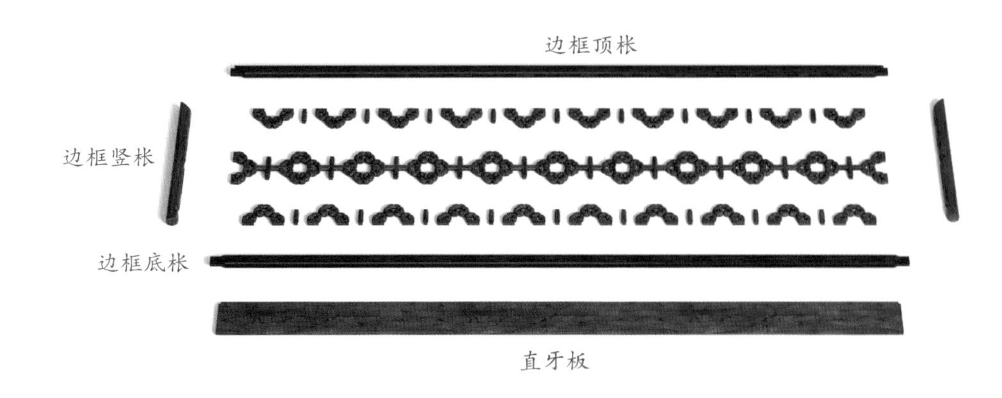
边框顶枨
边框竖枨
边框底枨
直牙板

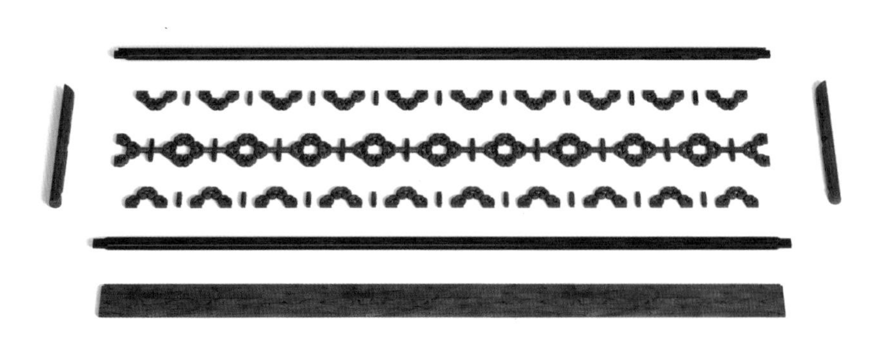

部件示意—侧面挂檐（效果图 9）

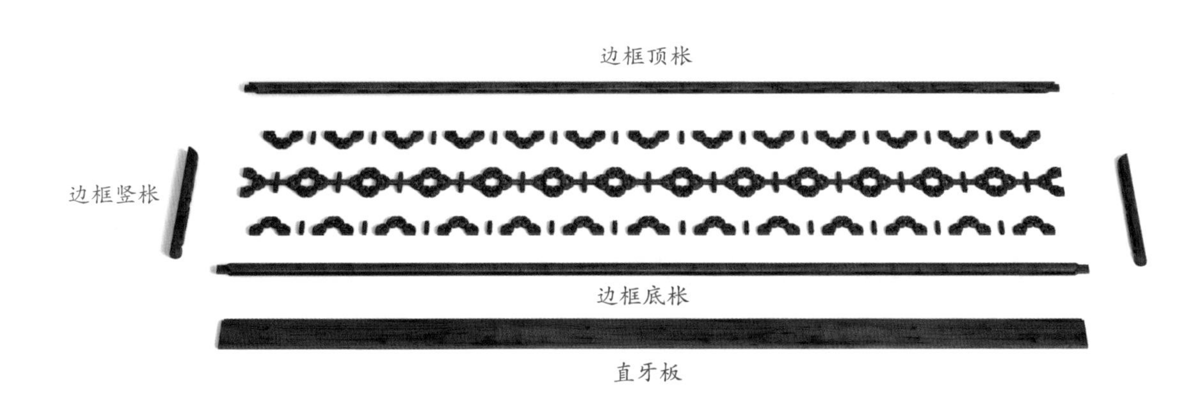
边框顶枨
边框竖枨
边框底枨
直牙板

部件示意—后面挂檐（效果图 10）

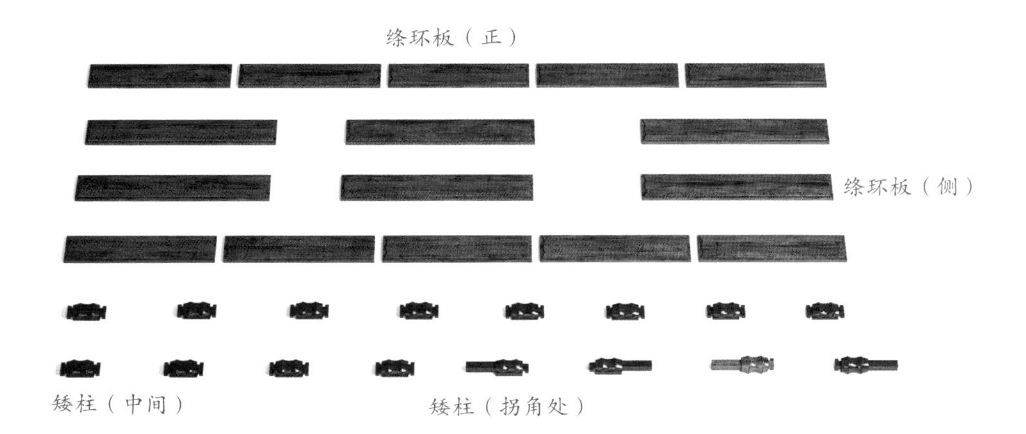
绦环板（正）
绦环板（侧）
矮柱（中间）
矮柱（拐角处）

部件示意—束腰（效果图11）

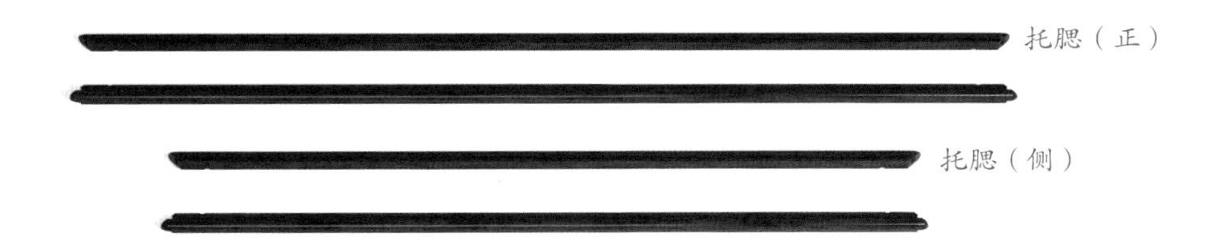
托腮（正）
托腮（侧）

部件示意—托腮（效果图12）

牙板（正）
牙板（侧）

部件示意—牙板（效果图13）

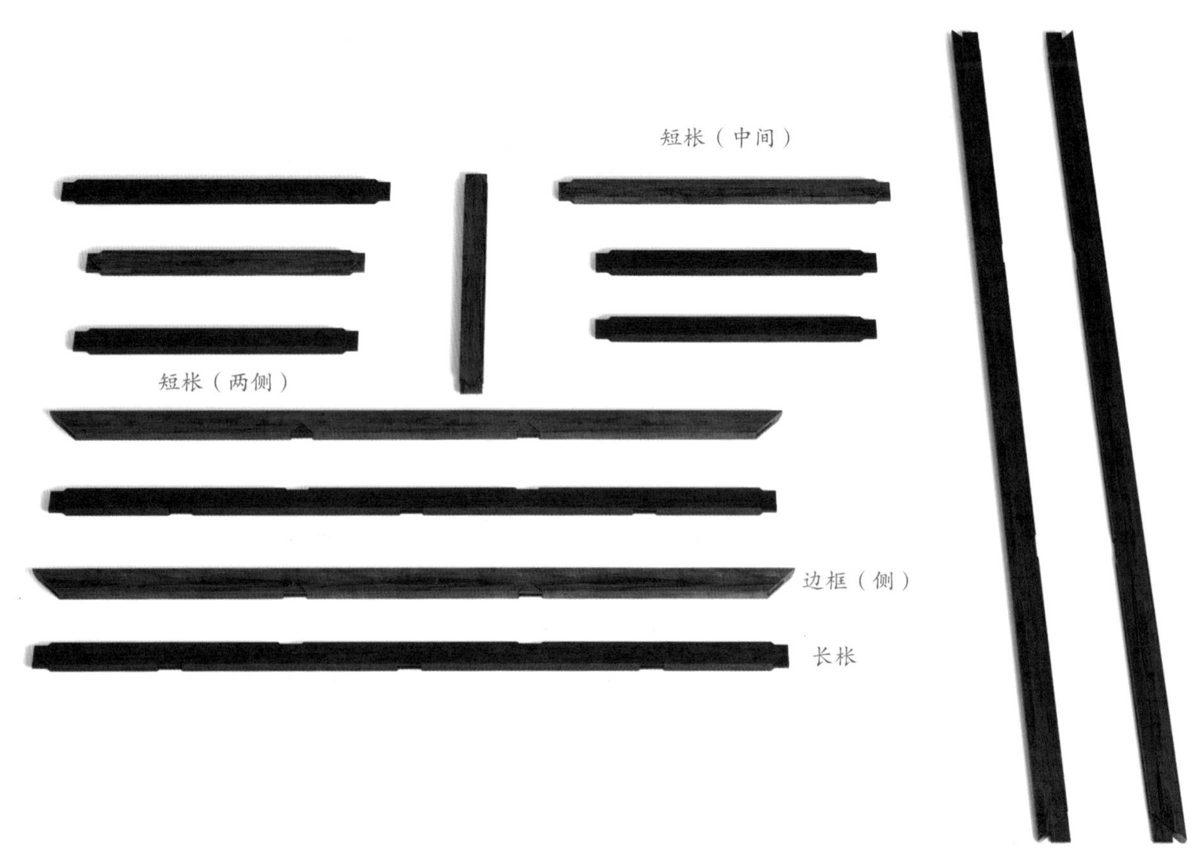
短枨（中间）
短枨（两侧）
边框（侧）
长枨
边框（正）

部件示意—床顶（效果图14）

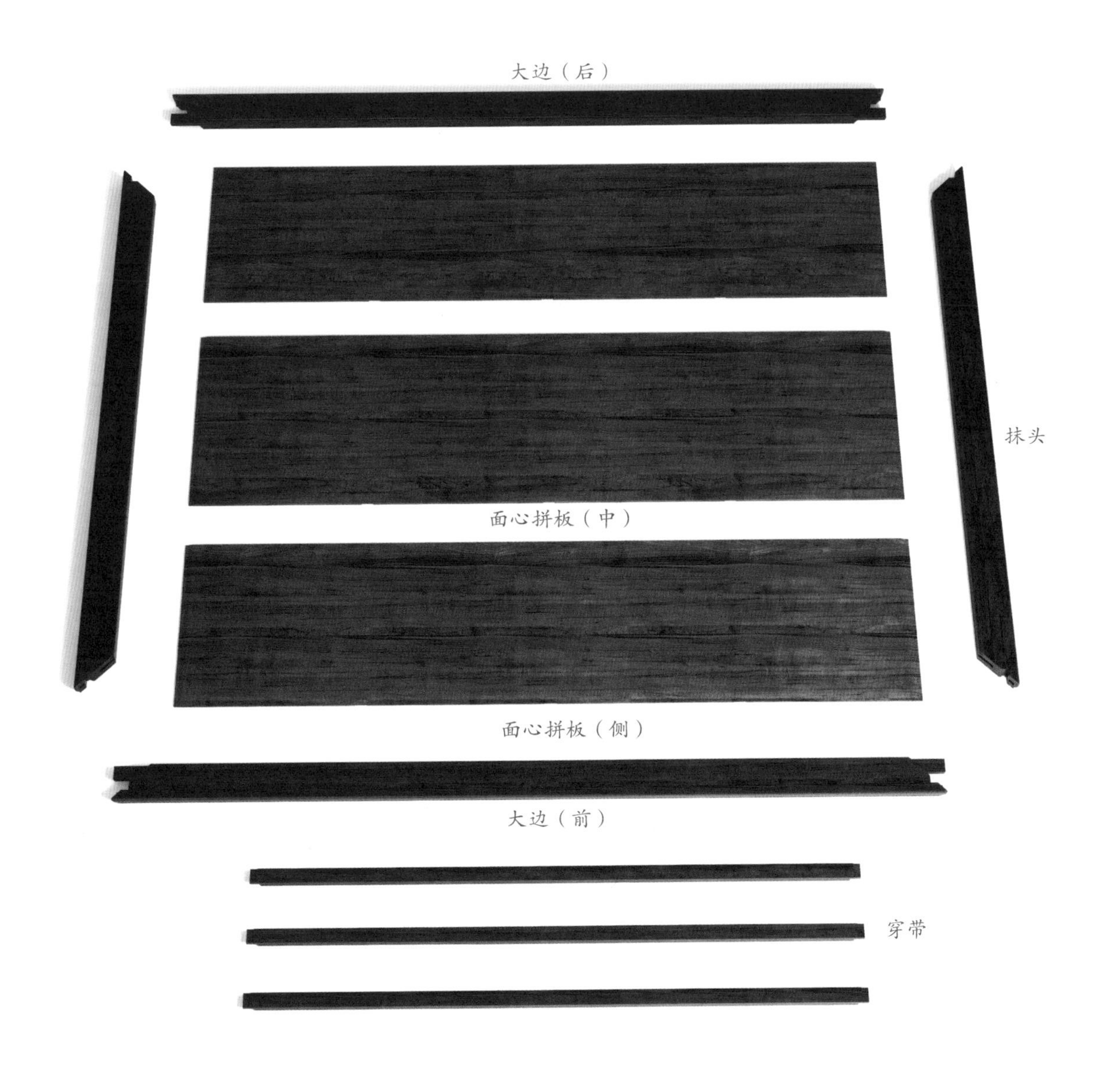
大边（后）
抹头
面心拼板（中）
面心拼板（侧）
大边（前）
穿带

部件示意—床面（效果图 15）

床柱（前）

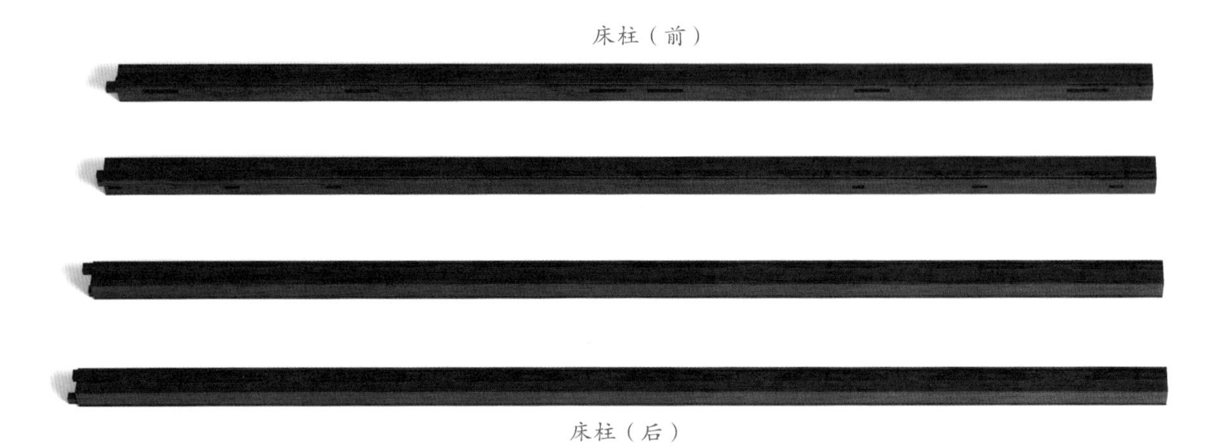

床柱（后）

部件示意—床柱（效果图 16）

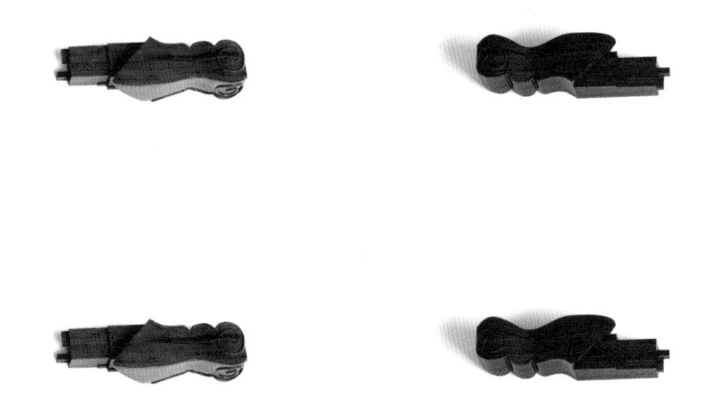

部件示意—腿子（效果图 17）

6. 细部详解

细部效果—侧面床围子（效果图 18）

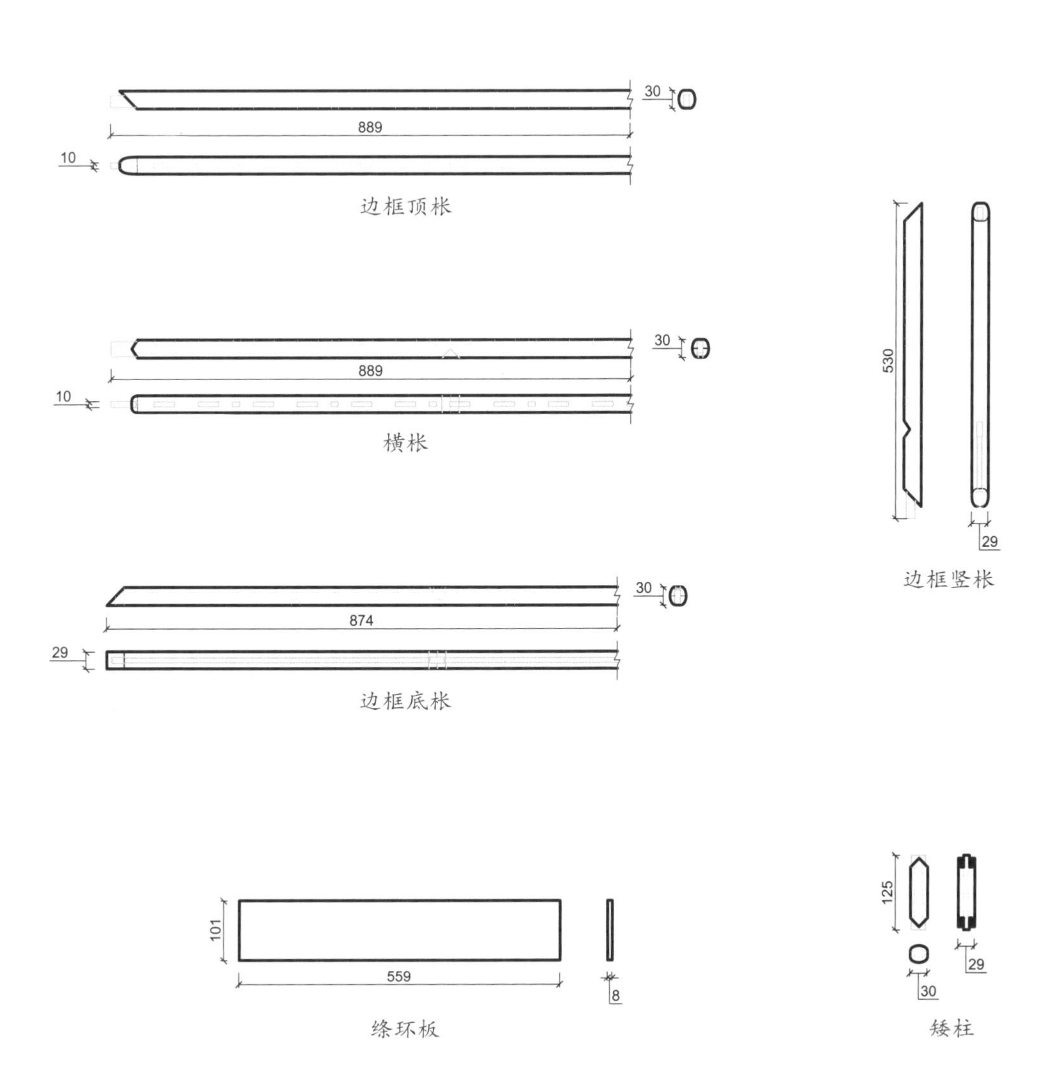

30
889
10
边框顶枨
30
889
10
横枨
30
874
29
边框底枨
530
29
边框竖枨
101
559
8
绦环板
125
29
30
矮柱

细部结构—侧面床围子（CAD 图 2 ~ 图 7）

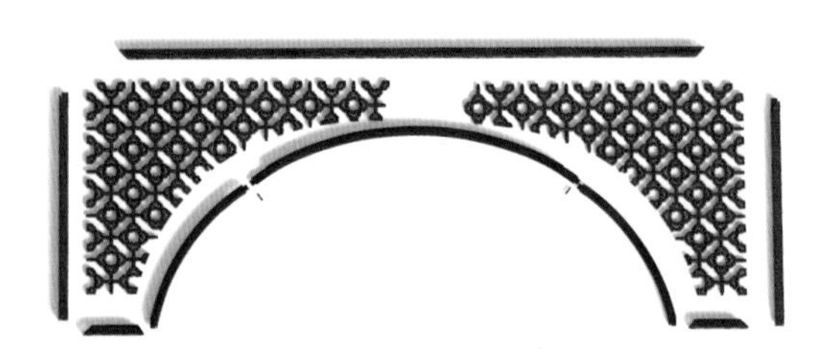

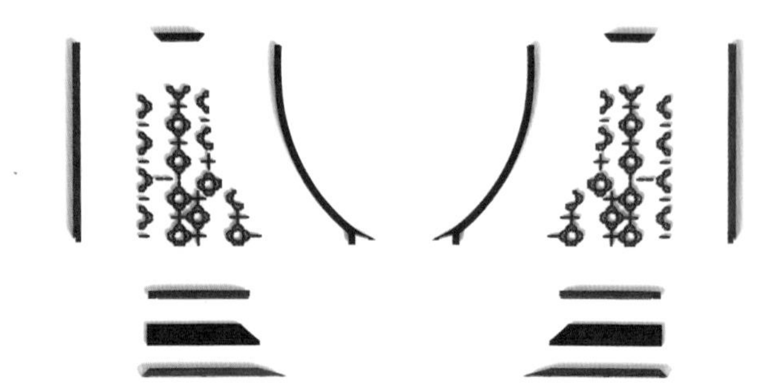

细部效果—门罩（效果图19）

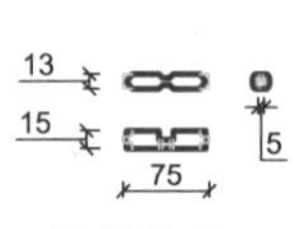

13
15
5
75

攒接构件1

75
13
13

攒接构件2

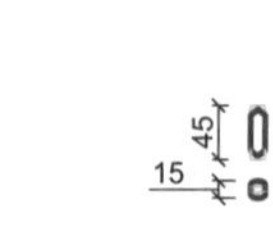

45
15
5

攒接构件3

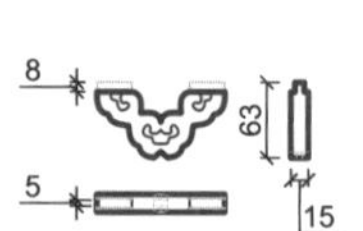

8
63
5
15

攒接构件4

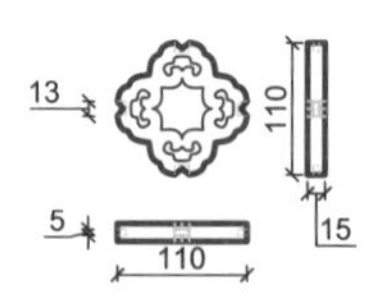

13
110
5
110
15

攒接构件5

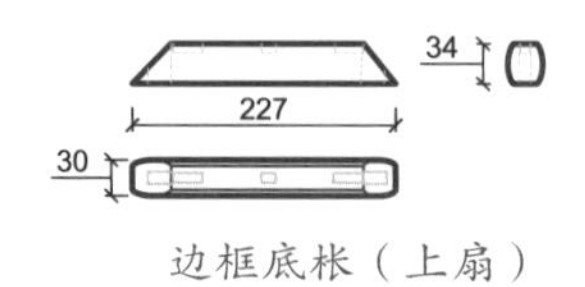

34
227
30

边框底枨（上扇）

34
227
30

边框顶枨（下扇）

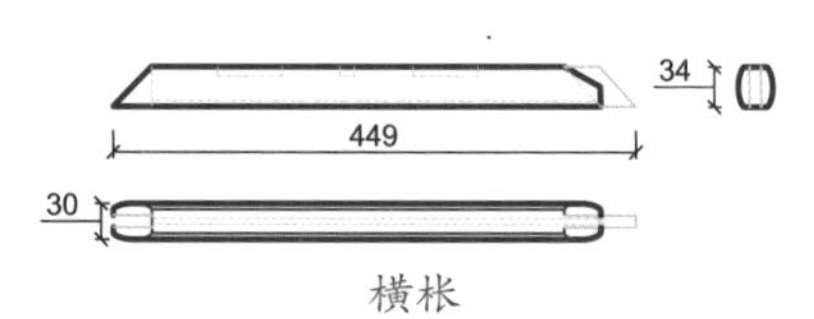

34
449
30

横枨

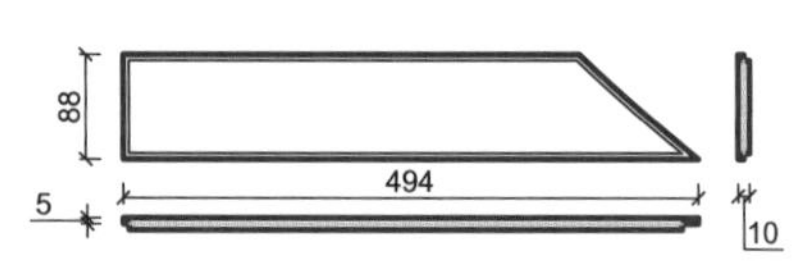

88
494
5
10

绦环板

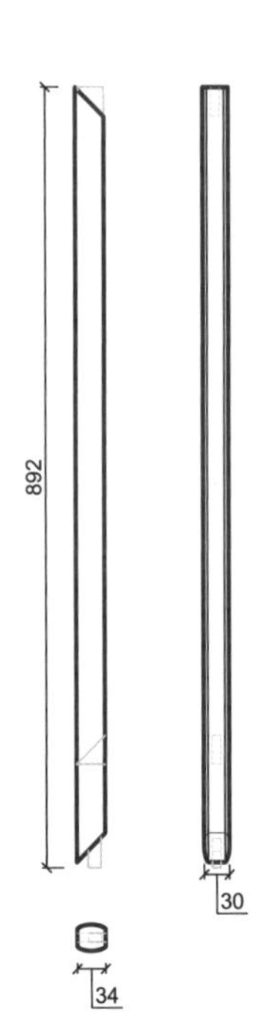

892
30
34

边框竖枨（下扇）

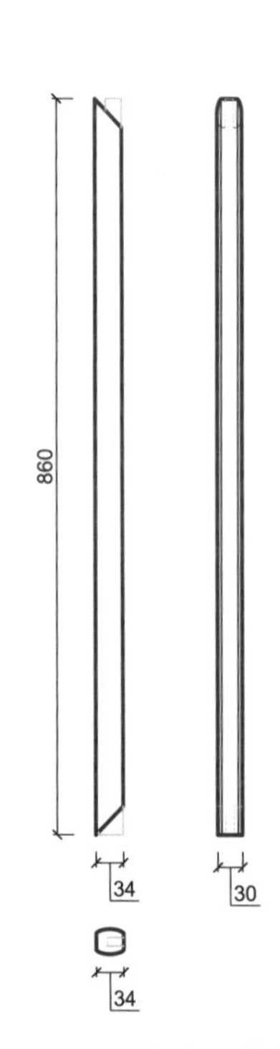

860
34
30
34

边框竖枨（上扇）

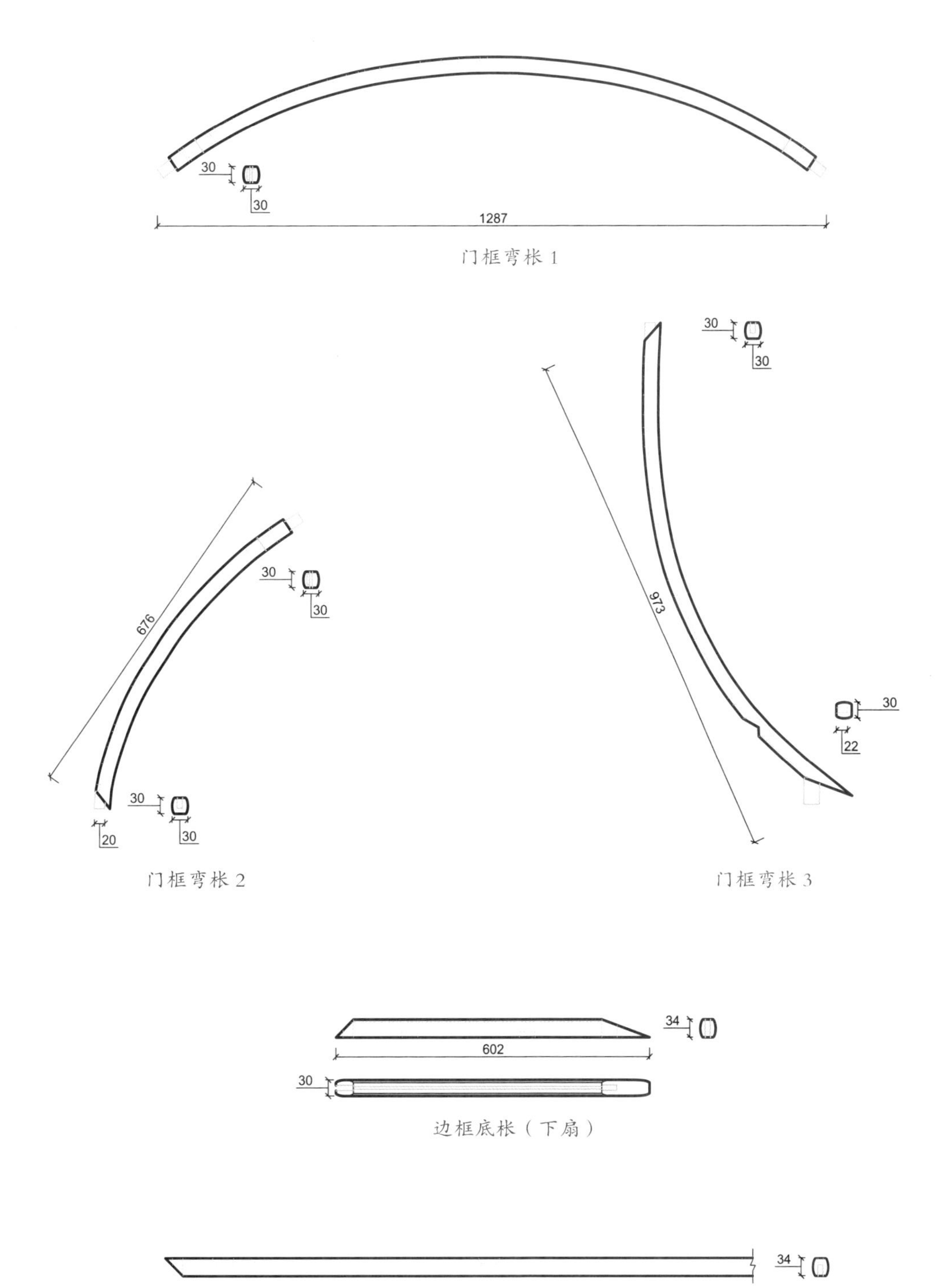
30
30
1287
30
30
676
30
30
30
20
30
973
30
22
602
34
30
1130
34
30

门框弯枨 1

门框弯枨 2

门框弯枨 3

边框底枨（下扇）

边框顶枨（上扇）

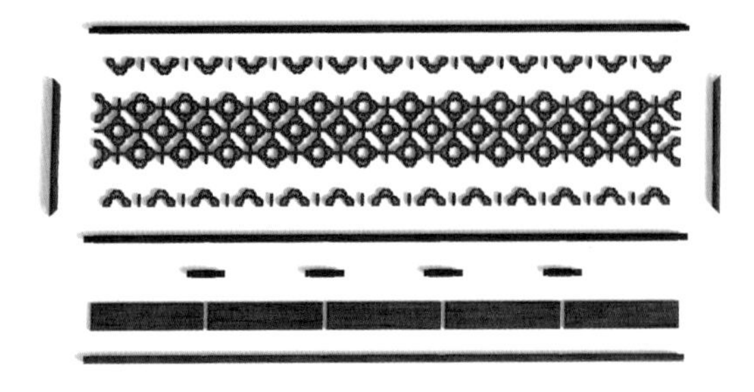

细部效果—后面床围子（效果图 20）

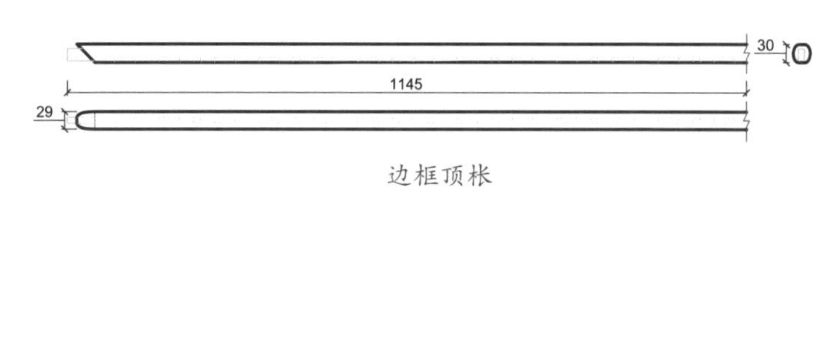
30
1145
29

边框顶枨

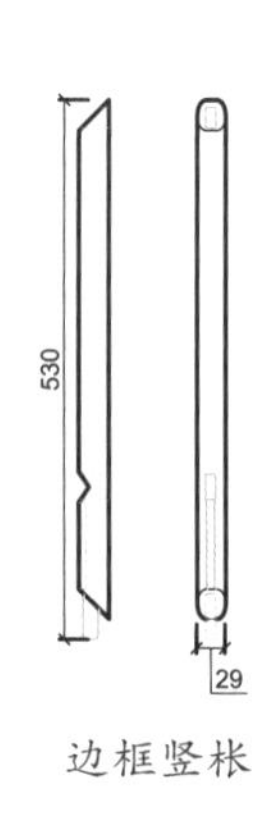
530
29

边框竖枨

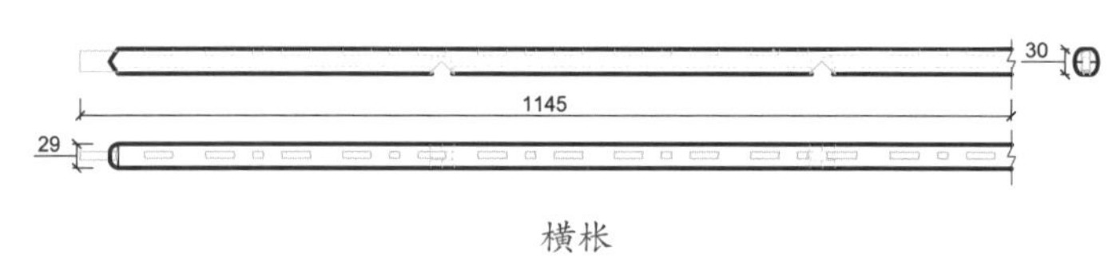
30
1145
29

横枨

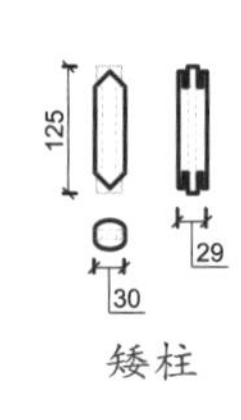
125
30
29

矮柱

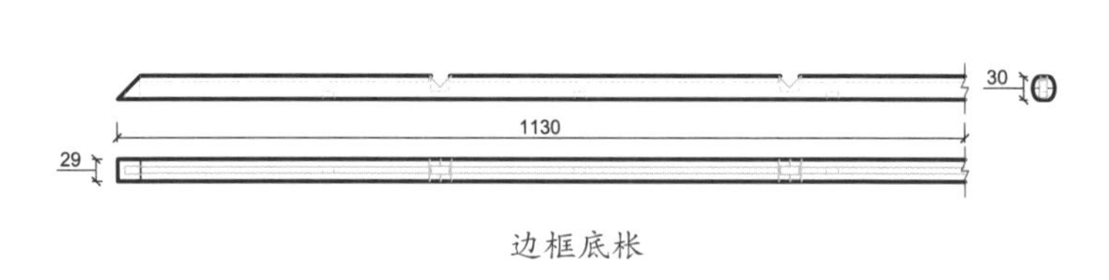
30
1130
29

边框底枨

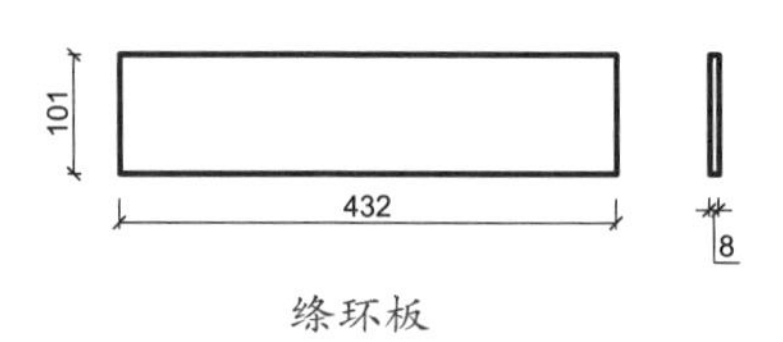
101
432
8

绦环板

细部结构—后面床围子（CAD 图 24 ~图 29）

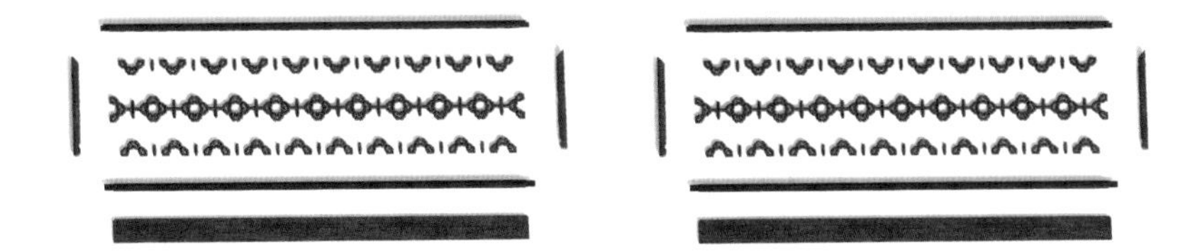

细部效果—侧面挂檐（效果图 21）

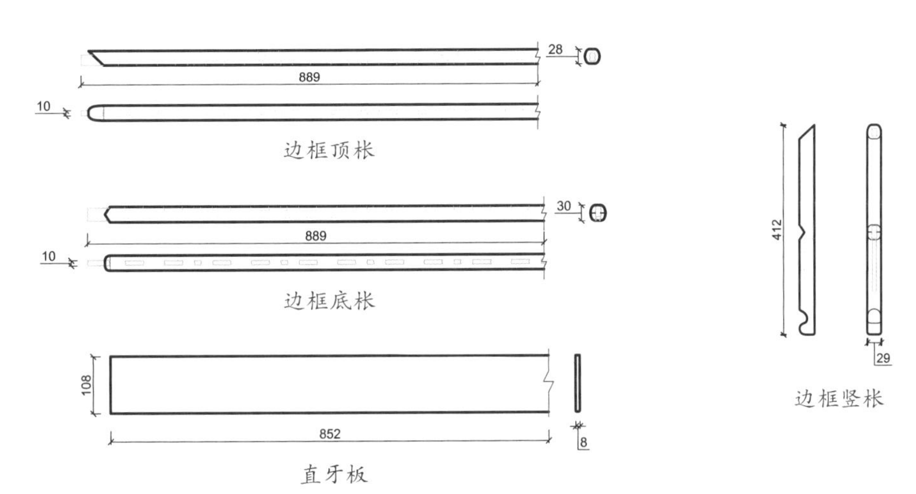
28
889
10
边框顶枨
30
889
10
边框底枨
108
852
8
直牙板
412
29
边框竖枨

细部结构—侧面挂檐（CAD 图 30 ~ 图 33）

细部效果—后面挂檐（效果图 22）

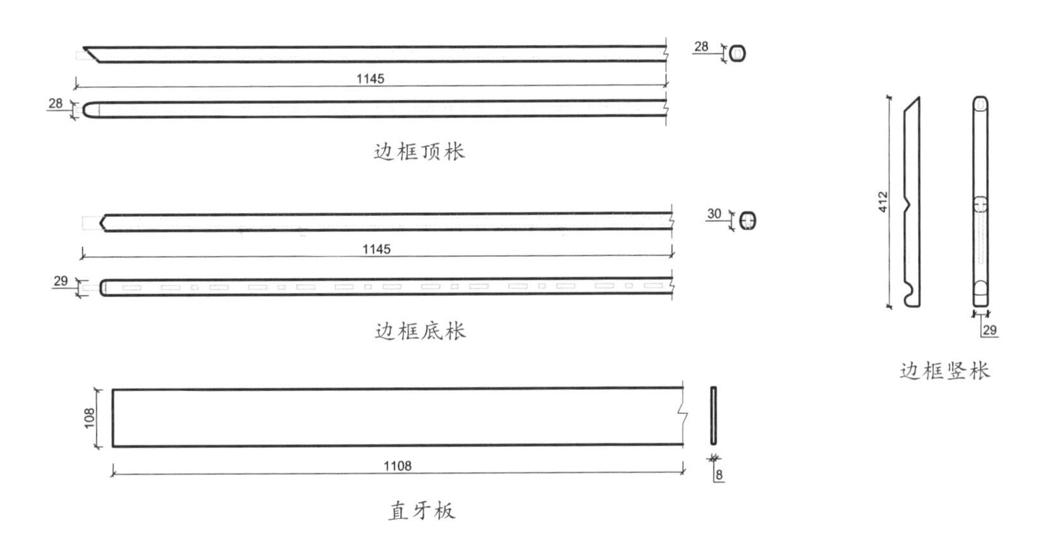
28
1145
28
边框顶枨
30
1145
29
边框底枨
108
1108
8
直牙板
412
29
边框竖枨

细部结构—后面挂檐（CAD 图 34 ~ 图 37）

细部效果—束腰（效果图 23）

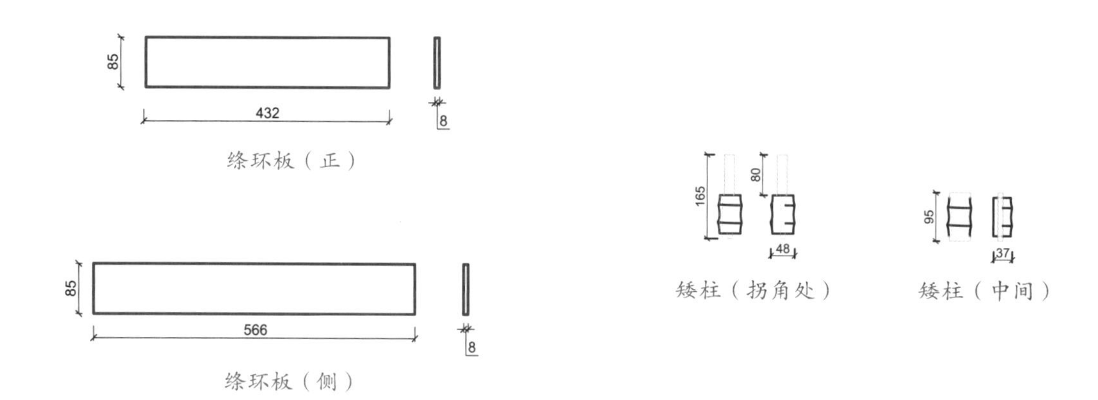
85
432
8
绦环板（正）
165
80
48
95
37
矮柱（拐角处）
矮柱（中间）
85
566
8
绦环板（侧）

细部结构—束腰（CAD 图 38 ～图 41）

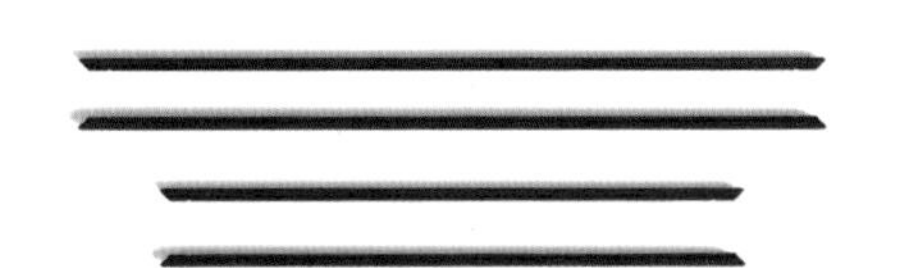

细部效果—托腮（效果图 24）

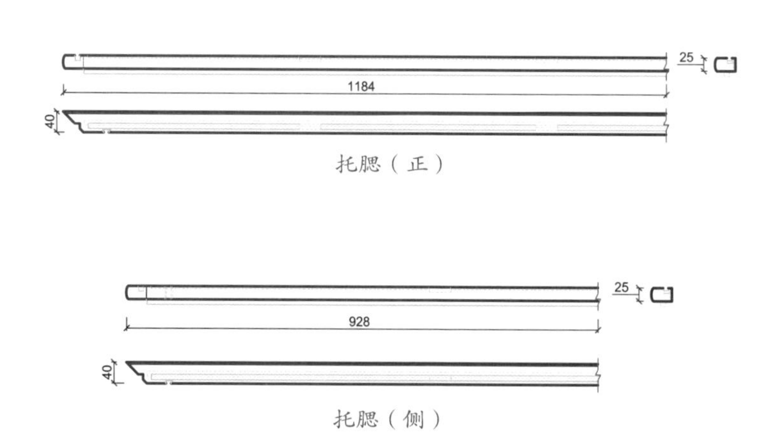
25
1184
40
托腮（正）
25
928
40
托腮（侧）

细部结构—托腮（CAD 图 42 ～图 43）

细部效果—牙板（效果图 25）

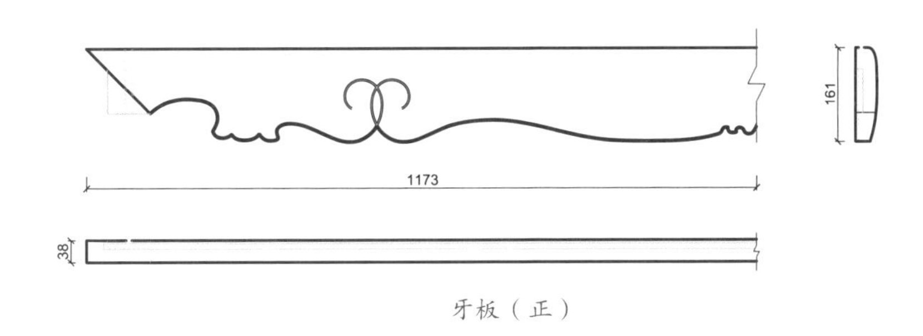
161
1173
38

牙板（正）

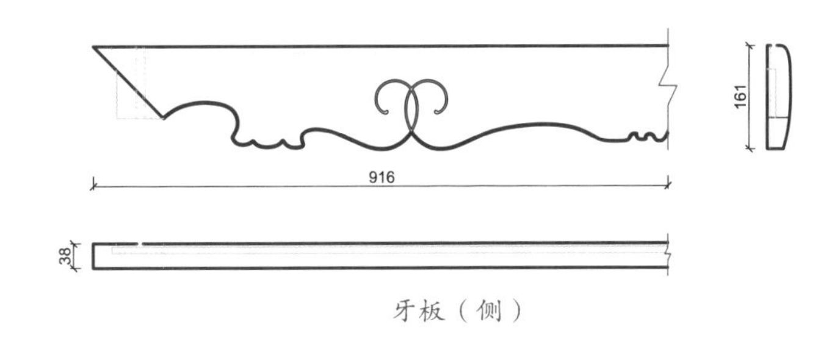
161
916
38

牙板（侧）

细部结构—牙板（CAD 图 44 ~图 45）

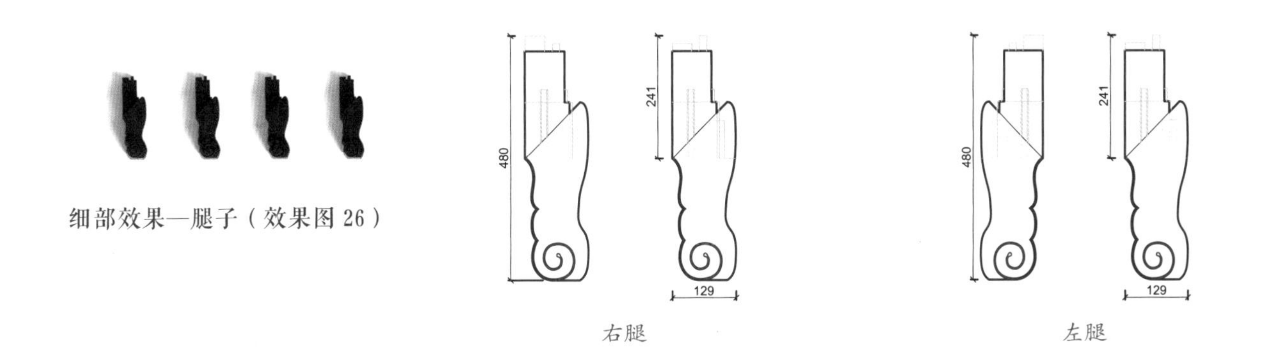
480
241
129
480
241
129

细部效果—腿子（效果图 26）

右腿

左腿

细部结构—腿子（CAD 图 46 ~图 47）

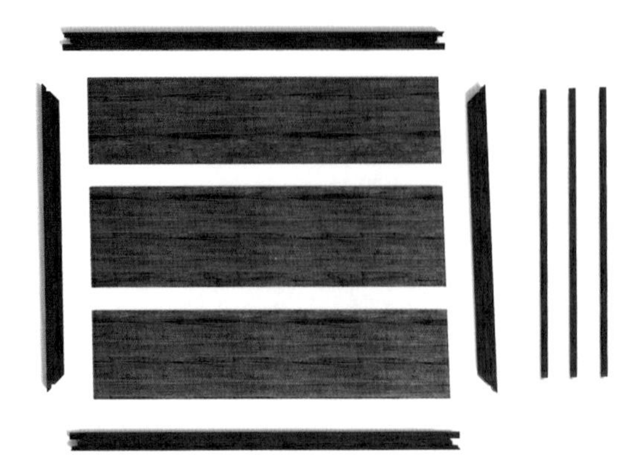

细部效果—床面（效果图 27）

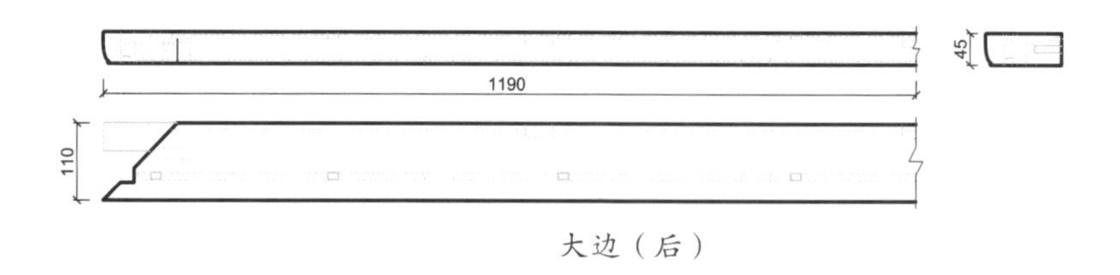
45
1190
110

大边（后）

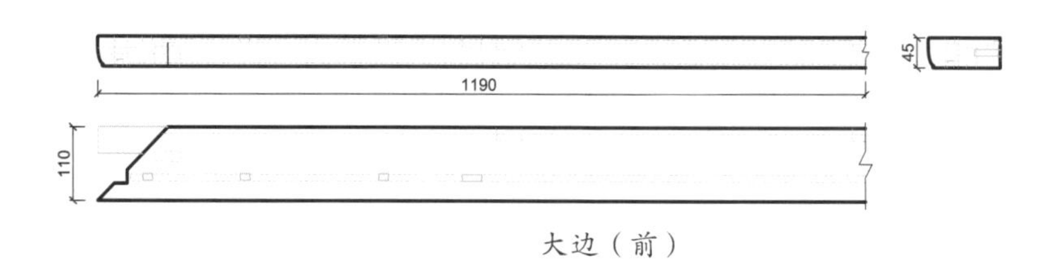
45
1190
110

大边（前）

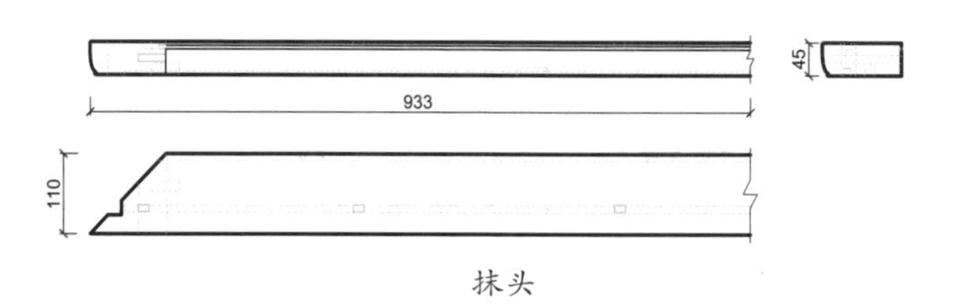
45
933
110

抹头

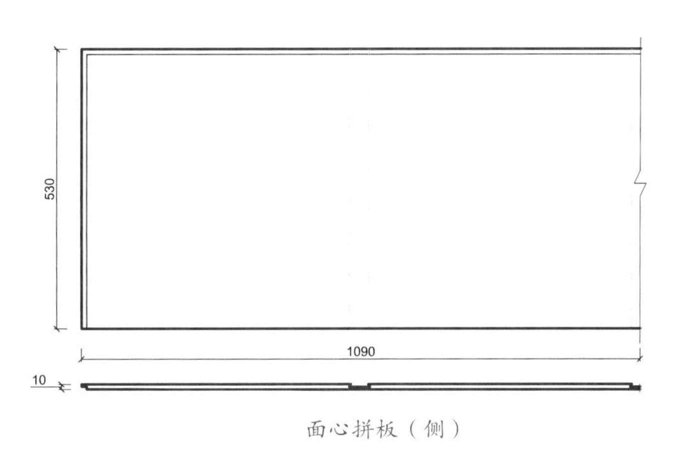
530
1090
10

面心拼板（侧）

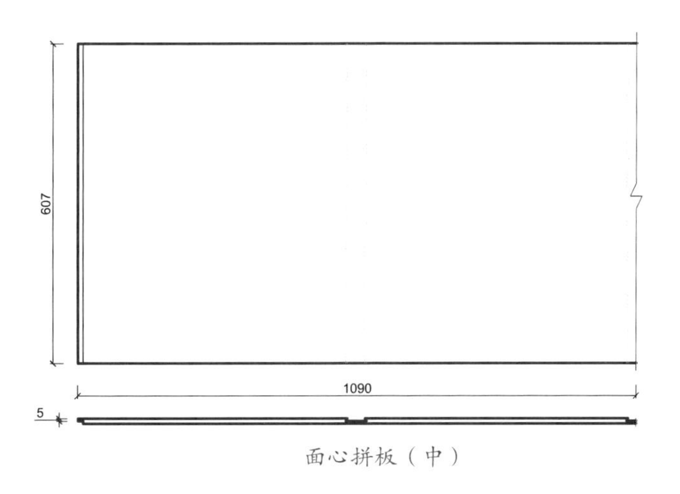
607
1090
5

面心拼板（中）

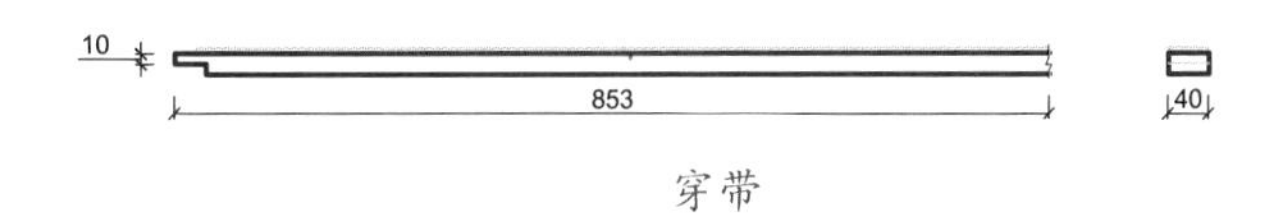
10
853
40

穿带

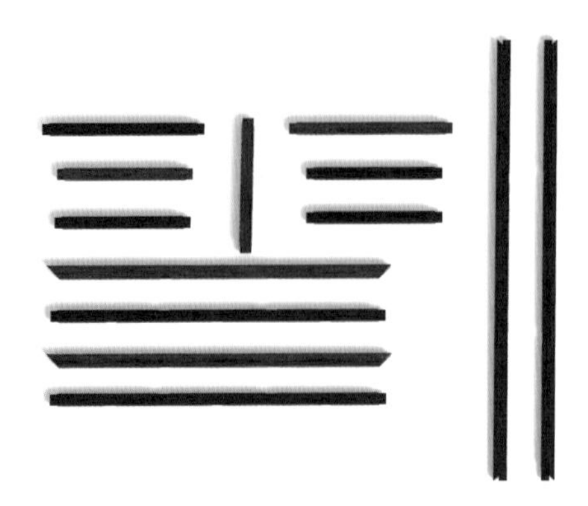

细部效果—床顶（效果图 28）

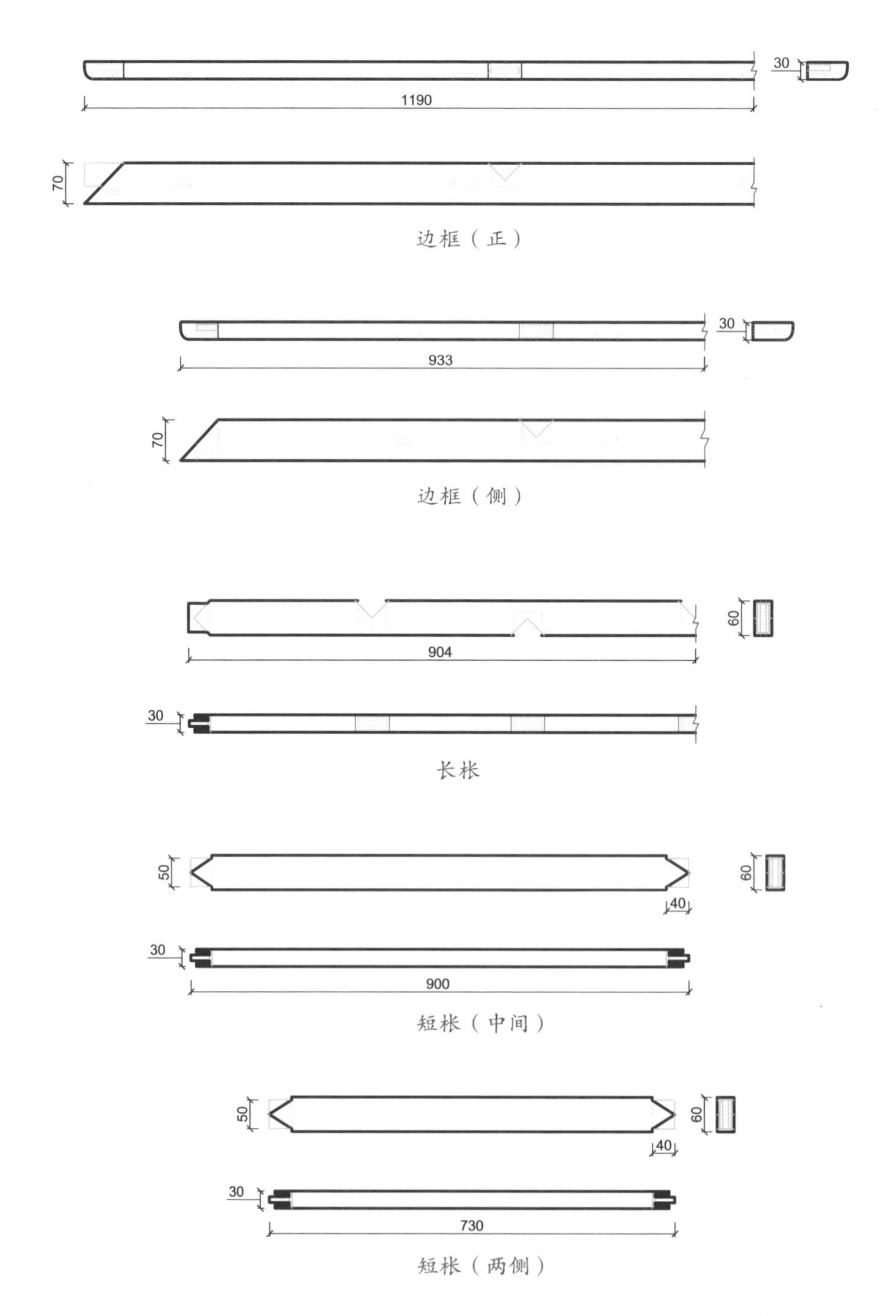

30
1190
70
边框（正）
30
933
70
边框（侧）
60
904
30
长枨
50
60
40
30
900
短枨（中间）
50
60
40
30
730
短枨（两侧）

细部结构—床顶（CAD 图 54 ~ 图 58）

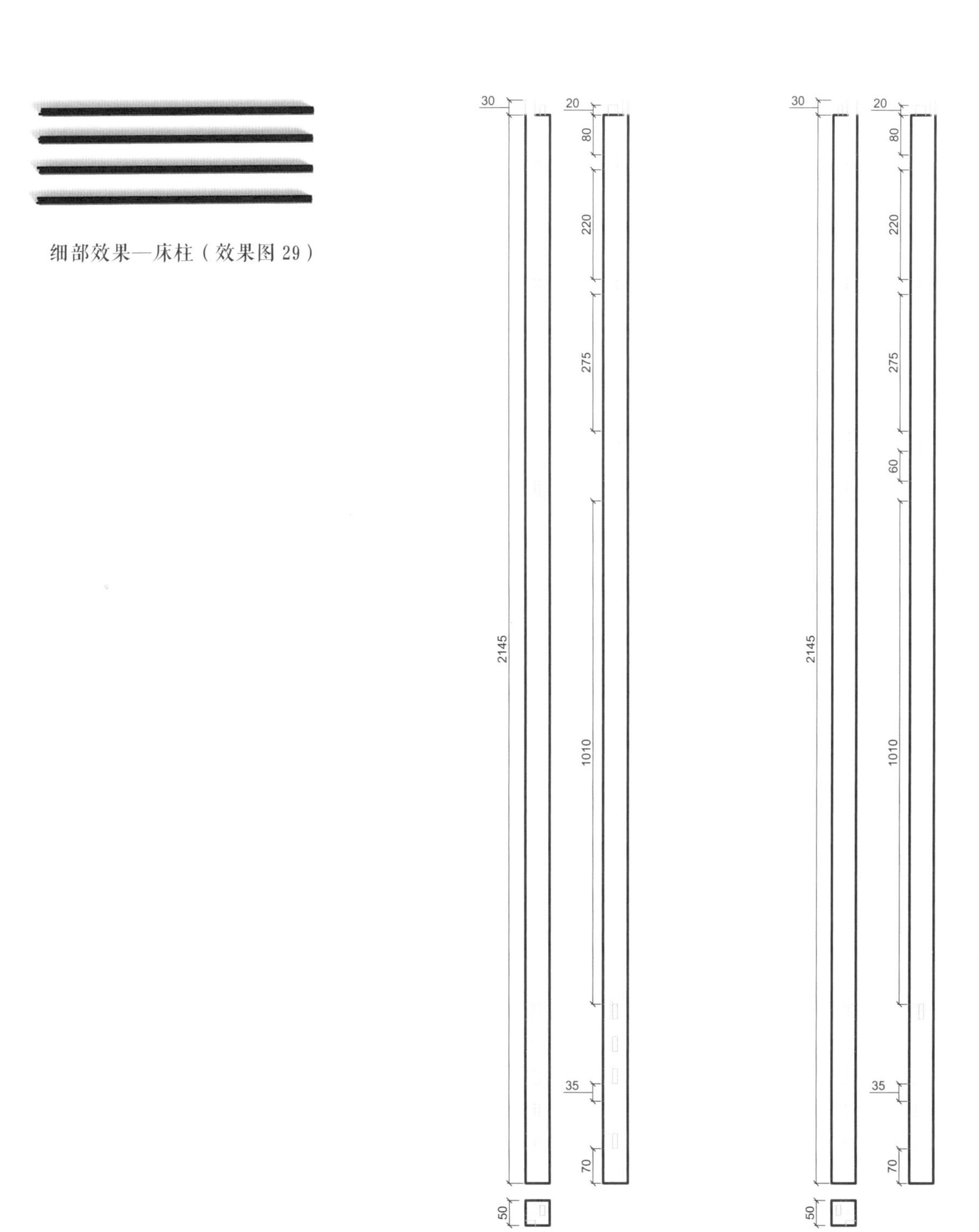
30
20
80
220
275
2145
1010
35
70
50
30
20
80
220
275
60
2145
1010
35
70
50

细部效果—床柱（效果图 29）

床柱（前）

床柱（后）

细部结构—床柱（CAD 图 59 ~图 60）

万字纹架子床

材质：黄花梨

年款：明

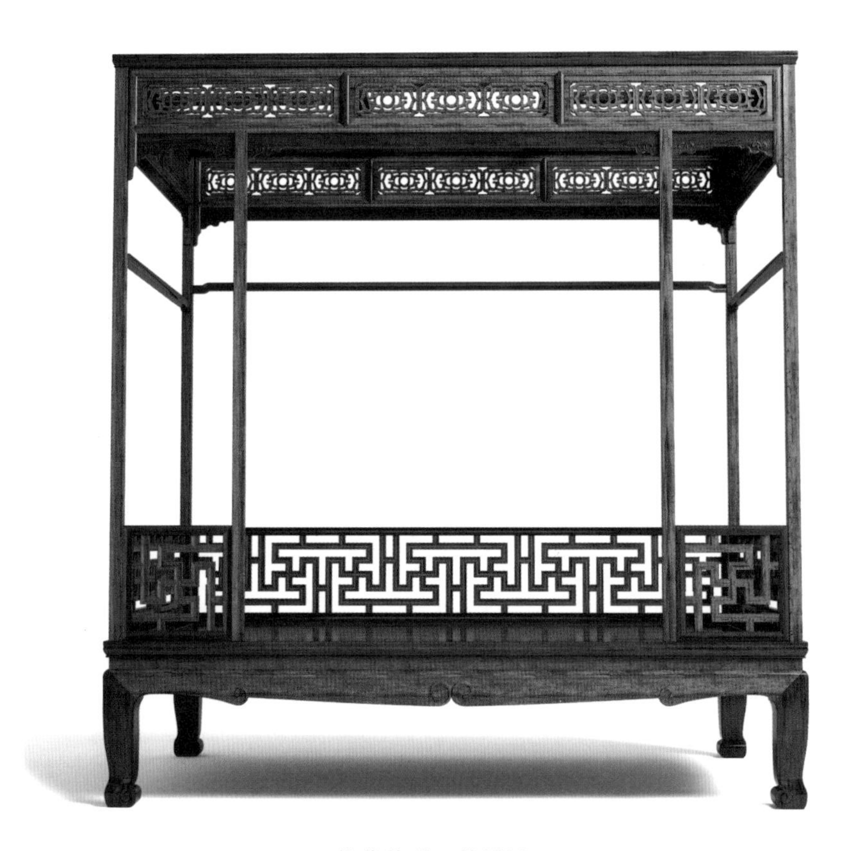

整体外观（效果图 1）

1. 器形点评

此架子床为六柱式，床面起六根方形立柱。正面四根立柱上端安挂檐，上有顶盖。挂檐分三段装绦环板，透雕连环如意卷云花纹。此床侧面与后面上端安有罗锅枨。六根立柱下方装床围子，以短材攒接成万字纹。床面之下为壶门云纹牙子。四条腿为三弯腿，足端雕成涡纹足。此床造型规整大方，线条优美，劲朗逸秀。

2. CAD 图示

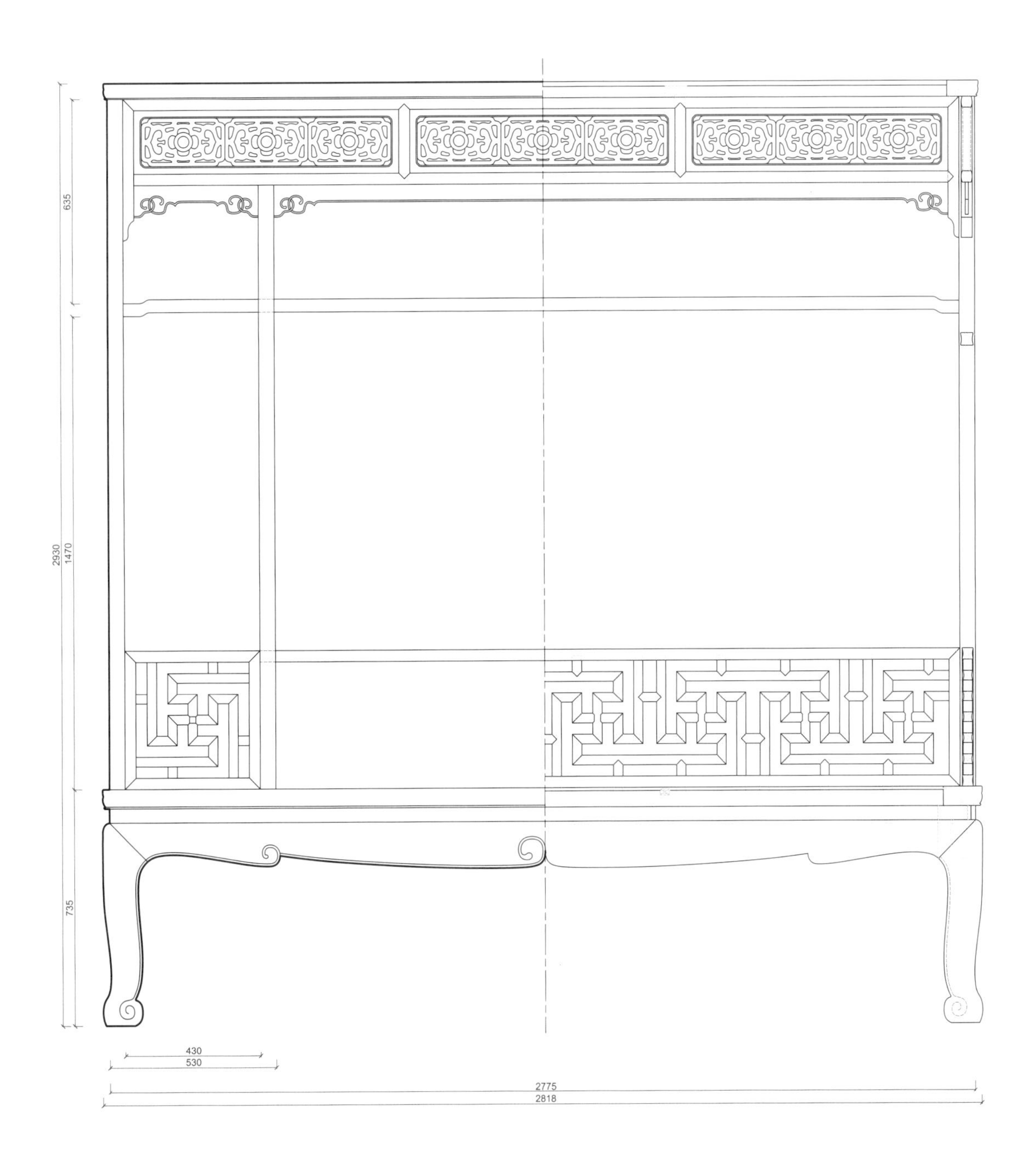
635
2930
1470
735
430
530
2775
2818

主视图

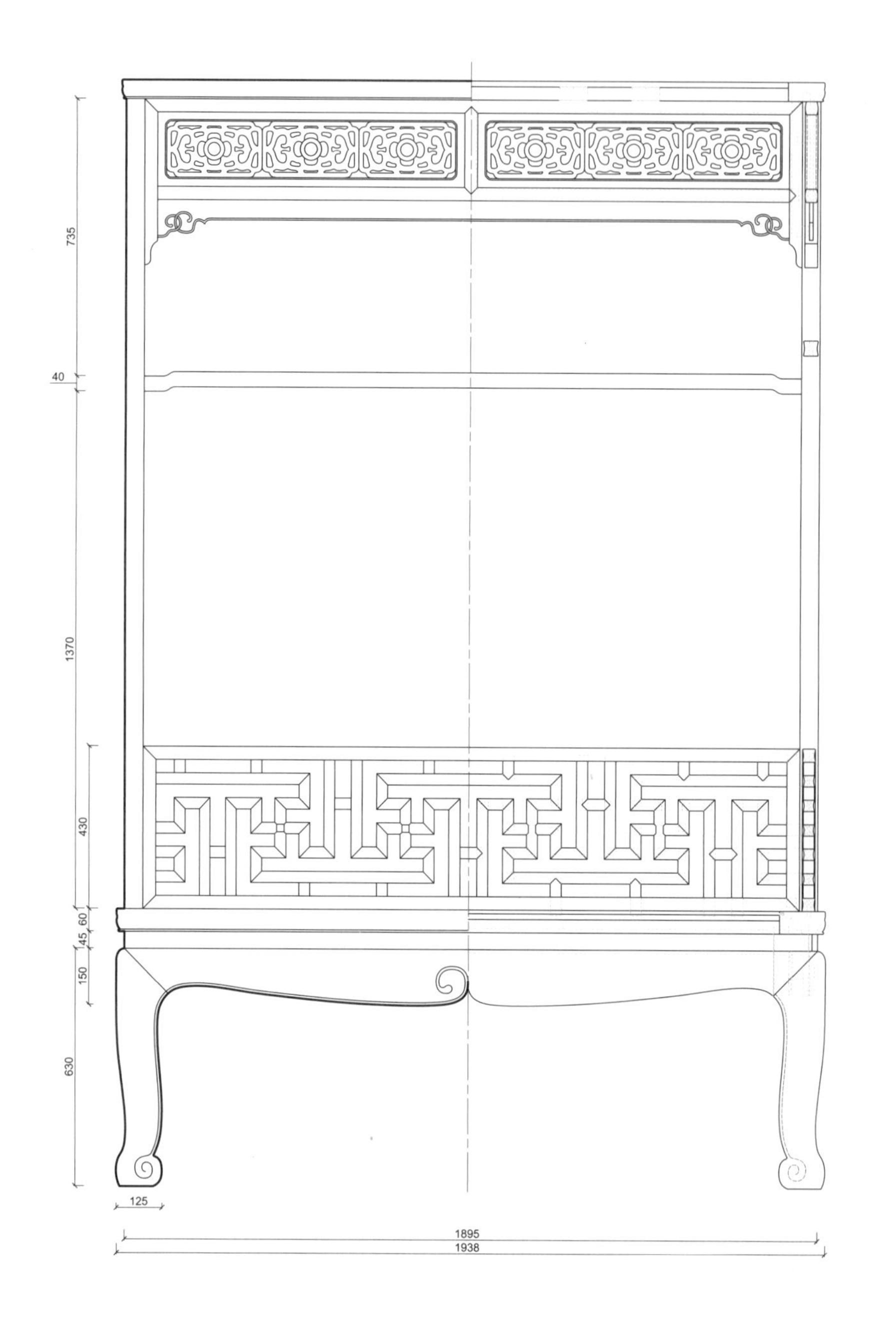
735
40
1370
430
60
45
150
630
125
1895
1938

左视图

545
1918
478
545
835
75

俯视图

三视结构（CAD 图 1）

3. 用材效果

用材效果（材质：紫檀；效果图 2）

用材效果（材质：黄花梨；效果图 3）

用材效果（材质：红酸枝；效果图 4）

4. 结构爆炸

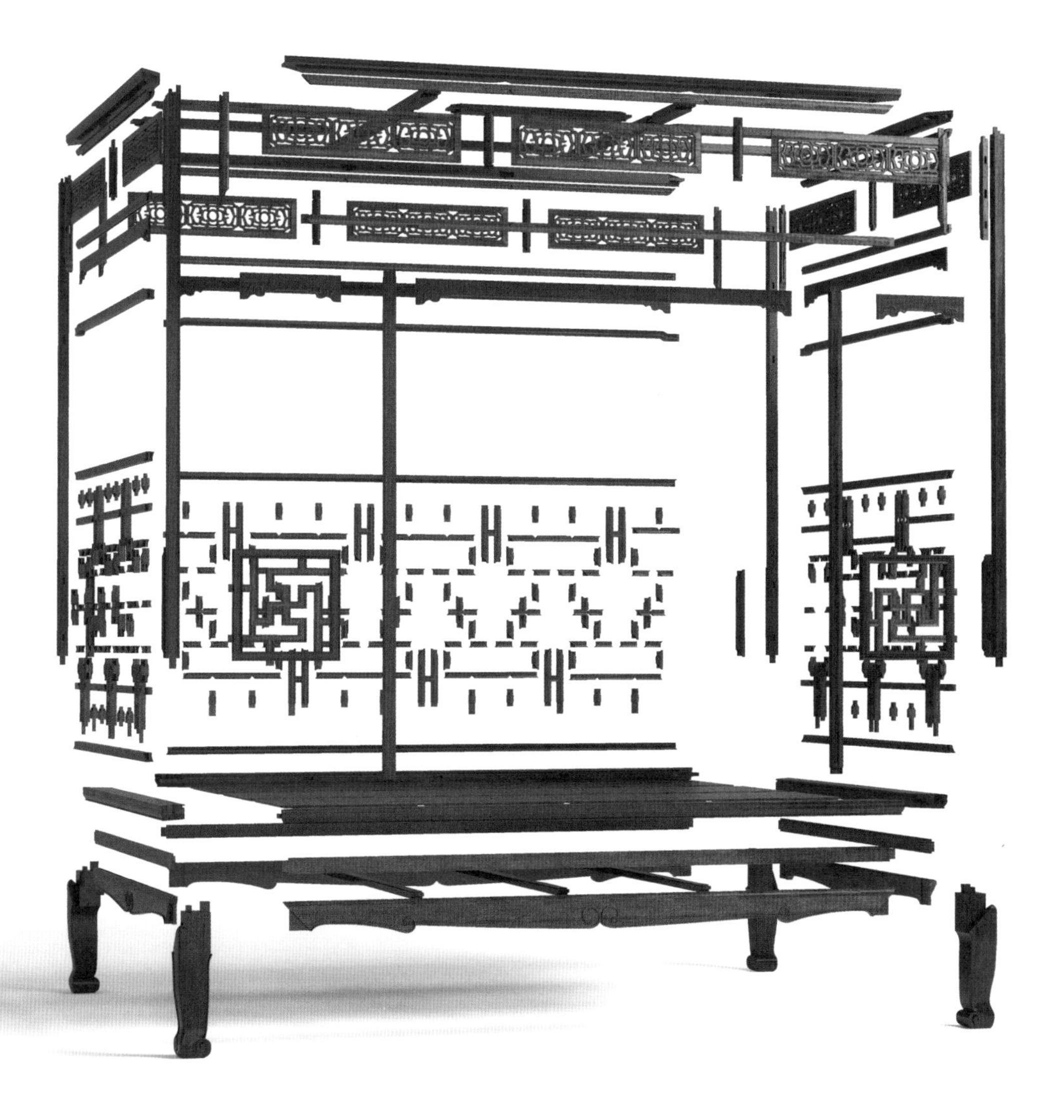

结构爆炸（效果图5）

5. 部件示意

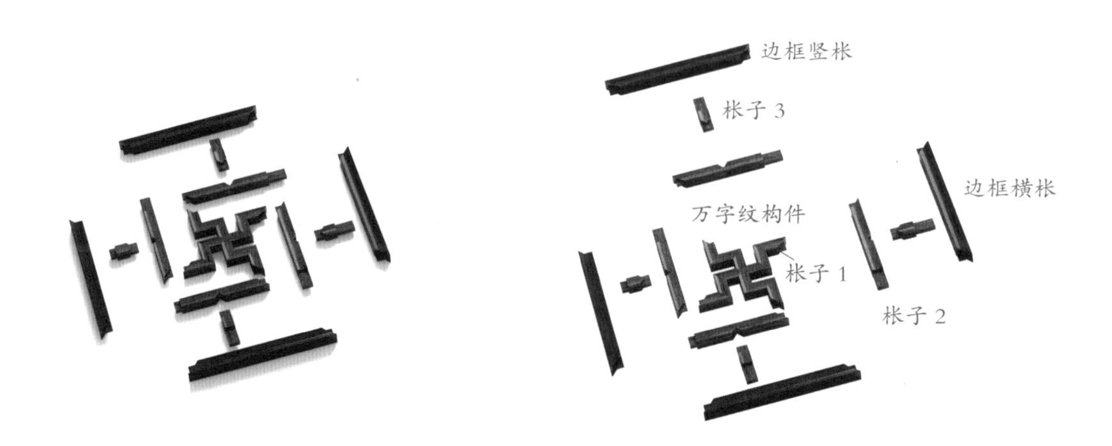

边框竖枨
枨子 3
边框横枨
万字纹构件
枨子 1
枨子 2

部件示意— 门围子（效果图 6）

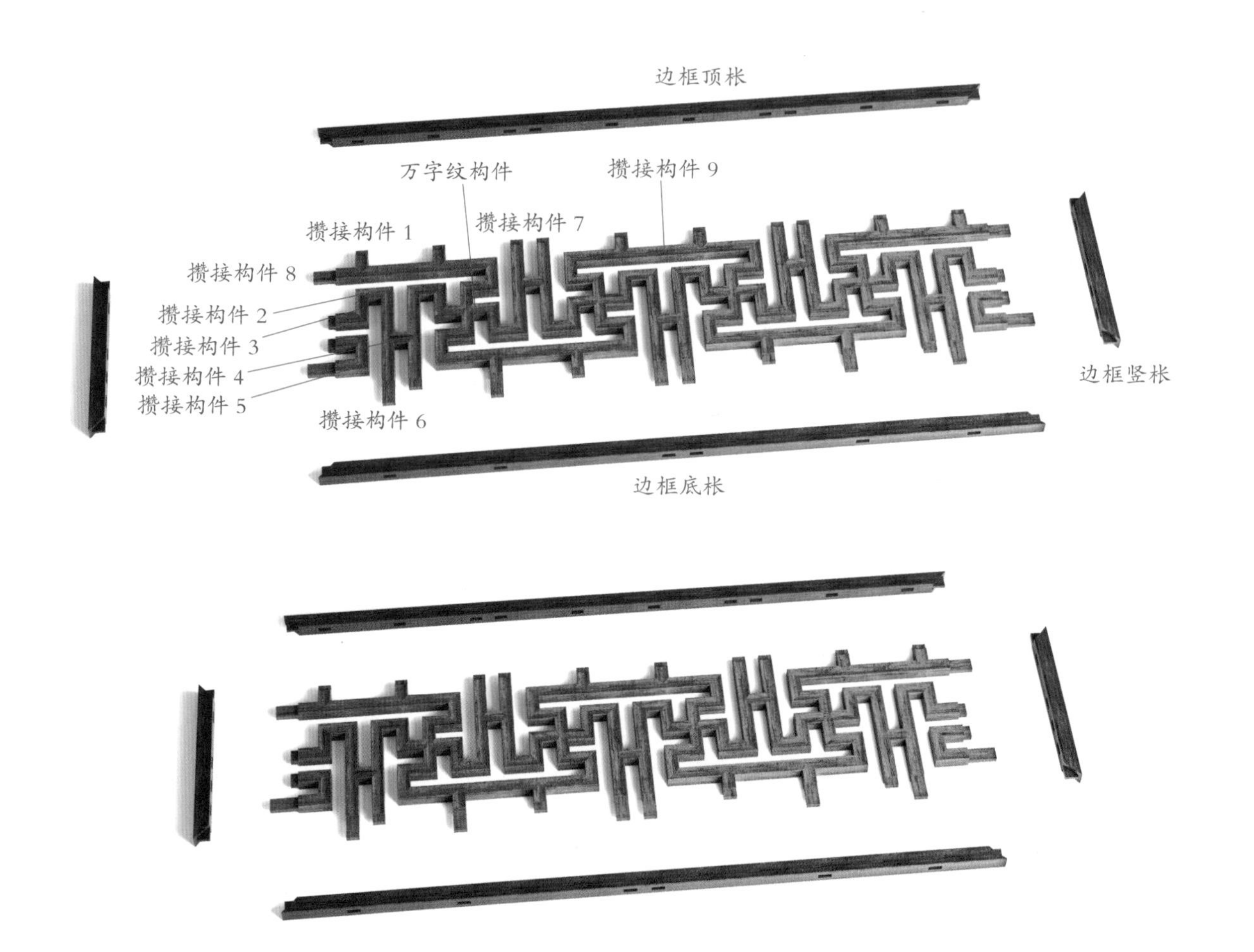

边框顶枨
万字纹构件
攒接构件 9
攒接构件 1
攒接构件 7
攒接构件 8
攒接构件 2
攒接构件 3
攒接构件 4
攒接构件 5
攒接构件 6
边框竖枨
边框底枨

部件示意— 侧面床围子（效果图 7）

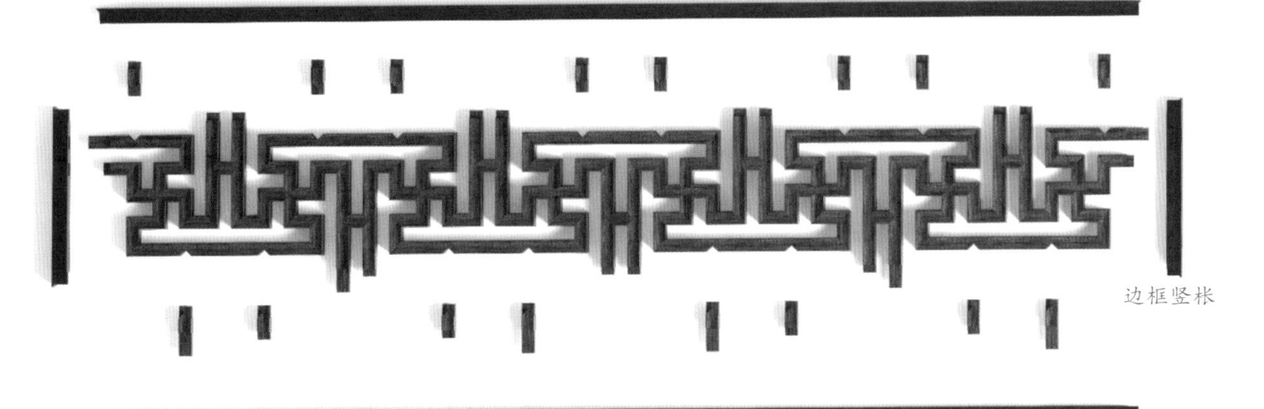
边框顶枨
边框竖枨
边框底枨

部件示意— 后面床围子（效果图 8）

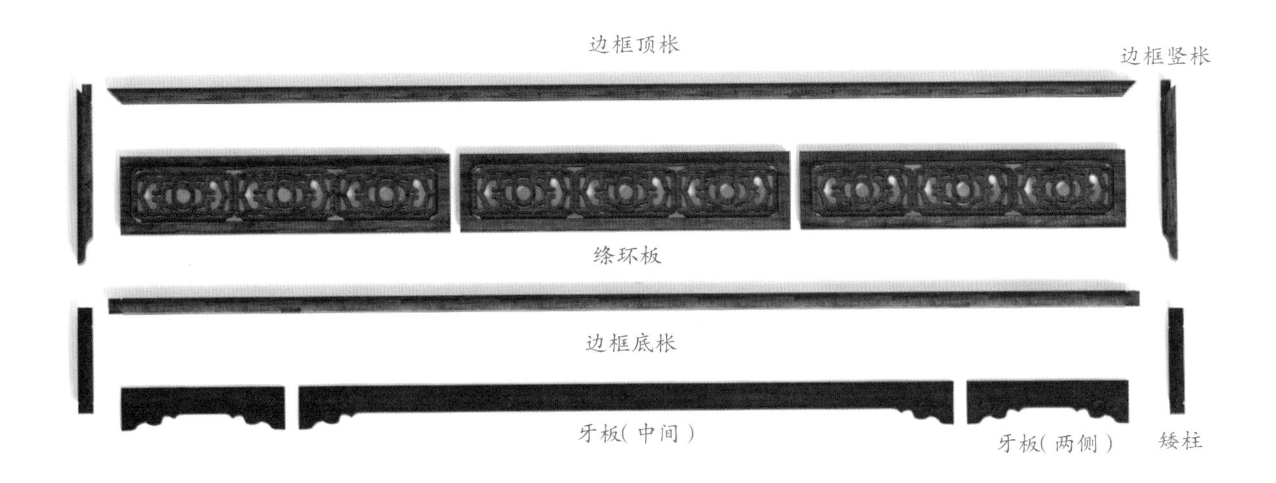
边框顶枨
边框竖枨
绦环板
边框底枨
牙板(中间)
牙板(两侧)
矮柱

部件示意—前面挂檐（效果图 9）

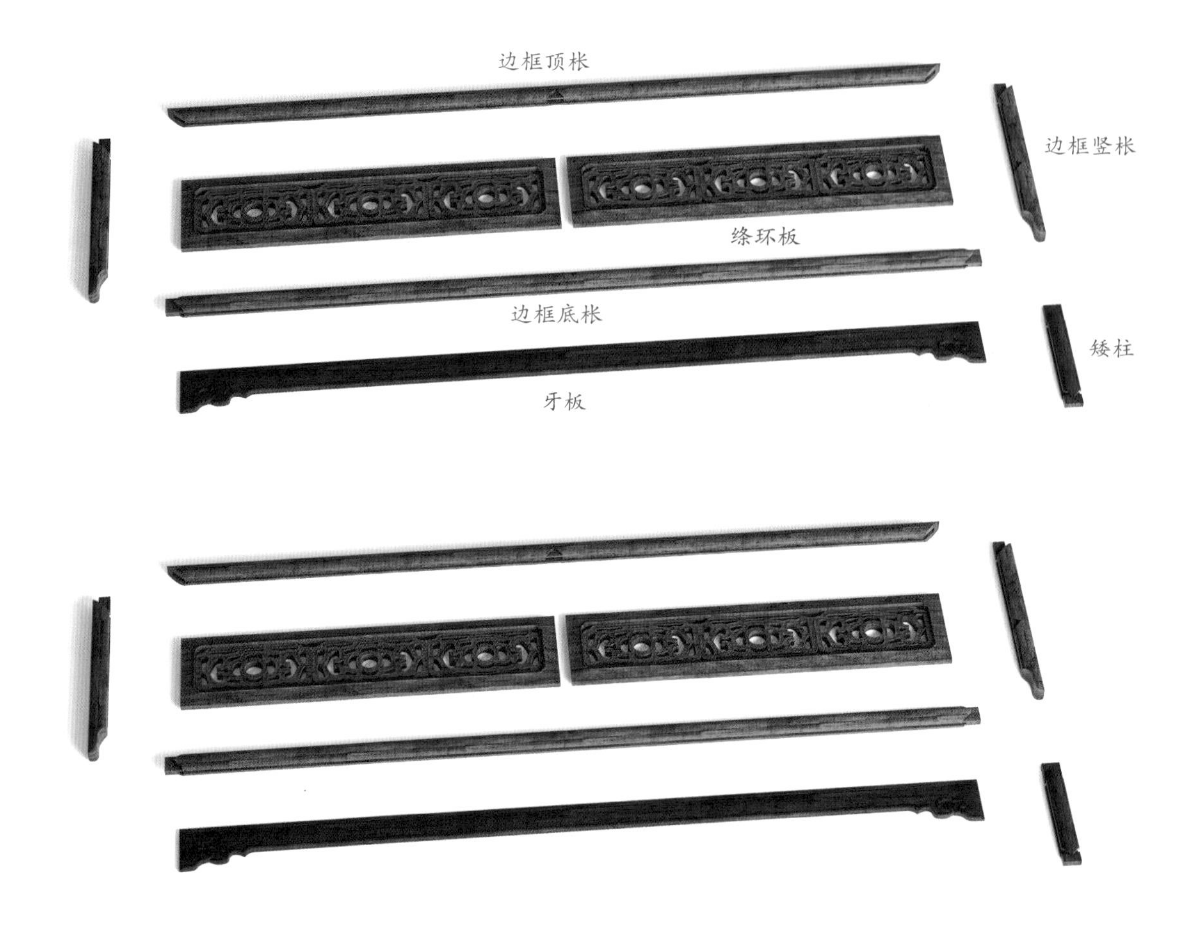
边框顶枨
边框竖枨
绦环板
边框底枨
矮柱
牙板

部件示意—侧面挂檐（效果图10）

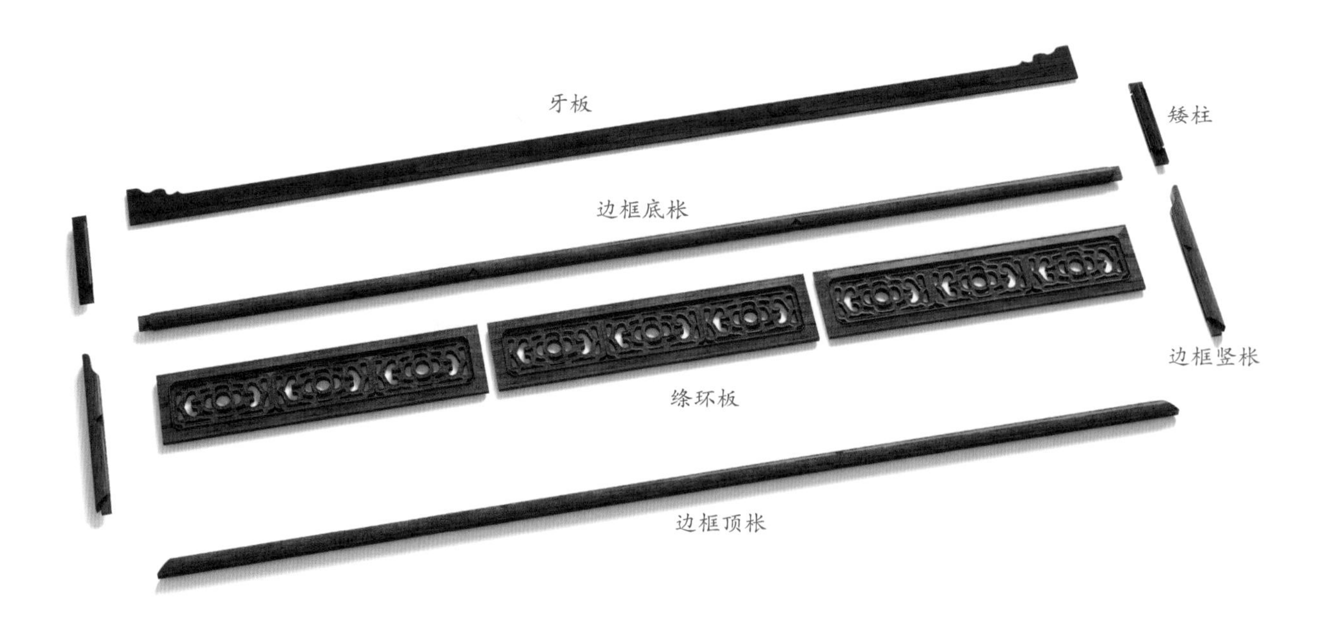
牙板
矮柱
边框底枨
边框竖枨
绦环板
边框顶枨

部件示意—后面挂檐（效果图11）

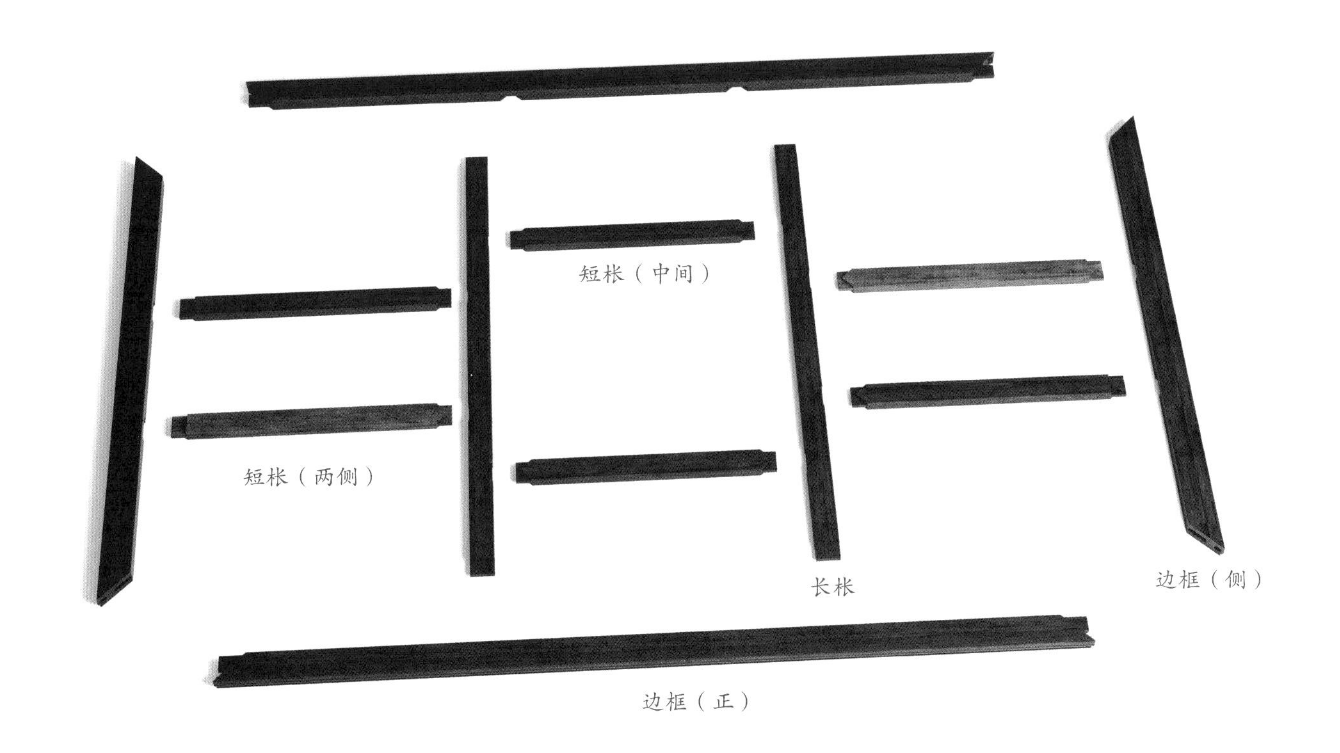
短枨（中间）
短枨（两侧）
长枨
边框（侧）
边框（正）

部件示意—床顶（效果图12）

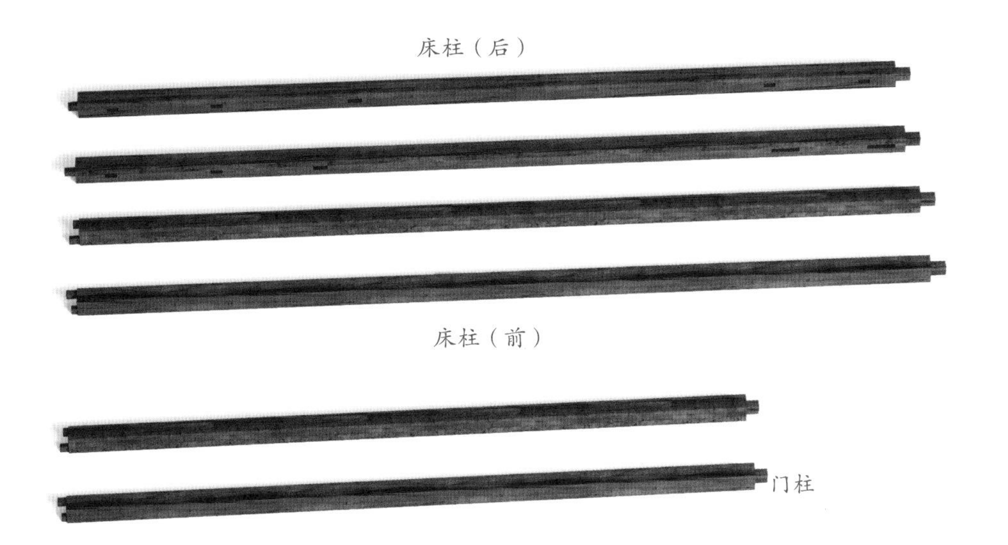
床柱（后）
床柱（前）
门柱

部件示意—床柱（效果图13）

大边（后）
抹头
面心拼板
大边（前）

穿带

部件示意—床面（效果图 14）

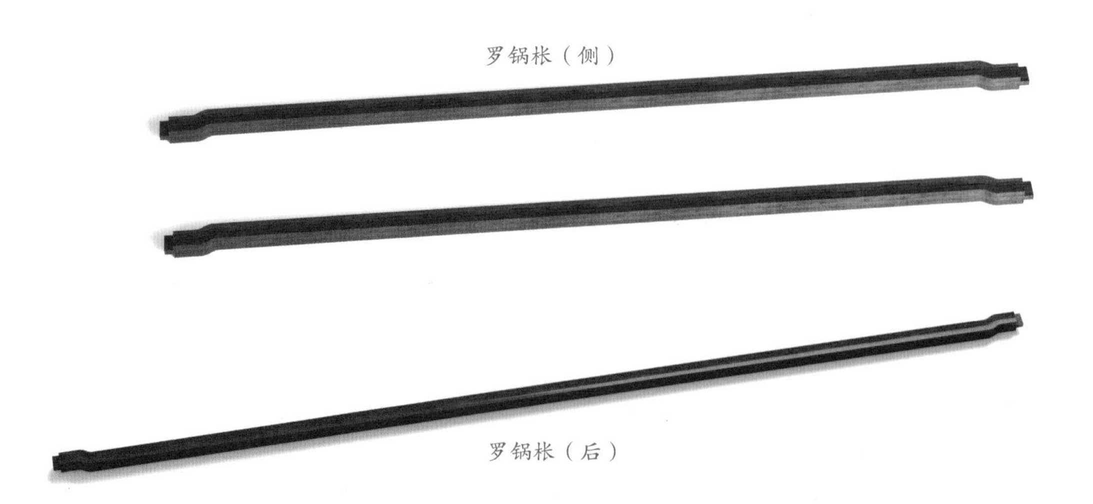
罗锅枨（侧）
罗锅枨（后）

部件示意—罗锅枨（效果图 15）

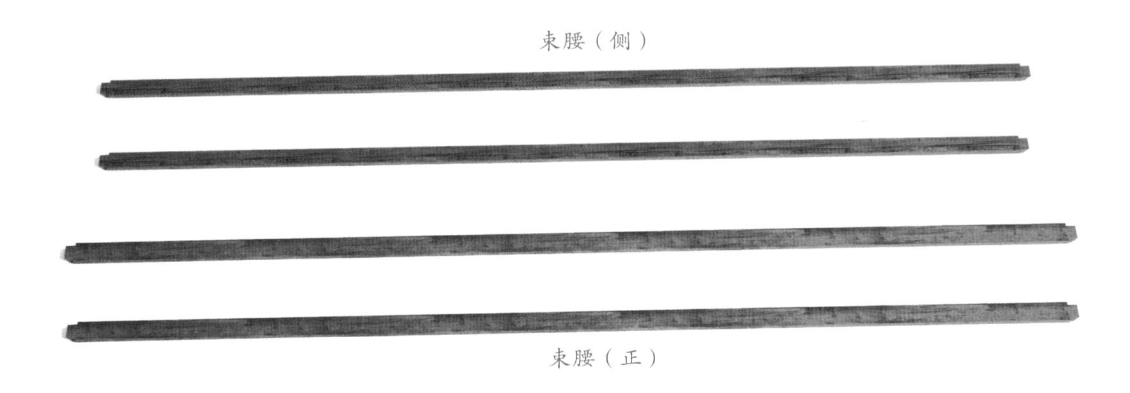
束腰（侧）
束腰（正）

部件示意—束腰（效果图16）

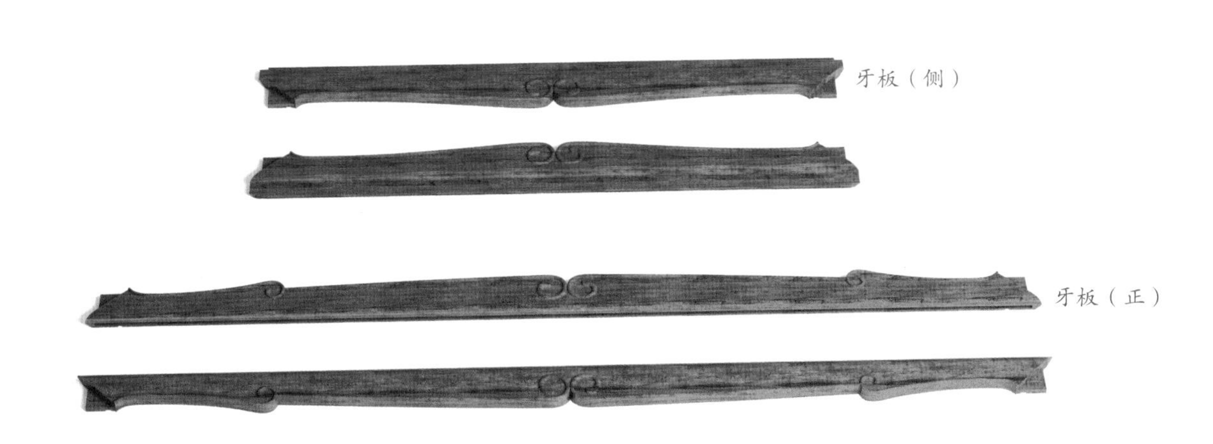
牙板（侧）
牙板（正）

部件示意—牙板（效果图17）

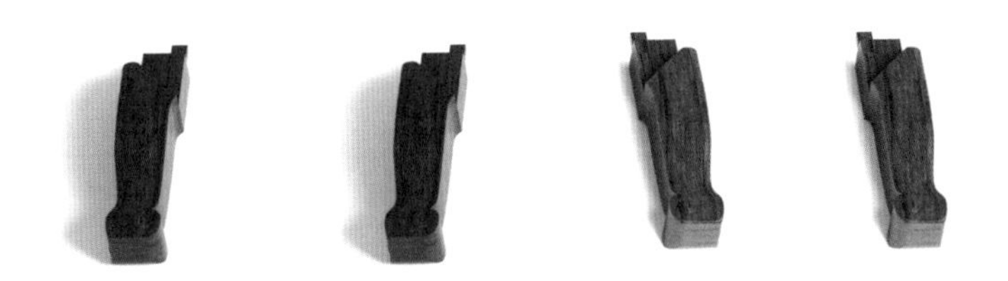

部件示意—腿子（效果图18）

6. 细部详解

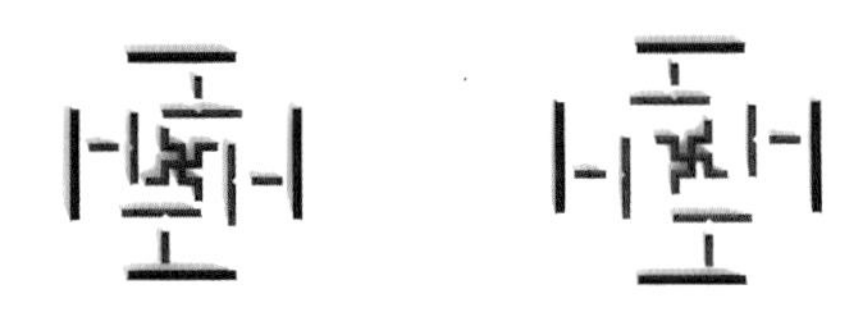

细部效果—门围子（效果图 19）

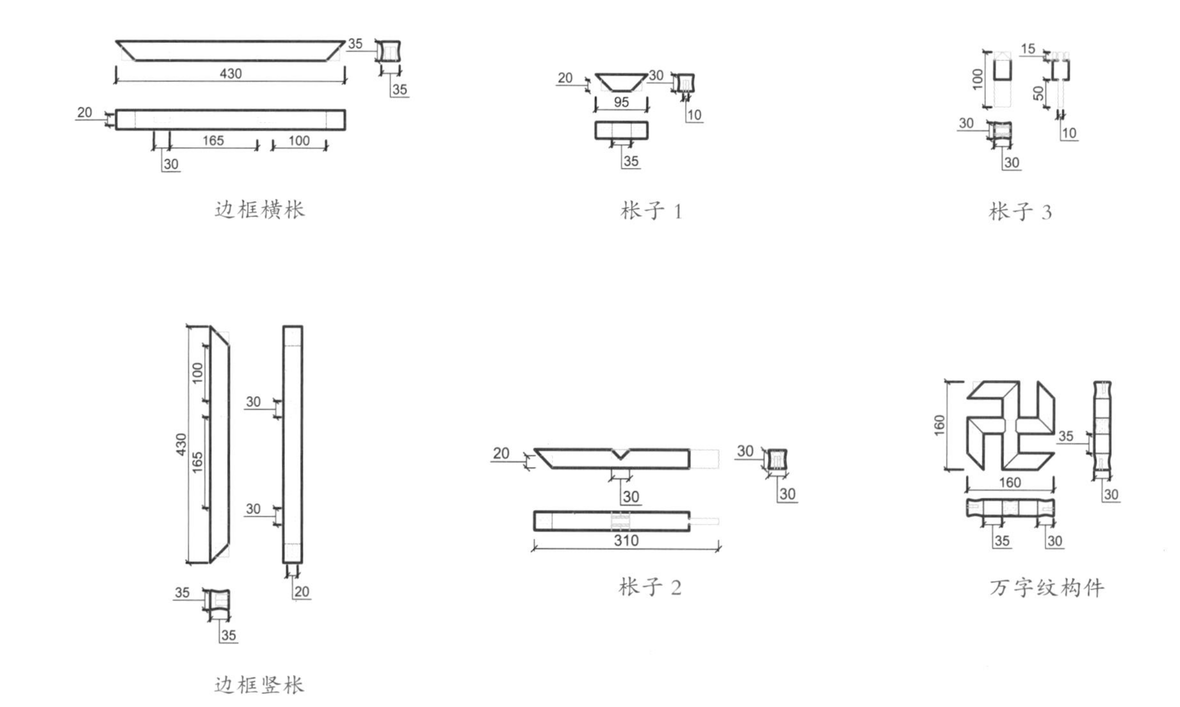
边框横枨
枨子 1
枨子 3
边框竖枨
枨子 2
万字纹构件

细部结构—门围子（CAD 图 2 ~ 图 7）

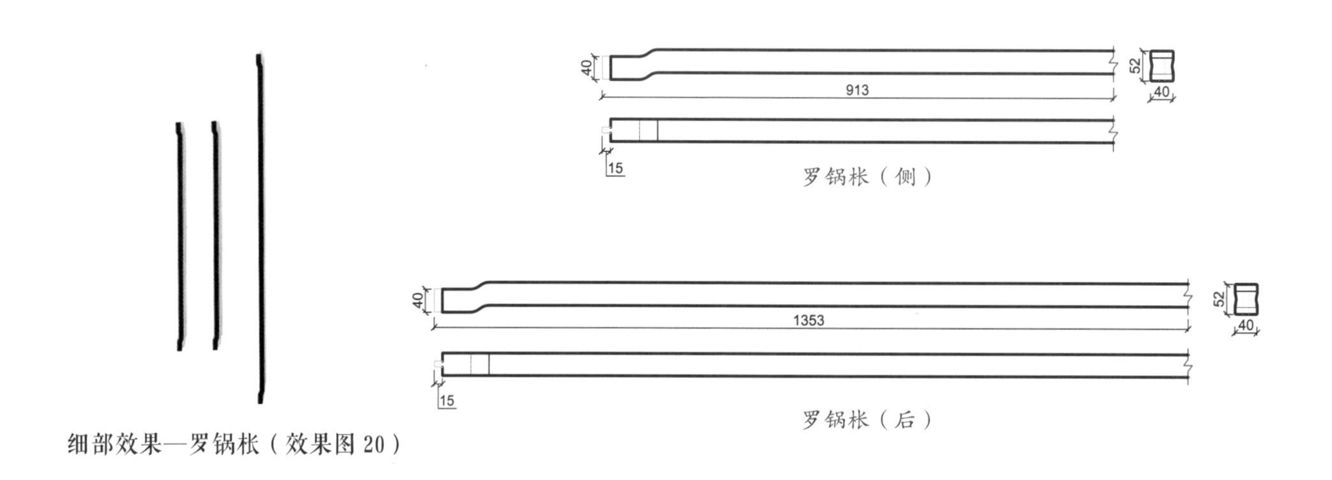
罗锅枨（侧）
罗锅枨（后）

细部效果—罗锅枨（效果图 20）

细部结构—罗锅枨（CAD 图 8 ~ 图 9）

细部效果—侧面床围子（效果图21）

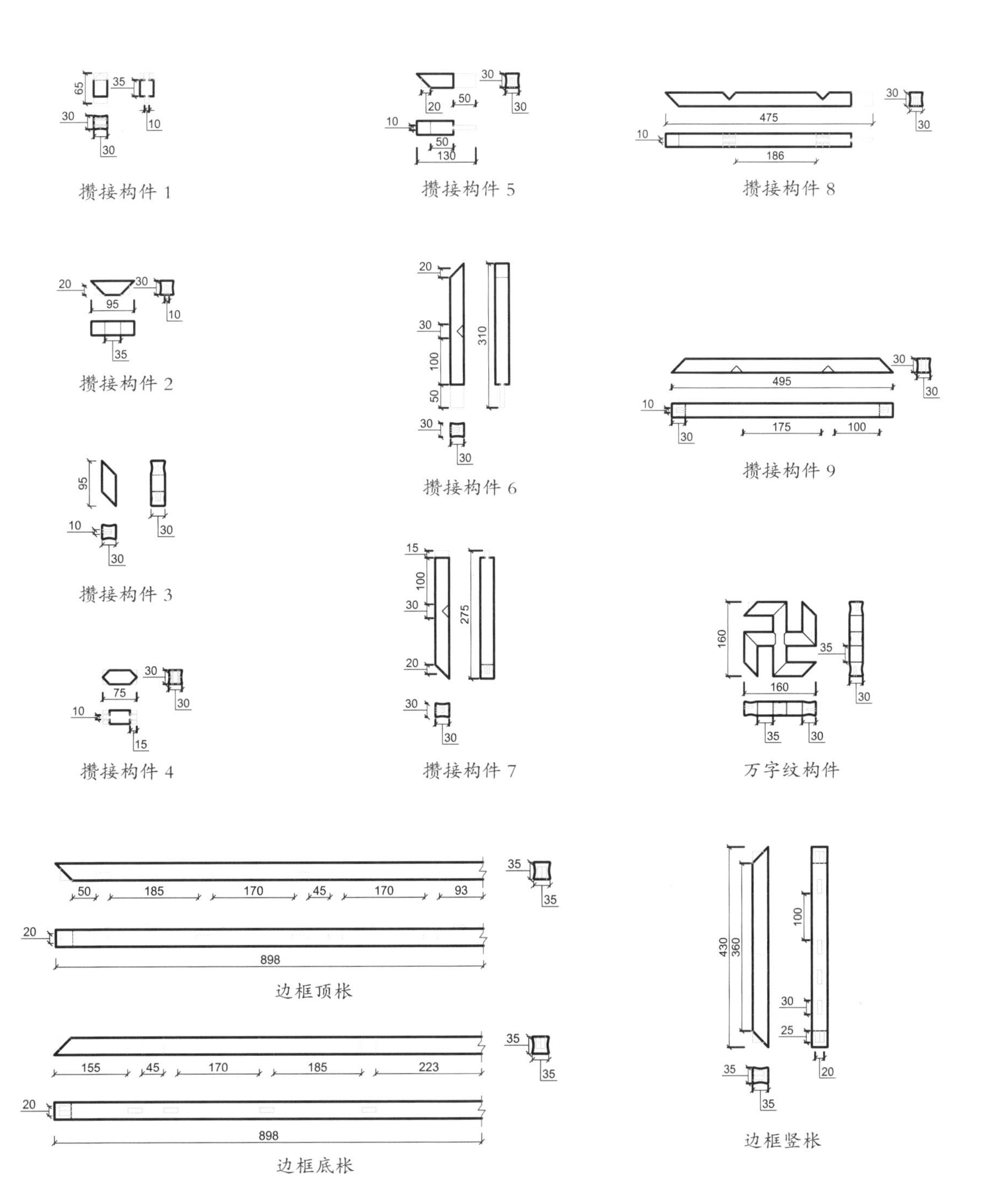
攒接构件 1
攒接构件 5
攒接构件 8
攒接构件 2
攒接构件 6
攒接构件 9
攒接构件 3
攒接构件 4
攒接构件 7
万字纹构件
边框顶枨
边框底枨
边框竖枨

细部结构—侧面床围子（CAD图10～图22）

细部效果—后面床围子（效果图 22）

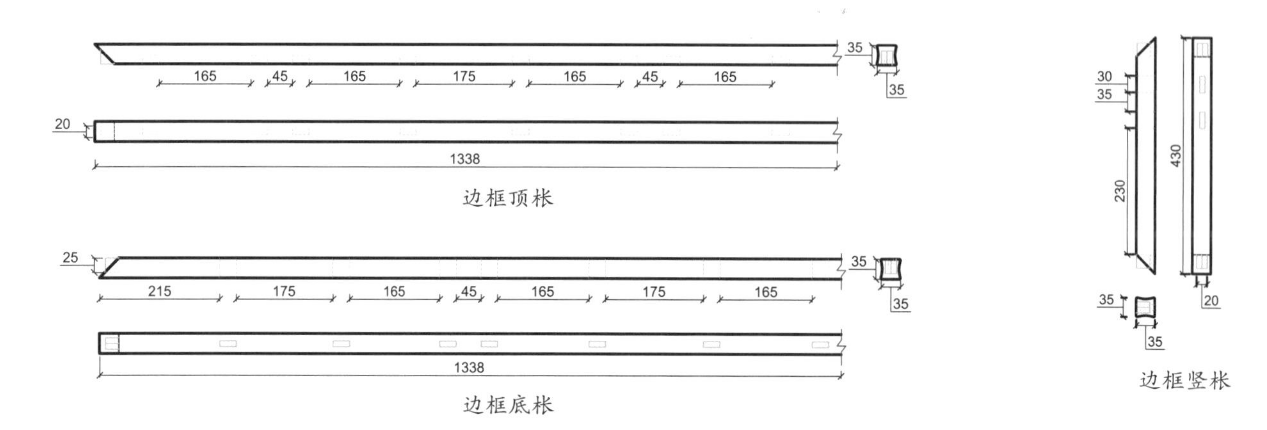
35
165
45
165
175
165
45
165
35
20
1338
边框顶枨
25
35
215
175
165
45
165
175
165
35
1338
边框底枨
30
35
230
430
35
35
20
边框竖枨

细部结构—后面床围子（CAD 图 23 ~ 图 25）

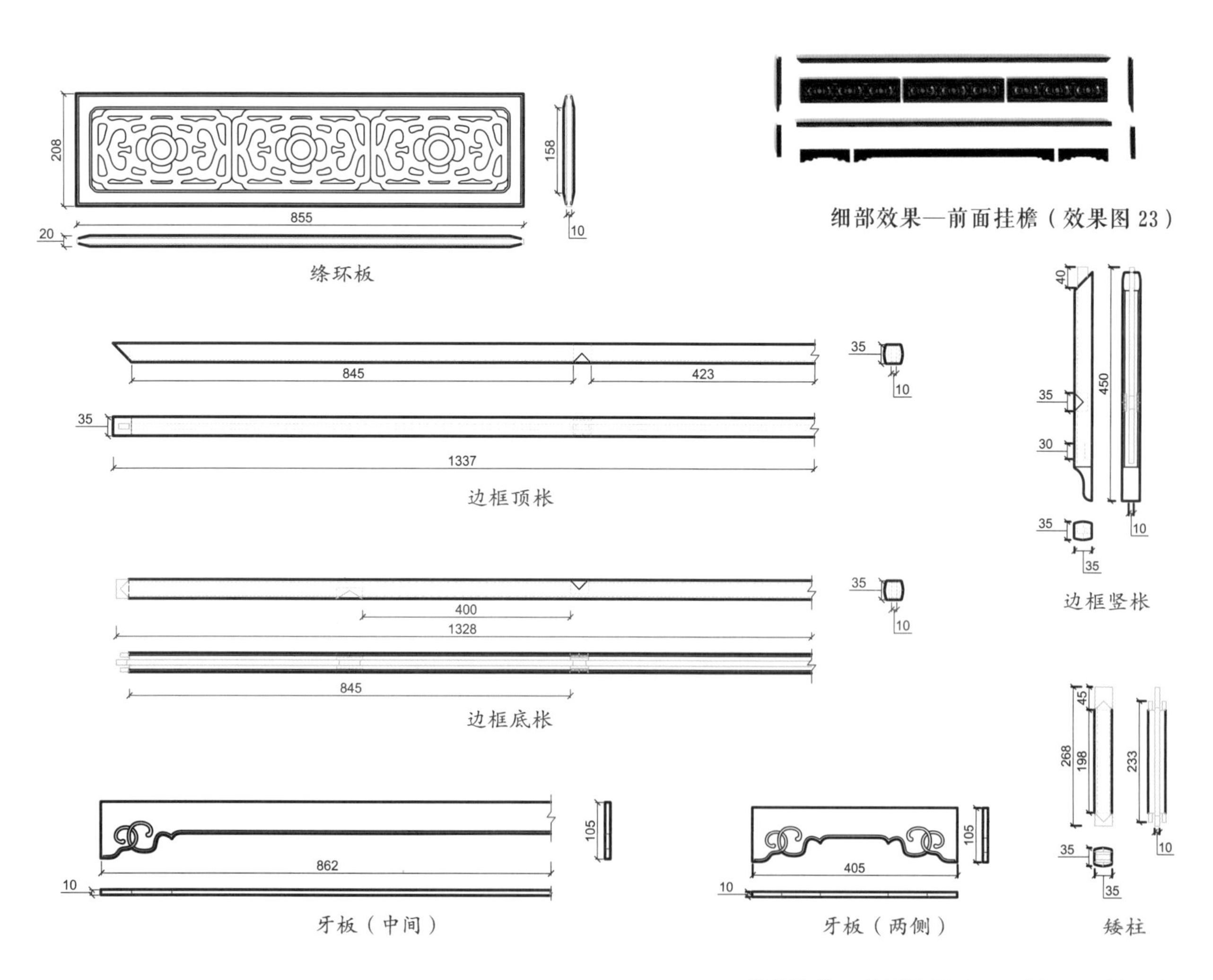
208
855
158
20
10
绦环板
35
845
423
35
10
1337
边框顶枨
35
400
1328
845
35
10
边框底枨
40
35
450
30
35
10
35
边框竖枨
105
862
10
牙板（中间）
105
405
10
牙板（两侧）
45
268
198
233
35
10
35
矮柱

细部效果—前面挂檐（效果图 23）

细部结构—前面挂檐（CAD 图 26 ~ 图 32）

细部效果—侧面挂檐（效果图 24）

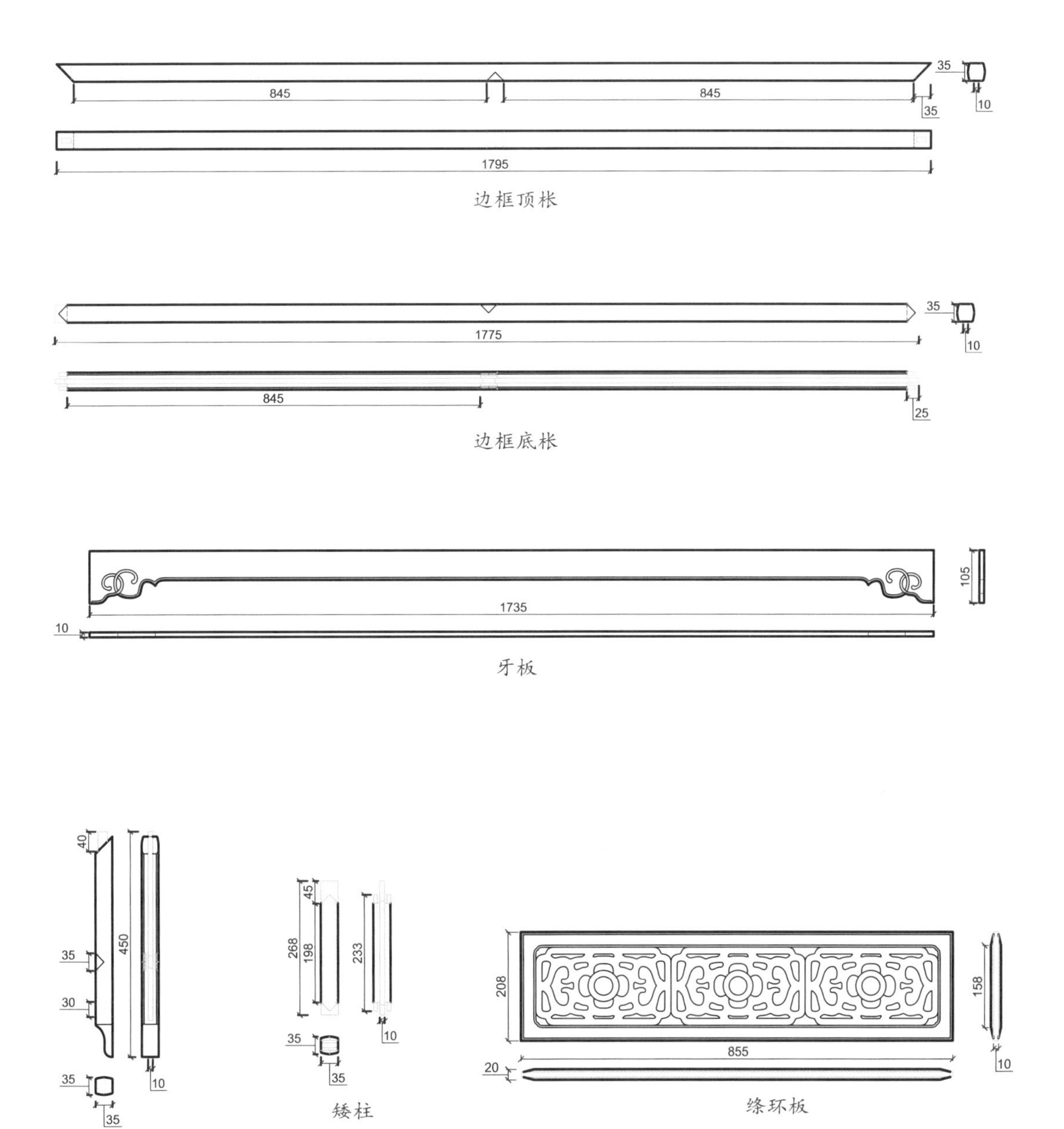
845
845
35
35
10
1795
边框顶枨
35
10
1775
845
25
边框底枨
105
1735
10
牙板
40
450
35
30
35
35
10
边框竖枨
45
268
198
233
35
35
10
矮柱
208
855
158
20
10
绦环板

细部结构—侧面挂檐（CAD 图 33 ~图 38）

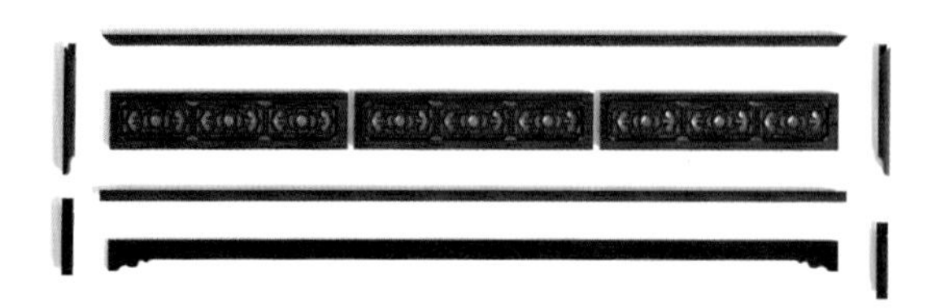

细部效果—后面挂檐（效果图 25）

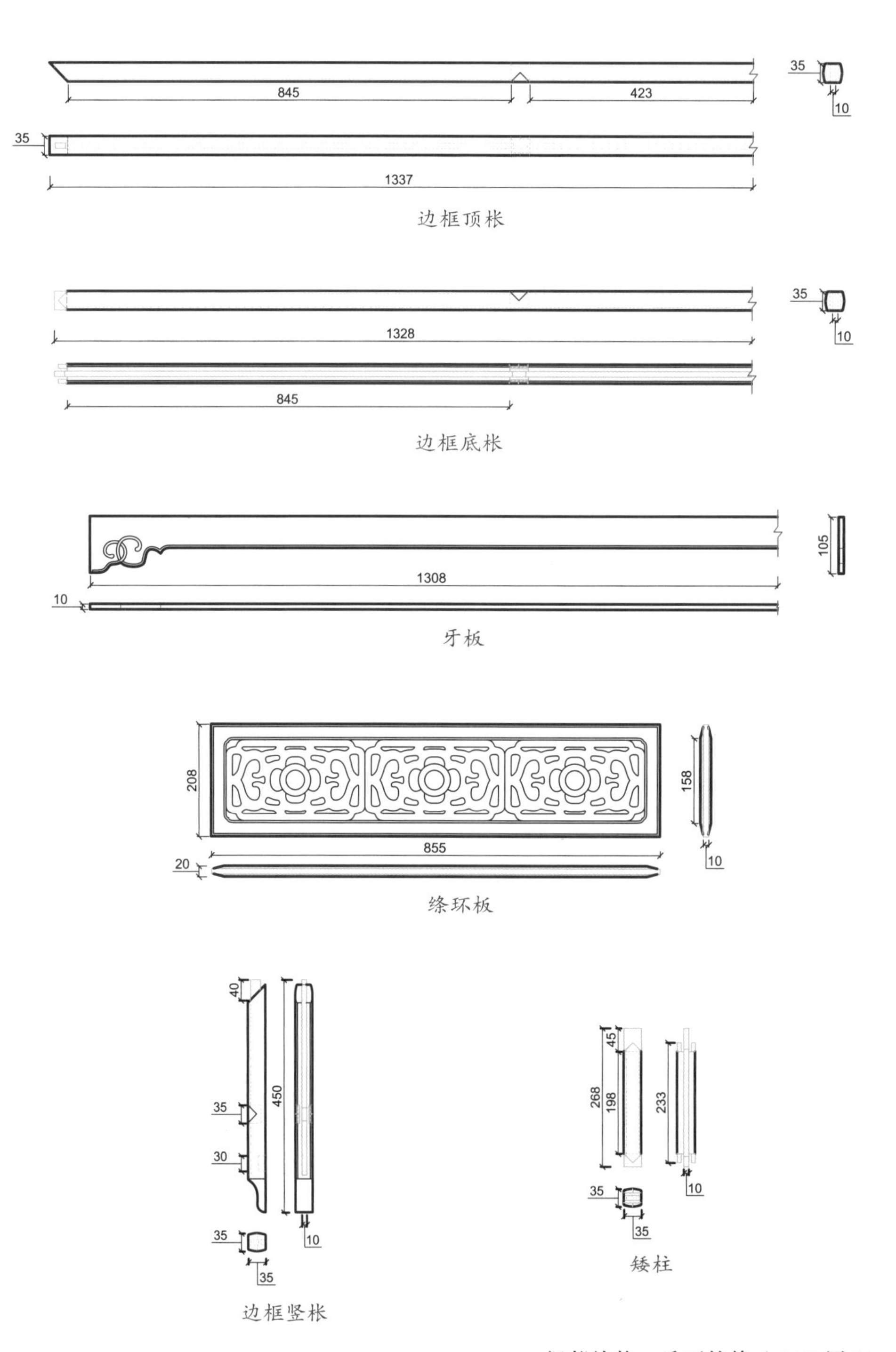

35
845
423
10
35
1337
边框顶枨
35
1328
10
845
边框底枨
105
1308
10
牙板
208
158
855
20
10
绦环板
40
450
35
30
35
35
10
边框竖枨
45
268
198
233
10
35
35
矮柱

细部结构—后面挂檐（CAD 图 39 ~图 44）

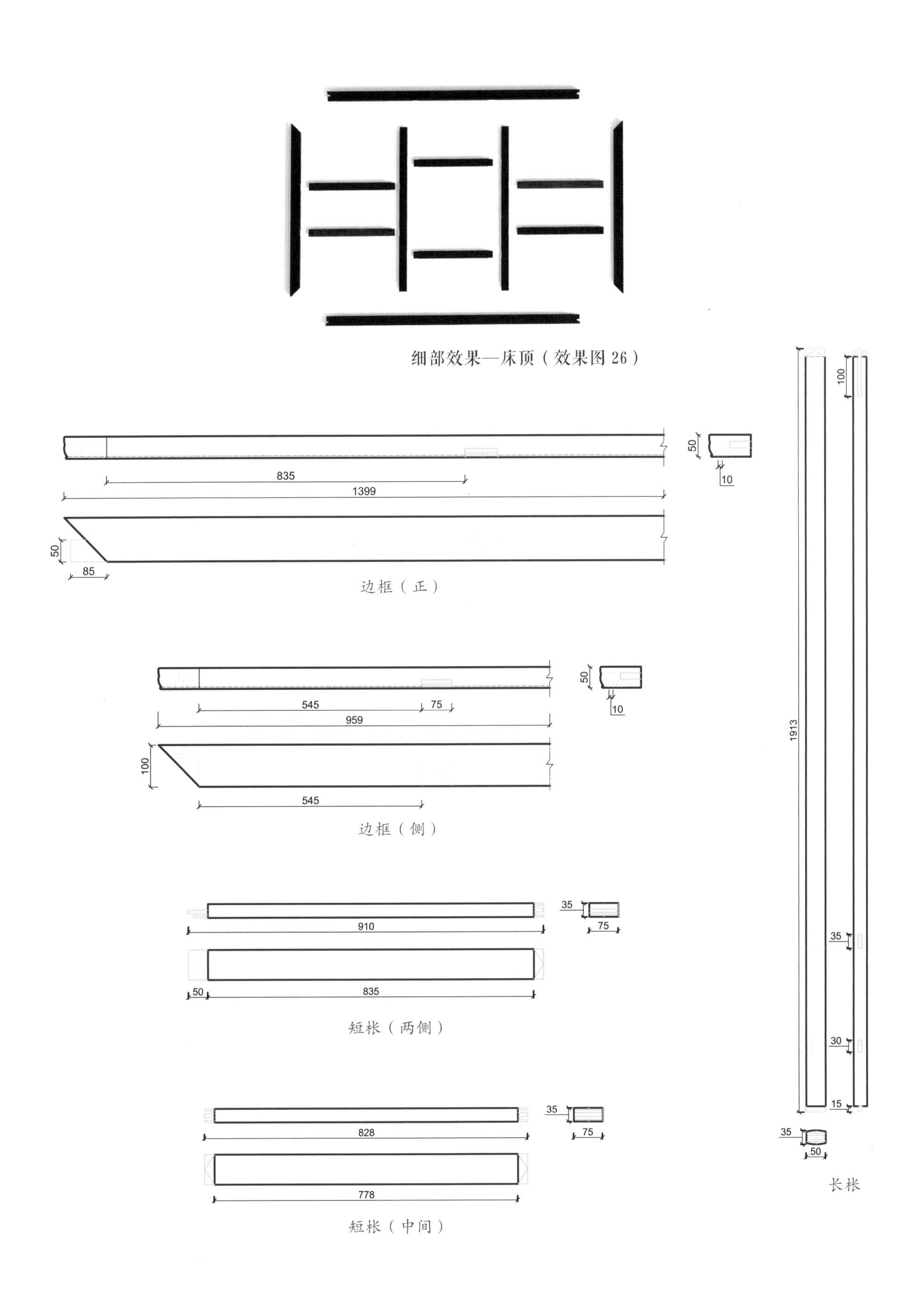
835
1399
50
10
50
85
545
75
959
50
10
100
545
910
35
75
50
835
828
35
75
778
1913
100
35
30
15
35
50
细部效果—床顶（效果图26）

边框（正）

边框（侧）

短枨（两侧）

短枨（中间）

长枨

细部结构—床顶（CAD图45～图49）

细部效果—床面（效果图 27）

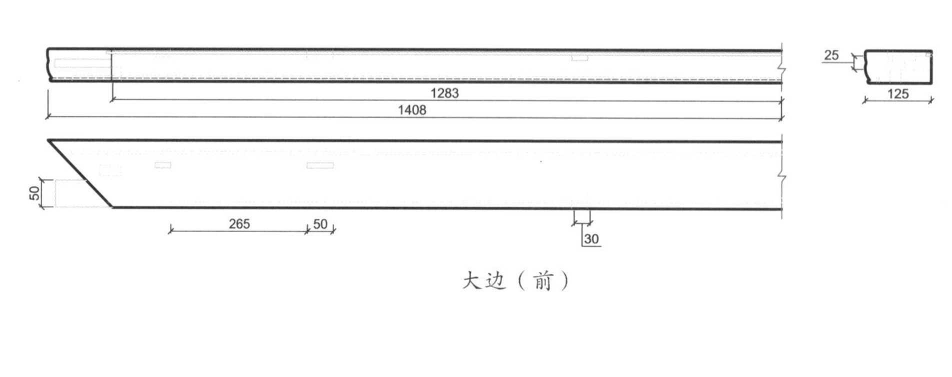

25
125
1283
1408
50
265
50
30

大边（前）

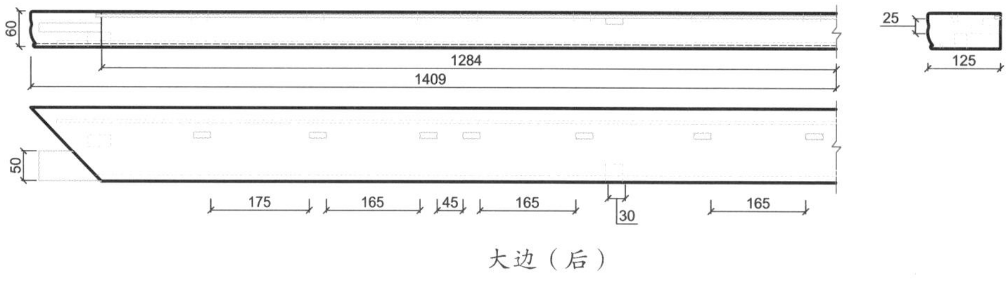

25
60
125
1284
1409
50
175
165
45
165
30
165

大边（后）

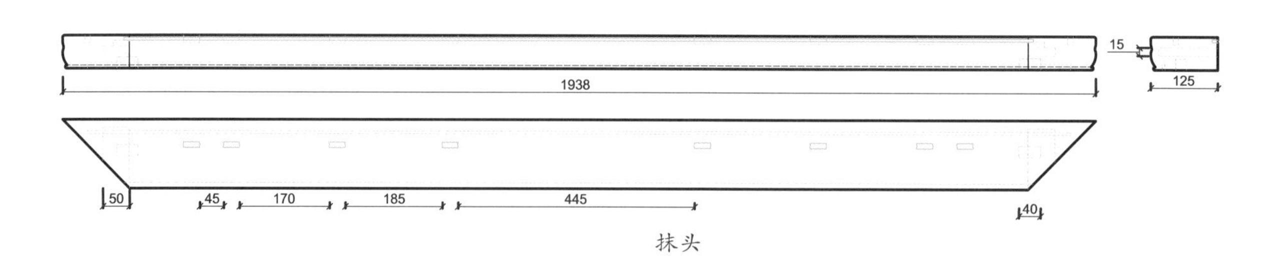

15
125
1938
50
45
170
185
445
40

抹头

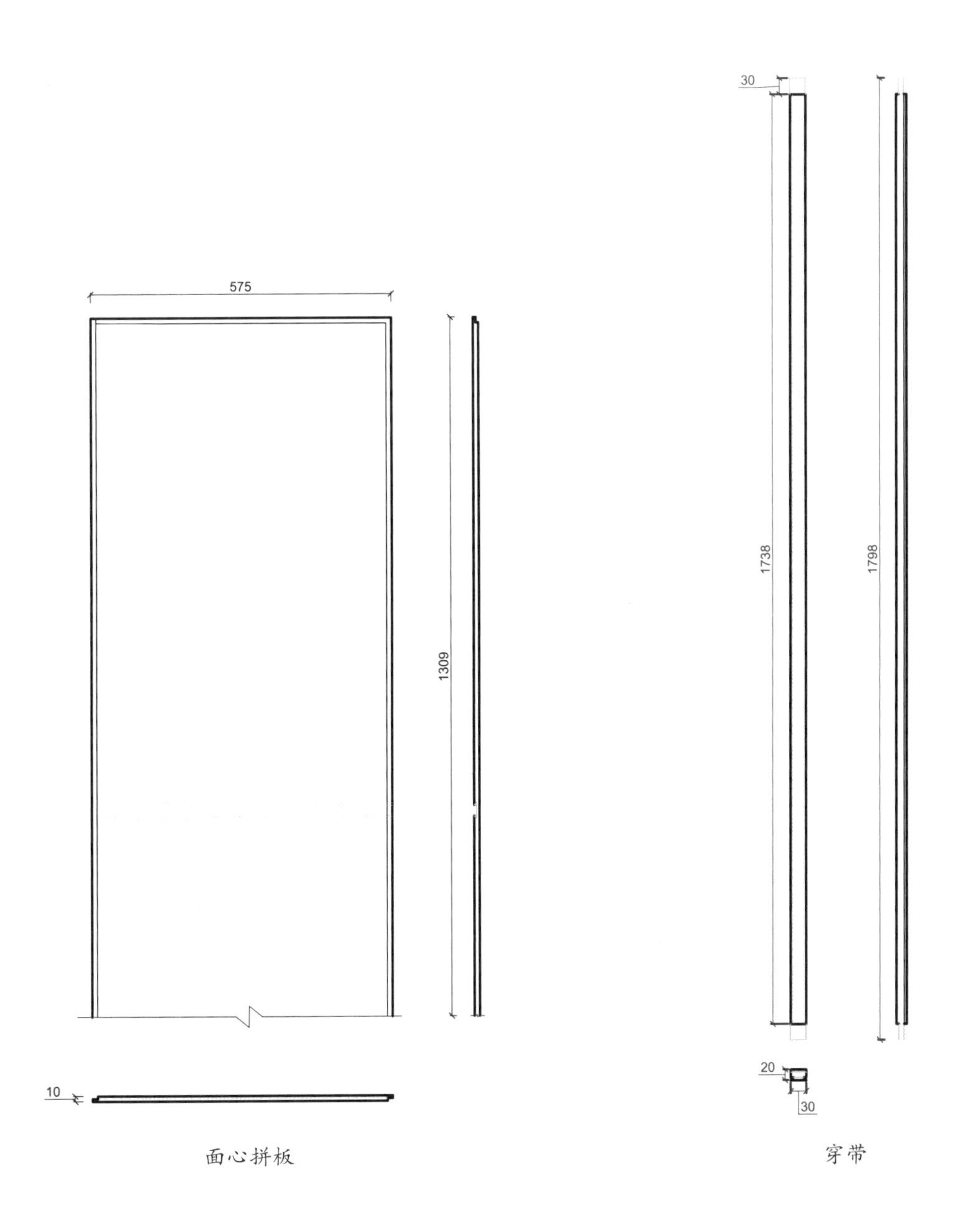
575
1309
10
30
1738
1798
20
30

面心拼板

穿带

细部效果—束腰（效果图 28）

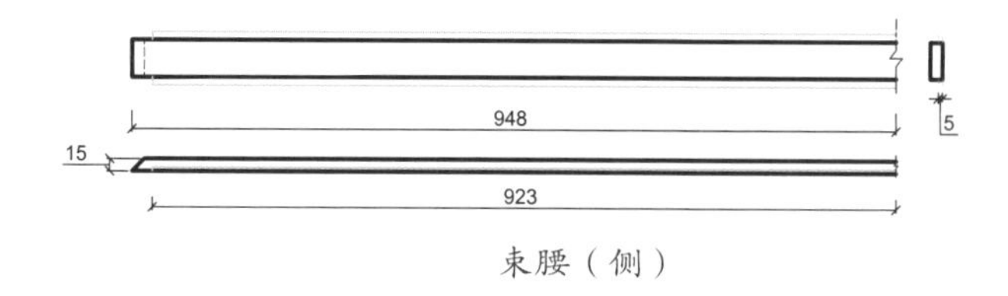
948
5
15
923

束腰（侧）

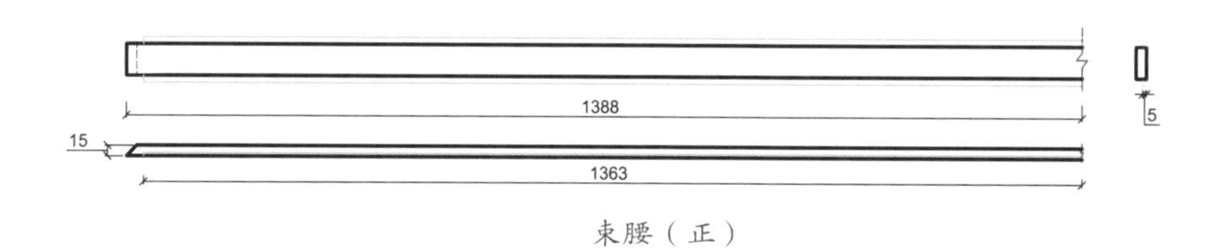
1388
5
15
1363

束腰（正）

细部结构—束腰（CAD 图 55 ~ 图 56）

细部效果—牙板（效果图 29）

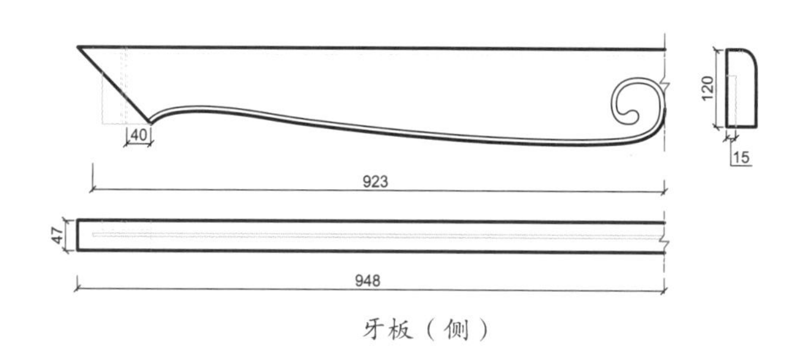
120
40
15
923
47
948

牙板（侧）

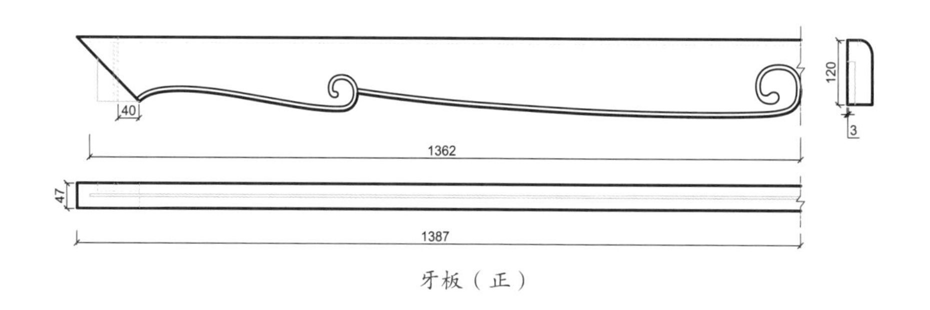
120
40
3
1362
47
1387

牙板（正）

细部结构—牙板（CAD 图 57 ~ 图 58）

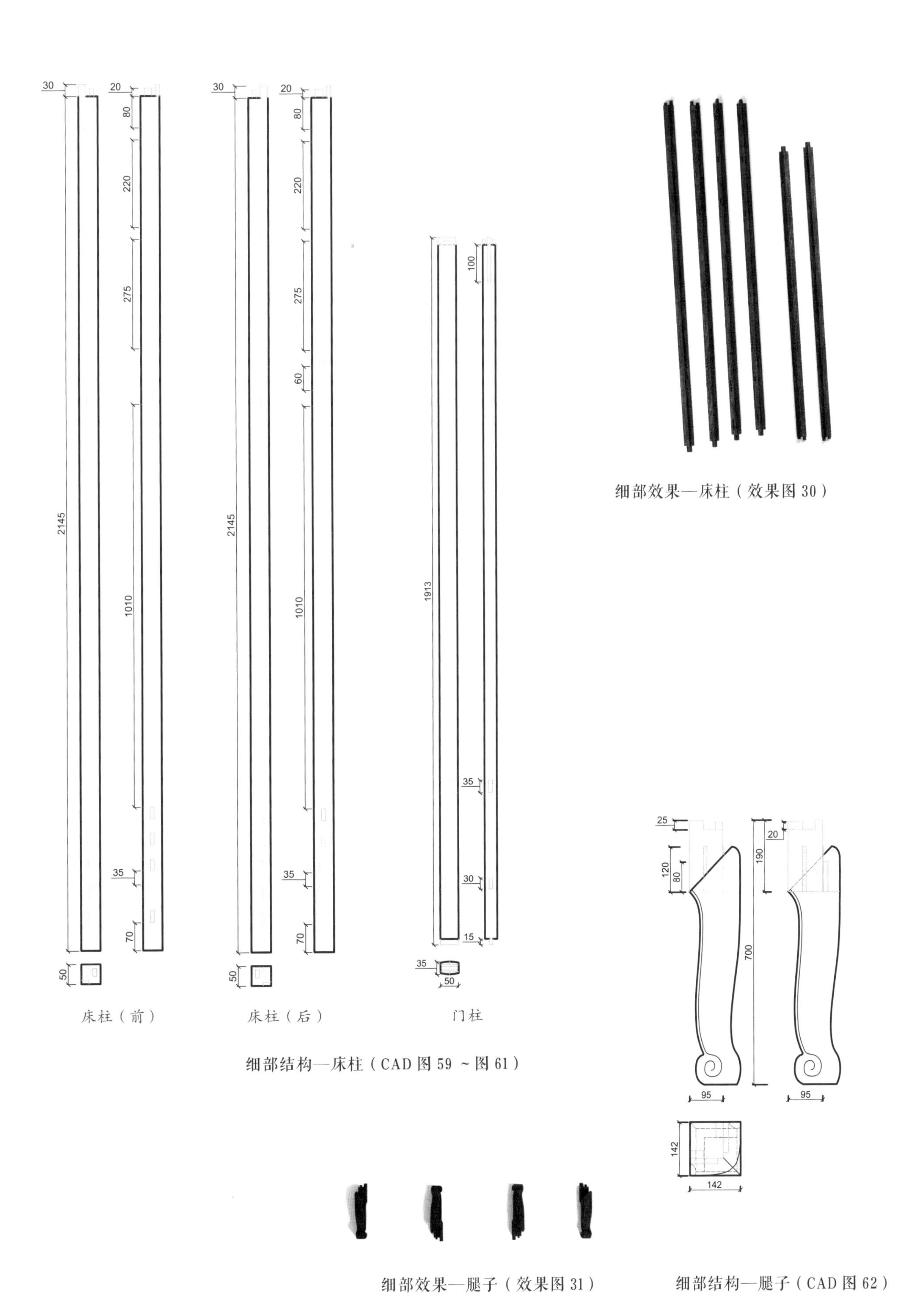
30
20
80
220
275
2145
1010
35
70
50
30
20
80
220
275
60
2145
1010
35
70
50
100
1913
35
30
15
35
50
25
120
80
20
190
700
95
95
142
142
床柱（前）

床柱（后）

门柱

细部结构—床柱（CAD 图 59 ~ 图 61）

细部效果—床柱（效果图 30）

细部效果—腿子（效果图 31）

细部结构—腿子（CAD 图 62）

图版索引

勾云足藤心凉榻

十字枨攒海棠纹棂格罗汉床

卷草纹圈口罗汉床

壶门牙板罗汉床

嵌大理石藤心罗汉床

嵌玉棂格罗汉床

攒透空拐子纹罗汉床

花鸟纹带托泥罗汉床

花鸟纹鼓腿彭牙罗汉床

嵌瓷花卉纹罗汉床

嵌大理石拐子纹罗汉床

夔龙拱璧纹罗汉床

卷云纹搭脑罗汉床

曲尺棂格罗汉床

卷云纹搭脑带托泥罗汉床

五屏式鼓腿彭牙罗汉床

月洞式门罩架子床

万字纹架子床